Burrichter / Klein (Hg.)

—

Mond und Magie

WÜRZBURGER RINGVORLESUNGEN

Band 19

Mond und Magie

Aspekte einer Kulturgeschichte des Erdtrabanten

Herausgegeben von
Brigitte Burrichter und Dorothea Klein

Königshausen & Neumann

Bibliografische Information der Deutschen Nationalbibliothek

Die Deutsche Nationalbibliothek verzeichnet diese Publikation in der Deutschen Nationalbibliografie; detaillierte bibliografische Daten sind im Internet über http://dnb.d-nb.de abrufbar.

Gedruckt auf säurefreiem, alterungsbeständigem Papier
Umschlag: skh-softics / coverart
Umschlagabbildung: © Barbara Knievel

Printed in Germany
ISBN 978-3-8260-7510-0
www.koenigshausen-neumann.de
www.libri.de
www.buchhandel.de
www.buchkatalog.de

Inhalt

Vorwort

Seit den frühesten Zeiten beschäftigt der Mond die Menschen: Zuerst suchten sie ihn mythologisch zu ergründen und in magische Praktiken einzubinden, dann sein Wesen auch physikalisch und philosophisch zu erklären. Schon früh war er auch das Ziel von (imaginierten) Reisen und immer wieder Motiv in der bildenden Kunst, der Literatur, insbesondere der Lyrik, und der Musik. Der vorliegende Band steckt darum nicht nur einen zeitlich wie räumlich weiten Horizont von der altägyptischen Zeit bis in das 20. Jahrhundert ab, er zeichnet auch in exemplarischen Analysen die Bedeutung des Mondes für Mythos, Religion, Philosophie und Kunst nach und wirft so Schlaglichter auf die Kulturgeschichte des Mondes. Die physikalischen Theorien der Moderne über die Entstehung des Mondes, die Mondlandung selber und die Rolle der Eroberung des Weltraums im Kalten Krieg runden das Programm ab.

Der Mond als erdnächster Himmelskörper bot sich schon in frühesten Zeiten für eine Beobachtung an; in seiner (von der Erde aus gesehen) regelmäßigen Änderung der Gestalt gab er irdischen Handlungen einen Rhythmus. Überlegungen zur Ursache des Gestaltwandels und zur Ursache von Mondfinsternissen, Überlegungen auch zu seinem Einfluss auf das irdische Geschehen spielten in Kult und Mythos eine zentrale Rolle. Der erste Teil des Bandes ist diesem Aspekt des Mondes als Himmelskörper und mentales Konzept von der altägyptischen Zeit bis ins Mittelalter gewidmet.

In allen kultischen Belangen Altägyptens spielte der Mond eine wichtige Rolle, er wurde daher schon früh genau beobachtet und beschrieben. Victoria Altmann-Wendling (S. 3–34) fächert die Aspekte auf, unter denen der Mond in Handbüchern und Architektur dargestellt wird und diskutiert auf dieser Grundlage das Wissen um den Mond und dessen Einfluss auf Feste und Rituale, aber auch die Symbole, die mit dem Mond verbunden sind. Magische Praktiken orientierten sich am Lauf des Mondes, dessen Bedeutung für rituelle Handlungen lässt sich an der Vielzahl der symbolischen Darstellung, aber auch an architektonischen Elementen wie den Mondtreppen ablesen.

Als kalendarische Grundlage bestimmt der Lauf des Mondes auch im antiken Griechenland das Leben und spielt für Kultus und vor allem für die Magie eine wichtige Rolle. Im griechischen Pantheon wird er mit Selene verbunden, einer weit verbreiteten Göttin mit vielfältigen, regional und zeitlich sehr unterschiedlichen Zuschreibungen; zudem gibt es bisweilen noch einen männlichen Mondgott. Das Spannungsfeld von regelmäßiger Sichtbarkeit und der Zuschreibung göttlicher Eigenschaften eröffnet dem Mond – mehr noch als der Sonne, der diese Eigenschaften ebenfalls zukommen – Diskurse jenseits des Ritus. Er wird Thema der Philosophie, von der Ansicht, er sei ein bloßer Steinbrocken am Himmel in der Naturphilosophie eines Anaxagoras bis zur besonderen Rolle, die Platon diesen stets und überall sichtbaren Göttern in seinem Göttersystem zuweist. Nicht zuletzt bietet der Mond Stoff für die Dichter. Emrys Schlatter bietet ein weites Panorama der Göttin Selene, die so wandelbar wie der Mond ist (S. 35–55).

Für die römische Antike konzentriert sich Ingo Schaaf auf die Rolle des Mondes in der Magie (S. 57–76). Von Praktiken, den Mond auf die Erde zu zwingen, bis zur Bestimmung des günstigen Moments für magische oder auch medizinische Praktiken steckt er ein weites Feld ab. Ein besonderer Fokus liegt auf den Haltungen der frühen christlichen Gemeinden zum Mond und seiner magischen Bedeutung. Neben deutlicher Ablehnung der Mondmagie und den Versuchen, mit naturkundlichen Erklärungen die magischen Aspekte zurückzuweisen, gibt es durchaus auch synkretistische Mischungen zwischen christlichen und lunaren Symbolen. Plinius schließlich stützt sich auch in Bezug auf den Mond auf seine Beobachtungen, fügt aber in seine Ausführungen auch medizinische ‚Rezepte' mit Bezug zum Mond ein. In der Überlieferung ist dieser Aspekt der Zaubermedizin beständig erweitert worden, so dass dem Mittelalter mit den Plinius zugeschriebenen Werken ein reicher Fundus an Mondmagie vorlag.

Das mittelalterliche Wissen um den Mond beruht vor allem auf der Astronomie des Ptolemäus; dies gilt sowohl für die (im heutigen Verständnis) astronomischen Kenntnisse als auch für die astrologischen Eigenschaften des Mondes. Frank Fürbeth geht den verschiedenen Ausprägungen der Astralmagie, Zauberkunst und Medizin nach, für die im Lauf des Mittelalters der arabische Einfluss wichtig wurde (S. 77–112). Lunare und Planetenbücher stellen Verbindungen zwischen dem Stand des Mondes und irdischen Eigenschaften her, im engeren Sinne astrologische Ausführungen weisen den Mondstationen bestimmte Einflüsse zu. Auch die jeweilige Stellung von Sonne und Mond, die zu Sonnen- und Mondfinsternissen führt, spielte eine große Rolle; hier übernahm man im Mittelalter ältere bildhafte Darstellungen vom Monddrachen. Die genaue Lektüre einer Passage aus Wolframs ‚Parzival', die auf diese Vorstellungen Bezug nimmt, rundet den Beitrag ab.

Die Bindung des Mondes an kultische oder magische Praktiken war schon in der griechischen Antike nicht mehr exklusiv und ließ Raum für die Dichtung. Dies verstärkte sich immer mehr, der Mond wurde zum Gegenstand von Literatur, Malerei und Musik. Dabei beschränkten sich die Künstler nicht mehr darauf, den Mond nur von der Erde aus zu betrachten oder ihn, wie in einer Komödie des Aristophanes, auf die Erde herabzuholen; sie veranstalteten auch Reisen zum Mond.

Lukian war der erste, der gleich in zwei Erzählungen seine Protagonisten auf den Mond fahren lässt. In einer seiner ‚Wahren Geschichten' geraten die Mondfahrer dabei in einen fantastischen Krieg der Sterne, und in der ‚Luftreise des Menippos' macht der Protagonist auf dem Weg zu Zeus Zwischenstation auf dem Mond. Vor allem im zuletzt genannten Text nutzt Lukian die Mondreise zur Auseinandersetzung mit zeitgenössischen Mondtheorien, mit philosophischen Lehren und vor allem für einen satirischen Blick auf die Erde. Der Mond wird ihm, wie Michael Erler ausführt (S. 115–

130), zur Loge, von der aus die Erde zur Bühne wird, auf der Lukian die Schwächen der Menschen genau betrachten und auserzählen kann. Die Ausführungen sind in einen weiten philosophischen und moralethischen Kontext eingebettet, der zeigt, dass der Spaß an der Satire ein aufklärerisches Ziel verfolgt.

In der Renaissance nutzt Ludovico Ariosto das Potential des Mondes als eines exotischen Reiseorts, er baut vor allem auf Lukian und auf Dante Alighieris ‚Divina Commedia' auf. Der Ritter Astolfo kommt über das Irdische Paradies auf den Mond, die Neugier, die ihn antreibt, erweist sich bald als Teil des göttlichen Plans im Kampf zwischen Christen und Heiden. Wie Lukian bezieht auch Ariosto Stellung zu den verschiedenen Mondtheorien seiner Zeit, wenngleich eher beiläufig. Auf seinem Mond finden sich all die Dinge, die auf Erden verloren gehen, und deren Beschreibung gibt Anlass zu satirischen Ausführungen. In Gesprächen mit seinem Führer, dem Evangelisten Johannes, kommt auch die Rolle der Dichter zur Sprache. Der Mond bildet so einen zentralen Ort für die Ökonomie der Erzählung, bietet aber auch, wie Brigitte Burrichter (S. 131–141) zeigt, Gelegenheit für satirische, enkomiastische und poetologische Überlegungen.

In der bildenden Kunst ist die Darstellung des Mondes eng an die Entstehung der Landschaftsmalerei geknüpft, in den Darstellungen nächtlicher, vom Mond beschienener Landschaften rückt die ästhetische Wirkung des Mondlichts in den Vordergrund. Ausgehend vom ‚Schlüsselwerk' der Mondscheinlandschaft, Adam Elsheimers ‚Flucht nach Ägypten', verfolgt Stefan Kummer die Entwicklung der Monddarstellungen über die niederländische Landschaftsmalerei bis in die mondselige Zeit der Romantik (S. 143–167). Er arbeitet überzeugend heraus, dass der Mond in all den Bildern wohl keine tiefere Bedeutung trägt, sondern vor allem Stimmung erzeugt. Dies gilt auch, so Kummer, für den bedeutendsten ‚Mondmaler', Caspar David Friedrich, dessen Äußerungen zu einigen seiner Bilder nicht auf eine eindeutige Botschaft schließen lassen.

Barbara Hunfeld nimmt Caspar David Friedrichs ‚Seestück bei Mondschein' zum Ausgangspunkt für Reflexionen über den Repräsentationscharakter der Sprache (S. 169–184). So, wie in Friedrichs Stück der Mond nicht zu sehen, aber durch seinen Widerschein im Wasser zu erahnen ist, kann die Sprache in der Vorstellung Dinge aufrufen, die es in der Wirklichkeit nicht gibt. Vor dem Hintergrund dieser Gedankenfigur liest sie das Bild sehr detailliert, um von dort aus Mondlandschaften in der Literatur zu analysieren. Die Verfremdung der Landschaft im Mondlicht, das Ungefähre und Geheimnisvolle der Mondlandschaft wird zum Signum der Seele. Die imaginären Mondreisen des frühen 20. Jahrhunderts zeichnen dann die ‚reale' Fremdheit der lunaren Mondlandschaft, die aber, wie die irdische Landschaft im Mondlicht, zur Seelenlandschaft werden kann.

Von ganz anderem Zuschnitt sind die Mondreisen, die Paul Lincke zu ‚Frau Luna' inspiriert haben. An die Stelle der Fremdheitserfahrung tritt das Spektakel. Der Ton der Erzählung, etwa in Jules Vernes Romanen, ist oft satirehaft; wie bei den Mondexpeditionen Lukians oder Ariostos mischt sich unter das Abenteuer die zeitgenössische Wissenschaft. Mondreisen gehören zum Repertoire des Vaudeville und der Operette des späten 19. und frühen 20. Jahrhunderts. Lincke greift viele Elemente der französischen Mondstücke auf und integriert vor allem in der zweiten Fassung der ‚Frau Luna' seine großen Schlager. Das Stück macht Angebote zur Sozialutopie und zum Eskapismus, ist aber, so legt Matthias Meyer dar (S. 185–200), auf keine Interpretation festgelegt und ausgesprochen wandelbar, was seine lange Erfolgsgeschichte erklärt.

Mit Arno Schmidt stellt Stephan Kraft einen ‚mondsüchtigen' Autor vor, der sich für Astronomie interessierte und in seinen Werken immer wieder den Mond einsetzte (S. 201–219). Die Mondbegeisterung führte schließlich zu einem Mondroman, der dystopischen Inszenierung einer Mondgesellschaft. Inspiriert von der Zeitgeschichte der 1950er Jahre und gedoppelt von und eng verwoben mit einer irdischen Handlung, bietet sie eine Vielzahl an Aspekten und Interpretationsangeboten. Arno Schmidt verbschiedet sich in diesem Roman von der romantischen Mondsicht seiner frühen Lyrik wie von den astronomischen Überlegungen und zeigt einen Mond, der nur Stein ist und keinen Einfluss auf das irdische Leben hat, ganz anders als Monderzählungen, die immer von Irdischem handeln.

Die Populärkultur greift auf verschiedene Deutungen des Mondes zurück. Die ‚Dexter'-Serie zeigt dies sehr anschaulich. Aus den Horrorerzählungen kommt die Verbindung des Mondes mit Werwölfen und Untoten aller Art, die alte Symbolik des ‚feuchten' Mondes als Inbegriff des Weiblichen und im engeren Sinn des Mütterlichen führt in die Psychologie, und nicht zuletzt bringen die magischen Aspekte des Mondes die Idee der dämonischen Besessenheit ins Spiel. Franziska Stürmer analysiert all diese Aspekte in den ‚Dexter'-Bänden und schlüsselt deren Zusammenspiel auf (S. 221–236). Die Überlagerung der verschiedenen Mondbezüge verbietet einfache Deutungen und hält die Spannung bis zum Schluss.

Den vielfachen Monddarstellungen und -inszenierungen in Kunst, Literatur und Musik ist gemeinsam, dass sie den Mond aus der irdischen Perspektive entwerfen und ihm irdische Eigenschaften zuschreiben. Dies ändert sich grundsätzlich mit den Apollo-Missionen der 1960er Jahre, die in der Mondlandung von 1969 ihren Höhepunkt fanden. Der Entzauberung des Mondes, die auf die tatsächliche Mondlandung folgte, sind die letzten Beiträge des Bandes gewidmet.

Rolf Jaumann skizziert die geologische Entwicklung des Mondes und deren Bedeutung für das Verständnis des Sonnensystems (S. 239–247). Bis heute beeinflussen sich Mond und Erde gegenseitig; nicht abschließend geklärt ist die Entstehung des Mondes. Überlegungen dazu gibt es seit dem 18. Jahrhundert, aber erst die relativ junge Theorie einer Kollision der Erde mit einem anderen Himmelskörper scheint plausibel und passt zu den Befunden des Mondgesteins, das die Apollo-Missionen zur Erde gebracht haben. Aber es bleiben noch viele Fragen offen.

Die technischen und auch politischen Aspekte der Mondlandung zeichnet Ulrich Köhler (S. 249–263) nach, von der Rede John F. Kennedys 1961, in der er forderte, innerhalb des Jahrzehnts Amerikaner auf den Mond und wieder zurückzubringen, bis zur Rückkehr von Apollo 11 auf die Erde. Der Zeitrahmen war denkbar eng, vieles musste improvisiert werden, nicht alle vorbereitenden Manöver konnten tatsächlich durchgeführt werden. Auch die Oberfläche des Mondes war noch nicht ausreichend erforscht. Doch allen Unwägbarkeiten und auch kleineren Pannen zum Trotz gelangen die Landung auf dem Mond und der Rückflug zur Erde und damit ein großer Erfolg für die Amerikaner. Die Graphik von Patrick Imhasly und Daniel Röttele (S. 265–270) illustriert die Apollo 11-Mission in all ihren Aspekten.

Zum Abschluss des Bandes ordnet Peter Hoeres die Mondlandung in die historischen Umstände der 1960er Jahre ein (S. 271–284). In einer Diskussion des Begriffs ‚Kalter Krieg' verweist er auf den auch für die Motivation der Raumfahrt wichtigen Antagonismus der Ideen, der nicht nur, aber eben doch auch zwischen Ost und West herrschte. Militärische Erfolge der Sowjetunion und der Sputnik-Schock führten in den USA zu verstärkten Bemühungen in der Raumfahrt. Flankiert wurden die technischen und wissenschaftlichen Bemühungen durch eine gezielte Berichterstattung in den Medien, besonders im Fernsehen. Deren Höhepunkt war die Übertragung der Mondlandung. Allerdings war diese auch ein Wendepunkt, die Zustimmung zum Raumfahrtprogramm sank danach rapide, das Interesse galt wieder, so das Fazit, der *blue marble*.

Die kleine Kulturgeschichte des Mondes zeichnet die Wirkung nach, die der Mond seit den frühen Zeiten auf die Menschen hatte und immer noch hat; die wissenschaftlichen Befunde unserer Zeit belegen zudem, dass sich Erde und Mond auch ohne die menschliche Imagination gegenseitig beeinflussen. Die Lösung aus engen religiösen Kontexten, die damit einhergeht, dass das Wissen um den Mond nicht mehr nur einer Elite vorbehalten war, eröffnet Kunst und Magie viele Möglichkeiten. Der Mond unterstützt magische Praktiken im weitesten Sinne, er entfaltet seine ästhetische Wirkung, und er wird zum Spiegel des Menschen. Der alte Traum vom Flug zum Mond wurde schließlich 1969 Wirklichkeit. Die Populärkultur, aber auch zeitgenössische Esoterik und Volksglaube zeigen, dass mit der ‚Entzauberung' des Mondes durch die Raumfahrt das traditionelle Potential des Mondes und seine magische Wirkung nicht obsolet geworden sind.

Den Beiträgen dieses Sammelbandes liegt eine Ringvorlesung zugrunde, die das Kolleg ‚Mittelalter und Frühe Neuzeit' der Universität Würzburg im Sommersemester 2019 aus Anlass des fünfzigsten Jahrestags der ersten Landung von Menschen auf dem Mond veranstaltete. Drei Beiträge wurden eigens für diesen Band geschrieben; bei einem weiteren, dem Beitrag Ulrich Köhlers, handelt es sich um einen Wiederabdruck, der das Programm unseres Bandes sinnvoll ergänzt, und Gleiches gilt auch für die aus der Neuen Zürcher Zeitung übernommene Infographik.

Allen Autoren möchten wir auch an dieser Stelle nochmals herzlich für ihre Bereitschaft danken, an unserem Projekt mitzuwirken und zu seinem Gelingen beizutragen. Zu danken haben wir aber auch den Verlegern und Mitarbeitern des Verlags Königshausen & Neumann für die wie immer vorzügliche Kooperation.

Würzburg, am 20. Juli 2021 Brigitte Burrichter und Dorothea Klein

Der Mond als Himmelskörper und mentales Konzept in der Vormoderne

Victoria Altmann-Wendling

Mond und Magie in den Tempeltexten und magischen Handbüchern Altägyptens

„Zehn Maßeinheiten Zauberei fielen in die Welt hinab, Ägypten nahm neun davon, der Rest der Welt nahm eins.“[1]

1. Einleitung

Mit seiner monatlich wechselnden Gestalt, seinem zeitweiligen Verschwinden bei Neumond sowie der Ausnahmeerscheinung einer Mondfinsternis hat die neben der Sonne zweitgrößte Himmelserscheinung den Menschen zu allen Zeiten zur Reflexion über Ursachen und Wirkungen dieser Phänomene angeregt. Dies demonstrieren Untersuchungen zu Volksglauben und Ethnographie ebenso wie zahlreiche Beiträge dieses Bandes.[2] Im alten Ägypten war der Mond insbesondere für die Zeiteinteilung im kultischen Bereich von Relevanz, da Feste, Rituale und Priesterdienste auf Basis des Mondmonats eingeteilt wurden. Seiner astronomischen Beobachtung kam daher seit Beginn der ägyptischen Geschichte eine eminente Rolle zu, die in ein profundes Wissen um die Vorgänge und Phänomene innerhalb des Mondmonats mündete. Insbesondere in den Tempeln der griechisch-römischen Zeit sind umfangreiche Informationen über den nächtlichen Himmelskörper zu finden. Sie beschränken sich keineswegs auf reine Namensnennungen des Mondgottes oder einige wenige lunare Epitheta, vielmehr liegen elaborierte Beschreibungen des Mondzyklus sowie eine große Zahl an variabel gestalteten Zuschreibungen, Identifikationen und Metaphern vor, die Phänomene und Eigenschaften des Himmelskörpers sowie Prozesse während des Mondzyklus thematisieren, erklären und bewerten.[3]

---

1 Aus dem Talmud, Traktat Qidduschin, Kapitel 2 (*Qid 49b*).

2 Siehe z. B. Wie die Teufel den Mond schwärzten. Der Mond in Mythen und Sagen. Hg. von JÜRGEN BLUNCK. Heidelberg, Berlin 2003; FERDINAND OHRT: Mond. In: Handwörterbuch des deutschen Aberglaubens. Hg. von HANNS BÄCHTHOLD-STÄUBLI. 10 Bde. Berlin, Leipzig 1927–1942, hier Bd. 6 (1934/35), Sp. 477–533; MARTIN P. NILSSON: Primitive Time-Reckoning. A Study in the Origins and First Development of the Art of Counting Time among the Primitive and Early Culture Peoples. Lund 1920, S. 15f., 147–239. Eine ethnographische Studie über den Mond in Afrika sei hier als Beispiel genannt: JOHANNES ITTMANN, Mond und Monate im vorderen Kamerun. In: Anthropos 48 (1953), S. 389–395.

3 Siehe hierzu umfassend meine Dissertation: VICTORIA ALTMANN-WENDLING: MondSymbolik – MondWissen. Lunare Konzepte in den ägyptischen Tempeln griechisch-römischer Zeit. Wiesbaden 2018 (Studien zur spätägyptischen Religion 22). Für die früheren Quellen s. GUDELIA GARCÍA FERNÁNDEZ: The Moon god Iah in ancient Egyptian religion. In: Proceedings of the XI International Congress of Egyptologists.

a) Die Magie Ägyptens

Ägypten mit seinen rätselhaft erscheinenden Hieroglyphen wurde schon von jeher als besonders zauberkräftig angesehen, wie beispielsweise das Eingangszitat aus dem Talmud illustriert. Magie wird in unserer modernen westlichen Gesellschaft, in der Tradition sowohl griechischer als auch jüdisch-christlicher Vorstellung, jedoch zumeist als Aberglaube verstanden, der in Opposition zur rationalen Wissenschaft, aber auch zur (offiziellen) Religion stehe.[4] Solch eine rigorose Trennung ist indes im alten Ägypten zumindest in dieser wertenden Form nicht statthaft.[5] So ist eines der ägyptischen Wörter für Magie – Heka (*ḥkꜣ*) – zugleich das Urprinzip göttlicher Kraft, die wie ein Naturgesetz die Welt durchdringt. Ein weiteres Wort für Magie, Achu (*ꜣḫw*), referiert hingegen spezieller auf angewandten, durch Worte ausgeübten Zauber, ist jedoch ebenso wenig von der Götterwelt zu scheiden wie Heka, da Achu beispielsweise von der Göttin Isis zur Heilung ihres ermordeten Gatten Osiris angewandt wurde.[6] Weiterhin demonstrieren neuere Untersuchungen, dass Magier, Mediziner und Priester prinzipiell

---

Florence Egyptian Museum, Florence, Italy 2330 August 2015. Hg. von GLORIA ROSATI und MARIA CRISTINA GUIDOTTI. Oxford 2017, S. 222–227.

4 Z. B. ADOLF JACOBY: Kunst (schwarze, weiße, Magie). In: Handwörterbuch des deutschen Aberglaubens, Bd. 5 (1932/33), Sp. 817–836. Siehe dazu JAN ASSMANN, Ägyptische Religion. Probleme und Wege ihrer Beschreibung und Deutung. Ein Erfahrungsbericht. In: Methodik und Didaktik in der Ägyptologie. Herausforderungen eines kulturwissenschaftlichen Paradigmenwechsels in den Altertumswissenschaften. Hg. von ALEXANDRA VERBOVSEK [u. a.]. München 2011, S. 669–702, hier S. 680–683; zum griechischen Magiebegriff ALAN B. LLOYD: Egyptian magic in Greek literature. In: Ancient Egyptian demonology. Studies on the boundaries between the demonic and the divine in Egyptian magic. Hg. von PANAGIOTIS KOUSOULIS. Leuven 2011 (Orientalia Lovaniensia Analecta 175), S. 99–120, hier S. 101–105.

5 Zu Magie und Religion mit älterer Literatur MARTIN A. STADLER: Einführung in die ägyptische Religion ptolemäisch-römischer Zeit nach den demotischen religiösen Texten. Berlin, Münster 2012 (Einführungen und Quellentexte zur Ägyptologie 7), S. 8–12. – Zur Magie im Alten Ägypten allgemein: ROBERT K. RITNER: The mechanics of ancient Egyptian magical practice. Chicago 1993 (Studies in Ancient Oriental Civilization 54); PETER ESCHWEILER: Bildzauber im alten Ägypten. Fribourg, Göttingen 1994 (Orbis Biblicus et Orientalis 137); La magie en Égypte. À la recherche d'une définition, actes du colloque organisé par le Musée du Louvre les 29 et 30 septembre 2000. Hg. von YVAN KOENIG. Paris 2002; HANS-WERNER FISCHER-ELFERT: Altägyptische Zaubersprüche. Mit Beiträgen von TONIO SEBASTIAN RICHTER. 2. Aufl. Stuttgart 2018. – Zum magischen Schutz diverser Räume (Zimmer, Haus, Grab, Palast, Tempel) bis hin zu ganz Ägypten CHRISTOFFER THEIS: Magie und Raum. Der magische Schutz ausgewählter Räume im alten Ägypten nebst einem Vergleich zu angrenzenden Kulturbereichen. Tübingen 2014 (Orientalische Religionen in der Antike 13); eine Zusammenfassung der bis dato vertretenen Auffassungen zur ägyptischen Magie ebd., S. 10–25.

6 ASSMANN, Ägyptische Religion [Anm. 4], S. 681 bezeichnet den Mythos als „Urszene" für diesen Bereich der Magie, während das erste Beispiel von Heka die Welt-

demselben Milieu entstammten und dieselbe Ausbildung erhielten, und dass sich die entsprechenden Texte aus denselben Bibliotheken speisten.[7] Ferner zeugen die in vielen magisch-medizinischen Texten enthaltenen mythischen Anspielungen, die als Präzedenzfall für die Heilung des Patienten herangezogen werden, von der profunden theologischen Bildung der Verfasser.[8] Die Verwendung von Vorlagen aus dem Tempelbereich ist teilweise sogar für Rituale belegt, deren Inhalte laut Auskunft der Texte strikter Geheimhaltung unterlagen.[9] Zu den im Tempel angestellten Priestern gehörten auch die Ausübenden medizinischer Zauberhandlungen wie der Sachmet-Priester; die Bildhauer der Götterreliefs waren zugleich mit der Herstellung von

---

schöpfung sei. – Zur Unterscheidung von *ḥkꜣ* und *ꜣḫw* s. JAN ASSMANN: Magie und Ritual im alten Ägypten. In: Magie und Religion. Hg. von dems. und HARALD STROHM. München, Paderborn 2010, S. 23–43; ASSMANN, Ägyptische Religion [Anm. 4], S. 681; THEIS, Magie und Raum [Anm. 5], S. 35–40. STADLER, Ägyptische Religion ptolemäisch-römischer Zeit [Anm. 5], S. 10 unterscheidet in „Magie; Zauber" für Heka und „Zauberkraft" für Achu.

7 JOACHIM F. QUACK: Kontinuität und Wandel in der spätägyptischen Magie. In: Studi epigrafici e linguistici sul Vicino Oriente antico, Nuova Serie 15 (1998), S. 77–94; JOACHIM F. QUACK: Magie und Totenbuch – eine Fallstudie (pEbers 2,1-6). In: Chronique d'Égypte 74 (1999), S. 5–17; JOACHIM F. QUACK: Zwischen Landesverteidigung und Liebeswunsch. In: Zauber und Magie. Hg. von THOMAS PFEIFFER. Heidelberg 2010, S. 33–61; zu verschiedenen Arten von ‚Magiern' siehe FISCHER-ELFERT, Altägyptische Zaubersprüche [Anm. 5], S. 10–12; THEIS, Magie und Raum [Anm. 5], S. 40–59; speziell zum „Skorpionbeschwörer" JOACHIM F. QUACK: Eine magische Stele aus dem Badischen Landesmuseum Karlsruhe (Inv. H 1049). Heidelberg 2018 (Schriften der Philosophisch-historischen Klasse der Heidelberger Akademie der Wissenschaften 58), S. 91–95.

8 QUACK, Magie und Totenbuch [Anm. 7]; JOACHIM F. QUACK: Das Pavianshaar und die Taten des Thot (pBrooklyn 47.218.48+85 3,1–6). In: Studien zur altägyptischen Kultur 23 (1996), S. 305–333. JAN ASSMANN nennt dies „angewandte Mythologie", die für konkrete Einzelfälle und Krisen zum Einsatz kam: Magic and theology in ancient Egypt. In: Envisioning magic. A Princeton seminar and symposium. Hg. von PETER SCHÄFER und HANS G. KIPPENBERG. Leiden 1997, S. 1–18, hier S. 17f.; ASSMANN, Magie und Ritual [Anm. 6], S. 34–37. Davon unterscheidet er „angewandte Theologie", d. h. umfassende, häufig pantheistische Charakterisierungen von Göttern, die für allgemeineren und länger gültigen magischen Schutz verwendet wurden.

9 JOACHIM F. QUACK: Remarks on Egyptian rituals of dream-sending. In: KOUSOULIS (Hg.), Ancient Egyptian demonology [Anm. 4], S. 129–150, hier S. 143f. – Vgl. auch die Anweisungen im Totenbuchspruch 190, der unter anderem den 2. und 6. Mondmonatstag als Ausführungsdatum angibt: „Du sollst es stets tun, ohne zuzulassen, dass irgendjemand zuschaut, außer deines wirklich Vertrauten und des Vorlesepriesters, der dich begleitet, ohne zuzulassen, dass jemand anderer zuschaut, und ohne einen Diener, der von draußen hereinkommen könnte. [...] Diese Buchrolle ist etwas wahrhaftig sehr Geheimnisvolles. Es ist dem Pöbel und Jedermann nicht erlaubt, sie zu kennen. Du sollst nicht viele Worte darüber verlieren, es sei denn, du bist zusammen mit einem wirklich Vertrauten." (Übersetzung: BURKARD BACKES, http://totenbuch.awk.nrw.de/spruch/190). Eine andere Version enthält zusätzlich den Verweis auf einen abgegrenzten Raum: „Du sollst (es) im Innern eines Zeltes aus Stoff gebrauchen, das komplett mit Sternen verziert ist."

Wachs- und Tonfiguren für Vernichtungsrituale betraut.[10] Ferner schloss die ägyptische Heilkunde regelhaft magische Sprüche zur Bekämpfung einer Krankheit ein.[11]

Bisweilen wird die Unterscheidung von Magie und Religion daran festgemacht, dass Religion in offiziellem Rahmen stattfinde und der gesamten Gesellschaft diene, während Magie im privaten Umfeld zum Nutzen einer Einzelperson ausgeübt werde.[12] Doch zeigt sich, dass sowohl im Tempel Texte vertreten sind, die aus dem königlichen, also privaten Rahmen stammen, als auch umgekehrt manche Ritualtexte für Privatpersonen ursprünglich zum Wohle eines Gottes verfasst worden sind.[13] Dass die Adaptation in beiden Richtungen funktionierte, macht deutlich, wie wenig sich deren Prinzipien unterschieden. Die Verwendung von magischen Sprüchen im Tempel – besonders zum Schutz vor Feinden – zeigt ferner, dass Magie keine verbotene oder vom Staat missbilligte Form der Religionsausübung gewesen sein kann.[14] Zudem wurden manche heutzutage als Magie – bzw. eher Esoterik – bezeichnete Praktiken, wie etwa die Divination anhand von Sternenkonstellationen, Naturerscheinungen oder Träumen, als rationale ‚Wis-

---

[10] QUACK, Kontinuität und Wandel [Anm. 7], S. 83–89; JOACHIM F. QUACK: La magie au temple. In: KOENIG (Hg.), La magie en Égypte [Anm. 5], S. 41–68.

[11] FISCHER-ELFERT, Altägyptische Zaubersprüche [Anm. 5], S. 12–14. Als Unterschied von rein medizinischen Rezepten zu magischen Heilsprüchen sieht er u. a. in ersterem Fall die Quantifizierung von Drogenbestandteilen an, sowie die Tatsache, dass über den Kranken/die Krankheit in der 3. Pers. gesprochen wird (ebd., S. 13).

[12] ASSMANN, Magic and theology [Anm. 8], S. 3–6; siehe bereits ÉMILE DURKHEIM: Les formes élémentaires de la vie religieuse. Paris 1912, S. 58–63.

[13] QUACK, Kontinuität und Wandel [Anm. 7]; ASSMANN, Magic and theology [Anm. 8], S. 6–16; MARTIN A. STADLER: Von kommunizierenden Röhren. In: Wege zur Unsterblichkeit. Altägyptischer Totenkult und Jenseitsglaube. Hg. von ANGELIKA ZDIARSKY. Wien 2013 (Nilus 20), S. 19–28; die Beiträge des Bandes Liturgical texts for Osiris and the Deceased in Late Period and Greco-Roman Egypt/Liturgische Texte für Osiris und Verstorbene im spätzeitlichen Ägypten. Proceedings of the colloquiums at New York (ISAW), 6 May 2011, and Freudenstadt, 18–21 July 2012. Hg. von BURKARD BAKKES und JACCO DIELEMAN. Wiesbaden 2015 (Studien zur spätägyptischen Religion 14); SVENJA NAGEL: „Was im Tempel passiert, bleibt nicht (mehr) im Tempel“: Transformationen von ägyptischem Tempelritual und rituellem Raum in den Praktiken der demotischen und griechischen magischen Papyri. In: Der ägyptische Tempel als ritueller Raum. Theologie und Kult in ihrer architektonischen und ideellen Dimension. Akten der internationalen Tagung, Haus der Heidelberger Akademie der Wissenschaften, 9.–12. Juni 2015. Hg. von STEFAN BAUMANN und HOLGER KOCKELMANN. Wiesbaden 2017 (Studien zur spätägyptischen Religion 17), S. 507–536.

[14] QUACK, Landesverteidigung [Anm. 7], bes. S. 37–41. Dies geschah erst in römischer und nachfolgend der christlichen Zeit Ägyptens (vgl. etwa JOACHIM FRIEDRICH QUACK: Zauber ohne Grenzen. Zur Transkulturalität der spätantiken Magie. In: Rituale als Ausdruck von Kulturkontakt: „Synkretismus“ zwischen Negation und Neudefinition. Akten der interdisziplinären Tagung des Sonderforschungsbereiches „Ritualdynamik“ in Heidelberg, 3.–5. Dezember 2010. Hg. von ANDREAS H. PRIES [u. a.]. Wiesbaden 2013, S. 177–199, hier S. 178f.

senschaft' verstanden.[15] Eine linear-evolutionistische Entwicklung von Magie über Religion bis hin zur Wissenschaft, wie sie in der Kulturanthropologie des beginnenden 20. Jahrhunderts vertreten wurde, ist ohnehin schon lange als unhaltbar aufgegeben worden.[16] So war die Berechnung der Mondphasen keine ernsthaftere Tätigkeit als das Deuten einer Verfinsterung als Omen, vielmehr geschah ersteres ohnehin vor allem mit der Absicht, letzteres zu tun.[17] Die Phänomene der Natur wurden stets als Wirken einer oder verschiedener Gottheiten angesehen, weshalb ihre Untersuchung bzw. Abbildung selten dem reinen Wissenszuwachs oder der Illustration dienten. Dies wird insbesondere für die zahlreichen Darstellungen des Mondzyklus noch von Bedeutung sein.

Trotz der engen Verflechtung von Magie und Religion kann man in den ägyptischen Quellen solche erkennen, die nach unserem heutigen Verständnis eher als ,Magie' zu bezeichnen sind, freilich ohne eine pejorative Wertung des Terminus anzusetzen.[18] Quack bezeichnet als Charakteristikum dieser magischen Quellen, dass sie „relativ klar definierte und spezifische Ziele haben, welche vorrangig den Interessen von einzelnen Individuen gelten".[19] Fischer-Elfert unterscheidet die prophylaktisch-apotropäische, reaktiv-kurative, transformative sowie die divinatorische Verwendung von Magie: Dies manifestiert sich in Amuletten, Ächtungsfiguren, medizinischen Heilsprüchen, Schutzzaubern für die Geburt, Schutzzaubern gegen Dämonen und Feinde, Schutz des Hauses, Liebeszaubern, Schadenszaubern sowie verschiedenen Formen der Zukunftsprognose.[20] Ein Differenzierungskriterium ist die Anwendung dieser Rituale für einen konkreten, unter Um-

---

[15] ALEXANDRA VON LIEVEN: Divination in Ägypten. In: Altorientalische Forschungen 26/1 (1999), S. 77–126, hier S. 99f.; QUACK, Kontinuität und Wandel [Anm. 7], S. 83.

[16] Vgl. QUACK, Landesverteidigung [Anm. 7], S. 34f.

[17] VICTORIA ALTMANN-WENDLING: Shapeshifter. Knowledge of the moon in Graeco-Roman Egypt. In: Finding, inheriting or borrowing? The construction and transfer of knowledge in Antiquity and the Middle Ages. Hg. von JOCHEN ALTHOFF [u. a.]. Bielefeld 2019 (Mainz Historical Cultural Sciences 39), S. 213–252, hier S. 219–233.

[18] So spricht sich STADLER, Ägyptische Religion ptolemäisch-römischer Zeit [Anm. 5], S. 10–12 für eine Trennung von Magie und Religion aus, wenn das Verständnis des Begriffs ,Magie' ein neutrales sei, als Alternative schlägt er ,Zauber' vor. Er bezeichnet Magie und Religion zusammenfassend als „Pole, die im Bedürfnis nach der Erklärung und Beeinflussung der Welt miteinander verbunden sind." (ebd., S. 10).

[19] QUACK, Zauber ohne Grenzen [Anm. 14], S. 178. Dabei agiert der Ritualist jedoch häufig unter dem Namen eines Gottes, wie auch der Patient/Nutznießer des Rituals oftmals nach einem göttlichem Vorbild porträtiert wird (vgl. oben Anm. 8), so dass sich die Interaktion nicht direkt zwischen Mensch und Gott abspielt (FISCHER-ELFERT, Altägyptische Zaubersprüche [Anm. 5], S. 19–20; STADLER, Ägyptische Religion ptolemäisch-römischer Zeit [Anm. 5], S. 12).

[20] Einen Überblick über die Bereiche von Zauberei liefert FISCHER-ELFERT, Altägyptische Zaubersprüche [Anm. 5], S. 16–31; siehe auch den Beitrag FISCHER-ELFERTs im Wissenschaftlichen Bibellexikon im Internet [WiBiLex]: https://www.bibelwissenschaft.de/stichwort/11050/ . Eine Zusammenstellung der ägyptischen Bezeichnungen

ständen einmaligen Anlass, in zahlreichen Fällen die Reaktion auf eine Krise. Die Tempelrituale hingegen zeigen zumeist eine zyklische, etwa Festkalendern folgende, tägliche, jährliche oder – besonders für den Mond – monatliche Wiederholung, mittels derer die bestehende (kosmische) Ordnung aufrechterhalten werden sollte.[21] Rituale für den Verstorbenen stehen zwischen beiden Kategorien, indem zwar ihr konkreter Anlass der Tod eines Menschen war, ihre Wirksamkeit indes für alle Ewigkeit Bestand haben sollte.[22]

Doch wie sind die Prinzipien der ägyptischen Magie auf die Tempelreliefs anzuwenden? Unter Laien mag bisweilen die Vorstellung herrschen, die Reliefs bildeten – in einer Art Gebrauchsanleitung oder Bildergeschichte – die zu vollziehenden Rituale ab oder seien lediglich dekorative Elemente. Eventuell könnte auch an die Demonstration von (Geheim)Wissen und damit elitärer Macht zu denken sein, die der Bevölkerung präsentiert werden sollte. Doch zum einen war dem gemeinen Volk der Zutritt in den Tempel ohnehin grundsätzlich verwehrt, zum anderen stellte auch die Priester das Ablesen der Texte von zum Teil fast 30 m hoch angebrachten Szenen vor Schwierigkeiten. Vielmehr waren für den alten Ägypter das Bild und das Wort von weitaus elementarer Bedeutung, denn sie wirkten aus sich heraus und entfalteten ihre Wirkung bereits durch ihre Präsenz.[23] Durch die Hieroglyphen („Gottesworte") wurde Zauber gewirkt. Jan Assmann spricht daher von „interventionistischem" Sprechen, das nicht nur performativ, son-

magischer Texte bei HANS-WERNER FISCHER-ELFERT: Gattungen in der altägyptischen Magie. Sammelhandschriften als Textfelder. In: Zauber und Magie im antiken Palästina und in seiner Umwelt. Kolloquium des Deutschen Vereins zur Erforschung Palästinas vom 14. bis 16. November 2014 in Mainz. Hg. von JENS KAMLAH [u. a.]. Wiesbaden 2017 (Abhandlungen des Deutschen Palästina-Vereins 46), S. 107–123.

21 ASSMANN, Magic and theology [Anm. 8], S. 4–6.

22 Vgl. ASSMANN, Magie und Ritual [Anm. 6], S. 37–41. Fischer-Elfert hält die Tatsache, dass der Verstorbene sich nach dem Tod in eine Form des Totengottes Osiris ‚verwandelte', für einen entscheidenden Unterschied zu den übrigen magischen Ritualen, da diese keine Transformation einer Person zu erlangen suchten, sondern vielmehr den Normalzustand vor der Krise bzw. Bedrohung wiederherstellen sollten (FISCHER-ELFERT, in: WiBiLex [Anm. 20]). Da jedoch auch das Leben nach dem Tod mit diesseitsähnlichen Zuständen beschrieben wird (Essen und Trinken, Bewegungsfreiheit, Ackerbau) und zahlreiche Todeszustände (unbewegliche Glieder, Blindheit, Einwickelung mit Mumienbinden) durch die Funerärrituale beseitigt werden sollten, scheinen mir diese durchaus der Überwindung einer Krise – wenn nicht der existentiellsten Krise überhaupt – zu dienen (siehe zu den ägyptischen Jenseitsvorstellungen allgemein JAN ASSMANN: Tod und Jenseits im Alten Ägypten. München 2001). Dass sie nicht bezweckten, den Toten wieder zum Leben zu erwecken, ist wohl lediglich als Akzeptanz des Unmöglichen anzusehen.

23 ASSMANN, Magie und Ritual [Anm. 6], S. 25–34; ANDREAS H. PRIES: Ritualvollzug im Spiegel der überkommenen Tradition, oder: wie festgelegt war die altägyptische Kultpraxis tatsächlich? In: 9. Ägyptologische Tempeltagung: Kultabbildung und Kultrealität. Hamburg, 27. September – 1. Oktober 2011. Wiesbaden 2013 (Königtum, Staat und Gesellschaft früher Hochkulturen 4), S. 279–295. Pries weist darauf hin, dass die Darstellung desselben Rituals durchaus unterschiedlich realisiert werden konnte, und dass zwar

dern transformativ war.[24] So verstetigten die Texte und Szenen die Wirkung der tatsächlich ausgeübten Rituale und traten mit ihnen in Wechselwirkung.[25] Ferner bestand die Vorstellung, dass die Götter ihren Abbildern ‚einwohnten' und dadurch ihre göttliche Macht auf das dargestellte Ritual übertrugen.[26] Auch abgebildete Kultparaphernalia und Opfergaben entfalteten ihre magische Kraft.[27] Als Ziel der Darstellung von Naturerscheinungen, zu denen auch der Mondlauf gehört, kann hingegen die konstante Wiederholung und damit Aufrechterhaltung der kosmischen Ordnung angesehen werden.[28] Zugleich sollte der göttliche Himmelskörper in der menschlichen Sphäre seinen positiven Einfluss entfalten.

b) Der Mond in Ägypten

Der ägyptische Mondmonat begann mit Neumond, d. h. der Phase, bei der sich der Mond zwischen Erde und Sonne befindet und für einen Beobachter auf der Erde unbeleuchtet erscheint.[29] Hierfür war die exakte Beobachtung, wann bei Nacht erstmals kein Mond mehr erschien, vonnöten, was angesichts der nur sehr schmalen Sichel kurz vor und nach Neumond kein leichtes Unterfangen darstellte;[30] Berechnungen des Mondmonatsbeginns sind erst in römischer Zeit belegt.[31] Die astronomische Beobachtung wurde von den sog. Stundenpriestern vorgenommen.[32] Anders als in Mesopotamien war jedoch

---

einige Szenen tatsächlich genaue Handlungen und Handlungsabfolgen abbilden, andere aber nur einen kleinen, symbolhaft-abstrakten Ausschnitt dessen zeigen, was in den begleitenden Texten beschrieben wird (ebd., S. 280f.).

24 ASSMANN, Magie und Ritual [Anm. 6], S. 25. Siehe außerdem zur Wirksamkeit und Form von Sprache in magischen Ritualen JAN ASSMANN: Sakramentale Ausdeutung. Rahmenbedingungen magischer Sprache im Alten Ägypten. In: Rahmenbrüche, Rahmenwechsel. Hg. von UWE WIRTH. Berlin 2013 (Wege der Kulturforschung 4), S. 61–73.

25 Vgl. etwa VICTORIA ALTMANN-WENDLING: Raum-Zeit. Mond- und Tempeltreppen als Orte des Rituals. In: BAUMANN/KOCKELMANN (Hg.), Tempel als ritueller Raum [Anm. 13], S. 419–445.

26 Dies wird auch als ‚Präsentifikation' bezeichnet, s. ESCHWEILER, Bildzauber [Anm. 5], S. 293–297; PRIES, Ritualvollzug [Anm. 23], S. 280–282. PRIES (ebd., S. 281) verweist dabei auf eine Textstelle in Dendera, die dies deutlich ausdrückt: „Zufrieden möge er [scil. der Gott] in seine abgeschirmte Kapelle eintreten zusammen mit den Bas der Götter, welche in seiner Umgebung sind, indem er sein geheimes Abbild sieht, das man an seinen rechten Platz gemalt hat, sein verborgenes Bild, welches auf den Wänden eingeritzt ist. Er möge eintreten in sein geheimes Abbild, sich niederlassen auf seinem Götterbild und seine Majestät freudig umarmen."

27 PRIES, Ritualvollzug [Anm. 23], S. 281f.

28 ALTMANN-WENDLING, MondSymbolik [Anm. 3], bes. S. 965–969.

29 Zu den kalendarischen Grundlagen siehe ebd., S. 7f., 781–792.

30 Ebd., S. 8–13.

31 ALTMANN-WENDLING, Shapeshifter [Anm. 17], S. 219–223; ALTMANN-WENDLING, MondSymbolik [Anm. 3], S. 788–792.

32 ALTMANN-WENDLING, MondSymbolik [Anm. 3], S. 782–788.

kein Mondkalender, sondern ein solarer, 365 Tage währender Kalender die Basis der ägyptischen Zeitrechnung. Der Mond war lediglich im Kult von Bedeutung, ähnlich wie er noch heute in der Bestimmung des Ostertermins eingesetzt wird. So wurden zahlreiche historische Inschriften neben einem solaren Termin noch mit einer Phase des Mondmonats datiert, wurde der Beginn der Priesterdienste durch den zweiten Mondmonatstag eingeläutet und orientierten sich zahlreiche Feste und Rituale an den Phasen des Mondes.[33]

Die Bezeichnung für den ägyptischen Mondgott wie auch für den Himmelskörper ist Iah (*Jꜥḥ*). Er erscheint einerseits als Himmelskörper in Form einer Scheibe mit begleitender Sichel, worin zwei charakteristische Formen des Erdtrabanten vereinigt werden.[34] Seltener wird er als anthropomorphe oder zoomorphe Gottheit mit einer solchen Scheibe auf dem Kopf abgebildet (Abb. 1). Die Sichel erscheint dabei in waagerechter Position, wie sie in äquatornahen Gebieten zu sehen ist. Im römerzeitlichen Pronaos des Tempels von Esna ist hingegen die seltene Darstellung der Mondphasen mittels einer graduell wachsenden und wieder abnehmenden Scheibe zu finden.[35] Außerdem wird dort eine einzelne Mondsichel abgebildet, wie sie weiterhin in dem ebenfalls römerzeitlichen Tempel von Deir el-Haggar in der Oase Dachla erscheint.[36] Die Mondphasen sind, wenngleich nur skizzenhaft, ferner in zwei Papyri mit priesterlichem Wissen enthalten, die wie der Tempel von Esna aus der Römerzeit stammen.[37] Die Darstellungsform als aufrechte anstatt liegende Sichel erscheint bereits im Osireion Sethos' I. in Abydos (19. Dynastie, 13. Jh. v. Chr.) sowie – gemeinsam mit der Mondscheibe – in einem Papyrus der 20. Dynastie (12. Jh. v. Chr.), muss also nicht als Übernahme aus der griechisch-römischen Kultur gelten.[38]

2. Konzepte des Mondes

In den ägyptischen religiösen Texten, ob in Tempeln oder auf Papyrus aufgezeichnet, findet sich eine große Zahl von Konzepten[39] und ‚Bildern'[40] be-

---

[33] Ebd., S. 6f., 799–810 und s. u. Abschn. 3.

[34] Zur Ikonographie des Mondgottes ebd., S. 699–730.

[35] Dies ist nicht in der Publikation des Tempels nachzuvollziehen, zeigt sich jedoch anhand neuerer Fotos bzw. nach der momentan laufenden Reinigung der Decke des Pronaos. Siehe bislang die schematische Darstellung bei ALTMANN-WENDLING, MondSymbolik [Anm. 3], Taf. 25 a und den Kommentar ebd. S. 606–612.

[36] Ebd., S. 621 (Esna), S. 633–638 (Deir el-Haggar).

[37] Ebd., S. 704–706.

[38] Ebd., S. 700, 702.

[39] ‚Konzept' hier verstanden als mentale Repräsentation des Wissens (MONIKA SCHWARZ: Kognitive Semantiktheorie und neuropsychologische Realität. Repräsentationale und prozedurale Aspekte der semantischen Kompetenz. Tübingen 1992 [Linguistische Arbeiten 273], S. 108–105; vgl. auch ALTMANN-WENDLING, MondSymbolik [Anm. 3], S. 857–861).

[40] Im Sinne von Assmanns ‚Ikon' als „medien-indifferente, d. h. sowohl bildlich als auch sprachlich realisierbare Formulierung bzw. Artikulation von Inhalt" (JAN ASSMANN: Re

züglich des Mondes und seines monatlichen Laufes. Diese sollen im Folgenden thematisiert werden, da sie die dem Mond inhärente Symbolik ergründen, die in den weiter unten behandelten magischen Ritualen eine Rolle spielt. Bei den Mondbezeichnungen (Epitheta) handelt es sich vielfach um metaphorische Zuschreibungen, die nach der aus der kognitiven Linguistik stammenden Metapherntheorie als ‚konzeptuelle Metaphern' aufgefasst werden können, d. h. nicht nur als sprachliche Ausdrucksform, sondern als mentale Organisationseinheiten des Weltwissens.[41] Metaphern übertragen Eigenschaften eines Gegenstandes (‚Ursprungsbereich') auf einen anderen (‚Zielbereich'); dies funktioniert oftmals asymmetrisch in nur eine Richtung. Auf diese Weise können abstrakte oder schwer fassbare Dinge durch Bekanntes und Konkretes wie Lebewesen, Körperteile oder die Interaktion mit der Umwelt erklärt werden. Dies kann sicherlich auch für den Mond als fernem Himmelskörper mit seinem rätselhaft erscheinenden Gestaltwandel gelten.

a) Die Formen und Wege des Mondes

Zahlreiche Zuschreibungen beziehen sich nicht auf eine anthropomorphe Gotteserscheinung, wie es in der ägyptischen Religion für andere Naturerscheinungen zu beobachten ist,[42] sondern auf die Gestalt des Himmelskörpers selbst, indem er als „Scheibe" (*jtn*), „vollkommene Scheibe" (*jtn nfr*) oder „Scheibe der Nacht" (*jtn n grḥ*) bezeichnet wird.[43] Somit lag der Fokus zumeist auf der Phase des Vollmondes, da seine beleuchtete Oberfläche für einen Beobachter auf der Erde nur dann als perfekt runde Form erscheint.[44] Neben Bezügen auf die Leuchtkraft der Mondscheibe („mit strahlender Scheibe" *stj jtn*) und ihre helle Färbung („helle/weiße Scheibe" *jtn ḥḏ*) treten auch die Bezeichnungen „Scheibe aus Gold" (*jtn n ktm.t*) oder „der als Goldener strahlt" (*psḏ m nbw*) auf. Diese könnten einerseits die bisweilen gelbrötliche Färbung meinen, die der Mond bei Vollmond, aber auch als Sichel einnehmen kann, wenn das Licht durch horizontnahe Luftschichten gebro-

und Amun. Die Krise des polytheistischen Weltbilds im Ägypten der 18.–20. Dynastie. Freiburg/Schw., Göttingen 1983 [Orbis Biblicus et Orientalis 51], S. 54).

41 George Lakoff/Mark Johnson: Metaphors we live by. Chicago 1980.

42 Vgl. Alexandra von Lieven: Das Göttliche in der Natur erkennen. Tiere, Pflanzen und Phänomene der unbelebten Natur als Manifestation des Göttlichen, mit einer Edition der Baumliste P. Berlin 29027. In: Zeitschrift für ägyptische Sprache und Altertumskunde 131 (2004), S. 156–172.

43 Siehe mit den jeweiligen Textstellen und einer allgemeinen Auswertung Altmann-Wendling, MondSymbolik [Anm. 3], S. 871–877.

44 Die Kugelform wurde gesichert erstmals von Aristoteles erkannt, doch könnte das damit verbundene Wissen, dass die Sonne den Mond beleuchtete, aufgrund der genauen Beobachtung der Himmelskörper durchaus auch den alten Ägyptern bewusst gewesen, eventuell aber aus theologischen Gründen geleugnet worden sein (s. hierzu Altmann-Wendling, MondSymbolik [Anm. 3], S. 31–33).

chen wird, andererseits könnten die Epitheta darauf referieren, dass der Erdtrabant als Stellvertreter der Sonne angesehen wurde.[45] Ein anderes Wort für die Mondscheibe und bisweilen auch für die Sichel ist *ꜣbd*, das zugleich das ägyptische Wort für ‚Monat' darstellt. Weiterhin existieren Bezeichnungen hinsichtlich der Zu- und Abnahme der beleuchteten Oberfläche. „Der mit seinem Leib versehen ist" (*ꜥpr m ḏ.t=f*) kann ebenso wie die Phrase „seine Gestalt des Gestern vermehren" (*qꜣb jrw=f n sf*) auf die Zunahme rekurrieren. „Der seine Gestalt ablegt" (*wꜣḥ-qj=f*) bezieht sich auf die abnehmende Phase, hingegen nimmt „der seine Gestalt wiederholt" (*wḥm-qj=f*) fraglos auf das zyklische Wiedererscheinen seiner Phasen Bezug. Insgesamt existieren nur wenige Epitheta und Beschreibungen, die explizit die Abnahme thematisieren. Zumeist wird sie nur mit wenigen Anspielungen genannt; in älteren Texten findet hierfür das Verb *ẖbj* „vermindern" Verwendung.

Die Bezeichnung „geheime Gestalt" (*sštꜣ*) und das Attribut „verborgen, geheim" (*jmn*) werden ebenfalls häufig in lunarem Kontext erwähnt.[46] So heißt der Mond auch „der mit verborgenem Abbild, mit geheimen Plänen" (*tẖn ssmw jmn sẖr.w*). Offensichtlich stellten seine abweichende Bewegung, der Wandel seiner Gestalt im Laufe eines Monats und sein temporäres Verschwinden ein Mysterium für die Ägypter dar. Daneben können sich derartige Begriffe auf die Unsichtbarkeit bei Neumond beziehen, die bisweilen explizit genannt wird, z. B. im Ausdruck „der sich am Neumondfest verbirgt" (*kꜣp m psḏn.tyw*).[47] Andererseits findet auch die Freude über das Erscheinen oder Erblicken des Mondes, seitens der Menschen oder Götter, häufige Erwähnung.[48] Dabei ist dieser Anblick mit belebenden und heilbringenden Eigenschaften verbunden, wie etwa in der Phrase „bei dessen Erscheinen Götter und Menschen leben" (*ꜥnḫ nṯr.w rmṯ.w m ḫꜥ.w=f*). Daneben wird konstatiert, dass der Mond die Sehfähigkeit überhaupt erst ermöglicht, was aufgrund der Erhellung der dunklen Nacht durchaus zutreffend ist.

Unter den Schilderungen über den Mond sind vielfach Beschreibungen des Aufgangsortes und bestimmter Phasen des Mondes sowie seiner Konstellation mit der Sonne zu finden, die hinsichtlich der realen astronomischen Situation korrekt sind.[49] Darunter ist der Aufgang des Mondes ein häufiges Thema, dessen Erscheinen in Horizontnähe zweifelsohne ein imposantes Schauspiel darstellt, das den Erdtrabanten durch optische Täuschung größer und folglich näher erscheinen lässt. Zusätzlich wird dabei

---

45 Siehe dazu weiter unten.

46 ALTMANN-WENDLING, MondSymbolik [Anm. 3], S. 918–921.

47 Eine Mondfinsternis wird indes nur äußerst selten erwähnt, da die religiösen Texte stets euphemistisch lediglich einen Idealzustand beschreiben und damit zugleich magisch beschwören. Die unregelmäßig auftretende, als negatives Omen gedeutete Finsternis stellt eine Abweichung dieses Zustandes dar (s. u. Abschnitt 3b).

48 ALTMANN-WENDLING, MondSymbolik [Anm. 3], S. 915–918.

49 Ebd., S. 911–914, 933–937 und 30–31 zu den astronomischen Phänomenen im Laufe des Mondmonats.

oftmals eine Himmelsrichtung genannt, worunter sich vor allem der Osten findet, wie es aufgrund des Aufgangs jeglicher Himmelskörper am östlichen Horizont auch zu erwarten ist. So heißt der Mond unter anderem „der im Ostgebirge aufgeht" (*wbn m bꜣḫw*) oder „der über dem Osten ist" (*ḥry-jꜣb.tt*). Dieser Kardinalpunkt wird insbesondere in Beschreibungen des Vollmondabends als Aufgangsort genannt. Es mag daher zunächst überraschen, dass auch der westliche Horizont für die Erscheinung des Mondes Erwähnung findet, wie etwa in den Ausdrücken „der seine Vollkommenheit am Eingang des Westgebirges erhebt" (*wṯs nfr.w=f m rꜣ mꜣnw*) oder „der im westlichen Horizont des Himmels erscheint" (*ḫꜥj m ꜣḫ.t jmn.tt n.t p.t*). Das neutralere „Leuchten" an diesem Kardinalpunkt könnte als Verweis auf die Position bei seinem Untergang verstanden werden; tatsächlich wird die Konstellation am Morgen des Vollmondes, wenn der Mond herabsinkt, während gleichzeitig die Sonne aufgeht, mehrere Male beschrieben.[50] Das „Erheben" (*wṯs*) oder das „Erscheinen" (*ḫꜥj*) im Westen wird indessen durch ein anderes Phänomen erklärbar: die erste Sichtbarkeit nach Neumond, das sog. Neulicht. An diesem Tag wird der Mond ca. eine Stunde nach Sonnenuntergang, mithin am Westhorizont, sichtbar und geht bald darauf selbst unter (Abb. 2a/b).

Mit dem Thema des Aufgangs ist auch die Bewegung des Mondes verbunden, die häufig unter den Bezeichnungen des Mondgottes zu finden ist, z. B. „linkes Auge, das die Himmel durchstreift" (*jꜣb.t nmt p.ty*) oder „der den oberen Himmel mit seinem Strahlen durchwandert" (*nbnb ḥr.t m stw.t=f*).[51] Selbstverständlich verläuft seine tägliche Bewegung über den Himmel mit 15° pro Stunde von Ost nach West, wie soeben erläutert wurde. Diese Bahn ist jedoch nur eine imaginäre, die durch die Rotation der Erde hervorgerufen wird und allen Gestirnen gemein ist. Bedeutender und für den Mond einzigartig ist hingegen seine exakt konträre Eigenbewegung, die durch seine Umkreisung der Erde entsteht. Während dieses durchschnittlich 27,5 Tage dauernden Zyklus rückt er von der Erde aus gesehen im Verhältnis zu den Fixsternen jeden Tag um ca. 13° gen Osten. Diese Bewegung, die sich gegenläufig zum restlichen Sternenhimmel vollzieht, ist sicherlich auch den alten Ägyptern nicht entgangen. Auf dieses spezifische Charakteristikum könnten sich Epitheta wie „der den Himmel durcheilt" (*ḫns nn.t*) oder „Herr des Weges" (*nb mṯn*) beziehen.

b) Die Symbolik des Mondes

Neben seiner Form und diversen Phänomenen des Mondlaufes finden sich in den religiösen Texten auch zahlreiche Assoziationen und Identifikationen, die die kulturimmanente Interpretation des Mondes erhellen. Neben dem

[50] Z. B. eine Stelle aus Edfu, s. ALTMANN-WENDLING, MondSymbolik [Anm. 3], S. 209f., 243–245.

[51] Ebd., S. 921–923.

Begriff *Jˁḥ* „Mond" existiert in griechisch-römischer Zeit das Lexem *Jwn-ḥˁˁ*, das bisweilen lediglich als Notierungsvariante und Pseudetymologie für *Jˁḥ* angesehen wurde.[52] Die wörtliche Übersetzung als „Jubelnder Pfeiler" ist jedoch durchaus plausibel, da auch Benennungen als „Pfeiler" (*Jwn*) oder „Pfeiler des Himmels" (*Jwn n p.t*) für den Mond auftreten. Letzteres mag ohnehin als Ausgangspunkt für das Bild gedient haben.

Gut belegt ist die Identifikation des Gestirns mit einem Körperteil, genauer mit dem Horusauge (*jr.t-Ḥr*), auch Udjat-Auge (*wḏꜣ.t*) oder linkes Auge (*jꜣb.t*) des Sonnengottes genannt, dessen rechtes Auge parallel dazu die Sonne darstellt.[53] Mit diesen himmlischen Augen verbinden sich zahlreiche Mythen, wie das der ‚Fernen Göttin' oder der Horus-und-Seth-Mythos, die sich vielfach überschneiden oder voneinander abhängen.[54] Prozesse der Verletzung, des Raubs, der Entfernung, Füllung, Heilung, Versorgung und Zählung des Auges oder seiner Bestandteile sind eng mit diesem Konzept verbunden und in vielen lunaren Epitheta sowie Darstellungen zu finden (Abb. 3).

Eine Assoziation mit Stärke und Macht spiegelt sich in der Bezeichnung „Hitziger Stier" (*kꜣ psj*) wider.[55] Der Begriff findet des Öfteren für den Vollmond Verwendung, der in der Tat die ‚machtvollste' Phase des Erdtrabanten darstellt. Die Ähnlichkeit der gebogenen Hörner mit der Mondsichel könnte zu diesem Konzept beigetragen haben und findet sich auch in anderen Kulturen wie beispielsweise der vorderasiatischen.[56] Im Gegensatz zu diesem machtvollen Zustand, der neben *kꜣ psj* in Epitheta wie „Stier des Himmels" (*kꜣ n p.t*) und „Stier, der sich jeden Tag im Himmel verjüngt" (*kꜣ rnp m p.t rˁ nb*) erscheint, ist „Ochse" (*sꜥb*) als Charakterisierung des geschwächten Zustands zu verstehen, d. h. Abnahme und Neumond. Ein Name für den Tag des Vollmonds lautet hingegen „Vereinigen der beiden Stiere" (*snsn-kꜣ.wy*). Diese Bezeichnung mag sich von der Konstellation von Sonne und Mond am Abend des Vollmondes herleiten, wenn die Himmelskörper einander am Firmament vis-à-vis gegenüberstehen wie zwei Bullen im sog. Horn-Stirn-Kampf, der den Ägyptern als Viehzüchtern sicherlich vertraut war.

Mit der Emanation des Mondes als eines potenten Stiers geht auch die Macht einher, die Fortpflanzungsfähigkeit von Stieren und Kühen zu verstärken; so wird er „der die Kühe trächtig macht" (*sbkꜣ jd.wt*) oder „der die Stiere begatten lässt" (*spꜣy kꜣ.w*) genannt.[57] Eine Assoziation des Mondes mit

---

[52] Ebd., S. 877–880.

[53] Ebd., S. 884–892, 906–911; vgl. außerdem NADINE GRÄSSLER: Konzepte des Auges im alten Ägypten. Hamburg 2017 (Studien zur Altägyptischen Kultur, Beihefte 20).

[54] Siehe hierzu zusammenfassend STADLER, Einführung in die ägyptische Religion [Anm. 5], S. 40f., 57–62.

[55] ALTMANN-WENDLING, MondSymbolik [Anm. 3], S. 442–465, 880–884.

[56] Vgl. TIM BRANDES: "He assigned Him as the Jewel of the Night" – The Knowledge of the Moon in Mesopotamian Texts of the Late Second and First Millennia BCE. In: ALTHOFF [u. a.] (Hg.), Finding, inheriting or borrowing? [Anm. 17], S. 187–212.

[57] ALTMANN-WENDLING, MondSymbolik [Anm. 3], S. 954f.

Fruchtbarkeit ist kulturübergreifend häufig vertreten und korrespondiert mit seinem scheinbaren Anwachsen während der ersten Monatshälfte.[58] Der Konnex mit der Überschwemmung, wie ihn Plutarch so ausführlich beschreibt, dürfte jedoch eher auf der Gleichsetzung des Mondes mit Osiris beruhen, als dessen Ausflüsse die Nilflut häufig bezeichnet wird.[59] Das *tertium comparationis* zwischen der Lunation und dem Gott stellt dessen Schicksal dar: Er wird durch seinen Bruder Seth ermordet und zerstükkelt, sodann – durch die Magie seiner Gattin Isis – aus den Einzelteilen erneut zusammengesetzt und wiederbelebt, ebenso wie der Mond nach seiner Unsichtbarkeit schrittweise zur erneuten Vollkommenheit anwächst.[60] Diese strukturelle Verwandtschaft ist denn sicherlich auch dafür verantwortlich, dass sich zahlreiche lunare Szenen und Allusionen in den Osiris-Kapellen auf dem Dach des Tempels von Dendera sowie in der Sokar-Osiris-Kapelle desselben Heiligtums befinden.[61] Dementsprechend wird auch die Mondscheibe häufig mit ‚Osiris-Iah' oder sogar nur mit ‚Osiris' betitelt.

Eine sehr wichtige Funktion, die dem Mond in den religiösen Texten zugesprochen wurde, war die Erleuchtung der Dunkelheit.[62] Entsprechende Bezeichnungen sind etwa „der Glänzende" (*jꜣḫw*), „der für sich die beiden Länder erhellt" (*wpš n=f tꜣ.wy*), „der mit leuchtenden Strahlen" (*bd mꜣw.t*), „der die Dunkelheit erhellt" (*bd snk*) oder „der die Nacht beleuchtet" (*bḫ grḥ*). Der Wunsch nach der Verbannung der Finsternis kann nicht nur mit der Furcht vor dem Tod und drohenden Dämonen erklärt werden, sondern hat zudem praktische Hintergründe: In vorindustriellen Gesellschaften ohne weitreichende künstliche Beleuchtungsmöglichkeiten war die nächtliche Illumination durch den Mond von eminenterer Bedeutung als heutzutage, wo man mit der ‚Lichtverschmutzung' des Himmels und einem vornehmlich in Innenräumen stattfindenden Alltag den Mond und seine Phasen kaum noch bewusst wahrnimmt. Die Intensität des Mondlichtes wächst von Neumond bis Vollmond auf das 250-fache an.

Mit dieser Eigenschaft als nächtlicher Erleuchtungsinstanz ist auch der häufig stattfindende Vergleich von Sonne und Mond verbunden.[63] Der Mond nimmt die Rolle des „Stellvertreters" (*jdnw*) der Sonne ein, leuchtet und scheint wie sie und wird ihr „Gefährte" (wörtlich „Zweiter") (*sn.nw*) genannt. Ferner werden beide in einen familiären Kontext gesetzt, da die Sonne oftmals als Vater des Mondes fungiert. Dieses Konzept gilt insbesondere für

---

[58] Auch die Länge des Menstruationszyklus, die ungefähr einem Mondmonat entspricht, dürfte hier eine Rolle gespielt haben. – Die Verantwortlichkeit des Mondes für Menstruation und Schwangerschaft auch bei einigen traditionellen Gesellschaften in Kamerun, s. ITTMANN, Mond und Monate [Anm. 2], S. 390f.

[59] ALTMANN-WENDLING, MondSymbolik [Anm. 3], S. 956–958.

[60] Zur Verbindung von Osiris mit dem Mond s. ebd., S. 893–897.

[61] Ebd., S. 134–192.

[62] Ebd., S. 929–937; 948–954.

[63] Ebd., S. 940–948.

Vollmond, da beide Gestirne von der Erde aus ungefähr dieselbe Größe am Himmel einnehmen, wobei die Sonne in der Realität zwar 400 Mal so groß wie der Mond, jedoch auch 400 Mal so weit entfernt ist. Obgleich diese Funktion den Mond auf einen nachgeordneten Platz verweist, der aufgrund der 400.000 Mal geringeren Leuchtkraft durchaus nachvollziehbar ist, zeugt angesichts der immensen Bedeutung, die dem Tagesgestirn sowohl real als auch religiös zukam, auch die stellvertretende Funktion von hohem Ansehen.[64] Der Ursprung dieses Konzeptes ist wohl im ägyptischen Sozial- und Verwaltungssystem zu suchen, in dem Staatsoberhäupter und Beamte über eine streng organisierte, gut funktionierende Struktur von Direktion und Ausführenden verfügten. So konnte die Konzeption von Sonne und Mond als Regent und Stellvertreter bzw. Nachfolger zudem in Bereiche der göttlichen und königlichen Herrschaftslegitimation Eingang finden.

Die schon bei Osiris vertretene Verjüngungsthematik wird in einer anderen bedeutenden Identifikation des Mondes noch deutlicher: derjenigen als Kind (z. B. „Kind im linken Auge“ *(jmty m jꜣb.t)*; „Kind zu Beginn des Monats“ *(nẖẖ tp ꜣbd)*; „vollkommenes Kind am zweiten Mondmonatstag“ *(ḫy nfr n ꜣbd)*.[65] Durch diese Metapher wird der Prozess der Lunation mit dem Lebenszyklus des Menschen gleichgesetzt. Das Konzept findet vor allem für die erstmalige Sichtbarkeit nach Neumond Anwendung, die auch die Geburt des Mondes genannt wird. Die Empfängnis wird bemerkenswerterweise auf den Neumond datiert, der auch im Mondmonat den ersten Tag darstellt: „Empfangen wird er am Neumondfest, geboren wird er am Neulichtfest, und er altert nach dem 15. Mondmonatstag *(bkꜣ.tw=f m psḏn.tyw bẖ.tw=f m ꜣbd tnj=f m-ḫt 15(.nt))*.“[66] Hier zeigt sich bereits, dass auch das ‚Mondkind‘ der Alterung unterworfen war.[67] Dabei wird der Mond bisweilen mit dem Begriff *imꜣḫw* bezeichnet, der den „versorgten, ehrwürdigen“ Toten und dementsprechend den erwünschten sozialen Status nach dem Ableben meint. Zugleich gilt der Begriff auch für den hohen Rang eines lebenden, wenngleich häufig alten Menschen. Der Mond erreicht dieses Stadium am 15. Mondmonatstag, dem Datum, an dem der Vollmond idealerweise eintritt. Daneben wird der Alterungsprozess ebenso wie die Verjüngung als nach dem Wunsch des Mondes und im rechten Moment eintretend bezeichnet, wie z. B. in den Ausdrücken „der täglich altert zu dem Zeitpunkt seines Wunsches“ *(nẖẖ rꜥ nb r tr n mrj=f)* oder „Greis, der sich verjüngt“ *(jꜣw irj nḥn)*. Dies illustriert die Vorstellung, der Mond könne die Vorgänge selbst herbeiführen – eine sehr erstrebenswerte Vorstellung für die alten Ägypter, welche die Regeneration nach dem Tod durch aufwändige Handlungen und Rituale zu erreichen versuchten. Das Vermögen, den Zeit-

---

[64] So wird der Mond auch selbst als Regent porträtiert: ebd., S. 962–964.

[65] Ebd., S. 897–904.

[66] Pierre Clere: La porte d’Évergète à Karnak, 2e partie. Le Caire 1961 (Mémoires publiés par les membres de l’Institut français d’archéologie orientale 84), pl. 60.

[67] Altmann-Wendling, MondSymbolik [Anm. 3], S. 904–906.

punkt von Verjüngung und Alterung zu bestimmen, kann als für den Menschen unerreichbare und somit vollkommen göttliche Eigenschaft angesehen werden, die zudem die Bedeutung des Mondes in Texten des Totenkultes erklärt.[68] Weiterhin wird deutlich, dass das Altwerden fester Bestandteil des regelmäßigen Ablaufes war. Die Abnahme gehörte zum monatlichen Rhythmus des Mondes notwendigerweise dazu, um am Monatsanfang neu und verjüngt zu entstehen.[69] Das prominenteste Beispiel für das Bild des alternden und sich wieder verjüngenden Gottes ist in der altägyptischen Religion die Sonne, die jeden Abend als Greis bzw. als Gott Atum untergeht, um am Morgen erfrischt als Gott Chepri wieder aufzugehen. Der Mond übernimmt in einer größeren, monatlichen Zeitspanne somit auch dieses Charakteristikum der Sonne.

Die chronometrische Rolle des Mondes spiegelt sich in zahlreichen Ausdrücken bezüglich des Mondgottes wider.[70] So wird er als „der den Monat eröffnet" (*wpj ꜣbd*), „der zu seiner (richtigen) Zeit erscheint" (*jj r sw=f*) und „der die Jahreszeiten, Monate und Jahre scheidet" (*wpj tr.w ꜣbd.w rnp.wt*) bezeichnet. Ferner erscheint er als Herr bestimmter wichtiger Mondmonatstage wie Neumond, Neulicht und Vollmond. Der Mond steht dabei für die Pünktlichkeit und Regelmäßigkeit astronomischer Phänomene, die dem Menschen im Gegensatz zum irdischen Geschehen, das von großer Unsicherheit und Wandelbarkeit geprägt ist, durch ihren steten Gang ein Gefühl von Berechenbarkeit und Vorhersehbarkeit vermittelten.[71]

3. ‚Mondsymbolik' in (magischen) Ritualen

a) Private, königliche und funeräre Rituale

Wie eingangs dargelegt, wurden die Mondphasen zur zeitlichen Bestimmung diverser Feste, aber auch magischer Rituale herangezogen.[72] Bereits im Alten Reich sind einige Tage des Mondmonats für bestimmte Speiseopfer belegt, worunter sich immer wieder dieselben bedeutenden Stadien der ersten, positiv bewerteten Monatshälfte wie der erste, zweite und 15. Mondmonatstag (MMT) finden. Auch andere Tätigkeiten werden mit Mondphasen verbunden: So erfährt man in den Abusir-Papyri aus der 5. Dynastie (ca.

---

[68] Ebd., S. 681–698.

[69] Zur Zyklizität des Mondes s. ebd., S. 958–960.

[70] Ebd., S. 923–929.

[71] ALTMANN-WENDLING, MondSymbolik [Anm. 3], S. 960f. – Siehe außerdem zum Konzept der ‚sozialen Zeit', die u. a. die Idealisierung von Zeitzyklen, die Betonung bestimmter Zeitpunkte sowie v. a. die qualitative Bewertung von Zeit umfasst, jetzt den Sammelband: Zeit in den Kulturen des Altertums. Antike Chronologie im Spiegel der Quellen. Hg. von ROLAND FÄRBER und RITA GAUTSCHY. Köln 2020.

[72] Zu diesem und den folgenden Ritualen s. ALTMANN-WENDLING, MondSymbolik [Anm. 3], S. 799–810.

2300 v. Chr.), dass das Entkleiden und Reinigen der königlichen Statuen am ersten MMT stattfand, die erneute Bekleidung hingegen am zweiten MMT. Hier könnte die Eigenschaft der Unsichtbarkeit und des anschließenden Neuerscheinens des Mondes sowie der Beginn eines neuen Zyklus die Parallele geliefert haben, die die Wirksamkeit des Ritus eventuell verstärken sollte. Rituale für Osiris oder den Verstorbenen sollten häufig am ersten, zweiten, sechsten und 15. MMT rezitiert werden. Dabei könnte der Mondzyklus mit dem Mythos des ermordeten und wieder geheilten Gottes verbunden worden sein, wie bereits in Abschnitt 2b erläutert wurde. Hierbei sticht der sechste MMT heraus, der kein evidentes astronomisches Ereignis markiert, gleichwohl aber in zahlreichen Ritualen, wie dem Baubeginn von Tempeln, als Termin genannt wird. Der oftmals als Erklärung herangezogene Halbmond findet erst am siebten oder achten MMT statt, weitere Überlegungen für die Gründe sind vielfältig, jedoch bislang nicht befriedigend, so dass eine Übernahme aus einem anderen, nicht-lunaren mythologischen Kontext wahrscheinlich ist.[73] Dieser Tag wird auch als kritischer Termin in einem Text genannt, der die magische Reinigung einer Person durch die Mithilfe von 80 Göttern erreichen sollte: Der Reinigungsprozess wird für den sechsten sowie den letzten Tag des Mondmonats angesetzt.[74] Aus dem Neuen Reich ist ferner der Zusammenhang von magischen Ritualen gegen Epilepsie und Anbetungen des Mondes belegt. In einem der Rezepte wird die Krankheit als „Einfluss eines Wiedergängers des Thot" angesehen, weshalb für die Heilung eine Holzfigur ebendieses Gottes fabriziert und dem Patienten um den Hals gehängt sowie Räucherungen und Hymnen an den Mond durchgeführt werden sollen.[75] Eine Variante versteht das Leiden als von einem „Totengeist des Osiris", der ferner als Neu-

---

[73] Siehe hierzu ebd., S. 833–843. – Eine weitere Überlegung ist folgende: Der Mond beginnt, ab einem bestimmten Alter (Tage ab Neumond) auch vor Sonnenuntergang sichtbar, wenngleich blass am Himmel zu erscheinen. Die Sichtbarkeit nimmt von Tag zu Tag zu, so dass der sechste MMT möglicherweise in der Ansicht der Ägypter den ersten Tag kennzeichnete, an dem der Mond bereits eine bestimmte Helligkeit/Stärke erreichte, die es zuließ, ihn problemlos gleichzeitig mit der Sonne am Himmel auszumachen, er sich also gegen diese ‚behaupten' konnte. Eine ähnliche Erklärung gaben laut Plinius d. Ä. auch die Kelten darüber, weshalb sie am sechsten MMT die in ihren Augen zauberkräftige Mistel schnitten: „Zu diesem Zeitpunkt habe der Mond schon reichlich Kraft gesammelt, seine Höhe aber noch nicht überschritten." (Nat. Hist. 16, 350).

[74] Papyrus Chester Beatty IX, vso. B 12, Kol. 10–13, 9 (ca. 1200 v. Chr.), s. JOACHIM F. QUACK: Reinigen durch Anschwärzen? Zum Motiv des Antagonistischen in ägyptischen Reinigungsritualen. In: How purity is made. Hg. von PETRA RÖSCH und UDO SIMON. Wiesbaden 2012, S. 107–121, hier S. 108–110. Der Titel ist aus einer Parallele in Papyrus Chester Beatty VIII, rto. Kol. 5, 4 sogar als „Buch vom letzten Tag des Mondmonats" bekannt.

[75] FISCHER-ELFERT, Altägyptische Zaubersprüche [Anm. 5], S. 49f., 138, der zudem darauf hinweist, dass sich die vermeintliche Verbindung von Mond und Epilepsie noch in anderen Kulturen der Antike findet, ebenso wie der englische Begriff *lunatic* für Wahnsinnige auf diesen Zusammenhang hindeute.

mond bezeichnet wird, gesendet; die Fertigung der Figur sowie Räucherungen und Sprüche sind auch in diesem Fall erforderlich.[76] Ein Ritual zum Schutz des Pharaos aus römischer Zeit, bei dem ein Pflanzenamulett um den Hals des Königs gelegt wurde, sollte an Vollmond vollzogen werden.[77] Der Aspekt des Udjat-Auges, das an diesem Tag seine vollständige Heilung erfährt, könnte die Verbindung mit dem magischen Ritual, das alles Übel abwehren sollte, erklären; schließlich repräsentiert das Auge die Überwindung der feindlichen Handlungen des Seth, des Übeltäters *par excellence*.

Auch einige Feste weisen Bezüge zu Mondphasen auf, wie aus dem Neuen Reich das „Schöne Fest vom Wüstental" und das Min-Fest, die mit Neumond begannen,[78] sowie in der griechisch-römischen Zeit in verschiedenen Monaten Feste, die an Neumond, Neulicht oder auch Vollmond, mithin den bedeutendsten Stadien der zunehmenden Monatshälfte, stattfanden.[79] Ein spezielles „Buch vom Neumondfest" ist von der 3. Zwischenzeit (ca. 730 v. Chr.) bis in die Römerzeit auf Papyri, einer Stele sowie an der Decke des Tempels von Dendera auf uns gekommen.[80] Der Ritualtext beinhaltet die Feindabwehr unter Mitwirkung des Thot, Festgeschehen in den Osiriskultstätten, einen Anruf an den Mond sowie die Nennung des Horus als Schützer seines Vaters. Erneut ist hier der Zusammenhang des Mondes mit dem Osiris- und dem Horus-Mythos zu konstatieren, deren gelungener Ausgang sich in dem Sinnbild des nach Neumond wieder vollwerdenden

---

[76] Anrufungen an eine Mondform (unter dem Begriff „Riese bzw. Pavian von 7 Ellen") in Schutzzaubern weiterhin ebd., S. 44f., 68f., Kommentar ebd., S. 135, 146.

[77] DORA OLSEN: Spell for the Protection of the Pharaoh (P. Carlsberg 200). In: Hieratic Texts from the Collection, The Carlsberg Papyri 15. Hg. von KIM RYHOLT. Kopenhagen, i. Dr. (CNI Publications 44).

[78] ERHARD GRAEFE: Talfest. In: Lexikon der Ägyptologie. Hg. von WOLFGANG HELCK und EBERHARD OTTO (ab Bd. II: WOLFGANG HELCK und WOLFHART WESTENDORF). 7 Bde. Wiesbaden 1975–1992, hier Bd. VI (1986), Sp. 187–189; EMMA BRUNNER-TRAUT: Minfest. In: ebd., Bd. IV (1983), Sp. 141–144.

[79] Sämtlich aufgelistet bei ALTMANN-WENDLING, MondSymbolik [Anm. 3], S. 805–807, s. zu den Festlisten ADOLF GRIMM: Die altägyptischen Festkalender in den Tempeln der griechisch-römischen Epoche. Wiesbaden 1994 (Ägypten und Altes Testament 15), S. 124–125, 419–441; GÜNTER BURKARD: Spätzeitliche Osiris-Liturgien im Corpus der Asasif-Papyri. Übersetzung, Kommentar, formale und inhaltliche Analyse. Wiesbaden 1995 (Ägypten und Altes Testament 31), S. 96–110. Siehe außerdem unten Abschn. 3c und 4c mit einigen weiteren Beispielen der Inkorporation von Mondphasen in Tempelrituale. Offenbar für bestimmte Mondmonatstage als typisch angesehene Festhandlungen werden auch in der demotischen Versdichtung über den ‚verkommenen Harfner' genannt, s. FRIEDHELM HOFFMANN/JOACHIM F. QUACK: Anthologie der demotischen Literatur. Berlin 2007 (Einführungen und Quellentexte zur Ägyptologie 4), S. 312, 316.

[80] Siehe zuletzt SANDRINE VUILLEUMIER: Un rituel osirien en faveur de particuliers à l'époque ptolémaïque. Papyrus Princeton Pharaonic Roll 10. Wiesbaden 2016 (Studien zur spätägyptischen Religion 15), S. 176–221; ALTMANN-WENDLING, MondSymbolik [Anm. 3], S. 700f.

Mondes widerspiegelt. Ein spezieller Schutz in der Unsichtbarkeitsphase des Mondes, die überwunden werden musste, scheint ebenfalls plausibel.

b) Demotische und griechische magische Handbücher

Der Einfluss des Mondes ist auch in späteren magischen Texten des 5.–2. Jahrhunderts v. Chr. aus Ägypten auszumachen, die auf Demotisch oder Griechisch verfasst sind.[81] So sollen die magischen Handlungen – wobei sich keine Häufung bestimmter Zauberarten ausmachen lässt – des Öfteren an fixierten Tagen des Mondmonats (ab Neumond gezählt) ausgeführt werden. Sie stammen häufig aus der zunehmenden Phase,[82] darunter sticht insbesondere der dritte MMT ins Auge, d. h. der Zeitpunkt, an dem der Mond in jedem Fall wieder sichtbar wird, da der Mond am zweiten MMT in etwas weniger als der Hälfte der Monate pro Jahr noch nicht erscheint.[83] Ferner werden explizit sowohl Vollmond[84] als auch Neumond[85] genannt. Ebenso scheinen einige Rituale ihre Wirksamkeit durch die Position des Mondes – entweder in speziellen Phasen oder neutral bezeichnet – in bestimmten Tierkreiszeichen zu erhalten bzw. in anderen gar tunlichst vermieden zu werden.[86] Daneben sind auch allgemeinere Hinweise auf die Anbetung des Mondes bzw. das Rezitieren eines Spruches in Richtung des Himmelskörpers zu finden.[87] Dabei erfolgt bisweilen auch die praktische Anweisung, dafür auf das Haus zu steigen, selbstverständlich, da man auf dem (flachen) Dach einer ungestörten Einstrahlung des offenbar magischen Mondlichtes

---

[81] Diese weisen in unterschiedlichem Ausmaß neben originär ägyptischen Inhalten oder Traditionen auch bereits ausländische wie griechische oder jüdische Einflüsse auf (vgl. JOACHIM F. QUACK: Demotische magische und divinatorische Texte. In: Texte aus der Umwelt des Alten Testaments, Neue Folge Band 4. Omina, Orakel, Rituale und Beschwörungen. Hg. von BERND JANOWSKI und GERNOT WILHELM. Gütersloh 2008, S. 331–385; LJUBA M. BORTOLANI: Magical hymns from Roman Egypt. A study of Greek and Egyptian traditions of divinity. Cambridge 2016, S. 3–12; 19–25).

[82] PGM III, 424–437; IV, 750–754; 2710–2713; XIII, 115–117, ebenso 671–676; Magischer Papyrus London-Leiden, Kol. 12, 3–15; 25, 37. Einmal wird eine größere Auswahl von Tagen genannt, die auch abnehmende Tage inkludiert: Der 7., 9., 10., 12., 14., 16., 21., 25. und 25. MMT (PGM V, 244f.).

[83] PGM II, 43–45; III, 690; IV, 26–29; 169–172; 3145f.; VI, 1–5; Magischer Papyrus London-Leiden, Kol. 21, 19.

[84] PGM IV, 52–61; 795f.; 2219–2223; 2710–2713; V, 45–50; LVIII, 15.

[85] PGM III, 410–412; 424–437; IV, 750–754; 2389–2391; XIII, 5f.; ebenso XIII, 347–349; XIII, 30. Die abnehmende Phase: PGM III, 338; XII, 307–309; 378f.

[86] PGM II, 80; III, 275–281; IV, 779–787; V, 379–382; 422; VII, 284–299; 309f.; XII, 307–309; XXXVI, 330f.; PDM Suppl. 184; Magischer Papyrus London-Leiden, vso., Kol. 28, 2; 10, 12.

[87] PGM I, 70–73; 235; III, 374; VII, 219f.; 490f.; XIII, 875–885; LXI, 1–6; PDM lxi. 118; PDM Suppl. 136–138.

ausgesetzt war.[88] In einigen magischen Texten finden sich ferner ganze Hymnen an den Mond in Form der griechischen Mondgöttin Hekate.[89] Diese soll durch die Anbetung des Magiers dazu bewegt werden, seinen Wünschen nachzukommen; in einem Fall, der den Titel „Inschrift an den abnehmenden Mond" trägt, wird der Göttin in dieser geschwächten Phase bei Nichtbeachten der Forderungen angedroht, die Phase der Unsichtbarkeit in Ewigkeit zu verlängern.[90]

Auch in einigen demotischen magischen Ritualen der Römerzeit aus dem 2. Jahrhundert n. Chr. sind mehrfach Angaben zu bestimmten Mondphasen oder -tagen enthalten. Darunter sind Sprüche, „einen Traum zu senden", d. h. jemandem den Geist eines Toten als einen Gott im Traum erscheinen zu lassen, um die Person zu bestimmten Handlungen anzuregen.[91] Unter diesen wird mehrfach der letzte Tag des Mondmonats (*wrš*) als Zeitpunkt angegeben.[92] Für die korrekte Ausführung fordern ausführliche Instruktionen diverse Requisiten, deren Produktion sich in einem Fall ebenfalls auf Phasen des Mondes beziehen:[93] Gerstensamen sollen am letzten Tag des Mondmonats gepflanzt und sieben Tage gegossen werden, so dass sie keimen – damit wäre der Halbmond erreicht; anschließend werden sie aus der Erde genommen und bis zum Vollmond, mithin weitere sieben Tage, getrocknet. Somit werden das Wachstum und die Behandlung der Samenkörner in der ersten Hälfte des Monats mit dem gleichzeitigen Anwachsen des Mondes korreliert, vermutlich, um dessen Kraft in sich aufzunehmen. Die Gerste wird sodann gemahlen und mit anderen Substanzen und Gegenständen,[94] die in den Schädel einer ermordeten Person gelegt werden, für weitere elaborierte Handlungen verwendet, bis am Ende der Spruch – sieben[95] Mal – rezitiert werden kann. Die Wünsche, die durch den Traum erreicht

---

88 PGM I, 70–73 und LXI, 1–6.

89 Die sechs Hymnen übersetzt und kommentiert bei BORTOLANI, Magical hymns [Anm. 81], S. 219–336.

90 Diese Form der „Götterbedrohung" ist aus älteren ägyptischen magischen Texten wohlbekannt (s. FISCHER-ELFERT, Altägyptische Zaubersprüche [Anm. 5], S. 20.

91 Siehe hierzu QUACK, Rituals of dream-sending [Anm. 10].

92 Papyrus Louvre E. 3229, Kol. 2, 27; Kol. 3, 20; Kol. 3, 24 (Edition: JANET H. JOHNSON, Louvre E3229: a Demotic magical text. In: Enchoria 7 (1977), S. 55–102; deutsche Übersetzung: QUACK, Demotische magische und divinatorische Texte [Anm. 81], S. 352f.; Kommentar: QUACK, Landesverteidigung [Anm. 7], S. 46–48; QUACK, Rituals of dream-sending [Anm. 9], S. 130–144). QUACK kann hier zudem einen Bezug zum Tempelritual des Choiak-Festes ausmachen (siehe hierzu auch unten Abschn. 3c).

93 Papyrus Louvre E. 3229, Kol. 3, 24–26; s. Anm. 92.

94 Zu den oftmals umfänglichen und schwer zu erlangenden ‚Zutaten' der magischen Requisiten s. JOACHIM F. QUACK: Postulated and Real Efficacy in Late Antique Divination Rituals. In: Journal of Ritual Studies 24/1 (2010), S. 49.

95 Zur magischen Zahl Sieben s. MATTHIAS ROCHHOLZ: Schöpfung, Feindvernichtung, Regeneration. Untersuchung zum Symbolgehalt der machtgeladenen Zahl 7 im alten Ägypten. Wiesbaden 2002 (Ägypten und Altes Testament 56).

werden sollen, sind dabei auf einen Papyrus zu schreiben und ebenfalls in den Schädel zu legen.

In einem demotischen „Spruch zum Lesen eines versiegelten Briefes“ erfährt man, in welcher Position des Mondes in den Sternzeichen die magische Handlung ausgeübt werden kann: „Die Tage, an denen du die Gottesbefragung durchführen kannst: Wenn der Mond im Löwen, im Schützen, im Wassermann (oder) in den Zwillingen ist.“[96] In dem Spruch wird der Gott Thot angerufen, ein Udjat-Auge mit Myrrhentinte auf die Hand gemalt und danach abgeleckt. Danach soll man sprechen: „Das Udjat-Auge, das Udjat-Auge ist, was ich gegessen habe.“ Mit dieser Einverleibung des Mondsymbols versuchte man eventuell Macht über den Mondgott Thot zu erlangen, der dem Aktanten sodann hilfreich zur Seite stehen sollte.

Neben diesen Transformationszaubern orientierten sich auch zahlreiche Divinationsrituale[97] an Mondphasen. So heißt es in einer Gefäßdivination, in der zudem der Mondgott Chons angerufen wird, abschließend: „Du kannst es vom dritten[98] bis zum 15. Tag des Mondmonats, welcher der Vollmondstag ist, wenn der Mond das Udjat-Auge füllt, tun.“[99] In einer anderen derartigen Divination wird als Vorbereitung für die Befragung des Mondes selbst angegeben, man solle sich an Vollmond die Augen mit schwarzer und grüner Schminke bemalen:

> „Gegenüber dem Mond zu befragen. Du sollst es durch Gefäßwahrsagung allein oder (mit) Kind[100] machen. Wenn du es bist, der fragen wird, sollst du dein Auge mit grüner und schwarzer Augenschminke bestreichen (wörtl. füllen). Du sollst auf einem erhöhten Platz oben auf deinem Haus stehen. Du sollst zum Mond hin sprechen, wenn er am Vollmondfest das Udjat-Auge füllt, indem du rein bist für drei Tage. Du sollst diese Anrufung sieben oder neun Mal zum Mond hin rezitieren, bis er (der Mondgott) dir erscheint und zu dir spricht. He, Sax Amun Sax Abrasax! Denn du bist der Mond, der Große der Sterne, der, der sie geschaffen hat.“[101]

Ein weiterer Spruch desselben Papyrus, der einem Mann dazu verhelfen soll, sich für die Frau seines Wunsches attraktiv zu machen (‚Liebeszauber‘), ent-

---

96 Papyrus Louvre E. 3229, Kol. 7, 13–14; Übersetzung: QUACK, Demotische magische und divinatorische Texte [Anm. 81], S. 356.

97 Diese werden momentan von SVENJA NAGEL und LJUBA M. BORTOLANI (Heidelberg) umfassend bearbeitet, vgl. NAGEL, „Was im Tempel passiert“ [Anm. 13], S. 514, Anm. 44.

98 So und nicht „vierter“ laut der Übersetzung von QUACK, Demotische magische und divinatorische Texte [Anm. 81], S. 346 und pers. Mitt.

99 Magischer Papyrus London-Leiden, Kol. 10, 20–21. Der 3. MMT wird auch in einer Orakelbefragung im Magischen Papyrus London-Leiden, Kol. 8, 17 genannt.

100 Ein Kind/Junge kann in verschiedenen Divinationspraktiken als Medium dienen.

101 Magischer Papyrus London-Leiden, Kol. 23, 21–25; Übersetzung: GÜNTER VITTMANN. In: Thesaurus Linguae Aegyptiae: http://aaew.bbaw.de/tla/servlet/GetCtxt?u=guest&f=0&l=0&tc=12&db=1&ws=20831&mv=4 (27.1.2020). Ähnlich nochmals Magischer Papyrus London-Leiden, Kol. 23, 27–30.

hält komplizierte Anweisungen, denen zufolge eine Spitzmaus auf eine syrische Keramikscherbe und beides wiederum auf einen Esel gelegt werden soll, die Maus sodann im Badezimmer der Frau freigelassen und der Mauseschwanz in einem goldenen Ring nach entsprechenden Rezitationen am Finger des Mannes getragen wird, um die erwünschte Wirkung zu erzielen.[102] Am Ende heißt es: „Du kannst es tun, wenn der Mond voll ist".

Die Einflussnahme des Mondes liegt ferner in einer Gottesbefragung[103] des Osiris vor, die das Zeichnen eines Phönix auf die rechte Hand verlangt. Dann heißt es: „Und du rezitierst diese Schriften nachts zu ihm, während deine Hände vor dem Mond ausgebreitet sind, und wenn du dich zum Schlafen begibst, legst du deine Hand unter deinen Kopf."[104] Das Mondlicht scheint auch dem folgenden magisch-medizinischen Papyrus aus dem Neuen Reich zur Abwehr einer Krankheit seine Wirksamkeit zu geben:

> „Dieser Amulettschutz wurde bei Nacht gefunden, herabgestiegen in den breiten Hof des Tempels von Koptos als Geheimnis dieser Göttin (scil. Isis), durch die Hand des Vorlesepriesters dieses Tempels, während das Land in Dunkelheit war. Es ist der Mond, der auf dieses Buch auf seinem ganzen Weg geschienen hat."[105]

Eine andere Form der Zukunftsvorhersage wurde in Altägypten anhand von Omina ganz verschiedener Art erstellt, worunter Winde, Farben von Sternen sowie Finsternisse fielen. Die berühmteste Abhandlung über Mondomina ist ein Papyrus aus dem späten 1. Jahrhundert n. Chr. (Papyrus Wien D 6278+6283+6284+6287).[106] Wie unter anderem eine darin enthaltene Konkordanz ägyptischer und babylonischer Monatsnamen zeigt, ist der Text von der Omenliteratur der Babylonier beeinflusst. Diese Konkordanz erlaubt es zudem, die Entstehungszeit des Textes in das 7.–5. Jahrhundert v. Chr. zu datieren. In seinem ersten Teil (Kol. 1–4) beschreibt das Handbuch Voraussagen, die auf Mond- und Sonnenfinsternissen beruhen. Ein Beispiel lautet: „Wenn der Mond sich im vierten Monat der Aussaatjahreszeit verfinstert, wobei der Monat zu den Kretern gehört, dann heißt das:

---

[102] Magischer Papyrus London-Leiden, Kol. 13, 13–17; Übersetzung und Kommentar: FISCHER-ELFERT, Altägyptische Zaubersprüche [Anm. 5], S. 121, 171f.; s. außerdem QUACK, Landesverteidigung [Anm. 7], S. 52f. Fischer-Elfert erklärt dies mit der Anziehung der Frau zum ‚Ringträger' ebenso wie die der Maus zum Mauseschwanz.

[103] Eine Gottesbefragung ersucht von einem Gott Auskunft über die jeweils interessierende Angelegenheit.

[104] Papyrus Louvre E. 3229, Kol. 5, 20–22; Übersetzung: QUACK, Demotische magische und divinatorische Texte [Anm. 81], S. 354.

[105] Papyrus British Museum EA 10059, Kol. 14, 11–12; Edition und Übersetzung: CHRISTIAN LEITZ: Magical and Medical Papyri of the New Kingdom. London 1999 (Hieratic Papyri in the British Museum 7), S. 81, 284, pl. 39.

[106] Edition und Übersetzung: RICHARD A. PARKER: A Vienna Demotic Papyrus on Eclipse- and Lunar-Omina. Providence, Rhode Island 1959 (Brown Egyptological Studies II); jüngste Kommentierung ALTMANN-WENDLING, Shapeshifter [Anm. 17], S. 226–233.

Das genannte Land wird sehr glücklich sein."[107] In seinem zweiten Teil (Kol. 6–17) sind hingegen Prognosen enthalten, die sich an der äußeren Erscheinung des Mondes orientieren. Zudem werden die beschriebenen Phänomene, wie beispielsweise unterschiedliche Färbungen sowie andere Himmelskörper vor oder neben der Mondscheibe, mit farbigen Vignetten illustriert. Eine Vorhersage lautet: „Wenn du den Mond im ersten Monat der Überschwemmungsjahreszeit siehst und er golden gefärbt ist, mit einer Scheibe darin, dann sollst du über ihn sagen: Tod wird im gesamten Land eintreten [...]."[108] Wie dieses böse Omen dominieren schlechte Voraussagen das gesamte Werk.[109]

Schließlich sei noch darauf hingewiesen, dass die Magie Altägyptens samt ihren Bezügen zu den Mondphasen selbst in der christlichen Zeit fortwirkte: So wird in verschiedenen Schadenszaubern eines koptischen Manuskripts aus dem 10.–11. Jahrhundert (mehrfach) der Vollmond (15. MMT), sowie der fünfte, 14. und 25. MMT als Ausführungstermin der magischen Handlungen gefordert.[110]

c) Die Verbindung von Mond und Magie

Abschließend sollen einige Vorschläge gemacht werden, aus welchem Grund Daten, Phasen oder Erscheinungen des Mondes in (magische) Rituale miteinbezogen worden sein könnten. Insgesamt ist für die Wirksamkeit von Ritualen die Beachtung des richtigen Zeitpunkts von eminenter Bedeutung, die zugleich ihren arkanen Charakter erhöht.[111] Die Bevorzugung der zunehmenden Phase liegt in ihrer positiven Bewertung begründet, die auch in allen übrigen Quellen sichtbar wird.[112] Daneben könnte man eine Verbindung mit dem Mondgott Thot vermuten, der als Gott der Magie und des Wissens, aber auch der Schrift ein besonderer Patron der ägyptischen Wissenschaftler und Zauberer war.[113] Diesen für die eigenen Ziele günstig zu stimmen, war gewiss von Vorteil.[114] Die Orientierung an Mondphasen oder das Anrufen des Mondes in Ritualen mag ferner dem Wunsch entsprungen

---

[107] pWien D 6278 u.a., Kol. 4, 24–25.
[108] pWien D 6278 u.a., Kol. 8, 13–17.
[109] Vgl. hierzu JOACHIM F. QUACK: „Assur will suffer". Predicting disaster in Ancient Egypt. In: Historical Disaster Experiences. Towards a comparative and transcultural history of disasters across Asia and Europe. Hg. von GERRIT J. SCHENK. Cham 2017, S. 189–206.
[110] FISCHER-ELFERT, Altägyptische Zaubersprüche [Anm. 5], S. 126–128.
[111] Siehe QUACK, Postulated and Real Efficacy [Anm. 94], S. 50.
[112] Siehe unten Abschn. 4a.
[113] MARTIN A. STADLER: Weiser und Wesir. Studien zu Vorkommen, Rolle und Wesen des Gottes Thot im ägyptischen Totenbuch. Tübingen 2009 (Orientalische Religionen in der Antike 1).
[114] QUACK, Postulated and Real Efficacy [Anm. 94], S. 50.

sein, an der ihm inhärenten Symbolik Anteil zu nehmen. Darunter ist sicherlich der dem Mythos vom Udjat- oder Horusauge innewohnende Aspekt der Heilung zu nennen, die zugleich als Zeichen der Überwindung feindlicher Angriffe dient. Die Vergrößerung der sichtbaren Mondoberfläche kann ferner mit einem angestrebten Zuwachs an Macht parallelisiert werden. Auch die lunare Leuchtkraft bei Nacht könnte für die Abwehr bedrohlicher Einflüsse eine Rolle gespielt haben. Ferner mag die zyklische Wiederholung der Mondphasen auch dem Ritual beständige Wirksamkeit verliehen haben. Eine Mondfinsternis war hingegen als irreguläres Ereignis, das die ersehnte Erhellung der Nacht zudem stark einschränkte, eher als Marker bedrohlicher Ereignisse einzuschätzen.

4. Mond und Magie im Tempel

a) Mondprozessionen und Mondtreppen

Im Folgenden soll untersucht werden, wie die in Abschnitt 2 herausgearbeitete ‚Mondsymbolik' in die szenischen Darstellungen und Texte der Tempel sowie in unterschiedliche Rituale eingebunden war und so deren magische Wirkung verstärkte und perpetuierte. In mehreren Tempeln finden sich Darstellungen des Mondzyklus in Form spezieller Götterprozessionen.[115] Die Götter repräsentieren jeweils einen Tag, der häufig auch mit seinem speziellen Namen genannt wird. Sie sagen aus, in den Mond einzutreten bzw. herauszukommen, oder diesen mit diversen Bestandteilen zu füllen. Als ‚Füllmaterial' können abstrakte Begriffe wie ‚Bedarf', ‚Bestandteile' oder ‚Glanz' dienen, aber auch die Kombination aus Mineralien und Pflanzen. Das Defilee der Gottheiten kann auf beide Seiten der Mondscheibe verteilt sein (Abb. 4) oder die 15 Götter der ersten Monatshälfte sind symmetrisch um die der zweiten, abnehmenden Hälfte ergänzt. Daneben gibt es die Form der sog. Mondtreppe, die insgesamt dreimal in Dendera belegt ist (Abb. 5 u. 6).[116] Sie sind zweimal auf Decken und einmal auf dem Dach des Tempels angebracht, wie es nach dem Konzept des Tempels als Abbild des Kosmos für astronomische Szenen insgesamt bekannt ist.[117] Der Darstellungstyp zeigt die Mitglieder der großen thebanischen Neunheit (14 Götter) auf den Stufen einer Treppe, an deren Ende sich die Vollmondscheibe befindet. Aus den Beischriften der Götter erfährt man, dass sie das Mondauge füllen (*mḥ*), eine Anspielung auf den Mythos des zu heilenden Udjat-Auges. Rechts des Monds

---

[115] ALTMANN-WENDLING, MondSymbolik [Anm. 3], S. 731–748.

[116] Siehe ausführlich ALTMANN-WENDLING, Raum-Zeit [Anm. 26]; außerdem ALTMANN-WENDLING, MondSymbolik [Anm. 3], S. 85–127.

[117] Vgl. z. B. HOLGER KOCKELMANN: Die Grammatik des Tempels – Wie Religion und Kult Architektur und Dekoration bestimmen. In: KultOrte – Mythen, Wissenschaft und Alltag in den Tempeln Ägyptens. Hg. von DANIEL VON RECKLINGHAUSEN und MARTIN A. STADLER. Berlin 2011, S. 16–45, hier S. 43.

steht der Gott Thot, der auch bei der Heilung des Horusauges eine prominente Rolle spielt. Vergleicht man die Darstellung der ‚Mondtreppe' mit einem Koordinatensystem, gibt die x-Achse die verstrichenen Tage an, die y-Achse hingegen umfasst mehrere Bedeutungsebenen: 1. Verdeutlichung einer mehrs tufigen Entwicklung, 2. Heraufsteigen der Götter zum Mond im Himmel, 3. sukzessive Vergrößerung der beleuchteten Mondoberfläche bis zur vollständigen Sichtbarkeit, 4. Heraufsteigen des Mondes selbst, der bis zum Vollmond jede Nacht höher und länger sichtbar am Himmel zu sehen ist.

Die zweite große Mondtreppe in Dendera ist darüber hinaus neben einer realen Treppe, die auf das Dach des Pronaos führt, in den Stein graviert. Hier wäre vorstellbar, dass die Handlung der Götter durch ein Ritual nachempfunden wurde, bei dem Priester diese Treppe hinaufstiegen. Auf dem Dach könnten weitere Kulthandlungen stattgefunden haben, zudem eignete sich der höchste Punkt des Tempels für die Mondbeobachtung. So scheinen hier Bild und Handlung, mythischer und realer Raum zu einer Einheit zu verschmelzen. Insgesamt stellen die Mondtreppen eine elaborierte und symbolgeladene Konzeption einer Naturerscheinung – der Vergrößerung der beleuchteten Mondoberfläche während der ersten Hälfte der Lunation – dar. Mit ihrer Abbildung sollte, wie auch in den übrigen Szenen des Mondzyklus, das Phänomen zugleich beschworen, verstetigt und wiederholt werden.

b) Der Mondzyklus und das Choiak-Ritual

Ein weiterer Fall einer Einbindung der Mondzyklusdarstellung in Rituale liegt in den Osiriskapellen auf dem Dach des Tempels von Dendera vor, in denen zentral das Choiak-Fest behandelt wird.[118] Es fand im letzten Monat der Überschwemmungsjahreszeit statt und währte 15 Tage. Somit konnten die Handlungen im Idealfall mit Neumond beginnen und genau am Vollmondtag ihren Abschluss finden.[119] Die nach der Abfolge des Rituals letzte der sechs Kapellen, die somit den Höhepunkt der ‚Mysterien' behandelt, enthält eine Darstellung mit der Füllung des Mondauges (Abb. 7). Anstelle abstrakter Begriffe für das Licht oder die Bestandteile des Mondauges, wie sie in den Mondtreppen genannt werden, besteht das ‚Füllmaterial' aus jeweils einem Mineral/Edelstein und einer Pflanze, die symbolisch von den Göttern in der Hand gehalten werden. Die Szene befindet sich in einem offenen Hof, der eine Bestrahlung mit Mondlicht erlaubte und das Phänomen des hellen Vollmondes somit unmittelbar erlebbar machte.[120] Im Choi-

[118] Nach wie vor grundlegend: EMILE CHASSINAT: Le mystère d'Osiris au mois de Khoiak. 2 Bde. Le Caire 1968.

[119] Siehe hierzu ALTMANN-WENDLING, MondSymbolik [Anm. 3], S. 157–169, 177–179.

[120] Die Anbringung von Mondszenen an offenen Höfen sowie an der – aufgrund der Abwesenheit der Sonne – die Nacht symbolisierenden Nordseite von Räumen und Gebäuden ist häufig festzustellen.

ak-Ritual wurden Getreide und Nilschlamm in Formen zu mumienförmigen Figurinen des Gottes Osiris gepresst; das nach deren Bestattung keimende Getreide symbolisierte die Wiederbelebung und Fruchtbarkeit, die mit dem Gott konnotiert wurden.[121] Ursprünglich handelt es sich bei dem Fest wohl um eine agrarische Sitte, da der Zeitpunkt innerhalb des Jahres mit dem Rückgang des Überschwemmungswassers korrespondiert, kurz bevor die ersten Pflanzen ausgesät wurden.[122] Die Verbindung des Festes mit Wachstum sowie dem Mythos des toten und wiederbelebten Osiris, dessen Körperteile über das ganze Land verteilt waren und wieder zusammengesetzt wurden, stellt den Konnex zum Mondzyklus her. Auch der Mond ist zeitweise unsichtbar, d. h. todesgleich und wird dann sukzessive wieder aus so bezeichneten Bestandteilen ‚zusammengesetzt'. Auf kosmischer Ebene könnte sich somit die Vollendung des Rituals widergespiegelt haben.

c) Mondmagie im Tempel von Edfu

Als letztes Beispiel soll die Einbindung der lunaren Symbolkraft im Tempel von Edfu dienen. Auf der dem Tempel zugewandten, nördlichen Seite des östlichen Pylonturms findet sich die Darstellung von 14 Göttern, die auf den Mond zugehen, der als Udjat-Auge auf einer Mondsichel dargestellt ist (Abb. 8).[123] Wie in der Osiriskapelle von Dendera bringen sie Mineralien und Pflanzen dar. Links des Auges stehen Thot mit Ibiskopf und drei mondanbetende Götter mit Schakalkopf. Das linke Ende bildet der König, der ein Salbgefäß mit Myrrhe in Gestalt eines Löwen darbringt. Auf der parallel angebrachten Szene der Westseite ist ebenfalls eine Prozessionsdarstellung zu finden, deren Beischriften solaren Charakters sind. Die dort abgebildeten Barken befördern die beiden Hauptgötter des Tempels, Horus und Hathor. Somit ergibt sich eine Verteilung von lunaren und solaren Themen auf Ost- und Westturm des Pylons, die der Identifikation von Mond und Sonne als linkes und rechtes Auge des Sonnengottes entspricht (Abb. 9, 1). Die Darstellungen befinden sich direkt über dem Säulenumgang, der den Hof umgibt, und dessen Dach durch Türen im Pylon betreten werden konnte. Auf diese Weise war zum einen auf dem ost-west-orientierten Peristyl die Beobachtung der Vollmondsituation möglich, bei dem der Mond im Osten aufgeht, während die Sonne im Westen untergeht. Zum anderen mag ein entsprechendes Ritual die dargestellten Prozessionen an Ost- und Westseite nachempfunden und dadurch das Vollmondfest am 15. Tag des Monats

---

121 Vgl. MARIA CENTRONE: Corn-mummies, Amulets of Life. In: KOUSOULIS (Hg.), Ancient Egyptian demonology [Anm. 3], S. 33–44.

122 JOACHIM F. QUACK: Saatprobe und Kornosiris. In: Das Heilige und die Ware. Zum Spannungsfeld von Religion und Ökonomie. Hg. von MARTIN FITZENREITER. London 2007 (Internet-Beiträge zur Ägyptologie und Sudanarchäologie 7), S. 325–331.

123 ALTMANN-WENDLING, Raum-Zeit [Anm. 25], S. 425–435; ALTMANN-WENDLING, MondSymbolik [Anm. 3], S. 293–338.

gefeiert haben. Hinzu kommt ein möglicher Zusammenhang zum sog. Neumond- und Behedet-Fest, einer der bedeutendsten Feierlichkeiten innerhalb des Edfu-Tempels. Es beinhaltete die Ankunft der Hathor von Dendera im Tempel von Edfu und ihre gemeinsam mit Horus vorgenommene Reise nach Behedet, der südlich des Temenos gelegenen Götternekropole. Darstellungen und ausführliche Texte zu diesem Fest sind an der Nordwand des Pylons angebracht, innerhalb derer sich auch die Türen befinden, durch die man in die Pylone und somit auch auf das Kolonnadendach gelangt.[124] Auch die übrige Dekoration der Nordwand hat einen engen Bezug zu diesem Fest. Die Feierlichkeiten, die mit dem Neumond des Monats Epiphi, dem dritten Monat der ägyptischen Erntejahreszeit, begannen, währten insgesamt 15 Tage. Die beiden Barken der westlichen, solaren Szene über dem Peristyl ähneln stark denjenigen in der Prozession des Behedet-Festes. Wenn nach der Rückkehr beider Statuen am 15. Tag zugleich der Vollmond erreicht war, wäre als abschließender Ritus dieses sehr bedeutenden Festes eine gesonderte Prozession auf das Kolonnadendach durchaus denkbar. Die Tatsache, dass das Behedet-Fest der Regeneration beider Götter sowie des Königs diente, bildet eine markante Übereinstimmung mit dem Verjüngungspotenzial, das dem Mond zugesprochen wurde. Die Einbindung des Mondzyklus könnte somit das Ziel des Rituals verstärkt haben.

Die auf dem Pylon sichtbare luni-solare Dualität wird auch im übrigen Tempel fortgeführt: An den beiden nördlichen Seitentüren zum Hof ist hoch oben am Peristyl im Osten eine Szene angebracht, die den Vollmond behandelt, während im Westen die abendliche Sonne thematisiert wird (Abb. 9, 2).[125] Somit wird hier erneut die Situation des Mondaufgangs im Osten, die des Sonnenuntergangs im Westen wiedergegeben. Im Pronaos findet sich an Ost- und Westseite jeweils eine Abbildung der Sonne wie auch des Mondes (Abb. 9, 3). Mit dem begleitenden Text liegt dort eine der umfassendsten Beschreibungen des Mondzyklus vor.[126] An der Nordseite, direkt über dem Zugang ins Tempelinnere, ist innerhalb eines astronomischen Frieses eine Mondtreppe in Kombination mit der Abendsonne zu sehen, womit ebenfalls die Vollmondkonstellation wiedergegeben wird.[127] Schließlich wird in zwei der hintersten Kapellen, die im Osten der Tempelachse liegen, der Mondgott Chons verehrt, was sich in diversen Texten oder einer Darstellung des Opfers der Mondscheibe – die dort als Krone bezeichnet

---

[124] Siehe zuletzt SVENJA NAGEL: Das Neumond- und Behedet-Fest in Edfu – Eine Strukturanalyse von Text und Bild einer „unregelmäßigen" Soubassement-Dekoration. In: Altägyptische Enzyklopädien. Die Soubassements in den Tempeln der griechisch-römischen Zeit, Soubassementstudien I, 2 Bde. Hg. von ALEXA RICKERT und BETTINA VENTKER. Wiesbaden 2014 (Studien zur spätägyptischen Religion 7), S. 607–684.

[125] ALTMANN-WENDLING, MondSymbolik [Anm. 3], S. 339–343.

[126] Ebd., S. 201–277.

[127] Ebd., S. 280–291.

wird – in der vorderen Kapelle widerspiegelt.[128] Somit folgen die Anbringungsorte der lunaren Szenen im Tempel einem klaren Schema, das sich auf eine größere, mythische Dimension bezieht, die Identifizierung der beiden hellsten Himmelskörper als Augen des Sonnengottes. Dieser ist im Tempel von Edfu stets durch den solaren Hauptgott Horus präsent. Mehrere Erscheinungsformen dieses Gottes werden explizit mit den beiden kosmischen Augen verknüpft, wie Horus-Chenti-Irti oder Hormerti. Darüber hinaus ist die eingangs erwähnte Instandhaltung des Kosmos von Bedeutung. Nach ägyptischer Weltanschauung war der Kosmos ein Prozess, der fortwährend von feindlichen Mächten bedroht wurde, und daher durch korrekte (Ritual-)Handlungen beständig in Gang gehalten werden musste.[129] Zugleich hoffte man, dadurch an dessen Heilswirkung teilzuhaben. Die Darstellungen und Texte beschreiben und beschwören dabei stets schon den positiven Ausgang aus der Krise. Konnte der Sonnenlauf als täglich ablaufende und für jedermann sichtbare Wiederholung der Schöpfung gelten, trifft dies für den Mondlauf in monatlicher Perspektive zu.[130] Die Darstellung und Beschreibung des korrekten Ablaufs der Lunation stellen daher nicht nur eine teils sehr genaue Wiedergabe astronomischen Wissens dar, sondern waren zugleich Symbol, Deutung und Absicherung der Weltordnung und somit von elementarer Bedeutung.

---

[128] Ebd., S. 345–349.

[129] JAN ASSMANN: Ma'at. Gerechtigkeit und Unsterblichkeit im Alten Ägypten. München 1990, S. 34–37.

[130] ALTMANN-WENDLING, MondSymbolik [Anm. 3], S. 967–969.

Abb. 1: Anthropomorpher Mondgott (Iah) in Karnak (Tempel Ramses' III., Hypostylhalle). Quelle: Reliefs and Inscriptions at Karnak I. Ramses III's Temple within the Great Inclosure of Amon, part 1. Hg. von HAROLD H. NELSON. Chicago 1936 (Oriental Institute Publications 25), pl. 52, C.4.

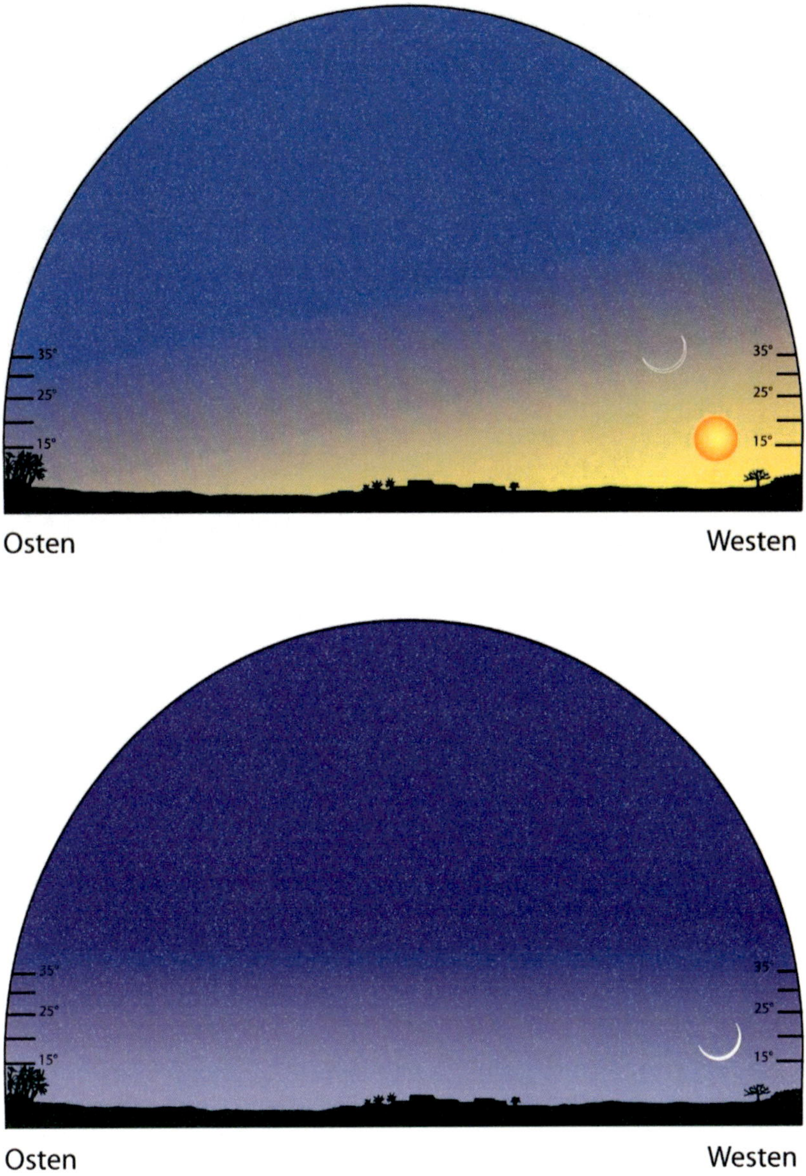

Abb. 2a (oben): Sonnenuntergang, Mond noch unsichtbar. – Abb. 2b (unten): Ca. 1 Stunde nach Sonnenuntergang: Das Neulicht wird sichtbar. Graphik: Victoria Altmann-Wendling.

Abb. 3: Darstellung des Mondes als Udjat-Auge in Mondscheibe, angebetet von Thot (Dendera, Decke des Pronaos). Foto: Stefan Baumann.

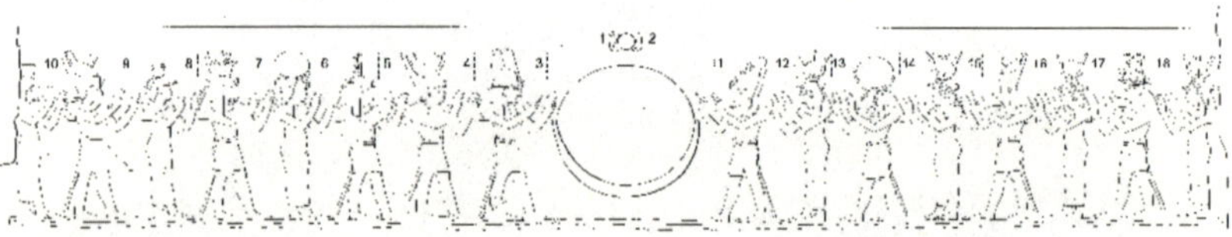

Abb. 4: Mondprozession im Chons-Tempel von Karnak (Barkenkapelle, Türsturz). Umzeichnung: Victoria Altmann-Wendling.

Abb. 5: Mondtreppe in Dendera, Decke des Pronaos. Foto: Stefan Baumann.

Abb. 6: Mondtreppe in Dendera, Außenwand des Pronaos. Foto: Christian Leitz.

Abb. 7: Das Füllen des Mondauges mit Mineralien und Pflanzen (Dendera, 1. westliche Osiriskapelle). Quelle: Sylvie Cauville: Le temple de Dendara X. Les chapelles osiriennes. Le Caire 1997, pl. 164.

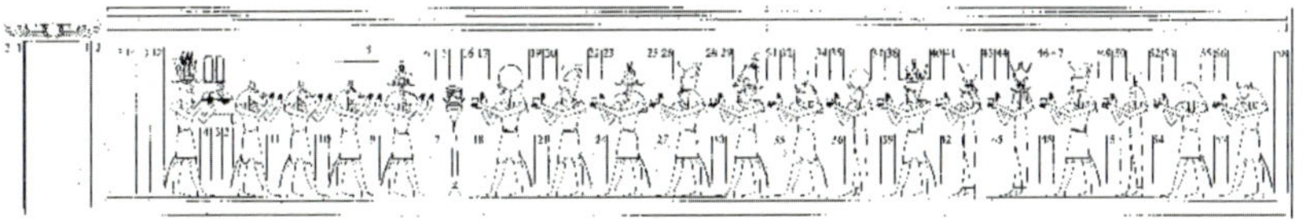

Abb. 8: Das Füllen des Mondauges im Tempel von Edfu (Pylon, Ostturm). Quelle: Uwe Bartels: Edfu: Die Darstellungen auf den Außenseiten der Umfassungsmauer und auf dem Pylonen. Strichzeichnungen und Photographien. Wiesbaden 2009 (Die Inschriften des Tempels von Edfu II, 1), Blatt 25 (Ausschnitt).

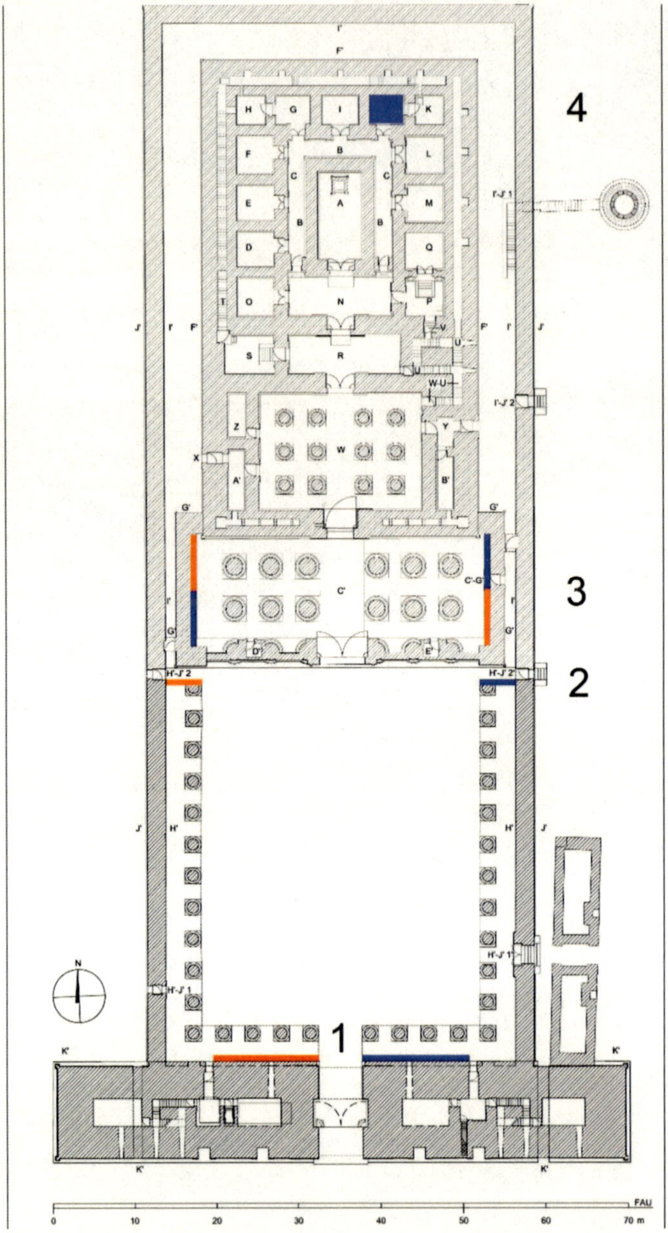

Abb. 9: Verbindung von lunaren (blau) und solaren (orange) Szenen in Edfu. Quelle: ULRIKE FAUERBACH: Der große Pylon des Horus-Tempels von Edfu. Architektur und Bautechnik eines monumentalen Torbaus der Ptolemaierzeit. Wiesbaden 2018 (Archäologische Veröffentlichungen 122), Abb. 4, mit Ergänzungen.

Emrys Schlatter

Der Mond über Hellas

Selene als göttlicher Himmelskörper und himmlische Göttin in der griechischen Antike

1. Der Mond über Hellas

Mit hellem Glanz, zyklisch wechselnder Gestalt und unermüdlicher Reise durch den noch nicht vom Stadtlicht überstrahlten Himmel war der Mond in den Denk- und Lebenswelten der griechischen Antike intensiv präsent. Von der Archaik bis in die Kaiserzeit hinein stellte er einen Brennpunkt in der philosophischen Auseinandersetzung mit der Ordnung des Kosmos und der Stellung des Menschen dar,[1] für Dichter versinnbildlichte er unter anderem eine weibliche Schönheit, neben der alle anderen nächtlichen Himmelskörper verblassten,[2] oder weckte – besonders in der nachklassischen Zeit – Assoziationen mit Liebeszauber und den darin sachkundigen, meist ‚barbarischen' Frauen.[3] Sein Anblick und sein Rhythmus prägten auch die kollektiven Erlebnisse der Polis-Bewohner. In den lunisolaren Kalendern der Poleis bestimmten nämlich die Mondphasen – wenn unregelmäßig eingefügte Schalttage nicht zur vorübergehenden Abweichung führten[4] – den Takt der Monate und somit auch den rituellen Puls der Stadt mit ihren vielen Festen. Insbesondere die Vollmondzeit war eine beliebte Zeit für Festtage, die sich z. B. in Athen um die Monatsmitte dementsprechend verdichteten.[5] Um eine festliche Atmosphäre zu vergegenwärtigen, wussten sich die Dichter der Evokationskraft des Vollmonds zu bedienen: Ein Fragment der Sappho hebt die Fülle des Mondes hervor, in dessen Schein sich Frauen um einen Altar versammeln;[6] das „ganze Auge" der Mondgöttin[7] oder das

[1] Siehe CLAIRE PREAUX: La lune dans la pensée grecque. Brüssel 1973. Die zum Zeitpunkt dieses Beitrags noch nicht erschienene Monographie von ní Mheallaigh verspricht eine vertiefte Auseinandersetzung mit philosophischem, besonders kaiserzeitlichem Denken über den Mond: KAREN NÍ MHEALLAIGH: The Moon in the Greek and Roman Imagination: Myth, Literature, Science and Philosophy. Cambridge 2020.

[2] Vgl. Sappho, Fragment 34 VOIGT.

[3] Z. B. Theokrit, Idyll 2; Apollonios Rhodios, Argonautika 4, 54–66.

[4] Vgl. KENNETH J. DOVER: Aristophanes: Clouds. Oxford 1968, S. 177 zu Aristophanes, Wolken 626.

[5] Vgl. CATHERINE TRÜMPY: Feste zur Vollmondszeit. Die religiösen Feiern Attikas im Monatslauf und der vorgeschichtliche attische Kultkalender. In: Zeitschrift für Papyrologie und Epigraphik 121 (1998), S. 109–115.

[6] Sappho, Fragment 154 VOIGT.

[7] Pindar, Olympische Ode 3, 18–22. Alle Übersetzungen, soweit nicht anders angegeben, stammen vom Verfasser.

„liebliche Licht ihres Angesichts“,[8] das am Nachthimmel flammt, konnotieren für Pindar und sein Publikum die Festfreude der Olympischen Spiele. Mit dem Neumond hingegen verbanden sich epochen- und regionenübergreifend nicht nur positive Assoziationen wie der Duft von Weihrauch oder mit Honig gebackenen Opferkuchen,[9] sondern auch die weniger erfreulichen Gefühle des Schuldners, der zu diesem Termin seine Zinsen zahlen musste.[10] Auch profane Angelegenheiten können aber die Fantasie beflügeln, und so kommt in der athenischen Komödie ein verschuldeter Anhänger des Sokrates auf die geniale Idee, man könne eine entsprechend versierte thessalische Frau den Mond aus dem Himmel herabziehen lassen: Der in einem runden Futteral aufbewahrte Himmelskörper könnte nicht mehr seiner Tätigkeit nachgehen, die Zeit stünde still, und die Fristen entfielen.[11] Über die Frechheit solcher Erdbewohner, die immer wieder den von ihm vorgegebenen Rhythmus durch Schalttage störten, seine Bewegung durch Magie zu hemmen versuchten oder ihn zum bloßen Gegenstand herabsetzten, schimpfte der Mond noch Jahrhunderte lang.[12]

Mit dem Unmut des Mondes ist bereits, wenn auch aus der humoristischen Perspektive von Aristophanes und Lukian, ein grundlegendes Charakteristikum seiner antiken Vorstellung angesprochen: Der Mond wird als personales Wesen aufgefasst. Sein Anthropomorphismus führt sich auf die griechische Gewohnheit zurück, den Göttern überwiegend (aber nicht ausschließlich) menschliche körperliche, geistige und soziale Eigenschaften zuzuschreiben; er kennzeichnet den Mond als göttliche Entität und ermöglicht seine Einbindung in die Gesellschaft der anderen Götter. Dadurch gewinnt der Mond gleichsam einen doppelten Status, einerseits als sinnlich wahrnehmbarer Himmelskörper mit festgelegten Gestalten und regelmäßigen Bewegungen, andererseits als mentales Konzept bzw. als objektiv nicht fassbare Entität, deren physische und soziale Konturen geändert, situativ angepasst und zur Debatte gestellt werden konnten. Zwischen Gottheit und Himmelskörper wurde jedoch nur bedingt sprachlich und konzeptuell getrennt: Was aus der etischen Perspektive als möglicherweise widersprüchliches Nebeneinander von Himmelskörper und Gottheit erscheinen mag, war emisch betrachtet ein fugenloses Ganzes, dessen verschiedene Facetten wahlweise hervorgekehrt werden konnten.[13] Gotteskonzepte unterliegen ihrer eigenen,

---

[8] Pindar, Olympische Ode 10, 73–75.

[9] Weihrauch und Opferkuchen: Z. B. Aristophanes, Wespen 94–96; Pausanias 5, 15, 10–11; zur Feier des Monatsanfangs (mit Quellenübersicht) siehe besonders JON D. MIKALSON: The Noumenia and Epimenia in Athens. In: Harvard Theological Review 65 (1972), S. 291–297.

[10] Vgl. Plutarch, De vitando aere alieno 828a.

[11] Aristophanes, Wolken 747–756.

[12] Unmut des Mondes: Aristophanes, Wolken 607–626; Apollonios Rhodios, Argonautika 4, 54–66; Lukian, Ikaromenipp 20–22.

[13] Dieser Gedanke wurde zuerst von Pötscher in Bezug auf das generelle Verhältnis zwischen Gottheiten und ihren Kompetenzbereichen formuliert. WALTER PÖTSCHER:

kulturinternen Logik; wie bereits Walter Pötscher philologisch[14] und insbesondere der Religionshistoriker Henk Versnel mit Rückgriff auf die kognitive Theorie[15] konstatiert haben, existierten – vor allem im nichttheologisierten Polytheismus der Griechen – von uns als widersprüchlich oder inkonsequent empfundene Vorstellungen göttlicher Vielheit und Vielgestaltigkeit harmonisch nebeneinander.

Das Nebeneinander oder das Zusammenwirken beider Aspekte steht im Mittelpunkt des vorliegenden Beitrags, der nach der Vorstellung vom Mond als Gottheit und ihrer kulturspezifischen Logik fragt. Aufbauend auf der Erkenntnis, dass antiken Gottesvorstellungen Ambivalenz oder Widersprüchlichkeit inhärent sind, will sich dieser Beitrag auf die Produktivität dieser Ambivalenz für Mond- und Gottesvorstellungen konzentrieren. Das Spannende an dieser Gottheit ist ihre intensive und sichtbare Gegenwart: In welchem Verhältnis stehen der wahrnehmbare und der imaginierte Mond(gott) zueinander, wie passt der Mond in die griechische Götterwelt hinein, und welche Konsequenzen hat schließlich seine Beschaffenheit als Himmelskörper für das antike Nachdenken über die eigenen Götter?

2. Die Gottheit mit vielen Gestalten. Der Mond in den Panthea der Griechen

Die griechischen Götter sind, wenngleich mit Funktionsbereichen, Handlungsmacht und personalen Zügen ausgestattet, weder Mächte noch Personen, sondern Vorstellungen und daher einer gewissen, wenn freilich nicht unbegrenzten Gestaltungsfreiheit unterworfen. Im stark durch regionale Unterschiede geprägten Komplex von Ritualen und Mythen erfahren sie keine einheitliche Verehrung, können von Ort zu Ort unterschiedlich gestaltete Kultbilder haben und besitzen keine kanonisierten Biographien. Zwar existieren durchaus konstante Assoziationen oder Attribute, besonders hinsichtlich göttlicher Wirkungsbereiche (die aber bisweilen lokale

---

Das Person-Bereichdenken in der frühgriechischen Periode. In: Wiener Studien 72 (1959), S. 5–25, hier S. 14; wiederabgedr. in: Hellas und Rom. Beiträge und kritische Auseinandersetzung mit der inzwischen erschienenen Literatur. Hg. von WALTER PÖTSCHER. Hildesheim [u. a.] 1988, S. 49–69, hier S. 58.

[14] PÖTSCHER, Person-Bereichdenken [Anm. 13]; vgl. WALTER PÖTSCHER: Ares. In: Gymnasium 66 (1959), S. 5–14; wiederabgedr. in: PÖTSCHER (Hg.), Hellas und Rom [Anm. 13], S. 37–48; WALTER PÖTSCHER: Person-Bereichdenken und Personifikation. In: Literaturwissenschaftliches Jahrbuch 19 (1978), S. 217–231; wiederabgedr. in: PÖTSCHER (Hg.), Hellas und Rom [Anm. 13], S. 70–89.

[15] HENK S. VERSNEL: Coping with the Gods: Wayward Readings in Greek Theology. Leiden, Boston 2011 (Religions in the Graeco-Roman World 173), besonders S. 239–307; vgl. neuerdings JENNIFER LARSON: Nature Gods, Nymphs and the Cognitive Science of Religion. In: Natur – Mythos – Religion im antiken Griechenland. Hg. von TANJA S. SCHEER. Stuttgart 2019 (Potsdamer altertumswissenschaftliche Beiträge 67), S. 71–85.

Färbung annehmen), doch ein epochen- und regionenübergreifendes ‚Porträt' einer Gottheit kann es – den Mythenhandbüchern zum Trotz – nicht geben.

Dies gilt im besonderen Maße für den Mond, dessen Mythen und Kulte vor allem in der archaisch-klassischen Zeit nur spärlich belegt sind – und der zwar primär, nicht jedoch ausschließlich mit einer personalen Erscheinungsform verbunden wurde. Von den Bezeichnungen für den Mond, Selene (je nach Dialekt σελήνη, σελάνα, σελάννα, σεληναίη oder σελαναία), Mene (μήνη) und Meis (μείς) bzw. Men (μήν), beziehen sich zunächst nur die ersten zwei, beide Feminina, auf den Mond als Himmelskörper und Göttin. Sie fungieren also sowohl als Appellativa als auch als Eigennamen und unterscheiden sich voneinander nur darin, dass die eine das Leuchten (vgl. σέλας, ‚Glanz') und die andere den Zeitablauf konnotiert. Der Zeitablauf kommt allerdings im männlichen Substantiv *meis/mên* (μείς/μήν, Genitiv μηνός; vgl. lat. *mensis*) direkter zum Ausdruck, das etwa in Inschriften üblicherweise den Mond unter seinem zeitlichen Aspekt bzw. die vom Mond gemessene Zeit (‚Monat') bezeichnet. Dabei treten der Himmelskörper und – abgesehen von vereinzelten Personifikationen der Monate als Jünglinge – personale Gottesvorstellungen vorerst in den Hintergrund.[16]

Durch einen nicht mehr rekonstruierbaren Zufall jedoch wird ein Mondgott gleichen Namens – Men/Meis (wörtlich: ‚Monat') – nach Griechenland importiert, der, so bestätigt jedenfalls der kaiserzeitliche Autor Diogenes Laertios in seiner Pythagorasvita, neben einer durch Kultzeugnisse belegten Breite an Wirkungsbereichen auch mit dem Zeitablauf in Verbindung gebracht wurde.[17] Die Frage nach der Herkunft des Gottes, der sich häufig anhand seiner phrygischen Tracht und des über seinen Schultern erscheinenden Sichelmonds erkennen lässt, sowie nach der Herkunft seines Namens bleibt allerdings ungeklärt.[18] Seine Verehrung lässt sich in Griechenland ab dem 4./3. Jahrhundert v. Chr. durch vereinzelte Inschriften und Weihreliefs nachweisen, während das Gros der griechischen epigraphischen

16 Die Monate werden im (wohl kaiserzeitlichen) Fries an der Kleinen Metropolis in Athen und wahrscheinlich auf einem fragmentierten rotfigurigen Krater des späten 4. Jahrhundert v. Chr. aus Hermione (Athen, National Museum, Inv.-Nr. 1435) als Jünglinge personifiziert. Vgl. ERIKA SIMON: Attische Monatsbilder. In: Jahrbuch des deutschen archäologischen Instituts 80 (1965), S. 105–123.

17 Diogenes Laertios 7, 34: Pythagoras verbiete die Opferung weißer Hähne, weil diese die Zeit ankündigen (σημαίνει γὰρ τὰς ὥρας) und daher dem Men heilig (ἱερός) seien; vgl. Iamblichos, Leben des Pythagoras 84. Auf den griechischen Reliefs erscheinen Hähne und Hennen in der Nähe von Men oder seinem Opfertisch: EUGENE LANE: Corpus Monumentorum Religionis Dei Menis. 4 Bde. Leiden 1971–1978, Bd. 1, Nr. 1–4, 6, 10; Bd. 3, S. 1–2. Die Verehrung Mens in Griechenland bereits zur Zeit des Pythagoras (6. Jh. v. Chr.) kann nicht bestätigt werden.

18 Vgl. LANE, Dei Menis [Anm. 17], Bd. 3, S. 113–114; EUGENE LANE: Men: A Neglected Cult of Roman Asia Minor. In: Aufstieg und Niedergang der römischen Welt. Teil II: Principat. Bd. 18, 3. Hg. von WOLFGANG HAASE und HILDEGARD TEMPORINI. Berlin, New York 1990, S. 2162–2174, hier S. 2170–2171.

(und numismatischen) Zeugnisse aus dem kaiserzeitlichen Kleinasien stammt.[19] In literarischen Texten hat er niemals Fuß gefasst, sondern behielt bei griechischsprachigen Autoren des Römerreichs seinen Ruf als phrygischer Gott,[20] der in einer Art *interpretatio graeca* an einer Stelle sogar mit der (in den Kulten Kleinasiens übrigens auch verehrten) Selene gleichgesetzt wird.[21] In der kultischen Realität des kaiserzeitlichen Griechenlands hingegen leistete er trotz seiner Fremdheit ‚gut griechischen' Gottheiten wie Pan und den Nymphen Gesellschaft[22] – für diese Kultkonstellation ist seine Fremdheit offensichtlich weniger entscheidend als eine gemeinsame Verbindung zur Natur. Aus den Quellen entsteht das rätselhafte Bild eines von den Griechen als phrygisch und von modernen Forschern als persisch oder anatolisch gedeuteten Gottes, dessen früheste Kultzeugnisse aber aus Attika kommen und dessen griechisch klingender (oder hellenisierter?) Name auf eine gewisse sprachliche Integration in die griechische Vorstellungswelt als gleichsam personale Seite des Appellativums *men/meis* hindeutet oder diese wenigstens begünstigt hat. Durch Men bekommt der Mond, wenn auch erst ab der hellenistischen Zeit, ein männliches und fremdes oder als fremd stilisiertes Gesicht. Neben den verschiedenen Göttinnen, die vor allem in den ersten nachchristlichen Jahrhunderten lunare Attribute erhielten oder mit dem Mond bzw. mit Selene explizit gleichgesetzt wurden, zeigt Men, dass der Mond weder an eine einzelne personale Erscheinungsform noch an eine Gottheit gebunden wurde, sondern je nach Verehrer und Perspektive mitunter eine andere Gestalt annehmen konnte.

Anders als Men zählt die weibliche Selene/Mene bereits in den frühesten überlieferten griechischen Schriftquellen zu den einheimischen Göttern. Das Wesentliche über sie ist schnell skizziert: Sie erhält (wie üblich bei den griechischen Göttern) unterschiedliche Genealogien, in denen sie meist mit der Sonne, Helios, in näherer Verwandtschaft steht, und gebiert neben wesensähnlichen göttlichen Kindern gelegentlich auch taxonomische Überraschungen wie den nemeischen Löwen oder einen orphischen Dichter.[23] Ihr Soziomorphismus, d. h. ihre Darstellung als soziale Akteurin in der als Familie und Gesellschaft imaginierten Götterwelt, aber auch unter den Menschen, beschränkt sich fast nur auf das Genealogische und auf ihre Liebe zum schlafenden Jäger Endymion, die bereits Sappho in einem verlorenen

---

[19] LANE, Dei Menis [Anm. 17], passim; GEORG PETZL: Men. In: Der Neue Pauly. Hg. von HUBERT CANCIK und HELMUTH SCHNEIDER. Bd. 7. Stuttgart 1999, Sp. 1210–1212. Die griechischen Zeugnisse hellenistischer Zeit wurden in den letzten Jahren durch eine neue Kultinschrift aus Thessalien ergänzt: JEAN-CLAUDE DECOURT/ATHANASSIOS TZIAFALIAS: Un règlement religieux de la région de Larissa: cultes grecs et 'orientaux'. In: Kernos 28 (2015), S. 13–51; ROBERT PARKER/SCOTT SCULLION: The Mysteries of the Goddess of Marmarini. In: Kernos 29 (2016), S. 209–266.

[20] Lukian, Iuppiter tragoedus 8 und 42; Athenaios, Deipnosophistae 3, 42

[21] Strabon, Geographica 12, 3, 31 mit LANE, Dei Menis [Anm. 17], Bd. 3, S. 86.

[22] LANE, Dei Menis [Anm. 17], Bd. 1, Nr. 5–6.

[23] Siehe unten Anm. 46 und 47.

Gedicht bearbeitet hat[24] und die ab der hellenistischen Zeit in Kunst[25] und Literatur[26] zu einem beliebten Motiv wurde. In menschlicher Gestalt erscheint Selene durchgehend von der Archaik bis in die Kaiserzeit, gelegentlich geflügelt, manchmal (wie auch Men) auf einem Tier reitend, häufig (wie auch Helios) ein Pferdegespann lenkend.[27] In allen Medien bleibt sie – abgesehen von vier beiläufigen und daher schwer deutbaren Erwähnungen einer androgynen Beschaffenheit – durch und durch weiblich:[28] Selbst im Traumdeutungshandbuch des Artemidor (2. Jh. n. Chr.) ist sie der Inbegriff des Weiblichen und steht für die Frau, Mutter, Schwester, Herrin usw. des Träumers oder weist auf ein Geschehen voraus, das durch eine Frau zustande kommen wird (Oneirokritika 2, 135–136). Ihre kultische Verehrung in der vorhellenistischen Zeit hat archäologisch keine fassbaren Spuren hinterlassen, sondern wird in zeitgenössischen Quellen hauptsächlich durch einen Verweis bei Platon auf ihre Anbetung unter Griechen und Barbaren bestätigt (Nomoi 887e).[29]

Mit der fragmentarischen Quellenlage konfrontiert, hat die Forschung des ausgehenden 19. Jahrhunderts ihren Gegenstand möglichst weit aufgefasst, so dass Feste zum Vollmond notwendigerweise als Selenekult galten, auch wenn die Göttin in den jeweiligen antiken Zeugnissen nicht als Adressatin genannt wurde; in beinahe jeder Göttin oder Heroine glaubten die Forscher, eine ‚ursprüngliche' Mondgöttin oder ihre Hypostase erblicken zu können.[30]

---

[24] Sappho, Testimonium 199 VOIGT = Scholion zu Apollonios Rhodios, Argonautika 4, 57–58.

[25] HANS GABELMANN: Endymion. In: Lexicon Iconographicum Mythologiae Classicae. Hg. von LILLY KAHIL [u. a.]. Bd. 3, 1. München, Zürich 1986, S. 726–742; ebd., Bd. 3, 2 (1986), S. 551–561.

[26] Überblick bei TIMOTHY GANTZ: Early Greek Myth: A Guide to Literary and Artistic Sources. Baltimore, London 1993, S. 35–36; zu Endymion in der Literatur vgl. STEVEN JACKSON: Apollonius of Rhodes: Endymion. In: Quaderni Urbinati di Cultura Classica 83 (2006), S. 11–21, hier S. 11f..

[27] FRANÇOISE GURY: Selene, Luna. In: Lexicon Iconographicum Mythologiae Classicae [Anm. 25], Bd. 7, 1 (1994), S. 706–715; ebd., Bd. 7, 2 (1994), S. 524–529. Vgl. KONRAD SCHAUENBURG: Gestirnbilder in Athen und Unteritalien. In: Antike Kunst 5 (1962), S. 51–64, hier S. 57 und 60.

[28] Androgynie: Orphische Hymnen 9, 4 QUANDT; Philochoros 328 Fragment 184 JACOBY (= Macrobius, Saturnalia 3, 8, 2–3); Platon, Symposion 189e–190a; Plutarch, Über Isis und Osiris 368c.

[29] In der Forschungsliteratur wird gelegentlich auf eine hellenistische(?) Inschrift verwiesen, die neben Helios, Eos und anderen Gottheiten Opfer für Selene im Asklepiosheiligtum im Piräus dokumentieren soll, so z. B. FRIEDRICH W. HAMDORF: Griechische Kultpersonifikationen der vorhellenistischen Zeit. Mainz 1964, S. 21 und 85. Selene wird in der besagten Inschrift jedoch nicht aufgelistet: IG II/III^2 4962 = FRANCISZEK SOKOLOWSKI: Lois sacrées des cités grecques. Paris 1969, Nr. 21.

[30] Genannt sei hier die Studie von Roscher, der eine immer noch brauchbare, möglichst umfassende Quellenbasis bereitstellt, diese aber häufig überstrapaziert: WILHELM H. ROSCHER: Über Selene und Verwandtes. Leipzig 1890, z. B. S. 5f. mit Verweis auf Hero-

Der Impuls, Mondverehrung im lunaren Festkalender zu sehen oder den Hauptbereich verschiedener Göttinnen auf den Mond zurückzuführen, erwuchs weniger aus konkreten Anhaltspunkten wie (vor allem kaiserzeitlichen) Synkretisierungen von Selene und anderen Göttern als aus einem impliziten Verständnis antiker Götter und ihrer Mythen als Naturallegorien, als Erklärungen für Naturphänomene.[31] So erklärt Walter Roscher in seiner 1890 erschienenen Abhandlung zur Selene die Quellenlage dadurch, dass „die zahlreichen Kulte älterer Mondgöttinnen [...] und Mondheroinnen" einer „weiten Verbreitung des Selenekultus [...] im Wege" gestanden hätten.[32] Obwohl eine Assoziierung des Mondes mit anderen Göttinnen tatsächlich bestand und sich im Laufe der Zeit stärker herausbildete, sagt Roschers Annahme mehr über zeitgenössische Evolutionstheorien der Religion aus als über den antiken Polytheismus, in dem die Teilüberschneidung göttlicher Bereiche allem Anschein nach eher als bereichernd denn als redundant empfunden wurde. Der Religionshistoriker Martin Nilsson wiederum schloss aus klassischen Quellen, denen zufolge sich Selene und Helios besonderer kultischer Aufmerksamkeit in barbarischen Ländern erfreuten, auf fremde Ursprünge als Grund für ihre zunächst begrenzte Verehrung unter den Griechen.[33] Auch diese These lässt sich allerdings schwerlich belegen, da Nilssons Quellen – auf die später näher einzugehen sein wird – antiken Theorien über Religionsentstehung verpflichtet sind und beide Gottheiten von früh an einen Platz in den Göttergenealogien der Griechen haben.

Selene erscheint erstmalig in der Hesiodischen ‚Theogonie' (v. 371–374) als Tochter des von Gaia (Erde) und Ouranos (Himmel) abstammenden Geschwisterpaars Hyperion (‚des Höheren'; nach antiker Etymologie[34], des Hochwandelnden') und Theia (‚der Göttlichen') und Schwester der Eos

---

dot 6, 106 (die Spartaner warten den Vollmond ab, bevor sie den Athenern zu Hilfe kommen; Roscher schließt daraus, dass die „Lakedaimonier bei allen ihren Unternehmungen ängstlich die Mondphase beobachteten", und sieht dies als Indiz für einen „verhältnissmässig [*sic*] bedeutenden Selenekult in Lakonien" an); zu Hypostasen siehe besonders S. 126–147. Vgl. BERNHARD GROSSE: De Graecorum dea Luna. Lübeck 1880; ERNST SIECKE: Beiträge zur genaueren Erkenntnis der Mondgottheit bei den Griechen. Berlin 1885; etwas nüchterner ist der Überblick von FRIEDRICH SCHWENN: Selene. In: Paulys Realencyclopädie der classischen Altertumswissenschaft. Hg. von GEORG WISSOWA [u. a.]. Bd. II A1. Stuttgart 1921, Sp. 1136–1144.

31 Zu dieser Forschungsströmung siehe z. B. TANJA S. SCHEER: Natur – Mythos – Religion im antiken Griechenland: Eine Einleitung. In: SCHEER (Hg.), Natur [Anm. 15], S. 13–28, hier S. 15; vgl. ALBERT HENRICHS: Die Götter Griechenlands. Ihr Bild im Wandel der Religionswissenschaft. Bamberg 1987, 18; wiederabgedr. in: Greek Myth and Religion. Collected Papers II. Hg. von HARVEY YUNIS. Berlin, Boston 2019, S. 255–298, hier S. 272f.

32 ROSCHER, Selene [Anm. 30], S. 1.

33 MARTIN P. NILSSON: The Origin of Belief Among the Greeks in the Divinity of the Heavenly Bodies. In: Harvard Theological Review 33 (1940), S. 1–8, hier S. 1.

34 Scholion zu Homer, Ilias 8, 480 und Odyssee 1, 8; Hesychios, Lexikon, Υ 415 s. v. Ὑπερίων.

(Dämmerung) und des Helios (Sonne). Im Homerischen Hymnos an Helios (v. 2), dessen Datierung wie die des Hymnos an Selene unsicher ist,[35] ändert sich in dieser Konstellation nur die Herkunft mütterlicherseits: Statt Theia – die für ihre Vielnamigkeit ja berühmt ist[36] – heißt Hyperions Schwestergattin hier Euryphaëssa (‚die Weitleuchtende'). Euryphaëssas sprechender Name präfiguriert gleichsam genealogisch die Haupteigenschaft ihrer Kinder, die deren jeweilige Homerische Hymnen durchdringt. Ihre Beschreibung in demselben Vers des Helios-Hymnos als kuhgesichtig bzw. -äugig (βοῶπις), ein episches Beiwort für Hera und gelegentlich auch für andere Göttinnen oder anmutige Frauen, konnotiert die Schönheit eines vollen, runden und leuchtenden Auges[37] und lässt eventuell an die ‚Hörner' des ab- und zunehmenden Mondes denken, die Selene und ihre römische Entsprechung Luna in den späteren Darstellungen der Kaiserzeit auf dem Kopf tragen.[38] Hyperion, dessen Name ebenfalls eine gemeinsame Eigenschaft von Selene und Helios evoziert, nämlich ihre Stellung am Himmel, ist enger an seinen Sohn gebunden: Im Homerischen Epos kommt Hyperion als Beiname des Helios („Helios Hyperion") oder sogar als Eigenname der Sonne vor.[39] Bei Hyperion/Helios und Euryphaëssa/Selene handelt es sich jeweils um eine konzeptuelle Doppelung, die die Himmelskörper durch ihre verstärkte Gegenwärtigkeit gleichsam potenziert und ihre Bedeutung für archaische Vorstellungen des Kosmos unterstreicht.

Die genealogische Einbindung einer Gottheit versteht sich als Ausdruck ihrer konzeptuellen und oft auch kultischen Bedeutung bei den Griechen; sie markiert die Zugehörigkeit zur Göttergesellschaft, die von der – ob panhellenischen oder regionalen – Gemeinschaft anerkannt wird. In Ermangelung einer zentralen religiösen Autorität wie verbindlicher Glaubenssätze sind Göttergenealogien keine fixierten, sondern vielmehr flexible Gefüge, die Götter auf unerwartete Art und Weise in Beziehung zueinander setzen können. So kann Selene etwa bei den Tragikern auch Tochter des Helios sein[40] oder im Homerischen Hymnos an Hermes (v. 99–100) Tochter des

[35] Zur Datierung siehe ANDREW FAULKNER: The Homeric Hymns: Interpretative Essays. Oxford 2011, S. 15f.

[36] Pindar, Isthmische Ode 5, 1.

[37] Vgl. Suda B 385: Βοῶπις: μεγαλόφθαλμος. εὐόφθαλμος.

[38] Z. B. die Statue auf der Agora zu Elis im 2. Jahrhundert n. Chr.: Pausanias 6, 24, 6; Selene/Luna mit Sichelmond über dem Kopf sowie auf einem von Rindern gezogenen Wagen ist unter den späteren Darstellungen bei GURY, Selene, Luna [Anm. 27] gut dokumentiert; im 2. Jahrhundert n. Chr. lässt Lukian in einer Persiflage zeitgenössischer Vorstellungen den im Kontext des Liebeszaubers heruntergezogenen Mond die Form einer Frau, eines Rindes und schließlich eines Welpen annehmen: Lukian, Philopseudes 14.

[39] Beiname: Homer, Ilias 8, 480; Odyssee 1, 8; 12, 133; 12, 263; 12, 346; 12, 374; Eigenname: Ilias 19, 398; Odyssee 1, 24; Homerischer Hymnos an Apollon 369.

[40] Euripides, Phoinissen 175–176; laut dem Scholiasten zur Stelle hätten auch Aischylos und die Naturphilosophen Selene als Tochter des Helios bezeichnet; letztere hätten die genealogische Verbindung dadurch erklärt, dass Selene ihr Licht von Helios hat.

Pallas. Letztere Genealogie ist besonders suggestiv, denn bei Hesiod ist der sonst nebulöse Pallas Bruder des Perses, des Vaters der Göttin Hekate (Theogonie 375–377; 409). Dadurch entsteht möglicherweise eine kollaterale Verwandtschaft zwischen Selene und Hekate, der erste Ausdruck einer engeren Assoziierung der Göttinnen, deren Gestalten sich auch an zwei weiteren Stellen in der archaisch-klassischen Dichtung nähern. In einem Fragment aus Sophokles' verlorener Tragödie ‚Rizotomoi' (‚Die Wurzelschneider') wendet sich der Chor nämlich an das Adressatenpaar Helios und das „heilige Feuer, Speer der Hekate des Wegs, den sie über den Olympos [d. h. Himmel] hin dienend trägt" (Ἥλιε δέσποτα καὶ πῦρ ἱερόν, / τῆς εἰνοδίας Ἑκάτης ἔγχος, / τὸ δι' Οὐλύμπου προπολοῦσα φέρει, Fragment 535 RADT, v. 1–3). Als gedanklich assoziiertes Paar treten Helios und Hekate, die sich hier in einer Höhle aufhält, auch im früher zu datierenden Homerischen Hymnos an Demeter auf als die einzigen Götter, die den Schrei von Demeters entführter Tochter vernehmen (v. 22–27). Überraschend sind nicht nur die Nebeneinanderstellung von Helios und Hekate, an deren Stelle man vielmehr die als Tochter, Schwester oder Frau des Helios gedachte Selene hätte erwarten können, sondern auch ihre gemeinsame Charakterisierung als allhörend (eine Variation von Helios' sprichwörtlich allsehendem Blick) und vor allem die Emporstilisierung von Hekates Fackel zu einem Licht, das sich – implizit als Pendant zum Licht des Helios – durch den Himmel bewegt.

Während diese zwei Stellen auf eine Parallelisierung oder eine sich langsam auflösende Grenze zwischen den Göttergestalten Hekate und Selene hindeuten, bezeugt ein Fragment aus Aischylos' ‚Xantriai' die Erweiterung von Selenes Gestalt auf Artemis hin. Der Sprecher verweist auf weibliche Wesen, die so weit von der bekannten Welt entfernt wohnen, dass „weder der Strahl des Helios noch das Sternenauge der Leto-Tochter" sie erblicken (ἃς οὔτε πέμφιξ ἡλίου προσδέρκεται / οὔτ' ἀστερωπὸν ὄμμα Λητῴας κόρης, Fragment 170 RADT). Hinsichtlich seiner Beschreibung als Gestirn und Gegenstück des Helios handelt es sich um den von Aischylos sonst als „ältesten der Sterne, Auge der Nacht" (πρέσβιστον ἄστρων, νυκτὸς ὀφθαλμός, Sieben gegen Theben 390) beschriebenen Mond, Selene; in Hinblick auf ihre Abstammung jedoch ist die im Fragment nicht namentlich genannte Göttin als Artemis zu identifizieren, Tochter der Leto und Schwester des Apollon, der in derselben Epoche seinerseits auch punktuell mit Helios zusammenfloss.[41] Durch das Spiel mit erwarteten Götter- und Gestirnpaarungen einerseits und mit erweiterten genealogischen Verbindungen andererseits werden die Göttinnen, und das heißt: die sie umrankenden und konstituierenden Vorstellungen von Mythen, Bezügen zu Göttern und Menschen, von

[41] Apollon und Helios: Aischylos, Bassariden (Zusammenfassung bei Pseudo-Eratosthenes, Catasterismi 24), Hiketiden 213–214 und Sieben gegen Theben 859; Euripides, Fragment 781 KANNICHT; Heraklit, Quaestiones homericae 6, 6; vgl. WOLFGANG FAUTH: Helios Megistos. Zur synkretistischen Theologie der Spätantike. Leiden [u. a.] 1995, S. xvii–xxxiii.

Machtbereichen und möglichen Erscheinungsformen, ansatzweise zusammengeführt.

Dabei offenbart sich in den Fragmenten das Potential des Mondes für die Konzeptualisierung göttlicher Erscheinungsformen. Selene wird poetisch als Attribut (Fackel oder Sehorgan) einer anderen Göttin aufgefasst – oder, anders gesehen, das Attribut einer anderen Göttin entfaltet sich in seiner Göttlichkeit soweit, dass es in der Gottheit Selene geradezu aufgeht. Die Zusammenführung mit Hekate einerseits und Artemis andererseits, die zuerst in den zwei Tragödienfragmenten angedeutet wird, erreichte ihren Höhepunkt im 1.–2. Jahrhundert n. Chr. jeweils in der Philosophie (Hekate) und in den entsprechenden römischen Göttergestalten (Artemis/Diana);[42] als Plutarch im 2. Jahrhundert n. Chr. die Schrift ‚Über das Mondgesicht' verfasste, konnte er sich auf etablierte Gleichsetzungen der Selene nicht nur mit Hekate (937f) und Artemis (938f, 945c), sondern auch mit Athene (938b),[43] der Geburtsgöttin Eileithyia (945c), Kore/Persephone (924d–f) und Isis (Über Isis und Osiris 372d) beziehen (und diese z. T. naturphilosophisch deuten). Als Ausdruck göttlicher Wesens- und Machtfülle ist die Überblendung zweier Gottheiten an sich keine Besonderheit. Bei Selene aber, wie an den beiden Aischylos-Fragmenten bereits paradigmatisch sichtbar, ist es ihr empirisch erfahrbarer Glanz, der entscheidend wird – und der den Himmelskörper zu einer doppelten Göttererscheinung werden lässt. Der Mond wird mit verstärkter göttlicher Präsenz aufgeladen und gewinnt zugleich an Gegenwärtigkeit unter den Göttergestalten, die nicht an den Himmel gebunden sind.

Neben Abstammungen und Angleichungen binden auch Liebschaften und Nachkommen Selene in die Götterwelt und den Lokalkult fest ein. Aus einer Vereinigung mit Zeus entsteht im Homerischen Hymnos an Selene (v. 14–16) Pandeia/Pandía (Πανδείη/Πανδία), deren Name als ‚allleuchtend' verstanden werden kann und einer Wesenserweiterung der Selene gleichkommt (vgl. Euryphaëssa/Selene). Der Name deutet möglicherweise auf einen Bezug beider Göttinnen zum athenischen Fest der Pándia (Πάνδια) hin, das Zeus zu Ehren gefeiert wurde.[44] Auch wenn ihre Verehrung in Rahmen

---

42 Vgl. SARAH ILES JOHNSTON: Hekate Soteira: A Study of Hekate's Roles in the Chaldean Oracles and Related Literature. Atlanta 1990, S. 129–138 mit Fokus auf Hekate als Mondgöttin in philosophischen Texten; zu römischen Entsprechungen vgl. SOPHIE LUNAIS: Les auteurs latins de la fin des Guerres Puniques à la fin du règne des Antonins. Leiden 1979, S. 116–139 (Diana/Luna) und 140–178 (Hecate/Luna). Als Artemis/Selene identifizierte Darstellungen werden aufgelistet bei LILLY KAHIL: Artemis. In: Lexicon Iconographicum Mythologiae Classicae [Anm. 25], Bd. 2, 1 (1984), S. 618–753, hier S. 689–690, mit treffendem Verweis auf das interpretative Problem der Ikonographie: „Le problème reste de savoir à quel moment s'est produite l'identification d'A[rtémis] et de Séléne, et à quel degré."

43 Bereits Aristoteles soll Selene und Athene gleichgesetzt haben: Arnobius, Adversus nationes 3, 31, 1.

44 Photios, Lexikon Π 376 s.v. Πάνδια; ALBERT HENRICHS: Zur Genealogie des Musai-

dieses Festes eine offene Frage bleibt, ist Selenes Einbindung in athenischen Kult durch den hellenistischen Periegeten Polemon gesichert, der sie als eine der Gottheiten auflistet, denen die Athener speziell weinlose Trankopfer darbringen.[45] In der mythischen Tradition des westlich von Athen liegenden attischen Demos Eleusis ging aus einer Liebesbeziehung zwischen Selene und Eumolpos der orphische Dichter Musaios hervor;[46] die ab dem 5./4. Jahrhundert v. Chr. belegte Genealogie weist Selene eine nicht unwichtige Rolle in der lokalen mythisch-kultischen Vergangenheit zu, wenn man bedenkt, dass die Hierophanten der Eleusinischen Mysterien ihr Geschlecht auf Eumolpos zurückführten.

Nicht nur in Attika, sondern auch auf der Peloponnes war Selene unterwegs. Ihre in die Archaik datierte Stilisierung als Mutter des nemeischen Löwen setzt einen lokalen Mythos voraus, wenn es nicht eine Innovation des Erzählers war.[47] Handgreiflichere Bezüge zur Peloponnes überliefert Pausanias, der im 2. Jahrhundert n. Chr. in Thalamai Kultstatuen von Helios und Pasiphaë im Ino-Heiligtum besichtigte: Pasiphaë, die als Tochter des Helios bekannt war[48] und deren Name (‚allen leuchtend') wie bei Pandeia und Euryphaëssa gleichfalls auf eine Hypostasierung des lunaren Glanzes hinweist, sei „keine regionale Gottheit [ἐπιχώριος δαίμων, im Sinne einer Gottheit ohne Entsprechung außerhalb von Thalamai], sondern ein Beiname [ἐπίκλησις] der Selene" (3, 26, 1). Er berichtete ferner von einem Lokalmythos in Elis, dem zufolge Selene sich in Endymion verliebte und ihm

os. In: Zeitschrift für Papyrologie und Epigraphik 58 (1985), S. 1–8, hier S. 4f. mit Diskussion und weiterführender Literatur. Dass es sich hier um eine stadtathenische Genealogie handelt, legt auch ein Fragment des Apollodor von Athen nahe: Apollodor 244 Fragment 162 JACOBY mit der textkritischen Emendation von ALBERT HENRICHS: Philodems *De Pietate* als mythographische Quelle. In: Cronache Ercolanesi 5 (1975), S. 5–38, hier S. 13 Anm. 40.

45 Polemon, Fragment 42 PRELLER (= 42 MÜLLER) = Scholion zu Sophokles, Oidipus auf Kolonos 100. Zu den anderen bei Polemon genannten Gottheiten zählen neben Mnemosyne, den Musen und Aphrodite Ourania auch Helios und Eos. Die genaue Signifikanz der weinlosen Libationen ist unklar; siehe hierzu grundsätzlich SUSANNE GÖDDE: Nephalia. In: Der Neue Pauly [Anm. 19], Bd. 8 (2000), Sp. 837–838; FRITZ GRAF: Milch, Honig und Wein. Zum Verständnis der Libation im griechischen Ritual. In: Perennitas. Studi in onore di Angelo Brelich. Rom 1980, S. 209–221; ALBERT HENRICHS: The ‚Sobriety' of Oedipus: Sophocles OC 100 Misunderstood. In: Harvard Studies in Classical Philology 87 (1983), S. 87–100; ALBERT HENRICHS: The Eumenides and Wineless Libations in the Derveni Papyrus. In: Atti del XVII congresso internazionale di papirologia 2 (1984), S. 255–268.

46 Philochoros 328 Fragment 208 JACOBY = Scholion zu Aristophanes, Frösche 1033; vgl. Philodem, Fragment P. Herc. 243 VI; Platon, Politeia 364e. Siehe hierzu HENRICHS, Genealogie [Anm. 44].

47 Epimenides 457 Fragment 3 JACOBY = Ailianos, De natura animalium 12, 7; vgl. Hyginus, fabulae 30.

48 Pasiphaë als Tochter des Helios: Apollodor, Bibliothek 3, 1, 2; Apollonios Rhodios, Argonautika 3, 998.

50 Töchter gebar.[49] Diese entsprechen in ihrer Zahl den abwechselnd 49 bzw. 50 Monaten zwischen den im vierjährigen Zyklus wiederkehrenden Olympischen Spielen zu Elis[50] und lassen somit den zeitlichen Aspekt ihrer Mutter hervortreten, den aber Selenes Liebesverhältnis zum lokalpeloponnesischen Endymion durch sozio- bzw. anthropomorphe Züge wieder austariert. (Mit der Verlegung der Liaison in eine Höhle im kleinasiatischen Latmos-Gebirge[51] trat das Zeitliche fast gänzlich zurück und ließ das Anthropomorphe erst recht aufblühen: So beschreibt die Göttin etwa bei Lukian, wie sie, durch den Anblick des schlafenden Endymion entzückt, jede Nacht auf Zehenspitzen vom Himmel herabsteigt, um den Geliebten zu besuchen – „und ich vergehe vor Begehren"[52]). Die verstreuten Belege für Selenes mythisch-kultische Präsenz in Attika und auf der Peloponnes vermitteln das Bild einer Göttin, die sich trotz ihres überirdischen Aufenthaltsorts und festgelegter Bahnen immer wieder in lokale Landschaften und ortsspezifische Panthea integrieren ließ. Der Mond, der über Athen oder Eleusis, Nemea oder Elis leuchtete, war der gleiche, aber hinsichtlich seiner Stellung unter Göttern und Menschen nie derselbe.

In ihrer regionalen und genealogischen Anpassungsfähigkeit verhält sich Selene also nicht anders als personale Gottheiten, deren Namen nicht mit einem Naturphänomen, einer Ortschaft, einem Begriff o. ä. identisch sind. Durch ihr Geborenwerden und das Gebären von Kindern verfügt sie über dieselben biologischen und somit dieselben sozialen und lokalen Integrationsmöglichkeiten wie andere Götter. Dass ihre familiären Verbindungen mitunter über konzeptionelle Zusammenhänge mit Zeit, Glanz und Gestirnen hinausgehen, bringt ihre anthropomorphe Seite umso stärker zum Ausdruck.

Inwiefern kann Selene ihre lunare Erscheinungsform noch ‚überwinden' und sich auch jenseits der Genealogie den personal konzipierten Göttern angleichen? Der Anthropomorphismus gilt zwar zu Recht als grundlegendes Merkmal griechischer Gottesvorstellungen, doch sind die Götter quer durch die Gattungen weder an einzelne noch an ausschließlich anthropomorphe Gestalten gebunden, im Gegenteil: Gerade in der epiphanischen Vielgestaltigkeit drückt sich das göttliche Vorrecht aus, anders als Mensch und Tier das Äußere zu ändern und damit Interaktionsmöglichkeiten in der Welt selbst zu bestimmen.[53] Ähnlich wie diejenigen Gottheiten, die keine

---

[49] Pausanias 5, 4. Endymion wurde seit der Archaik mit Elis assoziiert: Ibykos, Fragment 284 PAGE = Scholion zu Apollonios Rhodios, Argonautika 4, 57–58.

[50] AUGUST BOECKH: Pindari opera quae supersunt, Bd. II, 2. Leipzig 1821, S. 138 zu Pindar, Olympische Ode 3, 18–25. Zahl der Monate: Vgl. Bakchylides, Epinikion 7, 1–2; Scholion zu Pindar, Olympische Ode 3, 35g.

[51] Bei der Verlegung nach dem an der kleinasiatischen Westküste befindlichen Latmos handelt es sich wohl um eine literarische Neuerung des Endymion-Mythos durch die Alexandriner: JACKSON, Endymion [Anm. 26].

[52] Lukian, Göttergespräche 19 (Aphrodite und Selene).

[53] Siehe hierzu grundsätzlich GEORGIA PETRIDOU: Divine Epiphany in Greek Literature and Culture. Oxford 2015, besonders S. 29–106.

Personifikationen sind, den Sterblichen in verschiedenen Formen entgegentreten können, ist Selene nicht auf ihre Mondgestalt festgelegt.

Im Vergleich mit den personalen Göttern ist Selenes epiphanisches Repertoire dennoch insofern eingeschränkt, als ihre himmlische Erscheinungsform fast immer einen Bezugspunkt bei ihren anthropomorphen Darstellungen bildet. Dies zeigt sich etwa in der klassischen attischen Vasenmalerei, die Selene auf zweierlei Weise in menschenähnliche Form bringt. Zum einen erscheint die Göttin als Büste bzw. Frauenkopf im Profil. Der Kopf schaut manchmal in die konkave Seite einer gleichgroßen, seine Stirn mit ihrer oberen Spitze fast berührenden Mondsichel, so dass das sich im angedeuteten dunklen Bereich des Mondes befindliche Profil und die helle Sichel – der personale und der himmlische Körper also – gemeinsam die Mondgöttin wiedergeben.[54] Das Frauenprofil kann aber auch in einer runden (Mond-)scheibe erscheinen:[55] Auch hier verschränken die Vasenmaler menschliche und himmlische Körper miteinander, um Selene in ihrer konzeptuellen Gesamtheit als göttliches Gestirn und Gestirngöttin darzustellen.[56]

Alternativ reitet Selene in Vasendarstellungen als Frauengestalt auf einem Schimmel, der wie die strahlenden Fohlen, die im Homerischen Hymnos ihren Wagen durch das Firmament ziehen (ζευξαμένη πώλους […] αἰγλήεντας, v. 9), ihr Leuchten und ihre Beweglichkeit andeutet.[57] Genau die gleiche Gestalt nimmt in der attischen Vasenmalerei die Dämmerungsgöttin Eos an. Der Bezug zum Himmelskörper ist in dieser Darstellungsform

[54] Beispiele bei SEMNI KARUSU: Astra. In: Lexicon Iconographicum Mythologiae Classicae [Anm. 25], Bd. 2, 1 (1984), S. 904–927; ebd., Bd. 2, 2 (1984), S. 670–681, hier Nr. 48–51.

[55] Beispiele bei KARUSU, Astra [Anm. 54], hier Nr. 41–45 (mit Strahlen: Nr. 43); zur Darstellungsart siehe FRANK BROMMER: Selene. In: Archäologischer Anzeiger 4 (1963), S. 680–689.

[56] Gerade in dieser ‚Mischform' wird Selene auch als Teil einer menschlichen Handlung gezeigt: Auf einen rotfigurigen Aryballos des 5. Jahrhunderts v. Chr. (British Museum, Inv.-Nr. 1928,0519.2 = KARUSU, Astra [Anm. 54], Nr. 43) flankieren ein Mann und eine Frau eine große, von Strahlen umgebene Mondscheibe, deren Gesicht nach der Frau gerichtet ist. Die erdnahe Position des Gestirns sowie die ausgestreckte Hand der Frau, die einen der oberen Strahlen fast berührt, legt nahe, dass Selene aus dem Himmel herabgezogen wurde. Das Anthropomorphe deutet hier auf ein Kommunikations- und Handlungspotential des Mondes hin, das im Ritual jeglicher Art vorausgesetzt wird und einem als unbelebtem Gegenstand dargestellten Gestirn nicht zugeschrieben werden könnte.

[57] Die Deutung dieses Typus als Selene gilt als sicher für die auf einem Pyxisdeckel abgebildete Szene in London, British Museum, Inv.-Nr. 1873,0915.14 (E 776 = KARUSU, Astra [Anm. 54], hier Nr. 20), auf dem Selene auf ihrem Pferd neben einer geflügelten Nyx bzw. Eos mit Viergespann erscheint, sowie für den Krater in London, British Museum, Inv.-Nr. 1867,0508.1133 (E 466 = KARUSU, Astra [Anm. 54], hier Nr. 22), auf dem neben Selene auch Helios mit Viergespann, als Knaben dargestellte Sterne, Eos und der Heros Kephalos dargestellt werden. Weitere Beispiele bei KARUSU, Astra [Anm. 54], hier Nr. 18–26 (als Selene gedeutet); vgl. Nr. 4–5 (als Eos bzw. Nyx gedeutet).

am wenigsten explizit oder entscheidend: Die Mondsichel wie der Vollmond wurden als ikonographische Attribute der Selene offensichtlich nicht immer als notwendig empfunden und konnten fehlen oder sogar eine andere Gottheit, z. B. Eos oder die oft als Wagenlenkerin personifizierte Nacht (Nyx), kennzeichnen.[58] Die geringe Trennschärfe zwischen den anthropomorphisierten Gestalten von Selene und Eos sowie die Mehrdeutigkeit des Mondattributs führen Selene, Eos und Nyx zu einem Gesamtkonzept zusammen. Der durch Schimmel oder Mondkreis hergestellte Bezug zum Himmelskörper dient dabei nicht dazu, die jeweilige Figur ausschließlich als Selene auszuweisen, sondern signalisiert Zugehörigkeit zu einem gemeinsamen zeitlich-kosmischen Bereich.

So anschaulich wie in der attischen Vasenmalerei wird Selenes Körperlichkeit nur in dem ihr gewidmeten Homerischen Hymnos. Der zwanzigversige Hymnos präsentiert die Göttin als gütig (πρόφρων, 18), weißarmig (λευκώλενος, v. 17) und schönhaarig (εὐπλόκαμος, v. 18), ferner als breitflügelig (τανυσίπτερος, v. 1), um ihre schon durch das Pferdegespann versinnbildlichte Beweglichkeit zu unterstreichen. Vor allem aber ist ihr Erscheinen ein einziges Aufblitzen von Glanz und Helligkeit: Lichtstrahlen strömen von ihr herab zur Erde (v. 3), von ihrem Haupt (v. 4), ihrem goldenen Kranz (v. 6) und ihrem Gewand (v. 8), von ihrer Haut, wenn sie sich im Okeanos badet (v. 6–8; wie auch im Falle anderer Gestirne wird ihr Untergang als Eintauchen in den Okeanos beschrieben),[59] oder von ihrer Umlaufbahn und ihren Pferden, wenn sie sie abends einspannt und schnell (ἐσσυμένως) durch den Himmel fährt (v. 9–12); selbst die Frucht ihres Liebeslagers mit Zeus ist die „allleuchtende“ Pandeia (v. 14–16).

Der Lichtglanz, der den Hymnos durchdringt, fungiert als verbindendes Element zwischen Selenes anthropomorpher und astraler Körperlichkeit, die hier wieder ineinander verschränkt werden. Er steigert ihre Körperlichkeit und nach antikgriechischer Ästhetik auch ihre Schönheit und Lebendigkeit (Licht und Leben bilden ebenfalls ein festes konzeptuelles Paar) bis ins Übermenschliche. In den Hymnen wie auch insgesamt in der griechischen Literatur charakterisiert der Glanz das Göttliche und ist das epiphanische Merkmal schlechthin: Der wie auch immer augenblicklich beschaffene Gotteskörper und seine Requisiten strahlen Licht aus, durch das die Gottheit sich und ihre Göttlichkeit für den Menschen nachdrücklich sichtbar, erfahrbar und erkennbar macht.[60] Nach der Logik dieser über die hymnische Gattung hinausgehenden Epiphanievorstellung ist Selenes Glanz

58 Nyx: Vgl. KARUSU, Astra [Anm. 54], hier Nr. 1–17, bes. 3 (Lekythos, New York, Metropolitan Museum of Art, Inv.-Nr. 41.162.29, auf der Helios sowie die einander ähnelnden Göttinnen Nyx und Eos jeweils mit Himmelskörper über dem Kopf und Beischrift versehen sind).

59 Vgl. Odyssee 5, 273–275.

60 Z. B. Homerische Hymnen 2, 188–189 und 275–280 (Demeter); 3, 440–442 (Apollon); 5, 84–90 mit 185–186 (Aphrodite).

also nicht darauf zurückzuführen, dass sie zugleich Gott und Gestirn oder ‚nur' ein Himmelskörper ist, dessen Eigenschaften vom Dichter in menschenähnliche Gestalt übertragen oder dem personale Züge zugeschrieben werden; vielmehr bekundet der Glanz die Göttlichkeit des Gestirns. Durch seine doppelte Existenz als empirisch erfahrbare Eigenschaft des Mondes einerseits und als Kennzeichen göttlicher Epiphanie in der Vorstellungswelt andererseits bildet das charakteristische Leuchten, das σέλας, von dem Selene ihren Namen ableitet, die Schnittstelle, an der Himmelskörper und Göttin ineinanderfließen und sich hinsichtlich ihrer kulturspezifischen Wahrnehmung gegenseitig beeinflussen. Somit lässt sich Selene weder auf ihre astrale noch auf ihre anthropomorphe Gestalt reduzieren, sondern besteht als Gesamtkonzept aus beiden und transzendiert in dieser – je nach Darstellung unterschiedlich akzentuierten – ‚Mischform' zugleich das rein Astrale und das rein Personal-Anthropomorphe.

3. Glühender Stein und Universalgöttin. Selene unter Philosophen, ‚Barbaren' und ‚Primitiven'

Aufgrund ihrer Beschaffenheit als Himmelskörper – ihrer Sichtbarkeit, ihres Lichtglanzes und ihrer Beweglichkeit – wohnte Selene, aber auch ihrem noch heller strahlenden Pendant Helios nach antiker Vorstellung ein besonders epiphanisches Potential inne. Demzufolge nahmen sie oft unter den anderen empirisch zugänglichen Göttern bzw. als göttlich konzipierten Naturphänomenen (z. B. Wasser oder Flüsse, Winde, Erde oder Berge), mit denen sie bisweilen gruppiert werden, eine herausragende Stelle ein, wenn diese aufgrund ihres sichtbaren Vorhandenseins zu einem Mittel der Reflexion über Gottesglauben werden. Mit dem epiphanischen Potential geht also ein diskursives Potential einher, das sich vor allem in der Philosophie entfaltet. Es seien hier nur drei frühe Stationen kurz herausgegriffen, bei denen die Sichtbarkeit und Erfahrbarkeit von Helios und Selene im Zentrum standen.

Während die Dichter durch die Steigerung schon vorhandener anthropomorphisierender Tendenzen den glänzenden Vollmond zu einem lieblichen Auge oder Antlitz stilisierten, waren es die Philosophen, allen voran der Vorsokratiker Anaxagoras von Klazomenai, die diese Tendenzen ablehnten und durch ihr Theoretisieren Selene – so Plutarchs verspielte Formulierung – ein Veilchen verpassten.[61] Der in Athen ansässige Anaxagoras hat in einer verlorenen Schrift u. a. bekanntlich die Theorie aufgestellt, dass Sonne, Mond und Sterne nichts mehr als feurige Steine seien, die durch die Umdrehung des Äthers in Bewegung gehalten würden; dabei sei der Glanz der Selene eigentlich nicht ihr eigener, sondern komme vom höher befind-

[61] Plutarch, Über das Mondgesicht 921e–922a (ἔλεγεν ὑπωπιάζειν αὐτοὺς τὴν σελήνην σπίλων καὶ μελασμῶν ἀναπιμπλάντας).

lichen glühenden Metallklumpen Helios.[62] Damit sprach Anaxagoras sämtlichen Himmelskörpern ihre selbstbestimmte Bewegung, ihre Lebendigkeit und demgemäß auch ihren traditionellen und z. T. kultisch anerkannten Status als göttliche Entitäten entschieden ab. Die in anderen Kontexten epiphanisch aufgeladenen Eigenschaften von Selene und Helios deutet er dabei entgegen traditionellen Vorstellungen nicht als Zeichen ihrer Göttlichkeit, sondern im Gegenteil als Indizien für Nicht-Göttlichkeit. Diese Ansichten vertrugen sich jedoch nicht mit der aktuellen Politik Athens, und schließlich musste der Naturphilosoph – wohl aufgrund einer Anklage wegen Asebeia (Missachtung der Götter) mit Bezug auf seine Himmelskörperlehre – am Ende der 430er Jahre v. Chr. seine Wahlheimat endgültig verlassen.[63]

Nicht nur Anaxagoras wurde vorgeworfen, Götter zu Gegenständen herabgesetzt zu haben. Mit dem Plan des eingangs erwähnten fiktiven Sokrates-Schülers, der in den 423 v. Chr. aufgeführten ‚Wolken' (v. 747–756) Selene in ein Futteral einsperren lassen wollte, kommt zum ersten Mal der Topos des Herabziehens des Mondes vor.[64] Den Mond herabzuzaubern setzt streng genommen seine Entgöttlichung nicht voraus, auch seine Einbeziehung in den Liebeszauber – ein in der Dichtung beliebteres Motiv als die Vermeidung von Schulden! – lässt sich eher als das Herbeizwingen göttlichen Beistands verstehen. Zur Zeit des Anaxagoras und der ‚Wolken' war jedoch auch eine andere Interpretation möglich. Für den Verfasser der dem hippokratischen Corpus zugeordneten Schrift ‚Über die heilige Krankheit' zeigen diejenigen, die behaupteten, sie könnten den Mond herabholen und die Sonne dem Blick entziehen (σελήνην τε καθαιρέειν καὶ ἥλιον ἀφανίζειν) sowie die Naturkräfte auch sonst beherrschen, das falsche Verhalten und mangelnde Ehrfurcht gegenüber dem Göttlichen: Sie „glauben entweder, dass die Götter nicht existieren oder dass sie keine Macht haben" (δυσσεβέειν ἔμοιγε δοκέουσι καὶ θεοὺς οὔτε εἶναι νομίζειν οὔτ' ἐόντας ἰσχύειν οὐδέν), denn göttliche Kraft lasse sich nicht auf solche Weise von Menschen beherrschen und versklaven (οὐκ ἂν ἔγωγέ τι θεῖον νομίσαιμι τούτων εἶναι, ἀλλ' ἀνθρώπινον, εἰ δὴ τοῦ θείου ἡ δύναμις ὑπὸ ἀνθρώπου γνώμης κρατέεται καὶ δεδούλωται).[65] Die Vorwürfe reichen nah an die Asebeia-Anklage gegen Anaxagoras: Inhaltlich unterscheiden sich der eher juristische Terminus Asebeia und der hier verwendete Begriff für die Missachtung der Götter,

---

[62] Anaxagoras DK 59 A 42 = Hippolytos, Refutatio omnium haeresium 1, 8, 3–10; Diogenes Laertios 2, 12.

[63] Anaxagoras DK 59 A 1 = Diogenes Laertios 2, 12–14; vgl. Diodor 12, 39, 2.

[64] Zu diesem Topos in verschiedenen Gattungen vom 5. Jahrhundert v. Chr. bis ins 4. Jahrhundert n. Chr. siehe die Übersicht bei RADCLIFFE G. EDMONDS III: Drawing Down the Moon: Magic in the Greco-Roman World. Princeton, Oxford 2019, hier S. 3–5 und 19–32.

[65] Ps.-Hippokrates, Über die heilige Krankheit 1, 29–31 nach der Edition von HERMANN GRENSEMANN: Die hippokratische Schrift ‚Über die heilige Krankheit'. Berlin 1968 = Kapitel 4 in der vielzitierten Loeb-Ausgabe von WILLIAM H. S. JONES: Hippocrates. Volume II. London, Cambridge, Mass. 1923, S. 127–184.

Dyssebeia (als Verb δυσσεβεῖν), voneinander nicht; die Formulierung θεοὺς (ούκ) εἶναι νομίζειν ist im Diskurs um Götterglauben und Religionsfrevel des 5. Jahrhunderts zentral.[66] Der Umgang mit göttlichen Bereichen der Natur wie dem Wetter und dem Meer, vor allem aber mit den Gestirngöttern Helios und Selene, wird zu einem Indikator dafür, wie sich der Einzelne zu den normativen Vorstellungen sowie zu den normativen Ritualhandlungen seiner Zeit verhält.

Umso mehr hatte am Ende des Jahrhunderts der wegen Asebeia vor Gericht gezogene Sokrates Grund, sich von Anaxagoras und vor allem von dessen Theorie über die Beschaffenheit von Helios und Selene ausdrücklich zu distanzieren. In diesem Zusammenhang soll er noch beteuert haben, er glaube genauso wie die restlichen Menschen (und, so wird impliziert, im Einklang mit den Normen der Polis), dass die Sonne und der Mond Gottheiten seien (ούδὲ ἥλιον ούδὲ σελήνην ἄρα νομίζω θεοὺς εἶναι, ὥσπερ οἱ ἄλλοι ἄνθρωποι; Platon, Apologie 26d). In den Schriften seines Schülers Platon wird die Göttlichkeit beider Gestirngötter ebenfalls anerkannt; die Diskutanten in den ‚Nomoi' etwa betrachten Sonne und Mond, Sterne und Erde als sichtbare Beweise für das Vorhandensein der Götter und lehnen die von Anaxagoras' Anhängern vertretene materialistische Ontologie dezidiert ab (886d).

Mit den Normen der Polis jedoch hat Platons Auffassung von Selene und Helios nur wenig zu tun. Zwar behalten sie ihre Göttlichkeit, doch nehmen sie eine Gestalt und eine Stellung im Platonischen Göttersystem ein, die den durch Kult und Mythos vermittelten Gottesvorstellungen nicht entspricht. Dies kündigt sich bereits in ihrer Zuordnung zu einer eigenen Götterkategorie an: Als im ‚Kratylos' Sokrates seine Erörterungen über die Namen personaler Götter wie Poseidon, Apollon, Aphrodite, Pan u. d. g. mit dem Wunsch abschließt, nicht weiter über die Götter zu sprechen, schlägt sein Gesprächspartner vor, nicht mehr über Götter s o l c h e r Art, sondern lieber über Götter f o l g e n d e r Art zu reden – „wie die Sonne, den Mond, die Sterne, die Erde, den Äther, die Luft, das Feuer, das Wasser, die Jahreszeiten und das Jahr" (Kratylos 408d–e). Dadurch macht der Sprecher eine kategoriale Unterscheidung zwischen – in modernen Begriffen gesprochen – personalen und nicht-personalen Göttern, die, wie wir bei Selene gesehen haben, in Ritual, Literatur und Kunst nicht oder kaum mit derselben Konsequenz und Explizitheit bestand. Die zweite Göttergruppe wird im ‚Timaios' weiter auf die Himmelskörper eingeengt. Nach Platons Terminologie handelt es sich um zwei Arten von Göttern gleicher Herkunft, von denen die einen „sichtbar herumwandeln", also stets sinnlich wahrnehmbar sind, und die anderen „erscheinen, wann immer sie wollen" (πάντες ὅσοι τε περιπολοῦσιν φανερῶς καὶ ὅσοι φαίνονται καθ' ὅσον ἂν ἐθέλωσιν θεοί, Timaios

[66] Zur Karriere dieser Formulierung siehe grundsätzlich WILHELM FAHR: ΘΕΟΥΣ ΝΟΜΙΖΕΙΝ. Zum Problem der Anfänge des Atheismus bei den Griechen. Hildesheim, New York 1969 (Spudasmata 26).

41a), d. h. intelligibel oder hauptsächlich durch den Intellekt erfahrbar sind. Das epiphanische Potential der Himmelskörper, einschließlich der Selene, ist für Platons Kategorisierung zentral, denn gerade durch ihre regelmäßige Sichtbarkeit unterscheiden sie sich von den nur punktuell erscheinenden – und daher empirisch schwer erfahrbaren nicht-astralen Göttern (vgl. Timaios 40d–e). Sichtbar sind auch ihre Unveränderlichkeit und Bewegung, die auf ihre Begabung mit Seele und Vernunft schließen lassen (vgl. Timaios 40a–d). Gerade die Eigenschaften also, die Selenes Anthropomorphisierung und Integrierung in lokale und literarische Panthea beförderte, gestaltet Platon zu einem Hauptdifferenzierungsmerkmal um, das diese Vorgänge unterbindet. Erst nachdem Selene und ihre Wesensverwandten jeweils auf eine einzelne, rein himmelskörperliche Erscheinungsform festgelegt, von allem Soziomorphen und Anthropomorphen weitgehend getrennt und den in Lokalkult wie Mythos üblichen Wandlungen entzogen worden sind, können sie ihre privilegierte Stellung im durch den Demiurgen geschöpften Platonischen Kosmos erlangen.[67]

Die grundlegende Differenzierung zwischen intelligiblen und sinnlich wahrnehmbaren Göttern, die Platon im ‚Timaios' zur Sprache brachte und weiterentwickelte, hatte keine feste Entsprechung in den vielmehr durch regionale Göttergruppierungen und ortsspezifische Rituale bestimmten Kultpraxis der klassischen Zeit. Bei der theoretischen Konzeptualisierung von Kultpraxis hingegen spielte die – anders als im ‚Timaios' meist nur implizite – Unterscheidung eine wichtige Rolle.

Diese Konzeptualisierung betraf zum einen den Götterglauben anderer Kulturen. Der Umstand, dass sich das leuchtende Götterpaar ständig durch den Himmel bewegte, ja, mit seinen Bahnen sogar die Grenzen der bekannten Welt umschrieb, jenseits derer nur Ungeheuer wohnten,[68] legte nahe, dass Selene und Helios alle Länder sahen bzw. ihrerseits von den Völkern aller Länder gesehen wurden. Da sie überall in Erscheinung traten, wurden sie nach dieser Vorstellung auch überall als Götter verehrt: Herodot stilisiert etwa die Libyer als Duotheisten, die nur Helios und Selene kennen bzw. verehren (4, 188). Nach ähnlicher Logik lässt er die Perser, die im expliziten Kontrast zu den Griechen die Götter angeblich nicht als menschengestaltig konzipieren, neben Helios und Selene den elementaren, sinnlich erfahrbaren Göttern Erde, Feuer, Wasser und den Winden sowie dem als Zeus interpretierten Himmelskreis Opfer darbringen – erst durch Kultur-

[67] Zur Kritik Platons an traditionellen Gottesvorstellungen hinsichtlich regionaler Änderungen, Vielförmigkeit und menschlicher Eigenschaften vgl. Platon, Nomoi 889e; Politeia 377b–378e und 380d–383c.

[68] Vgl. [Pseudo-]Aischylos, Prometheus 790–800: Die Töchter des Phorkys, drei alte Jungfrauen mit Schwanengestalt, jeweils einem Zahn und einem einzigen, gemeinsamen Auge, sowie ihre geflügelten, schlangenhaarigen Schwestern, die Gorgonen, deren Blick tödlich ist, bewohnen ein Land, das weder von der Sonne (Helios) noch vom Mond (hier: Mene) erreicht wird.

transfer hätten sie eine Entsprechung der (anthropomorphen) Aphrodite Ourania kennengelernt (1, 131). Die Verehrung von Sonne und Mond sei allen Griechen und Barbaren gemeinsam (Platon, Nomoi 887e), bei den Barbaren aber noch ausgeprägter, so dass in der fantasievollen Überzeichnung der Komödie „Selene und dem Halunken (πανοῦργος) Helios" unterstellt werden kann, sie wollten durch eine Art doppeltes Spiel die griechischen Götter den Barbaren preisgeben, um dadurch alle Opfergaben an sich zu reißen (Aristophanes, Frieden 403–415).[69] In den ‚Wolken' wiederum stellt Aristophanes Selene als loyale griechische Göttin dar, die den Athenern und ihren Verbündeten lauter Vorteile schenkt (v. 607–626); grundsätzlich fremd ist die Göttin nicht.

Noch unbekannter als fremde Länder ist aber die ferne Vergangenheit, bei deren Konzeptualisierung hinsichtlich religiöser Praktiken Selene und Helios nochmals zu Hauptfiguren wurden. Vermutlich verehrten, so postulierte der Platonische Sokrates im ‚Kratylos', „die ersten Menschen nur diejenigen Götter, die heutzutage viele Barbaren [verehren]", nämlich Helios und Selene sowie die Erde, die Sterne und den Himmel – sichtbar erfahrbare Gottheiten also. „Denn sie sahen, wie alle immer ihre Bahn gingen und liefen, und gemäß der Natur dieses Laufens [θεῖν/*theîn*] nannten sie sie ‚Götter' [θεοί/*theoi*]"; als sie andere (sc. die intelligiblen) Gottheiten kennenlernten, behielten sie den Oberbegriff *theoi* (397c–d). Mit der (unwahrscheinlichen) Ableitung des Gottesbegriffs vom ähnlich klingenden Verb für ‚laufen', das die schnelle Bewegung der Himmelskörper beschreibt, versucht Platon/Sokrates, ihre Ursprünglichkeit als die zuerst erkannten und verehrten Götter etymologisch zu untermauern. Die Privilegierung des Sichtbaren und der Beweglichkeit passt freilich zum Platonischen Gesamtkonzept, der Kerngedanke der Ursprünglichkeit fand sich aber bereits beim Sophisten Prodikos von Keos, dem zufolge die ersten Menschen Mond und Sonne, Flüsse und Quellen „und insgesamt alles, was für unser Leben nützlich ist", als Götter verehrten,[70] und überdauerte die Klassik bis in die Kaiserzeit. Noch im 1. Jahrhundert v. Chr. arbeitete Diodor in seiner Diskussion der ersten Ägypter mit dem gleichen Deutungsmuster, das er wahrscheinlich von Hekataios übernommen hatte:[71] Als in Urzeiten die Bewohner Ägyptens „zum Kosmos hinaufschauten", wurden sie vom Staunen überwältigt

69 Vgl. Elena Chepel: Laughter for the Gods: Ritual in Old Comedy. Liège 2020, S. 154.

70 Prodikos DK 84 B 5 = Sextus Empiricus, Adversus mathematicos 9, 18 (= Adversus dogmaticos 3, 18 = Adversus physicos 1, 18) = 74 bei Robert Mayhew: Prodicus the Sophist: Texts, Translations, and Commentary. Oxford 2011, mit Kommentar auf S. 186–188.

71 Hekataios von Abdera 264 Fragment 1 Jacoby (= Diogenes Laertios 1, 10); vgl. Albert Henrichs: The Sophists and Hellenistic Religion: Prodicus as the Spiritual Father of the Isis Aretalogies. In: Harvard Studies in Classical Philology 88 (1984), S. 139–158, hier S. 147–148.

und glaubten gleich, dass zwei Götter „ewig und ursprünglich“ seien, nämlich – anderes wäre kaum zu erwarten – Helios und Selene, von den Ägyptern Osiris und Isis genannt (Diodor 1, 11). Die Naturerfahrungen der frühesten Menschen, besonders in Hinsicht auf die Himmelserscheinungen und das Götterpaar Helios–Selene, beeinflussen auch nach der Ansicht von Dion von Prusa im ersten nachchristlichen Jahrhundert die Ausbildung der frühesten Gottesvorstellungen maßgeblich (oratio 12, 28). Selene und Helios sind aufgrund ihres besonderen epiphanischen Potentials Hauptvertreter der überall und zu allen Zeiten erfahrbaren ‚Naturgottheiten‘. Gerade ihre Beschaffenheit als Himmelskörper und die damit verbundene zeit- und ortübergreifende Erfahrbarkeit erlauben es Selene, im antiken Denken die charakteristische Lokalbezogenheit griechischer Gottesvorstellungen zu überwinden und als eine Art Universalgöttin zur Reflexionsfigur für fremde, ursprüngliche oder philosophische Religionskonzepte zu werden.

4. Die wandelnde Gottheit

Welche Gottesvorstellung verband sich mit dem Mond im antiken Griechenland? Ähnlich wie die Himmelsscheibe aufgrund ihrer Bewegung sowie ihrer stets changierenden Farben und Formen als vielgestaltig und wechselhaft galt,[72] so ist im antiken Imaginären der Mond auch hinsichtlich seiner Göttlichkeit ständig in Bewegung. Nicht eine, sondern viele Gottesvorstellungen umrankten den Mond, die mit der Zeit an Zahl und Komplexität zunahmen: Auf die Verbindungen naturphilosophischer Theorien mit diversen göttlichen Identitäten und Eigenschaften von Selene in Plutarchs ‚Über das Mondgesicht‘, die Gleichsetzung der als *regina caeli* angeredeten universellen Göttin Isis mit Luna (und verschiedenen anderen Göttinnen) am Anfang des 11. Buches von Apuleius’ ‚Metamorphosen‘ im 2. Jahrhundert n. Chr. oder die komplizierten Zauberhandlungen im zwei Jahrhunderte später verfassten sog. Großen Pariser Zauberpapyrus, in denen Selene mit einer schwindelerregenden Vielzahl von Epitheta herbeizitiert wird (PGM IV, z. B. 2242–2356), sei hier nur kurz hingewiesen. Die Darstellung und Diskursivierung der Mondgottheit in diesen Texten haben ihre Wurzeln in den Mondvorstellungen der klassischen Zeit, die im vorliegenden Beitrag bevorzugt behandelt worden sind.

Auf eine bestimmte Gestalt – inklusive Genealogie und Geschlecht – lässt sich der antike Mond nicht festlegen. Die Göttin Selene zeigt sich hochgradig integrationsfähig in verschiedene kultische und mythische, literarische und philosophische Systeme. Durch ihre Einbindung in jeweils leicht anders konzipierte oder konstituierte Götterkonstellationen wie die zeitlich-kosmischen Gottheiten der Hesiodischen Kosmogonie oder der klassischen Vasenmalerei, die vernunftbegabten Himmelskörper der Platoni-

[72] Z. B. Lukian, Ikaromenipp 4; Plutarch, Über das Mondgesicht 934b–f.

schen Philosophie oder die durch Zauber manipulierbaren ‚Naturgottheiten' und die allen Völkern bekannten ‚Urgottheiten', aber auch durch ihre Fähigkeit, neben genealogischen Verbindungen zusätzlich durch attributive oder zeitliche Aspekte mit anderen Gottheiten verknüpft oder verschmolzen zu werden, hat Selene an einem breiten Netzwerk von Götterassoziationen und -vorstellungen Anteil. Darin unterscheidet sie sich von den ‚nur' personalen Gottheiten der griechischen Götterwelt, denen etwa eine vergleichbar privilegierte Stellung innerhalb der Platonischen Kosmologie verwehrt wird. Für die Vielfalt und Art ihrer Vorstellungen ist Selenes epiphanisches Potential das Entscheidende: Daraus entsteht ihre Kraft als Denkfigur, dadurch wird ihre Position als Gottheit nochmals verstärkt, die Überblendung zwischen sozio-anthropomorphem und astralem Körper begünstigt und die Zusammenführung mit anderen Göttinnen als Aspekt bzw. Attribut ermöglicht, wodurch sie deren sowie die eigene epiphanische Potenz und Präsenz noch erhöht. Ihre astrale und anthropomorphe Körperlichkeit lassen sich dabei nicht voneinander trennen, sondern ihr realweltlicher Körper wird in den Bereich des Imaginären hineingezogen, ihr imaginärer wiederum immer mit Bezug auf den empirisch zugänglichen gestaltet. Wahrnehmbare Gegenwart und imaginative Überformung kollidierten nicht, sondern kreierten gemeinsam das unterschiedlich erlebte und gedeutete epiphanische Erlebnis, wenn das „liebliche Licht" von Selenes Angesicht vom Himmel auf Festspiele und duftende Altäre, sophistische Schuldner und verzweifelte Liebhaber, Philosophen und Dichter herabstrahlte.[73]

---

[73] Für Anregungen und Korrekturen danke ich herzlich Susanne Gödde.

Ingo Schaaf

Mond und Magie in Rom

Perspektiven lunarer Zauberei aus der späteren Antike*

I.

Das Begriffspaar Mond und Magie bezeichnet eine Komplizenschaft, die bereits seit der Antike gut belegt ist, auch und gerade mit Blick auf ihren römischen Abschnitt. Hierfür sollen im Folgenden Text- und Inschriftenbeispiele sowohl aus der *Urbs* wie auch von der Peripherie beziehungsweise den neuen Zentren des Imperiums zwischen Kaiserzeit und ausgehender Spätantike in den Blick genommen werden.[1] So spricht etwa der nordafrikanische Sophist Apuleius (um 124 – ca. 170 n. Chr.) von mondbezogener Zauberei in seiner Apologie, wenn es dort heißt, der Himmelskörper werde gewöhnlich als Mitwisser zu magischen Riten herbeigerufen.[2] Und auch beim Ablegen von Fluchtäfelchen (*defixiones*), wie es in den Papyrusbüchern des griechisch-römischen Ägyptens beschrieben wird, können lunare Phasen offenkundig eine die Effizienz der Zauberhandlung beeinflussende Rolle spielen.[3] Die magische Beherrschbarkeit des Erdtrabanten manifestiert sich dagegen vor allem im Bereich des *imaginaire*, mithin in seinem

---

* Den Herausgeberinnen sei herzlich für die Aufnahme dieses Beitrages gedankt ebenso wie Richard L. Gordon (Erfurt). Wo nicht eigens vermerkt, stammen die Übersetzungen vom Verfasser. Die folgenden Abkürzungen finden Verwendung: CCSL = Corpus Christianorum Series Latina; CIL = Corpus Inscriptionum Latinarum; CSEL = Corpus Scriptorum Ecclesiasticorum Latinorum; DNP = Der Neue Pauly. Enzyklopädie der Antike; FC = Fontes Christiani; GCS = Die Griechischen Christlichen Schriftsteller; ICI = Inscriptiones Christianae Italiae septimo saeculo antiquiores, N.S.; ICVR = Inscriptiones Christianae Urbis Romae septimo saeculo antiquiores, N.S.; PGM = Papyri Graecae Magicae. Die griechischen Zauberpapyri; RAC = Reallexikon für Antike und Christentum.

[1] Diese Perspektivenwahl spiegelt die Formulierung des Beitragstitels wider, ist die Literatur Roms doch begrifflich an keine stadtrömische Fokussierung, ja nicht einmal an die lateinische Sprache gebunden (was *mutatis mutandis* auch für den inschriftlichen Befund gilt). Es erübrigt sich zu betonen, dass Vollständigkeit – bei einem derartigen Thema wie dem gegebenen zumal – in keiner Weise auch nur angestrebt ist.

[2] Apul. apol. 31,9: *ut solebat ad magorum cerimonias aduocari* […] *Luna noctium conscia*. Siehe hierzu FRITZ GRAF: Theories of Magic in Antiquity. In: Magic and Ritual in the Ancient World. Hg. von PAUL MIRECKI und MARVIN MEYER. Leiden [u. a.] 2002 (Religions in the Graeco-Roman World 141), S. 93–104, hier S. 93–95, für eine weitere Einordnung der Schrift die einzelnen Beiträge in: Apuleius: De Magia. Eingel. übers. und mit interpretierenden Essays versehen von JÜRGEN HAMMERSTAEDT [u. a.]. 2. Aufl. Darmstadt 2008 (SAPERE 5).

[3] Etwa PGM 5,338: „Am besten agierst du bei abnehmendem Mond“ (κρεῖσσον δὲ ποιεῖς σελήνης μειουμένης).

dichterisch viel beschworenen Herabgezwungenwerden: *carmina vel caelo possunt deducere lunam*, sagt Vergil (70–19 v. Chr.).[4] Während die in der lateinischen Dichtung ausgestaltete Hexenmotivik bereits verschiedentlich dargestellt worden ist und daher hier außen vor bleiben kann,[5] gewinnt die Behandlung der Materie mit dem Auftauchen des Christentums weiter an Komplexität.[6] Dabei erstaunt die gelegentliche Persistenz traditioneller Dynamiken auch unter entsprechend veränderten Vorzeichen: Denn selbst wenn christlicher Hymnodik klar ist, dass Gott „den Mond als Licht für die Nacht" (*lunam lumen noctibus*) angebracht hat auf fester Bahn (*certo* [...] *tramite*),[7] so blieben etwa noch im spätantiken Oberitalien Vorstellungen virulent, wonach die Beschwörer dem Mond nicht nur Zwang anzutun, sondern ihm gleichsam praktische ‚Hilfestellung' bei seiner Verfinsterung zu geben können glaubten, wie aus einer Predigt des Maximus von Turin (gestorben Anfang des fünften Jahrhunderts) erhellt:[8]

> „Nachdem ich vor mehreren Tagen wegen der Leidenschaft eurer Habgier ernst geredet hatte, ist an demselben Tag gegen Abend ein solches Geschrei des Volkes entstanden, dass seine Gottvergessenheit bis zum Himmel drang. Auf meine Erkundigung hin, was dieser Lärm bedeute, sagte man mir, dass euer Geschrei

---

4 Verg. ecl. 8,69.

5 Ich verweise auf die Einzelbesprechung einschlägiger Stellen zuletzt bei MATTHIAS REIF: *De arte magorum*. Erklärung und Deutung ausgewählter Hexenszenen bei Theokrit, Vergil, Horaz, Ovid, Seneca und Lucan. Göttingen 2016 (Hypomnemata 203) (mit weiterführender Literatur).

6 Einen rezenten Zugang bietet JOSEPH EMANUEL SANZO: Early Christianity. In: Guide to the Study of Ancient Magic. Hg. von DAVID FRANKFURTER. Leiden, Boston 2019 (Religions in the Graeco-Roman World 189), S. 198–239.

7 Zitiert nach: One Hundred Latin Hymns. Ambrose to Aquinas. Hg. von PETER G. WALSH und CHRISTOPHER HUSCH. Cambridge (Mass.), London 2012 (Dumbarton Oaks Medieval Library), S. 116 (hier als Nr. XXVI, v. 1f.; 4). Es dürfte sich bei diesem anonymen Text um eine Schöpfung des 4. oder 5. Jahrhunderts handeln.

8 Max. Taur. serm. 30,2 (CCSL 23, S. 117): *nam cum ante dies plerosque de uestris auaritiae cupiditate pulsauerim, ipsa die circa uesperum tanta uociferatio populi extitit, ut inreligiositas eius penetraret ad caelum. Quod cum requirerem, quid sibi clamor hic uelit, dixerunt mihi quod laboranti lunae uestra uociferatio subueniret, et defectum eius suis clamoribus adiuuaret. Risi equidem et miratus sum uanitatem, quod quasi deuoti christiani deo ferebatis auxilium – clamabatis enim, ne tacentibus uobis perderet elementum –; tamquam infirmus enim et inbecillis, nisi uestris adiuuaretur uocibus, non possit luminaria defendere, quae creauit. Bene igitur facitis, qui diuinitati exhibetis solacium, ut uobis iuuantibus possit caelum regere. Sed si uultis hoc plenius facere, cunctis et totis noctibus peruigilare debetis. Nam quotiens putatis uobis dormientibus luna uim passa est et tamen de caelo non corruit? aut numquid semper circa uesperum defectum patitur, non aliquando et circa lucem laborat? sed apud uos uespertinis tantum horis laborare consueuit, quando copiosa cena uenter distenditur, quando maioribus poculis caput mouetur. Tunc igitur apud uos laborat luna, quando laborat et uinum; tunc, inquam, apud uos turbatur carminibus lunae globus, quando calicibus turbantur et oculi. Quomodo igitur, ebrius, uidere potes circa lunam quid agatur in caelo, qui circa te non uides quid agatur in terra? hoc est plane quod ait sanctus Salamon dicens: stultus sicut luna mutatur.*

dem verfinsterten Mond beispringe und durch diese Lärmrufe seinem Lichtverlust zur Hilfe komme. Ich lachte meinerseits und staunte über diese Torheit, dass ihr gleichsam als fromme Christen Gott eine Hilfe leistet: Ihr lärmtet nämlich, damit er nicht in Folge eures Stillschweigens einen Grundstoff einbüßte. Als schwach und kraftlos nämlich würde er ohne die Hilfe eurer Stimmen die Lichtkörper, welche er geschaffen hat, nicht beschützen können! Ihr handelt deshalb recht, die ihr der Gottheit den Trost gewährt, dass sie mit eurer Hilfe im Stande ist, den Himmel in Ordnung zu halten. Indes wenn ihr dieses noch vollständiger tun wollt, müsst ihr in jeder Nacht und während ihrer ganzen Dauer auf der Hut sein: Denn wie oft, meint ihr, hat nicht, während ihr schlieft, der Mond Gewalt gelitten und ist dennoch vom Himmel nicht herabgestürzt? Leidet der Mond an einer Verfinsterung immer nur gegen Abend? Oder etwa auch gelegentlich bei Tageslicht? Aber bei euch pflegt er sich nur um die Abendstunde zu verdunkeln – wenn euer Bauch nach einem reichhaltigen Mahl sich spannt und dehnt und der Wein zu Kopf gestiegen ist! Dann gerät bei euch der Mond in Bedrängnis, wenn auch der Wein euch zusetzt; dann, ich sage es noch einmal, gerät der Mondball in Aufregung, wenn eure Augen trüb vom Wein sind. Wie also kannst du, betrunken wie du bist, sehen, was mit dem Mond am Himmel zugeht, wo du nicht einmal bemerkst, was sich um dich herum auf Erden tut? Das verhält sich so, wie Salomo sagt: Der Tor wandelt sich wie der Mond (Sir 27,12)"! (Übers. Adam Krawutzcky, modifiziert)

Der Prediger kann freilich nicht dabei stehen bleiben, seine Gemeinde, und sei es nur in Teilen, der Lächerlichkeit preiszugeben: Indem er das defizitäre Mondbild aufdeckt, das sich offensichtlich manch einer seiner Zuhörer aus vorchristlichen Zeiten bewahrt hatte, will Maximus zu einem rechten Verständnis der göttlichen Ordnung hinführen. Sein Sarkasmus dient somit einem pädagogischen Zweck, der auf Einsicht und Belehrung abzielt. Dabei kann er durchaus selbst personifizierende Redeweisen aufgreifen und, nun biblisch gewendet, wie folgt von der Nachtleuchte sprechen:[9]

> „Du siehst also, dass der Mond nicht unter Zauberliedern leidet, sondern sich im Gehorsam müht, dass er nicht Gefahren leidet, sondern einer Pflicht nachkommt, nicht leidet er, dass er verlösche, sondern, dass er diene: Ist doch die Schöpfung der Vergänglichkeit nicht freiwillig unterworfen (Röm 8, 20)." (Übers. Adam Krawutzcky, modifiziert)

In der sich anschließenden Homilie, faktisch der zweite Teil eines Predigtpaars „Über die Mondfinsternis" (*De defectu lunae*),[10] wird dieser Ansatz übertragenen Sprechens über den Himmelskörper aufgegriffen. Wiederum rekurriert der Turiner Bischof zunächst auf die irrige Überzeugung, wonach

---

[9] Max. Taur. serm. 30, 3 (CCSL 23, S. 119): *Vides ergo quoniam luna non laborat carminibus, sed laborat obsequiis; non laborat periculis, sed laborat officiis; non laborat ut pereat, sed laborat ut seruiat. Vanitati enim creatura subiecta est non sponte et reliqua.*

[10] Zu Maximus als Prediger siehe jetzt CLEMENS WEIDMANN: Maximus of Turin. Two Preachers of the Fifth Century. In: Preaching in the Patristic Era. Sermons, Preachers, and Audiences in the Latin West. Hg. von ANTHONY DUPONT [u. a.]. Leiden, Boston 2018 (A New History of the Sermon 6), S. 347–372, hier S. 358f.

der Mond durch Zauberlieder (*magorum carminibus*) vom Himmel herabgezogen werden könne, entfaltet die christliche Korrektur einer solchen Ansicht jedoch weiter, indem er den Erdtrabanten als Sinnbild der Kirche deutet, die ihren Glanz ebenfalls nicht aus sich selbst heraus empfange, ja, an der sich auch des Öfteren Zauberkräfte versucht hätten, um sie aus ihrer Höhe herabzuziehen.[11] Für eine solche Argumentation allegorischen Typs ließ sich freilich auf prominente Vorbilder patristischer Exegese zurückgreifen: So hatte bereits Ambrosius von Mailand (ca. 333/4–397) in seiner Auslegung des biblischen Schöpfungsberichts den Mond als Sinnbild für die Kirche wie folgt angesprochen:[12]

> „Wie lächerlich aber, dass man vielfach wähnt, dich mit Zauberformeln beschwören zu können! Alte Weibermärchen und Volksaberglaube! Wer wollte denn glauben, dass ein zu so erhabenem Dienst berufenes Geschöpf Gottes durch chaldäischen Aberglauben sich versuchen ließe? Jener mochte fallen, der in einen Engel des Lichtes sich wandelt und durch seinen eigenen Willen, nicht durch Zaubersprüche von der Höhe gestürzt wurde. Freilich auch damit glaubt man dich, o Kirche, von deiner Stellung und deinem Stand herabstürzen zu können. Viele nahen verführerisch der Kirche, doch der Wahrsagekunst Zaubersprüche können ihr nicht schaden. Nichts vermögen die Zauberer, wo täglich Christi bezaubernder Lobgesang gesungen wird.“ (Übers. Johannes Niederhuber, modifiziert)

Dass sich je nach Frontstellung auch ein spätantiker Prediger mit weit in die pagane Vergangenheit zurückreichenden Vorwürfen konfrontiert sehen konnte, zeigt dabei kein geringeres Beispiel als das des Ambrosius selbst: So sei das Mailänder Kirchenvolk (nach Ansicht der konkurrierenden Arianer) durch den katholischen Bischof mittels Gesängen betört worden (*carminibus deceptum*),[13] eine Anschuldigung, auf die der derart Angegriffene mit Verweis auf den trinitarischen Inhalt seiner liturgischen Gesänge reagierte.[14] Was diese Episode mit dem Mond zu tun haben könnte, lässt sich

---

[11] Vgl. Max. Taur. serm. 31,2–3 (CCSL 23, S. 122): *nam ipsa sicut luna* [...] *fulget enim ecclesia non suo sed saluatoris lumine* [...]. *Quotiens eam sicut lunam putatis magorum carmina temptauerunt? quotiens eam malae artes de caelesti regno deducere uoluerunt?*

[12] Ambr. hex. IV 8,33 (CSEL 32/1, S. 138f.): *Quam ridiculum autem quod te plerumque credunt homines magicis carminibus posse deduci. Aniles istae fabulae ac uulgi opiniones. Quis enim opus dei tanto ministerio deputatum arbitretur Chaldaeicis superstitionibus posse temptari? Lapsus sit ille qui se transfigurat in angelum lucis et deductus uoluntate propria, non carminum potestate. Sane et in hoc* [*quasi*], *ecclesia, putaris posse quasi de loco tuo et statione deduci. Multi temptant ecclesiam, sed sagae artis ei carmina nocere non possunt. Nihil incantatores ualent ubi Christi canticum cotidie decantatur.*

[13] Vgl. Ambr. c. Aux. (= ep. 75a) 34 (CSEL 82/3, S. 105); die traditionelle Konnotation des Wortes im Sinne von ‚Zauberspruch‘ hier bereits unterstrichen von EDUARD NORDEN: Die antike Kunstprosa. Vom VI. Jahrhundert v. Chr. bis in die Zeit der Renaissance. Erster Band. Leipzig, Berlin 1909, ND Darmstadt 1958, S. 161 Anm. 1.

[14] Damit dürften wohl die vier sogenannten Tagzeiten-Hymnen gemeint sein: Siehe MICHAELA und KLAUS ZELZER: Ambrosius' Hymnen und Mailänder Märtyrer zwischen

durch einen Blick auf Augustinus (354–430) suggerieren: Bekanntlich kein geringer als der Bischof von Hippo bezeugt, dass die Sitte des sich bald weiter ausbreitenden Mailänder Hymnengesangs mit der von arianischer Seite inkriminierten Kirchenbesetzung des Jahres 386 in Verbindung gestanden habe, bei der die katholischen Anhänger des Ambrosius nachts durchgewacht hätten, um die feindliche Übernahme des Baues zu verhindern.[15] Dabei berief sich Ambrosius sogar durchaus selbst in seinen Schriften auf einen vorbildhaften „Beschwörer der Kirche“, den er als standhafter Bischof seinen Gläubigen vorzustellen hatte, und zwar in ebenjener bildhaften Analogie zum Mond, von der bereits oben die Rede gewesen ist:[16]

> „Ihren ‚Beschwörer‘ hat die Kirche am Herrn Jesus, durch welchen sie die Sprüche der wahrsagenden Magier und der Schlangen Gift unwirksam machte. Sie tilgt gleich der erhöhten Schlange die giftigen Nattern, und der Ägypter noch so verhängnisvoller Murmelspruch wird im Namen Jesu zu stumpfer Waffe. So hat auch Paulus den Zauberer Elymas mit Blindheit geschlagen, indem er ihm nicht bloß den Seherblick der Wahrsagekunst, sondern auch das Augenlicht nahm. So hat Petrus den Simon, der auf dem Fittiche der Magie zur Himmelshöhe aufstrebte, herabgeschleudert und niedergestreckt, indem er der Gewalt seiner Zaubersprüche den Flügel lähmte.“ (Übers. Johannes Niederhuber, modifiziert)

II.

Die in Rom angesiedelte Episode des aus der Apostelgeschichte bekannten Simon Magus,[17] auf die Ambrosius zuletzt anspielt, erlaubt, den Blick von den Provinzen (Karthago, Ägypten, Gallia Transpadana) nach der alten Hauptstadt des Imperiums zu richten. Der bereits eingangs erwähnte Brauch von Bewohnern der antiken Mittelmeerwelt, gegen Mitmenschen gerichtete Fluchtexte zu lancieren, war selbstverständlich auch hier üblich. Dabei waren ihre Zielpersonen (wie Urheber) nicht nur in der High-Society zu suchen wie etwa im Fall des Germanicus, von dessen tödlichem Siechtum

---

Glaubenskampf und römischer Tradition. In: Ambrosius, Benedikt, Gregor. Philologisch-literarisch-historische Studien im Gedenken an MICHAELA ZELZER überarb. und hg. von KLAUS ZELZER. Wien 2015, S. 61–71, bes. S. 61–63.

[15] Aug. conf. IX 7,15 (CCSL 27, S. 141): *excubabat pia plebs in ecclesia mori parata cum episcopo suo, seruo tuo.*

[16] Ambr. hex. IV 8,33 (CSEL 32/1, S. 139): *Habet incantatorem suum dominum Iesum, per quem magorum incantantium carmina et serpentum uenena uacuauit, et ipsa sicut serpens exaltatus deuorat colubras, et Aegyptiorum ferale licet carmen inmurmuret, in Christi nomine hebetatur. Sic et Elymam magum Paulus non solum sagae artis infirmitate, sed etiam oculorum amissione caecauit. Sic Petrus Simonem alta caeli magico uolatu petentem dissoluta carminum potestate deiecit et strauit.*

[17] Apg 8,9–25; zur Paradigmatik dieser Gestalt siehe MAIJASTINA KAHLOS: The Early Church. In: The Cambridge History of Magic and Witchcraft in the West. From Antiquity to the Present. Hg. von DAVID J. COLLINS SJ. New York 2015, S. 148–182, hier S. 152f.

Tacitus (gestorben um 120 n. Chr.) berichtet, man habe in seinem Zusammenhang einschlägige Sprüche, Flüche und namentlich beschriftete Bleitäfelchen entdeckt.[18] Die Erforschung solch sprachlich wie inhaltlich höchst voraussetzungsreicher Zeugnisse, die paläographisch schwer zu dechiffrieren und daher nur einem vergleichsweise kleinen Kreis von Spezialisten zugänglich sind, konnte im Jahr 1999 für Rom auf eine neue Basis gestellt werden, als bei der heutigen Piazza Euclide eine Brunnenanlage aufgefunden wurde.[19] Antiken Gepflogenheiten gemäß galten Wasserquellen wie diese als geradezu prädestiniert, um darin Defixionen abzulegen, nahm man hier doch Kontaktstellen als gegeben an, die den Bereich der Ober- und Unterwelt miteinander verbanden. Im spezifischen Fall des römischen Fundkontextes ist seine Verbindung mit der Figur der Anna Perenna interessant. Verschiedentliche Ausdeutungen dieser elusiven Gestalt, die bis heute Schwierigkeiten aufgeben, finden sich bereits bei Ovid (43 v. Chr. – 17 n. Chr.), darunter auch das Interpretament, wonach dieselbe mit *Luna* zu identifizieren sei, da sie das Jahr mit Monaten ausfülle.[20] Auf eine im Hintergrund stehende Begründung dieses Zusatzes weist wohl der Umstand, dass in Kult und Brauchtum der Römer ursprünglich der März, auf dessen Mitte das Fest der Anna Perenna fiel, als der erste Monat des Jahreslaufs galt.[21] Ob dessen Beginn sogar tatsächlich einmal mit den Märziden zusammenfiel, steht freilich dahin, doch lassen sich aus der vorausgehenden Schilderung, die der augusteische Dichter für die ausgelassenen Feierlichkeiten am

[18] Tac. Ann. II 69: *carmina et deuotiones et nomen Germanici plumbeis tabulis insculptum.*

[19] Siehe MARINA PIRANOMONTE: Religion and Magic at Rome: The Fountain of Anna Perenna. In: Magical Practice in the Latin West. Papers from the International Conference held at the University of Zaragoza 30 Sept. – 1 Oct. 2005. Hg. von RICHARD L. GORDON und FRANCISCO MARCO SIMÓN. Leiden, Boston 2010 (Religions in the Graeco-Roman World 168), S. 191–213, die als Zeitspanne der Nutzung einen Bereich vom 4. Jahrhundert v. Chr. bis zum 6. Jahrhundert n. Chr. angibt (hier S. 195), sowie MARINA PIRANOMONTE: The Discovery of the Fountain of Anna Perenna and its Influence on the Study of Ancient Magic. In: The Wisdom of Thot: Magical Texts in Ancient Mediterranean Civilisations. Hg. von GRAŻYNA BAKOWSKA-CZERNER [u. a.]. Oxford 2015, S. 71 –86. Eine einleitende Kontextbeschreibung findet sich auch in: MARINA PIRANOMONTE: IX, 49. La Fontana di Anna Perenna. In: Terme di Diocleziano. La Collezione epigrafica. Hg. von ROSANA FRIGGERI [u. a.]. Mailand 2012, S. 617f.

[20] Ov. Fast. 3,657: *sunt quibus haec Luna est, quia mensibus impleat annum*. ULRIKE EGELHAAF-GAISER: Jahresfest am Tiberufer: Anna Perenna und die ‚Topographie der Zeit' in Ovids Fasten. In: Kommunikationsräume im kaiserzeitlichen Rom. Hg. von FELIX MUNDT. Berlin, Boston 2012 (Topoi. Berlin Studies of the Ancient World 6), S. 197–226, hier S. 213 Anm. 55, weist nicht nur auf die partielle Verbundenheit mit den anderen Deutungsoptionen (Themis, Io, Hagno), sondern auch auf die Sonderstellung der *Luna* hin.

[21] Siehe JÖRG RÜPKE: Kalender und Öffentlichkeit: Die Geschichte der Repräsentation und religiösen Qualifikation von Zeit in Rom. Berlin, New York 1995 (Religionsgeschichtliche Versuche und Vorarbeiten 40), S. 193–195. „Die Verbindung zu Luna weist noch auf die Erklärung der Anna als Jahresgottheit", kommentiert FRANZ BÖMER: P. Ovidius Naso, Die Fasten, Bd. II: Kommentar, Heidelberg 1958, S. 189 (vgl. Ov. Fast. 3,523).

15. März gibt, Hinweise auf „ein Auflösungsfest im Umkreis des Jahresanfangs“[22] ablesen. Zudem scheint unstrittig, und dies ist im vorliegenden Zusammenhang vielleicht ohnehin bedeutender, dass die Iden als die Vollmondtage einer alten lunaren Kalenderberechnung,[23] die Märziden mithin als jene besonders markante Phase galten, in welcher der Mond erstmalig im Frühling seine beleuchtete Seite ganz der Erde zuwendet. Kann Anna Perenna somit durchaus eine besondere Stellung in lunarer Optik zukommen,[24] so ist freilich mit Blick auf ihre Brunnenanlage zu konstatieren, dass diese in keiner näheren Verbindung mit den Festinformationen Ovids steht. Auch in den Fluchtexten, die sich im Bereich der Zisterne auffinden ließen, taucht der Name Anna Perennas nicht auf,[25] als Adressatinnen der Texte figurieren vielmehr ihre Begleiterinnen, die Nymphen. Dass diese antiken Naturgeister ihrem Treiben bevorzugt im Mondschein nachgehen – *imminente luna*, wie Horaz (65–8 v. Chr.) sagt[26] –, ist in der Literatur zwar Allgemeinplatz, doch lassen sich derart artikulierte Vorstellungen nicht generalisieren und schon gar nicht auf archäologische Realitäten wie solche an der Piazza Euclide übertragen. Tatsächlich scheinen die bisher entzifferten Texte dieser sakralen Örtlichkeit nahezulegen, dass die dortige, als Nymphäum anzusprechende Brunnenanlage erst in der Spätantike als Ablageort von Defixionen genutzt wurde.[27] Dies würde auch bedeuten, dass bei Anna

---

22 FRITZ GRAF: Anna Perenna. In: DNP 1 (2003), Sp. 708.

23 Vgl. RÜPKE, Kalender und Öffentlichkeit [Anm. 21], S. 209f.

24 Zusammenfassend wie folgt formuliert bei EGELHAAF-GAISER, Jahresfest am Tiberufer [Anm. 20], S. 198: „Ihr Festtag wird nach dem alten Mondkalender durch den Vollmond auf die Iden des März fixiert. Da ihr Fest den alten Jahresanfang markiert und dieser wiederum in einem suburbanen Hain am Tiberufer begangen wird, ist die zur Göttin erhobene Anna Perenna räumlich wie zeitlich in einem Peripheriebereich angesiedelt. Sie bewegt sich in einem Zwischenraum, der jeweils zu zwei Bereichen – lokal zur Stadt Rom und zum Umland, temporal zum alten Mondjahr des Romulus und zur neuen, iulisch-augusteischen Kalenderordnung – gehört und zwischen diesen beiden Welten eine Verbindung herstellt.“

25 So JÜRGEN BLÄNSDORF: Gods and Demons in Texts: Figures and Symbols of the Defixion Inscriptions of the Nymphaeum of Anna Perenna. In: Ancient Magic and the Supernatural in the Modern Visual and Performing Arts. Hg. von FILIPPO CARLÀ und IRENE BERTI. London, New York 2015, S. 19–38, hier S. 27: „After thorough research of all the inscriptions of this place it seems that she [Anna Perenna, I. S.] was indeed not the addressee of the magic actions, but the oriental gods and demons for whom this hidden place was founded.“ Frühere Zusammenstellungen der Texte bei JÜRGEN BLÄNSDORF: The Texts from the *Fons Annae Perennae*. In: GORDON/SIMÓN (Hg.), Magical Practice in the Latin West [Anm. 19], S. 215–244 (mit Bildanhang) sowie JÜRGEN BLÄNSDORF (mit Einzelbeiträgen von GYÖRGY NÉMETH und MARINA PIRANOMONTE): IX, 49. La Fontana di Anna Perenna. In: FRIGGERI [u. a.] (Hg.), Terme di Diocleziano [Anm. 19], S. 619–639.

26 Hor. carm. I 4,5.

27 Siehe BLÄNSDORF, Gods and Demons in Texts [Anm. 25], S. 19f.: „But in Republican times it was certainly not a place of magical rites. [...] Magic practices, and especially curse rituals, were performed in the sanctuary at least from the end of the third century CE.“

Perenna nicht primär an eine Ausformung der *Luna* zu denken wäre – bei Ovid stellt dies ohnehin nur ein Deutungsangebot unter anderen dar –, sondern dass von zunehmend christlich beeinflussten Vorstellungen auszugehen ist, die sich an der Quelle Annas manifestierten; ihre Nymphen wären einer solchen Deutung zufolge mit Dämonen identifiziert und folglich als geeignete Rezipientinnen von Verfluchungstexten angesehen worden.[28] Dies ist etwa anhand eines Fundbeispiels plausibel gemacht worden, einem fragmentierten Kupferblättchen, auf dem sich unter anderem „Abraxas befiehlt euch" lesen lässt.[29] Bemerkenswert ist dabei, dass der hier wie in vielen anderen magischen Texten in Erscheinung tretende Zauberdämon dieses Namens von den Besuchern der Brunnenanlage sogar mit Christus in Verbindung gebracht werden konnte.[30] Allzu sehr überraschen sollte diese Deutungsmöglichkeit allerdings nicht, geht doch auch aus anderen entzifferten Textbeispielen des besagten Fundzusammenhanges hervor, dass Anwender von Magie selbst Christen gewesen sein konnten.[31] Welcher Spielart genau, lässt sich nur schwer bestimmen. Einer ansprechenden Deutung der Ausgräber zufolge ließe sich die Präsenz von Abraxas aufgrund seiner zeitlichen Eigenschaft gut erklären[32] – die sich (analog zu Anna Perenna) bereits anhand des Namens ablesen lässt.[33] Von den Anhängern des Gnostikers Basilides lesen wir in diesem Zusammenhang bei Irenäus von Lyon (gestorben um 200):[34]

> „Und auf dieselbe Art (sc. von Emanationen), sagen sie, sind dann immer weitere Archonten und Engel und 365 Himmel entstanden. Deshalb hat das Jahr diese Anzahl von Tagen in Entsprechung zur Zahl der Himmel. [...] Die ört-

[28] Zur entsprechenden Kirchenväterkritik an der kultischen Verehrung von Nymphen siehe WOLFGANG SPEYER: Nymphen. In: RAC 26 (2013), Sp. 22–24 (von Sp. 1–30).

[29] Vgl. Figure 2.2. inv. 475564 bei BLÄNSDORF, Gods and Demons in Texts [Anm. 25], S. 25f. (innere Seite, Frg. II Fr. IV): *imp(er)at uobis Abrax[as]*.

[30] Siehe Figure 2.1. inv. 475547 ebd., S. 23f., wo sich für das entzifferte Akronym IXNOY XNKΘΘΘ eine Deutung als ‚Jesus Christus, Nazaräer, der Sohn, Christus, Nazaräer und Gott, Gott, Gott' ventiliert findet.

[31] Vgl. den Fall eines weiteren Kupferblättchens (inv. 475563) ebd., S. 24f., wo *et cristum [n]ostr[um]* auftaucht (l. 5).

[32] Siehe MARINA PIRANOMONTE/FRANCISCO MARCO SIMÓN: The Demon and the Nymph: *Abraxas* and *Anna Perenna*. In: Atti del Convegno AIAC, Roma, settembre 2008 (MiBAC Bollettino di Archeologia online), S. 12f.

[33] So ergab sein Zahlenwert in griechischen Buchstaben die Summe 365, siehe: Abrasax. Ausgewählte Papyri religiösen und magischen Inhalts, Bd. 1: Gebete. Hg. von REINHOLD MERKELBACH und MARIA TOTTI. Opladen 1990 (Papyrologica Colonensia XVII.1), S. VIII–IX.

[34] Iren. Adv. haer. I 24, 3; 7 (FC 8/1 , S. 298; 304): *et* [...] *secundum eum modum alteros et alteros principes et angelos factos esse dicunt et caelos CCCLXV. Quapropter et tot dies habere annum secundum caelorum numerum.* [...] *Trecentorum autem LXV caelorum locales positiones distribuunt similiter ut mathematici: illorum enim theoremata accipientes, in suum characterem doctrinae transtulerunt. Esse autem principem illorum Abrasax, et propter hoc CCCLXV numeros habere in se.*

lichen Positionen der 365 Himmel verteilen sie, wie es die Mathematiker machen: Sie haben deren Theoreme übernommen und auf ihre besondere Lehre übertragen. Ihr Archon (nämlich der der 365 Himmel) ist Abrasax, und darum hat er die Zahl 365 in sich.“ (Übers. Norbert Brox, modifiziert)

Mindestens solange nicht alle Inschriftentexte abschließend publiziert sind, wird das Feld der praktizierten Magie an diesem wie anderen Orten allerdings noch mancherlei Rätsel aufgeben.[35]

III.

Die Christengemeinde der Stadt Rom drückte sich in den ersten drei Jahrhunderten nicht nur überwiegend auf Griechisch aus; auch auf dem urbanen Markt der Meinungen, auf dem eine Vielzahl philosophisch-religiöser Deutungsangebote feilgeboten wurde, sah sie sich mit großstädtischer Diversität konfrontiert. Das überzeitliche Faszinosum des Mondes sowie die Idee seiner Beherrschbarkeit wussten effektheischende Magier trickreich auszuschlachten, wie wir von Hippolyt von Rom (gestorben 235) erfahren:[36]

„Mond und Sterne lassen sie auf folgende Weise auf der Decke erscheinen. Im Mittelteil der Decke befestigt der Zauberer einen Spiegel, stellt gerade darunter auf den Boden ein Becken mit Wasser; eine düster brennende Kerze stellt er mitten über das Becken, und so erzielt er durch den Widerschein im Spiegel das

---

[35] So dürfte es in unserem Rahmen zu spekulativ sein, auf Grundlage der bei BLÄNSDORF, Gods and Demons in Texts [Anm. 25], S. 32f. besprochenen Defixio des Sura (Figure 2.5. inv. 475567), die in Text und wohl auch Bild den Geburtsbereich anspricht, an den weiblichen Zyklus zu denken, der mit jenem des Mondes in Verbindung steht.

[36] Hippol. ref. IV 37 (GCS 26, S. 62f.): Σελήνην δὲ ἐν ὀρόφῳ φαίνεσθαι δεικνύουσι καὶ ἀστέρας τοῦτον τὸν τρόπον· ἐν μέσῳ τῆς ὀροφῆς μέρει προσαρμόσας κάτοπτρον, τιθεὶς λεκάνην ὕδατος μεστὴν ἐν τῷ μέσῳ τῆς γῆς κατ’ ἴσον, λύχνον δὲ μέσον φαίνοντα ἀμαυρὸν μετεωρότερον τῆς λεκάνης θείς, οὕτως ἐκ τῆς ἀντανακλάσεως ἀποτελεῖ σελήνην φαίνεσθαι διὰ τοῦ κατόπτρου. (2) ἀλλὰ καὶ τύμπανον πολλάκις ἐφ’ ὑψηλοῦ πόρρω τεθὲν ὄρθιον περιβαλὼν ἐσθῆτί τινι, σκεπόμενον ὑπὸ τοῦ συμπαίκτου, ἵνα μὴ πρὸ καιροῦ φανῇ, κατόπιν θεὶς λύχνον, ἐπὰν τὸ σύνθημα παράσχῃ τῷ συμπαίκτῃ, τοσοῦτον ἀφαιρεῖ τοῦ σκεπάσματος, ὅσον ἂν συνεργῆσαι † τὸ προσμίμημα κατὰ τὸν καιρὸν τῆς σελήνης τὸ σχῆμα. χρίει δὲ τὰ (3) διαφαίνοντα τοῦ τυμπάνου μέρη κινναβάρει καὶ κόμμι. καὶ τῆς † ἐτυμολογικῆς δὲ λαγήνου περικόψας τὸν τράχηλον καὶ τὸν πυθμένα, ἐνθεὶς λύχνον καὶ περιθείς τι τῶν ἐπιτηδείων πρὸς τὸ διαυγεῖν σχῆμα στὰς ἐφ’ ὑψηλοῦ κρύβδην ὑπό τινα σκέπην τις τῶν συμπαικτῶν, μετὰ τὸ λαβεῖν τὸ σύνθημα ἐκ μετεώρου καταχεῖ τὰ (4) μηχανήματα, ὥστε δοκεῖν ἐξ οὐρανοῦ κατιέναι τὴν σελήνην. τὸ δὲ ὅμοιον καὶ διὰ χύτρας γίνεται ἐν ὑλώδεσι τόποις· διὰ δὲ τῆς χύτρας καὶ τὰ κατ’ οἶκον παίζεται. βωμοῦ γὰρ κειμένου κατόπιν κεῖται ἡ χύτρα ἔχουσα λύχνον φαίνοντα· ὄντων δὲ πλειόνων λύχνων οὐδὲν τοιοῦτον δείκνυται. ἐπὰν οὖν ἐπικαλέσηται ὁ ἐπαοιδὸς τὴν σελήνην, πάντας κελεύει τοὺς λύχνους σβέννυσθαι, ἕνα δὲ ἀμαυρὸν καταλιπεῖν, καὶ τότε ἀντανακλᾷ τὸ φῶς τὸ ἐκ τῆς χύτρας εἰς τὸν ὄροφον καὶ παρέχει φαντασίαν σελήνης [καὶ] τοῖς παροῦσιν, ἐπισκεπασθέντος τοῦ στόματος τῆς χύτρας πρὸς ὃ ἀπαιτεῖν ὁ καιρὸς δοκεῖ, ὡς μηνοειδῆ δείκνυσθαι ἐν τῷ ὀρόφῳ τὴν φαντασίαν.

> Mondbild. Oft wird auch eine Pauke unter der Decke aufgehängt, mit Tuch umhüllt und ein Licht dahinter gestellt; der Mitspieler darf sie nicht sehen lassen, damit der Mond nicht zu früh erscheint. Wenn der Magier dem Mitspieler das Zeichen gibt, wird von der Hülle so viel weggenommen, als jener braucht, um das Abbild der augenblicklichen Mondgestalt erscheinen zu lassen. Er bestreicht auch die verschiedenen Teile der Pauke mit Zinnober und Gummi. Auch schneidet er von <...> Flasche Hals und Boden ab, steckt das Licht hinein, bringt in der Nähe einen Reflektor an, der von einem der Mitspieler heimlich an der Decke oben gehalten wird. Nachdem dieser das Zeichen erhalten hat, senkt er die Vorrichtungen aus der Höhe nieder, so dass es aussieht, als lasse sich der Mond nieder. Dasselbe macht man auch mittels eines Topfes und Glasformen. Es wird auch mittels eines Topfes zu Hause aufgeführt. Hinter einem Altar nämlich liegt der Topf mit dem brennenden Licht. Wenn mehrere Lichter brennen, kann nichts dergleichen aufgeführt werden. Wenn also der Zauberer den Mond beschwört, lässt er alle Lichter auslöschen, und nur ein düster brennendes bleibt übrig; er lässt dann das Licht aus dem Topf auf der Decke widerscheinen und verschafft den Anwesenden den Anblick des Mondes; die Mündung des Topfes bleibt bedeckt, bis der Augenblick gekommen ist, an dem das Mondbild auf der Decke erscheinen soll.“ (Übers. Konrad Preysing, modifiziert)

Diese nicht unproblematische Schilderung ist mit einer bereits Ende des 18. Jahrhunderts bekannt gemachten Vasendarstellung aus Unteritalien verbunden worden, die den „thessalischen Trick“ vorstellen soll, benannt nach jener nordgriechischen Region, die im Ruf stand, Heimat von Hexen zu sein (Abb. 1).[37] Auch wenn Zweifel bleiben, so waren Monddarstellungen im Rom der Kaiserzeit jedoch gewiss nicht nur während illusionistischer Séancen präsent, deren Rituale Hippolyt mit seiner detailreichen Beschreibung enttarnen will;[38] für das alltägliche Leben, etwa in Form von Amuletten, deren Tragen apotropäische Wirkung versprach,[39] können Mondanhänger (*lunulae*) vielmehr als durchaus *en vogue* bezeichnet werden.[40] Gemeinsam mit weiteren Astralgottheiten gehört Selene überdies zu den populärsten Gestalten in der relevanten Zauberliteratur.[41] Insbesondere im Verein mit Hekate und anderen Spukgöttinnen zählt der personifizierte Mond (der in

---

[37] Zum Hintergrund und einer versuchsweisen Deutung der Beischriften siehe KAREN NÍ MHEALLAIGH: The Moon in the Greek and Roman Imagination. Myth, Literature, Science and Philosophy. Cambridge 2020, S. 38–40.

[38] Zum Kenntnisstand dieses häresiologischen Autors auf dem Gebiet der Magie siehe JAMES A. KELHOFFER: ‚Hippolytus' and Magic. An Examination of Elenchos IV 28–42 and related Passages in the Light of the Papyri Graecae Magicae. In: Zeitschrift für Antikes Christentum 11 (2008), S. 517–548, hier S. 534–536.

[39] So KELLY OLSON: Dress and the Roman Woman: Self-presentation and Society, Oxford, New York 2008, S. 16.

[40] Definition bei Isid. orig. XIX 31,17: *lunulae sunt ornamenta mulierum in lunae similitudinem, bullullae aureae dependentes*.

[41] Vgl. CARLA SFAMENI: Magic in Late Antiquity: Evidence of Magical Gems. In: Religious Diversity in Late Antiquity. Hg. von DAVID M. GWYNN und SUSANNE BANGERT. Leiden, Boston 2010 (Late Antique Archaeology 6), S. 435–473, hier S. 462f.

verschiedentlichen nicht-romanischen Traditionen abweichend männlich gedacht wird) zum Standardpersonal praktizierter Magie.[42] Auch diese Vorstellungen machten sich Scharlatane im kaiserzeitlichen Rom zunutze, wie wiederum Hippolyt zu berichten weiß, wobei der Magier seiner Erzählung nicht den Namen der Selene, sondern die alternative Bezeichnung Mēnē gebraucht:[43]

> „Die Erscheinung Hekates in Feuer, wie sie durch die Luft eilt, erzielt er so: Er verbirgt einen Mitspieler an einem beliebigen Ort, nimmt diejenigen, die sich täuschen lassen, mit sich und redet auf sie ein, er wolle ihnen die Göttin zeigen, wie sie im Feuer durch die Luft reitet. Er befiehlt ihnen, ihre Augen sofort zu schützen, wenn sie in der Luft Feuer sehen, das Gesicht zu verhüllen und niederzufallen, bis er ruft. Wenn er ihnen das beigebracht hat, ruft er in mondloser Nacht in gebundener Sprache:
> ‚Unterirdische, irdische, himmlische Bombo, erscheine, Göttin des Wegs, des Dreiwegs, o nachtwandelnde Leuchte, Feindin des Lichts, doch Freundin der Nacht und traute Genossin, die sich erfreut am Hundegebell und vergossenem Blut, die durch Leichen hinwandelt und über die Gräber der Toten, dürstend nach Blut, und Grauen einjagt den sterblichen Menschen, Gorgo, Mormo, Mene, du vielgestaltige Göttin, komme, wir flehen, und gnädig erscheine bei unserem Opfer.'" (Übers. Konrad Preysing, modifiziert)

Vergleichbare ‚Synkretismen' wie in der obigen Anrufung Hekates finden sich jedoch beileibe nicht nur in scheinbar niederen Formen des Budenzaubers wieder. Gestirne galten in paganer Optik als im wahrsten Sinne des Wortes hohe göttliche Wesenheiten, gerade der Mond machte hierbei keine Ausnahme, was seinen Niederschlag auch in weiteren materiellen Ausformungen fand wie der Produktion magischer Gemmen. Entsprechende Prak-

---

[42] Als Zaubergöttin vor allem in der triadischen Ausprägung *Diana – Luna – Hecate*, wobei die Mondgottheit gewissermaßen als Bindeglied fungiert; vgl. MARIA GABRIELLA ANGELI BERTINELLI: Luna. In: DNP 7 (2003), Sp. 506–508, hier Sp. 507.

[43] Hippol. ref. IV 35 (GCS 26, S. 61f.): Ἑκάτην δὲ δοκεῖν ἔμπυρον διατρέχειν ἐν ἀέρι οὕτω τεχνάζεται· συμπαίκτην τινὰ κρύψας ἐν τόπῳ ᾧ βούλεται, παραλαβὼν τοὺς πλανωμένους πείθει λέγων δείξειν διιππεύουσαν δι' ἀέρος ἔμπυρον τὴν δαίμονα. οἷς παραγγέλλει τὰς ὄψεις ταχὺ φυλάσσεσθαι ἡνίκα ἴδωσιν ἐν ἀέρι τὴν φλόγα, καλυψαμένους τε ἐπὶ πρόσωπον πίπτειν, ἕως αὐτὸς καλεῖ, καὶ ταῦτα διδάξας ἐν ἀσελήνῳ νυκτὶ δι' ἐπῶν οὕτως φθέγγεται·

νερτερίη χθονίη τε καὶ οὐρανίη μολὲ Βομβώ,
εἰνοδίη, τριοδῖτι, φαεσφόρε, νυκτεροφοῖτι,
ἐχθρὴ μὲν φωτός, νυκτὸς δὲ φίλη καὶ ἑταίρη,
χαίρουσα σκυλάκων ὑλακῇ τε καὶ αἵματι φοινῷ,
ἂν νέκυας στείχουσα κατ' ἠρία τεθνηώτων,
αἵματος ἱμείρουσα, φόβον θνητοῖσι φέρουσα,
Γοργὼ καὶ Μορμὼ καὶ Μήνη καὶ πολύμορφε·
ἔλθοις εὐάντητος ἐφ' ἡμετέρῃσι θυηλαῖς.

Zur Unterscheidung beider Namensformen im Zauber und in der Literatur siehe INGO SCHAAF: Magie und Ritual bei Apollonios Rhodios. Studien zu ihrer Form und Funktion in den Argonautika. Berlin, Boston 2014 (Religionsgeschichtliche Versuche und Vorarbeiten 63), S. 249f. (mit weiterführender Literatur).

tiken mussten dem frühen Christentum, dessen lebenspraktische Abgrenzung in den ersten Jahrhunderten sich ohnedies prekär gestaltet, umso gefährlicher erscheinen. Umgekehrt kann als Reaktion auf sein Erstarken unter Umständen auch jenes (im zweiten Weltkrieg verschollene) Berliner Siegel gedeutet werden, das „Orpheus Bakchikos" am Kreuz vorstellt (Abb. 2); dabei wird zwar verschiedentlich auf den das Abbild überwölbenden Sternenkranz hingewiesen, jedoch die ebenfalls angezeigte Präsenz eines nach oben offenen, sichelförmigen Halbmondes am Kopfbalken des Marterinstruments unterschlagen[44] – selbst wo dies nicht geschieht, beschränkt sich die Deutung doch zumeist auf die sieben Sterne darüber.[45] Lässt sich diese Spur eines etwaigen Auferstehungssymbols auch an hiesiger Stelle nicht weiter verfolgen, so sei lediglich am Rande auf den Umstand hingewiesen, dass lunare Christusbezüge auch in den stadtrömischen Katakombeninschriften vereinzelt vorkommen.[46]

IV.

Vom Tiber führt uns der Weg zunächst wieder zurück nach Norden, jenseits des Po: Als Ausdruck eines zum Christentum nicht in empfundenem Widerspruch stehenden Astralglaubens lässt sich dort eine vermutlich noch an den Anfang des vierten Jahrhunderts gehörende Inschrift deuten: Zwar ist der betreffende Textträger, ein Steinsarkophag aus dem Vestibül der Mailänder Kirche S. Vittore al Corpo, heute leider verschollen; jedoch kann eine handschriftlich überlieferte Abzeichnung – die unter anderem auch die Darstellung einer Mondsichel klar erkennen lässt – einen Eindruck vom ursprünglichen Wortlaut der Grabinschrift vermitteln (Abb. 3). Hierin verleiht ein 60jähriger Gardesoldat aus der Provinz Mösien, der vermutlich unter dem Tetrarchen Maximian gedient hatte,[47] in reichlich fehlerhaftem La-

[44] Siehe entsprechend MIGUEL HERRERO DE JÁUREGUI: Orphism and Christianity in Late Antiquity. Berlin, New York 2010 (Sozomena 7), S. 122–125 (mit weiterführender Literatur):

ΟΡ ΦΕΟϹ
ΒΑΚ ΚΙ
Κ ΟϹ.

[45] So etwa bei CHRISTOPH MARKSCHIES: Odysseus und Orpheus – christlich gelesen. In: Griechische Mythologie und frühes Christentum. Die antiken Götter und der eine Gott. Hg. von RABAN VON HAEHLING. Darmstadt 2005, S. 227–253, hier S. 244f.

[46] So auf einer (heute verlorenen) Marmortafel aus dem Zömeterium des Hippolyt an der via Tiburtina (ICVR VII, 20325.c; datiert um 390–424): ((*luna*)) ((*crux quadrata*)) ((*monogramma Christi*)) ((*crux quadrata*)) ((*luna*)) sowie in einer Beischrift aus der Untergrundbasilika von San Valentino an der via Flaminia (ICVR X, 27281.2; datiert um 600–649): *Iesus nazarenus / rex iudeorum / luna.*

[47] Siehe FERNANDO REBECCHI: I sarcofagi. In: Milano capitale dell'Impero romano 286–402 d. C. (Milano, Palazzo Reale 24 gennaio – 22 aprile 1990). Hg. von MARIA GRAZIA CURLETTI und ROSSANA FERRO. Mailand 1990, S. 328–334, hier S. 329.

tein seiner Hoffnung Ausdruck, ein übermenschlich hohes Alter zu erreichen (CIL V, 6244 = ICI XII, 63):[48]

> „Den Totengeistern. / Dem guten Angedenken sowie dem Haus des Martinianus aus der L/eibwache zu ewiger Sicher/heit: Dakerspross, gerecht / überaus fromm, hochverdient gegenüber der W/elt, diente er 45 Jahre / und lebt 60 Jahre an der Zahl, und ich hoffe / dass ich noch 99 Jahre lebe / sechs Monate, drei Tage und nochmals drei; wenn jemand diese Totenlade hier / entfernen oder öffnen / oder einen anderen Leichnam (sc. darin bestatten) will, dann soll er dem Fiskus ein Pfund Gold entrichten. / (Sternensymbol) / Morgenstern / (Sonnensymbol) / und Sonne / (Sternensymbol) / Abendstern / (Halbmond, Christogramm mit A und Ω) / und Neumond / Kraft / und Herrlichkeit / für Martinianus zum / Glück, Erbe/n des Vermögens! / Zu seinen Lebzeiten hat er dieses (Monument) für sich anlegen lassen.“

Eines wie langen Lebens sich der Verstorbene tatsächlich noch erfreuen konnte, entzieht sich freilich unserer Kenntnis. Ebenso wenig wissen wir, ob Martinianus, dessen postmortale Zahlungsandrohung am Ende offensichtlich wirkungslos geblieben ist, sich seine derart präzise erhoffte Lebenserwartung selbst ausgerechnet hat. Doch selbst wenn dem so wäre, ist astrologische Spekulation aus der Sicht derer, die sie betreiben, nicht ohne

[48] Ich folge Text und Kommentar von GIUSEPPE CUSCITO (ed.): Inscriptiones Christianae Italiae septimo saeculo antiquiores, N. S., XII, Regio XI, Mediolanum I, Bari 2009, S. 63–66 (Nr. 63):

a) (Deckel)	*D*(*is*) *M*(*anibus*)
	bonae memoriae et dom<u>i Martinian<i> ex p-
b) (Sarkophagfront)	*rotectoribus iternam sequirita-*
	tem; germen Dacisqus, iustus,
	pientissimus, benemeretus in se-
	qulum anus militauit XLV
	et uiuet anus n(*umero*) *LX et spero me*
	uiuere aduc anus n(*umero*) *LXXXXVIIII*
	meses sex, d<i>es III et inde III; arcae hic si cis
	remouere uoloeret aut aperire
	aut uelet alium qurpus, dauit in fescu auri p(*ondo*) *I.*
c) (linke Deckelseite)	((*stella*))
	lucifer
	((*sol*))
	et sol{*e*}
d) (rechte Deckelseite)	((*stella*))
	antifer
	((*luna dimidia, christogramma cum alpha et omega*))
	et luna p{*e*}*rima*
e) (rechte Sarkophagseite)	*uertutem*
	et g{*e*}*loriam*
	felice Marti-
	niano, erede-
	s facol{*e*}*tatum!*
	uiuos{*o*} *sibi fecet hoc.*

Weiteres mit Magie gleichzusetzen, hatte Gestirnsymbolik doch ihren festen Platz nicht zuletzt innerhalb der offiziellen zeitgenössischen Kaiserideologie – ein Bereich, zu dem ein *Garde du corps* wie Martinianus eine individuelle Affinität gehabt haben dürfte.[49] Aber auch sonst gilt das Gesagte für die Innenperspektive religiöser Gruppierungen, zumal wenn deren Marginalität innerhalb des spätantiken Spektrums als durchaus relativ bezeichnet darf. So ist im Fall zweier weiterer Bereiche eine ‚tragende' Rolle des Mondes bezeugt und zwar in einem ganz wörtlichen Sinn: So habe dem Mythos des Gottes Mithras, jenes unter Roms Legionären so populären und entsprechend verbreiteten Tauromachen zufolge, um mit Franz Cumont zu reden, der von dem Mond (*Luna*) gesammelte und gereinigte Same des Stieres alle Arten nützlicher Tiere erzeugt.[50] Im zweiten Beispiel der zeitweise von Spanien bis China verbreiteten Lehre des Mani spielte dagegen die mythologisierende Vorstellung vom ‚Mondschiff' eine prominente Rolle. Als „ein kindliches und gleichzeitig auch grandioses Bild"[51] hat Reinhold Merkelbach diesen Symbolismus bezeichnet, wonach mit der Umdrehung des Himmels der Zodiacus den geretteten Teil der Seelensubstanz zum Mond transportiere, und man an dessen Zu- und Abnehmen beobachten könne, wie Gott die Seelen der Menschen aus der Verstrickung des Fleisches befreie und zur Seligkeit führe.[52]

Aus der weniger unorthodoxen Außensicht betrachtet, ergab sich aufgrund solcher Vorstellungen sowie damit verbundener Rituale (über die wir freilich im Einzelnen objektiv zu wenig wissen) eine Nähe zur Magie, deren konzeptuelle Angleichung an Astrologie und Mantik kennzeichnend gerade für die Manichäer-Polemik patristischer Autoren ist.[53] Ausgerechnet Augustinus, der zeitweilig bekanntlich selbst einer manichäischen Gemeinschaft anhing, befestigte diese bereits bestehende Verbindung späterhin, indem er Gestirnglauben und Zukunftsschau generell als magische Künste dem Wirkkreis von – gemäß mittelplatonischer Auffassung sublunar agierenden – Dämonen zuschrieb, denen die menschliche Neugier gleichsam als Einfallstor diene.[54]

---

[49] Auf einen Vergleich mit den Tondi des Konstantinbogens in Rom sowie funeräre Parallelfunde aus dem Umfeld der Prätorianergarde sowie der *equites singulares* wird hingewiesen bei REBECCHI, I sarcofagi [Anm. 47], S. 328–334, hier S. 329.

[50] Vgl. FRANZ CUMONT: Die Mysterien des Mithra. Ein Beitrag zur Religionsgeschichte der römischen Kaiserzeit. Hg. von GEORG GEHRICH. Leipzig 1911, S. 122.

[51] REINHOLD MERKELBACH: Mani und sein Religionssystem. Opladen 1986 (Vorträge / Rheinisch-Westfälische Akademie der Wissenschaften: Geisteswissenschaften; G 281), S. 25, wieder abgedr. in: REINHOLD MERKELBACH: Hestia und Erigone. Vorträge und Aufsätze. Hg. von WOLFGANG BLÜMEL [u. a.]. Stuttgart, Leipzig 1996, S. 380.

[52] Vgl. MERKELBACH, Mani und sein Religionssystem [Anm. 51], S. 25 = 380f.

[53] Siehe dazu MARCO FRENSCHKOWSKI: Magie im antiken Christentum. Eine Studie zur Alten Kirche und ihrem Umfeld. Stuttgart 2016. (Standorte in Antike und Christentum 7), S. 268–272.

[54] Zur Position des Hipponaten siehe näher FRITZ GRAF: Augustine and Magic. In: The

V.

Parallel zu einer solchen Dynamik der Verdammung suchten die Kirchenväter jedoch auch einer positiver konnotierten Form der *curiositas*, mithin einer eher naturkundlichen Sicht auf die geheimnisvollen Wirkweisen des Erdtrabanten Genüge zu tun; so kann Ambrosius von Mailand in seiner bereits zitierten Auslegung des biblischen Berichtes von Gottes Sechstagewerk feststellen:[55]

> „Auch vom Mond trifft Ähnliches zu, was wir von seiner Genossin und Schwester (sc. Sonne) hervorgehoben haben. Er bekleidet ja mit der Schwester den nämlichen Dienst; hellt die Finsternis auf, hegt die Samen, fördert die Frucht. Manches auch hat er verschieden von der Schwester: So ersetzt der Tau in der kurzen Spanne der Nacht genau die Feuchtigkeit, welche die Hitze den ganzen Tag über auftrocknet. Auch der Mond selbst soll ja reichlich von Tau triefen. So ergießt sich denn, wie man versichert, gerade bei heiterer Nacht und nächtlichem Mondschein besonders reichlicher Tau über die Fluren. Und gar mancher, der im Freien nächtigte, machte die Wahrnehmung, dass auf seinem Haupte um so mehr Feuchtigkeit sich ansetzte, je mehr er dem Mondlicht ausgesetzt war. Darum auch Christi Entgegnung im Hohelied der Kirche gegenüber: ‚Mein Haupt ist voll des Taues und meine Locken perlen von nächtlichen Tropfen' (Hld 5,2). — Ferner sodann nimmt der Mond ab und zu. Den geringsten Umlauf hat er bei seiner Verjüngung als Neumond; zu nimmt er auf seine Abnahme hin. Darin nun liegt ein großes Geheimnis. Es machen nämlich die Naturdinge sowohl seine Abnahme mit, wie sie auch nach ihrer Abnahme mit seinem Wachstum zunehmen: so das Hirn der lebenden Wesen, die Saftmenge der Seetiere; am vollsaftigsten sollen ja die Austern und die vielen anderen (Muscheltiere) bei zunehmendem Mond sein. Vom Inneren der Bäume berichten Leute, die aus eigener Erfahrung schöpfen, dasselbe. Daraus sehen wir also, dass die Zunahme und Abnahme des Mondes auf Zweckmäßigkeit beruht, nicht Man-

---

Metamorphosis of Magic from Late Antiquity to the Early Modern Period. Hg. von JAN N. BREMMER und JAN R. VEENSTRA. Leuven 2002 (Religions in the Graeco-Roman World 141), S. 87–103.

[55] Ambr. hex. IV 7,29 (CSEL 32/1, S. 134f.): *Similia de lunae ratione conueniunt, quae de consorte eius ac fratre memorauimus, siquidem in id se induit ministerium, in quod et frater, ut inluminet tenebras, foueat semina, augeat fructus. Habet etiam pleraque a fratre distincta, ut quem toto die calor umorem terrae siccauerit eundem exiguo noctis tempore ros reponat; nam et ipsa luna larga roris adseritur. Denique cum serenior nox est et luna pernox, tunc largior ros fertur arua perfundere. Et plerique sub aere quiescentes, quo magis sub lumine fuissent lunae, eo plus umoris se capite collegisse senserunt. Vnde et in Canticis dicit Christus ad ecclesiam: Quoniam caput meum repletum est rore et crines mei guttis noctis. Tum deinde minuitur et augetur, ut minor sit, cum resurgit noua, cum sit inminuta, cumuletur. In quo grande mysterium est. Nam et defectui eius conpatiuntur elementa et processu eius quae sunt exinanita cumulantur, ut animantium cerebrum, maritimorum umida, siquidem pleniores ostreae repperiri ferantur multaque alia, cum globus lunaris adolescit. De arborum quoque internis idem allegant qui hoc usu proprio conpererunt. Videmus ergo ortum eius et defectum rationis esse, non infirmitatis. Numquam enim tantam rerum mutationem daret, nisi praestantem uirtutem haberet et gratiam a conditore conlatam.*

gelhaftigkeit verrät. Er würde ja nimmer eine so große Veränderung bei den Dingen hervorrufen, käme ihm nicht ein besonderes Maß von Kraft und Vorzüglichkeit zu, das ihm vom Schöpfer verliehen wurde.“ (Übers. Johannes Niederhuber, modifiziert)

Als wollte er abergläubischen Vorstellungen hinsichtlich der Mondkräfte und ihrer Auswirkungen auf Flora und Fauna entgegentreten, beruft sich der Ausleger hier auf alltägliche Empirie (*usus proprius*) und führt den rationalisierenden Nachweis, dass der Erdbegleiter Zweckmäßiges, also Schöpfungsgemäßes bewirke, ohne dabei die Besonderheit seiner Einflüsse auf die Natur zu negieren. Wie nötig derartige Wortmeldungen in einer altgläubig beeinflussten Umwelt auch in dieser Hinsicht waren, zeigt das Werk des nachmaligen ‚Heidenfressers‘ Firmicus Maternus (gestorben im 4. Jahrhundert), der in seiner astrologischen Schrift ‚Über das Wissen in acht Büchern‘ befand, dass sich alle Stofflichkeit irdischer Körper auf die Macht des lunaren Numen zurückführen ließe.[56] Iulius Africanus (gestorben um 240) konnte dagegen annehmen, dass sich aus dem Tau der Pflanzen und den Strahlen des nächtlichen Himmelskörpers gebildeter ‚Mondschaum‘ aufsammeln lasse[57] – eine Vorstellung, für die sich dieser christliche Gelehrte durchaus in der Gesellschaft antiker Dichter wie Lukan (39–65 n. Chr.) und Alchemisten wie Zosimos (3./4. Jahrhundert n. Chr.) befand, die besagtem Stoff magisches Potential zuerkannten.[58] Dagegen beschreibt Plinius d. Ä. (23/24–79 n. Chr.) die Eigenschaften des Selenitsteins, mit dem das Aphroselenon in der naturkundlich-alchemistischen Tradition bisweilen identifiziert wird:[59]

> „Die Selenitis ist weißlich mit honigfarbenem Glanz durchscheinend und enthält das Bild des Mondes; wenn es wahr ist, gibt sie jeden Tag das Bild des zu- und abnehmenden Gestirns wieder; sie soll in Arabien vorkommen.“ (Übers. Roderich König, modifiziert)

VI.

Wiewohl nüchterner Naturbeobachter, war gerade dem zuletzt genannten Plinius ein reiches Nachleben im Bereich der Mirabilienliteratur beschieden. Nicht nur für das Gebiet der Stein- und Mineralienkunde findet sich in seinem Werk nämlich eine Fülle von kurios anmutendem Material versammelt; auch für den Bereich der Zoologie und nicht zuletzt für den der

---

[56] Firm. Matern. Math. IV 1,1: *omnis enim substantia humani corporis ad istius pertinet numinis potestatem* (siehe auch ebd. IV 1,6).

[57] S. Iul. African. cest. T 7 (GCS N.F. 18, S. 14): Τὸ δὲ ἀφροσέληνον συλλέγει ἐκ τῆς δρόσου τῶν φυτῶν καὶ τῶν σεληναίων αὐγῶν.

[58] Für Stellenangaben und Diskussion siehe RADCLIFFE G. EDMONDS III: Drawing down the Moon. Magic in the Ancient Greco-Roman World. Princeton, Oxford 2019, S. 22f.

[59] Plin. nat. XXXVII 182: *Selenitis ex candido tralucet melleo fulgore imaginem lunae continens, redditque ea in dies singulos crescentis minuentisque sideris speciem, si verum est. nasci putatur in Arabia.*

Medizin mussten die bei Plinius gebotenen Informationen nachfolgenden Jahrhunderten überlieferungswürdig erscheinen. Bei iatromagischen Praktiken spielt auch hier der Mond eine Rolle, wofür folgender Beitrag als Kostprobe dienen mag:[60]

> „Junge Schwalben blendet man, indem man sie dem Vollmond aussetzt, und wenn sie ihre Sehschärfe wiedererlangt haben, verbrennt man ihre Köpfe; die Asche verwendet man zusammen mit Honig für die Klarheit der Augen, bei Schmerzen, bei Triefäugigkeit und bei Stößen." (Übers. Roderich König)

Zwar handelt es sich wiederum um ‚lunare Magie' nur in dem Sinne, dass das Stadium des Mondes einen besonders günstigen Zeitpunkt zur Durchführung der Operation indiziert.[61] Dessen ungeachtet bewirkten solche und andere Partien der plinianischen Naturkunde jedoch, dass unter dem Namen ihres Verfassers Exzerpte und Fremdzusätze ein volkskundliches Eigenleben zu entwickeln vermochten. Dies geschah zunächst in Form eines Werkes, das wohl dem 4. Jahrhundert entstammt und unter der Bezeichnung ‚Medicina Plinii' auf uns gekommen ist. Hierin lesen wir zum Beispiel die wunderliche Notiz, dass kleine Steine, die sich bei Vollmond im Kopf des Seehechts fänden, auf ein Tüchlein gebunden und mit Öl und Salz bestrichen, hilfreich bei periodischem Fieber seien.[62] Der Charakter einer veritablen Zaubermedizin tritt noch stärker zu Tage in einem Ausschnitt aus den ‚Physica Plinii', die im Verlauf von Spätantike und Frühmittelalter in verschiedenen Rezensionen zirkulierten[63] und in denen auch der Mond wiederholt vorkommt. Für eine gegen Zahn- und Kopfschmerzen gerichtete Anwendung findet sich etwa folgende Vorschrift in der St. Galler Sammlung bewahrt:[64]

> „Gegen den Mond gewandt sagst du folgendes: ‚Neuer Mond, neue Zähne; faule Würmchen, verschwindet! Wie dich (Mond) weder Wolf noch Hund berühren können, so soll mich, so soll meinen Kopf kein Schmerz berühren können!' Danach schreibst du deinen Namen auf ein Papyrusblatt und bindest dieses an deinen Kopf." (Übers. Alf Önnerfors)

---

[60] Plin. nat. XXIX 128: *hirundinum pullos plena luna excaecant, restitutaque eorum acie capita comburuntur; cinere cum melle utuntur ad claritatem et dolores ac lippitudines et ictus.*

[61] Vgl. SOPHIE LUNAIS : Recherches sur la lune I: Les auteurs latin de la fin des Guerres Puniques à la fin du règne des Antonins. Leiden 1979 (Études préliminaires aux religions orientales dans l'Empire romain 72), S. 248.

[62] Vgl. Med. Plin. 3,17: *in aselli piscis capite lapilli qui plena luna inuenti sunt adalligantur in linteolo. utile est ungui oleo et sale.*

[63] Vgl. ALAIN TOUWAIDE: Physica Plinii. In: DNP 9 (2003), Sp. 989.

[64] Phys. Plin. Sang. 8 (ed. ALF ÖNNERFORS, Eranos 83, 1985, S. 238): *Dentium et capitis dolorem: Contra lunam dicis haec:'Luna noua, dentes noui, uermes putridi foras exite! Quomodo ad te nec lupus nec canis adtingere potest, sic nec ad me, ne caput meum, dolor aliquis adtingere possit!' Hinc nomen in carta inscribes et caput ligas.*

Dem Leser dieser Texte versprach die Nachtleuchte allerdings nicht nur bei Zahnschmerz zu helfen; auch bei Nierenleiden etwa gilt die Empfehlung, ‚Herrin Mond' anzurufen.[65]

So absonderlich diese und manch andere Vorstellung erscheinen mag, die uns in den angeführten Zeugnissen aus der römischen Antike begegnet ist, auch heute übt der Mond eine unbestrittene Faszination auf den Menschen aus: Wenn nicht unbedingt als göttliche Wesenheit, manipulierbares Schauobjekt oder numinoser Seelensitz, so aber doch gewiss als einflussreicher Umweltfaktor, für nicht wenige nach wie vor auch als Gegenstand zälestischer Spekulation oder aber atmosphärisches Standardelement von Magierepräsentationen aller Art – *nihil novi sub luna*.

[65] Vgl. Phys. Plin. Sang. 19 (ed. ALF ÖNNERFORS, Eranos 83, 1985, S. 239): *Renum dolor dicis hoc: ‚Domina luna, Iouis filia, quomodo lupus nec tangit te, et sic et renes meos dolor non tangat, si rene manducauero, offendo!'*

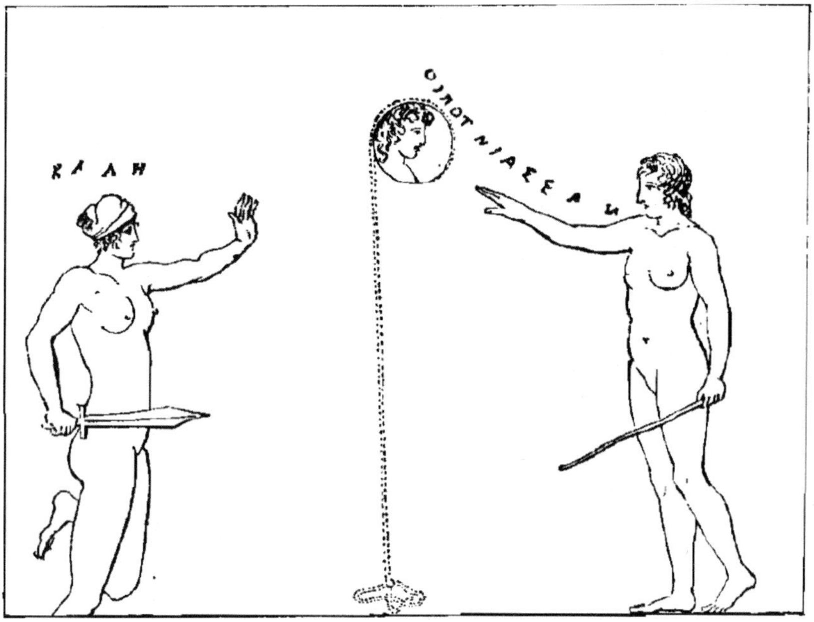

Abb. 1: Unteritalische Vasendarstellung des „thessalischen Tricks“. Aus: Ausführliches Lexikon der Griechischen und Römischen Mythologie, Bd. 2, 2. Abt.: Laas–Myton. Hg. von WILHELM HEINRICH ROSCHER. Leipzig 1894–1897, Sp. 3166.

Abb. 2: Berliner Siegel mit Inschrift. Aus: ATTILIO MASTROCINQUE: Orpheus Bakchikos. In: Zeitschrift für Papyrologie und Epigraphik 97 (1993), S. 16–24, hier S. 16.

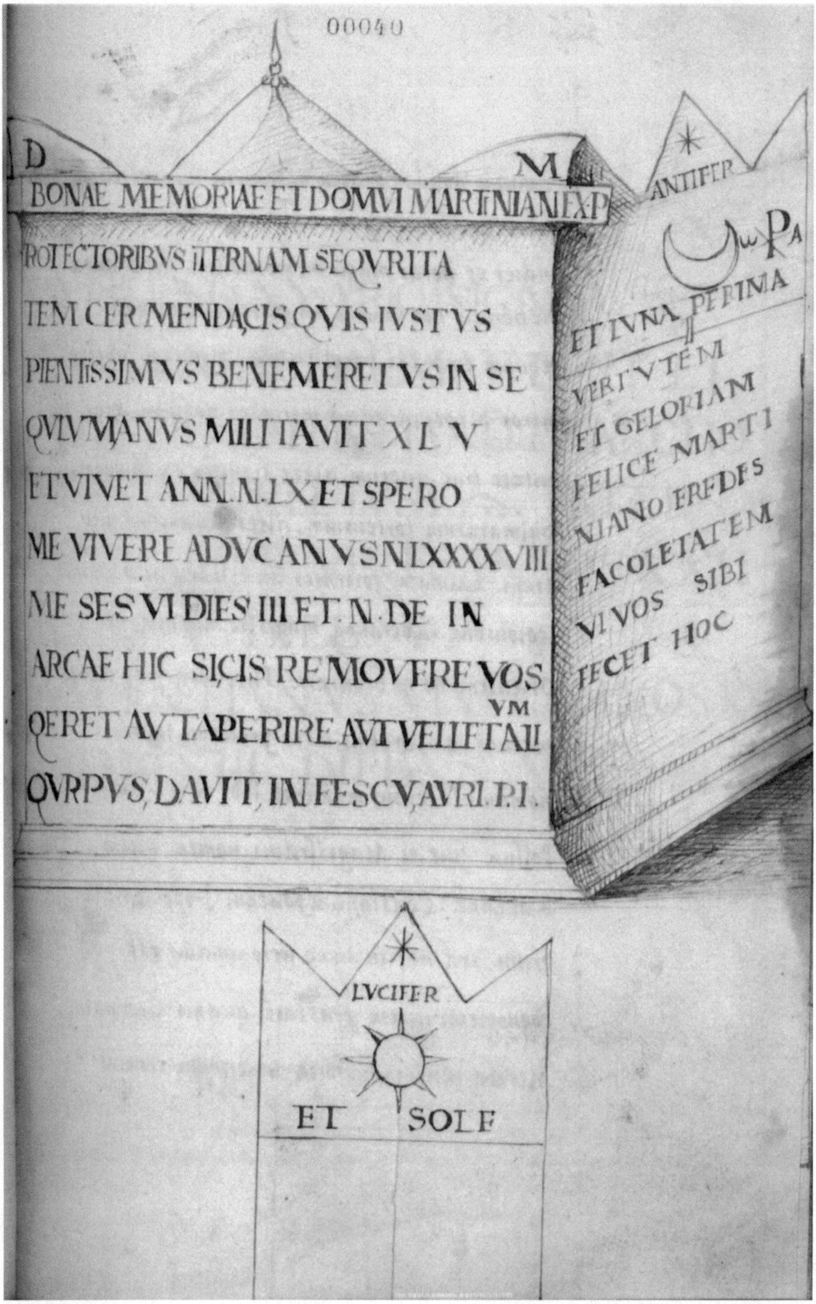

Abb. 3: Sarkophag des Martinianus. Aus: ANDREA ALCIATO: Monumentorum veterumque inscriptionum quae cum Mediolani tum in eius agro adhuc extant collectanea. Mediolani MDVIII. Dresden, Sächsische Landesbibliothek, Mscr. Dresd. F.82 b, fol. 40r.

Frank Fürbeth

Der Mond in der Astrologie, Magie und Medizin des Mittelalters

Der Mond ist kalt und feucht,
der Krebs [sein Haus] ist genauso in seinen Eigenschaften,
die von ihm regierten Menschen haben ein grobes Antlitz,
sie werden oft vom Schlaf überwältigt.
(Oswald von Wolkenstein)[1]

Der Mond gilt im geozentrischen Weltbild des Mittelalters als Planet; als erdnächster der sieben Planeten soll er außerdem zwischen dem Mikrokosmos des sublunaren und dem Makrokosmos des supralunaren Bereichs vermitteln, zu dem die weiteren Planeten (von der Erde aus gesehen in der Reihenfolge) Merkur, Venus, Sonne, Mars, Jupiter und Saturn sowie der Fixsternhimmel gehören. Damit kommt dem Mond eine herausgehobene Rolle in der Astrologie, Magie und Medizin des Mittelalters zu, die außerdem noch dadurch verstärkt wird, dass er auf seiner Umlaufbahn um die Erde aufgrund der wechselnden Beleuchtung durch die Sonne im knapp dreißigtägigen Zyklus seine Erscheinung von Tag zu Tag ändert, was zudem auch für den nicht astronomisch gebildeten Menschen in alltäglicher Anschauung erfahrbar ist. Diese verschiedenen Aspekte des Monds in mittelalterlicher Sicht sollen im Folgenden (unter besonderer Berücksichtigung der deutschsprachigen Fachliteratur des Mittelalters) nach einer kurzen Darstellung der Stellung des Mondes im geozentrischen Weltbild des Mittelalters (1) unter vier Perspektiven behandelt werden: der Mond in seiner monatlichen Veränderung (2), der Mond als Planet und Regent seiner Planetenkinder (3), der Mond vor dem Hintergrund des Fixsternhimmels (4) und der Mond in seiner Stellung zur Ekliptik der Sonne (5).

1. Der Mond im geozentrischen Weltbild des Mittelalters

Die mittelalterliche Astronomie und Astrologie[2] beruht weitgehend auf der griechischen Astromonie, wie sie Ptolemäus († n. 160) in zwei grundle-

---

[1] *Der Mon ist kalt und feuchte, / der Krebs also gestalt, / ir menschen faister euchte, / der slaff tüt in gewalt.* Die Lieder Oswalds von Wolkenstein. Unter Mitwirkung von WALTER WEISS und NOTBURGA WOLF hg. von KARL KURT KLEIN. 2. neubearb. Aufl. Tübingen 1975 (Altdeutsche Textbibliothek 55), S. 73–79 (Kl 22, ‚Des grossen herren wunder', Planetenkinderlied), hier S. 75 (II,17–70). Übersetzung von mir.

[2] Die Terminologie ist im Mittelalter nicht so eindeutig wie im heutigen Gebrauch, wo unter Astronomie die beobachtend-messende Sternenkunde und unter Astrologie die vorhersagende Sternenkunde verstanden wird; beide Termini werden im Mittelalter al-

genden Werken zusammengefasst hat: der ‚Mathematiké Syntaxis' zur Astronomie, die im Arabischen als ‚al-madschisti' bezeichnet wurde, was in der lateinischen Übersetzung dann zu dem heute geläufigen Titel ‚Almagest' wurde, und den vier Büchern zur Astrologie, den ‚Tetrabiblos'. Beide Werke wurden im Zuge der Rezeption der arabischen Wissenschaften Ende des 12. Jahrhunderts ins Lateinische übertragen und waren die astronomisch-astrologischen Standardwerke im Mittelalter.[3] Dazu kamen Übersetzungen[4] der einschlägigen arabischen Werke[5] wie etwa die ‚Flores astrologiae'[6], der ‚Liber de magnis coniunctionibus'[7] oder das ‚Introductorium in astronomiam'[8] des Albumasar sowie neue Zusammenstellungen wie etwa

---

ternativ gebraucht. Zur Geschichte der Astronomie vgl. ERNST ZINNER: Astronomie. Geschichte ihrer Probleme. Freiburg, München 1951 (Orbis Academicus). Als Einführung in die Himmelsphänomene zu empfehlen ist WERNER E. CELNIK/HERMANN-MICHAEL HAHN: Astronomie für Einsteiger. Stuttgart 2008, sowie ausführlicher RICHARD-HEINRICH GIESE: Einführung in die Astromonie. Darmstadt 1981. – Zur Astrologie vgl. den nach wie vor grundlegenden Überblick von LYNN THORNDIKE: A history of Magic and Experimental Science. Bd. 1–2. The first thirteen centuries. Bd. 3–4. Fourteenth and fifteenth centuries. New York 1923–1934; außerdem WILHELM KNAPPICH: Geschichte der Astrologie. 2. erg. Aufl. Frankfurt a. M. 1988, KOCKU VON STUCKRAD: Geschichte der Astrologie. Von den Anfängen bis zur Gegenwart. München 2003; eine Art Nachschlagewerk bietet JÜRGEN HAMEL: Begriffe der Astrologie. Von Abendstern bis Zwillingsproblem. Frankfurt a. M. 2010. Reiches Bildmaterial findet sich in: Wissenschaft im Mittelalter. Handschriften und Inkunabeln der Österreichischen Nationalbibliothek. Hg. von OTTO MAZAL [u. a.]. Graz 1980, bes. S. 208–227; OTTO MAZAL: Die Sternenwelt des Mittelalters. Wiesbaden 2001; Aderlass und Seelentrost. Die Überlieferung deutscher Texte im Spiegel Berliner Handschriften und Inkunabeln. Hg. von PETER JÖRG BECKER und EEF OVERGAAUW. Mainz 2003, bes. S. 359–373; Die Sterne lügen nicht. Astrologie und Astronomie im Mittelalter und in der Frühen Neuzeit. Hg. von CHRISTIAN HEITZMANN. Wolfenbüttel 2008.

[3] Vgl. dazu im Überblick DAVID C. LINDBERG: Von Babylon bis Bestiarium. Die Anfänge abendländischen Wissens. Stuttgart, Weimar 1994; OTTO MAZAL: Geschichte der abendländischen Wissenschaft des Mittelalters. Bd. 2. Graz 2006, S. 65–165.

[4] Die Übersetzungen sind verzeichnet bei FRANCIS J. CARMODY: Arabic astronomical sciences in latin translation. A critical bibliography. Berkeley, Los Angeles 1956; ERNST ZINNER: Verzeichnis der astronomischen Handschriften des deutschen Kulturgebiets. München 1925; ders.: Geschichte und Bibliographie der astronomischen Literatur in Deutschland zur Zeit der Renaissance. 2., unveränd. Aufl. der Erstaufl. von 1941 mit einem Nachtrag von 622 Nummern. Stuttgart 1964.

[5] Vgl. dazu FUAT SEZGIN: Geschichte des arabischen Schrifttums. Bd. VI. Astronomie bis ca. 430 H. Leiden 1978, Bd. VII. Astrologie – Meteorologie und Verwandtes. Leiden 1979.

[6] Albumasar: Flores astrologiae – Astrologische Blütenlese. Übers. von JANINE DEUS. Tübingen 2011 (Klassiker der Astrologie).

[7] On historical astrology. The book of religions and dynasties (on the great conjunctions) by Abū Ma' šar. Hg. von KEIJI YAMAMOTO. Mit einer engl. Übersetzung von CHARLES BURNETT. Leiden [u. a.] 1999.

[8] The abbreviation of the introduction to astrology, together with the medieval Latin translation of Adelard of Bath. Hg. von CHARLES BURNETT. Leiden [u. a.] 1994.

die ‚Compilatio de astrorum scientiae' eines ansonsten nicht bekannten Leopold von Österreich[9] oder der ‚Lucidator' von Pietro d'Abano.[10] Das grundlegende Lehrwerk der Astronomie an den mittelalterlichen Universitäten[11] noch bis weit in die Neuzeit wurde allerdings der um 1250 verfasste ‚Tractatus de sphaera' des Johannes des Sacrobosco, dessen Übersetzung 1347/50 durch Konrad von Megenberg erfolgte und in einer Neubearbeitung von Conrad Heinfogel 1516 in den Druck gegeben wurde.[12]

Demnach steht die Erde, die aus vier Elementen zusammengesetzt ist und Kugelform[13] besitzt, unbeweglich im Mittelpunkt des Kosmos und ist umgeben von neun weiteren Kugeln (*sphaerae*; von Konrad übersetzt als *himel*), die sich um die Erde bewegen (Abb. 1). Der oberste Himmel (*caelum ultimus*; *oberster himel*, *oberst waltzer*) dreht sich täglich um die Erde von Ost bis West und wieder bis Ost (*ab oriente per occidentem rediens in orientem*); die andern acht unteren Himmel (*inferiores sphaerae*) drehen sich zu dem obersten Himmel in gegensätzlicher Richtung (*motus oppositus*; *der lauf ist widerwertig dem ersten*), werden aber von diesem in seiner vierundzwanzigstündigen Umdrehung wieder ein Stück zurückgerissen.[14] Offensichtlich wird hier unter geozentrischer Perspektive die tägliche Drehung der Erde um ihre Achse in die Annahme eines obersten Himmels übersetzt; die Bewegung der Erde in ihrer Bahn um die Sonne sowie die Relativbewegungen des Fixsternhimmels, der Planeten und des Mondes werden dagegen geozentrisch gesehen als eine zum obersten Himmel gegenläufige Bewegung des Fixsternhimmels und der Planetensphären.[15]

---

9 Leopold of Austria : ‚Li compilacions de le Science des Estoilles', Books I-III. Edited from Ms French 613 of the Bibliothèque Nationale, with Notes and Glossary. Hg. von FRANCIS J. CARMODY. Berkeley, Los Angeles 1947.

10 Pietro d'Abano: Trattati di Astronomia. *Lucidator dubitalium astronomiae, De motu octavae sphaerae* et altre opere. Hg. von GRAZIELLA FEDERICI VESCOVINI. Padua 1992.

11 Vgl. RICHARD LEMAY: The teaching of astronomy in medieval universities, pincipally at Paris in the fourteenth century. In: Manuscripta 20 (1976), S. 197–217.

12 Konrad von Megenberg: Die Deutsche Sphaera. Hg. von FRANCIS B. BRÉVART. Tübingen 1980 (Altdeutsche Textbibliothek 90) [mit Edition bzw. Faksimile des lateinischen und der beiden deutschen Texte].

13 Die Kugelform der Erde wird von Johannes von Sacrobosco mit der Beobachtung bewiesen, dass die Sterne an verschiedenen Stellen der Erde zu verschiedenen Zeiten aufgehen; ebd., S. 14f.

14 Konrad erklärt diese Relativbewegung sehr schön mit einem von ihm gegenüber Johannes von Sacrobosco eingefügten Beispiel: *reht als ain mu̇lrat wer, daz wiltz von der rehten hant zu der linken, und ain omaizz* [Ameise] *kru̇ch in dem selben rad von der linken hend zu der rehten*; ebd., S. 11.

15 Nach einer älteren Auffassung, die sich in der ‚Philosophia mundi' des Wilhelm von Conches findet, ist dagegen die vermeintliche tägliche Ost-West-Bewegung des Fixsternhimmels Gegenläufer der Planetenbewegung. Vgl. dazu ausführlich DIETLIND GADE: Wissen – Glaube – Dichtung. Kosmologie und Astronomie in der meisterlichen Lieddichtung des vierzehnten und fünfzehnten Jahrhunderts. Tübingen 2005 (Münchener Texte und Untersuchungen zur deutschen Literatur des Mittelalters 130), S. 248–251.

Für die Auffassung der Mondbewegung im astronomischen Weltbild des Mittelalters ist es von zentraler Bedeutung, dass die reale Schrägstellung der Erdachse, deren gedachte Verlängerungen nach Johannes von Sacrobosco die beiden Pole des obersten Himmels (*polus mundi*, *himelspitzen*) bilden,[16] verstanden wird als eine Schrägstellung der Umlaufbahn der Sonne (der Ekliptik in heutiger Terminologie) gegenüber der gedachten Verlängerung der Äquatorialebene der Erde (*maior circulus, ebennehter*[17]); da die Planeten, die unter der Ekliptik laufen, *kraft und leben allen dingen, die auz den vier elementen werden*, geben, wird die Umlaufbahn von Konrad *lebenkraiz* genannt;[18] der übliche Namen ist *tyrkraiz* (*zodiacus*).[19] Die Sonne bewegt sich in 365 Tagen auf dieser schrägen Umlaufbahn in einem Winkel von etwa 23,5 Grad zur Äquatorialebene,[20] wobei sie diese zweimal im Jahr, zu den beiden Tag- und Nachtgleichen (‚Äquinoktien'), schneidet, und ebenfalls zweimal im Jahr, in den Sonnenwenden (‚Solstitien'), ihren jeweils höchsten bzw. niedrigsten Stand hat. Diejenigen Sternbilder, welche von der Erde aus ‚hinter' der Sonne am Fixsternhimmel gesehen werden, welche also die Sonne auf ihrer vermeintlichen Bahn um die Erde in zwölf Monaten durchläuft, sind schon seit mesopotamischer Zeit unter den anderen Sternbildern als besonders bedeutsam für die Zukunft des Menschen angesehen und deshalb als Tierkreiszeichen hervorgehoben worden.[21] Da die Mondbahn gegenüber der Sonnenbahn in einem Winkel von etwa fünf Grad steht,[22] schneiden sich die Bahnen von Mond und Sonne ebenfalls. Nur an diesen beiden Schnittpunkten, die im Mittelalter als aufsteigender (im Frühjahr) und als absteigender (im Herbst) Mondknoten oder Drachenpunkt bezeichnet werden,[23] kann eine Mond- oder Sonnenfinsternis entstehen, wenn sich Sonne, Mond und Erde genau auf einer Linie befinden,[24] was dem Mond, gegenüber allen anderen Planeten des Mittelalters, zusammen mit seiner Stellung als erdnächster Planet eine weitere besondere Kraft verleiht. Dazu kommt noch, dass nur der Mond und die Sonne keine (scheinbare) rückläufige Bewegung (‚Retrogradizität') vollziehen; die anderen Planeten nämlich scheinen an einem bestimmten Punkt stillzustehen, ehe sie dann in

---

16 BRÉVART (Hg.), Sphaera [Anm. 12], S. 69 u. 21.

17 Der *ebennehter* teilt die Sphäre, welche die Erde umgibt, in zwei gleiche Teile, so dass er von den beiden Polen in gleicher Entfernung absteht; ebd., S. 20 u. 68.

18 Ebd., S. 22. Konrad von Megenberg folgt hier der Etymologie bei Johannes von Sacrobosco, der *zodiacus* aus *zoe* ableitet, *quod est vita, quoniam secundum motum planetarum sub illo est omnis vita in rebus inferioribus*; ebd., S. 69.

19 Ebd., S. 22 u. 69.

20 GIESE, Einführung [Anm. 2], S. 18.

21 STUCKRADT, Geschichte [Anm. 2], S. 65.

22 CELNIK/HAHN, Astronomie [Anm. 2], S. 44.

23 HAMEL, Begriffe [Anm. 2], S. 244.

24 Konrad von Megenberg nennt die beiden Schnittpunkte ‚Scheinbrecher', weil, *so deu sunne und der mon in selber begegent under der lengen, so kuemt ain scheinprechen der sunnen oder des monen*. BRÉVART (Hg.), Sphaera [Anm. 12], S. 25.

einer schleifenförmigen Bahn erst rückwärtslaufen, dann erneut stillstehen und dann ihre Vorwärtsbewegung wieder aufnehmen.[25]

Der Mond hat neben diesen astromomischen Eigenschaften als Himmelskörper – die kurze Umlaufzeit, die erdnächste Stellung unter den Planeten, der Mondphasenwechsel und damit zusammengehörig die Beleuchtung durch die Sonne, die fehlende Rückläufigkeit – nach antik-mittelalterlicher Auffassung weitere natürliche Wirkungen, die sich aus diesen Eigenschaften ergeben. Die griechische Tradition fasst Ptolemäus in seinen ‚Tetrabiblos' zusammen: Der Mond „zeichnet sich durch seine Eigenschaft zu feuchten aus, da er sich nahe bei der Erde aufhält und der Nachbar feuchter Dünste und Nebel ist. Ganz offensichtlich beeinflusst er daher nach dieser Richtung hin die Körper, macht sie weich und führt sie meistens in Fäulnis über. In einem gewissen Maße wärmt er auch, da er von der Sonne sein Licht empfängt."[26] Die unter dem Einfluss des Monds Geborenen sind gemäßigt in ihren Anlagen und zäh und haben ein feuchtes Temperament.[27] Der Mond herrscht über den Gaumen, die Speiseröhre und den Schlund sowie über Magen, Bauch, Gebärmutter und die ganze linke Seite.[28] Bezüglich der Veranlagung des Menschen verleiht er eine „Vielseitigkeit des Charakters [...], wie auch Gewitztheit und geistige Gewandtheit und Veränderlichkeit."[29] In der arabischen Literatur werden diese Eigenschaften noch detaillierter differenziert und systematisiert. So schreibt Al-Biruni in seiner ‚Einführung in die Elemente der Kunst der Astrologie', dass der Mond kalt und feucht ist und dass er sowohl Gutes wie Schlechtes bewirken kann. Er ist dem Weiblichen und der Nacht zugeordnet, dem Salz und dem Indiffe-

[25] Der Eindruck der Rückläufigkeit der anderen Planeten entsteht dadurch, dass diese mit geringerer oder größerer Geschwindigkeit als die Erde die Sonne umlaufen (Umlaufzeit des Saturn: 29,5 Jahre [378 Tage]; Jupiter: 11 Jahre, 315 Tage [399 Tage]; Mars: 687 [780] Tage; Venus: 225 [584] Tage; Merkur: 88 [116] Tage; jeweils siderische Umlaufzeit [bezogen auf den Fixsternhimmel], die synodische Umlaufzeit [bezogen auf die Stellung zur Erde] in eckigen Klammern). Von der Erde als vermeintlich feststehendem Mittelpunkt des Kosmos aus und vor dem Hintergrund des Fixsternhimmels gesehen scheint die Erde jeden der äußeren drei Planeten Saturn, Jupiter und Mars einzuholen (der Planet scheint sich, wenn auch langsamer, in gleicher Richtung zu bewegen), bis sie auf einer Höhe mit ihm steht (der Planet scheint stillzustehen), danach scheint sie ihn zurückzulassen (der Planet scheint sich rückwärts zu bewegen). Erst wenn die Erde wieder einen so großen Vorsprung vor dem Planeten hat, dass dieser ihr hinterher zu laufen scheint, kehrt sich dessen Bewegung wieder in eine Vorwärtsbewegung um. Bei den unteren beiden Planeten Venus und Merkus ist das Phänomen vergleichbar, nur dass hier die Erde von den Planeten überholt wird. Vgl. CELNIK/HAHN, Astronomie [Anm. 2], S. 51–55; GIESE, Einführung [Anm. 2], S. 39–42.

[26] Claudius Ptolemaeus: Tetrabiblos. Nach der von Philipp Melanchthon besorgten seltenen Ausgabe aus dem Jahre 1553. Mössingen 2000, S. 32f.

[27] Ebd., S. 186.

[28] Ebd., S. 189f.

[29] Ebd., S. 217.

renten, manchmal dem Bitteren, den Farben Blau und Weiß.[30] Weiterhin nennt Al-Biruni die Zuordnung des Mondes zu Gebäuden (am Wasser gelegen), Metallen (Silber), Edelsteinen (Mondstein), Bäumen (kurzstämmige), vierbeinigen Tieren (Kamel, Ochse u. a.), Vögeln (Enten u. a.), den menschlichen Säftemischungen (Phlegma), Verwandten (Mutter), Physiognomie (aufrechte Figur, rundes Gesicht, langer Bart, zusammengewachsene Augenbrauen, lockiges Haar), Veranlagung (einfach, anpassungsfähig, gutherzig, Liebhaber der Frauen), Krankheiten (vielerlei Art) und Berufen (geschickt in allen Berufen, vor allem aber Medizin, Geometrie und den höheren Wissenschaften, Landmessern, Haarschneidern).[31]

Eine Verstärkung oder Abmilderung dieser Wirkungen ergibt sich weiter aus der Stellung des Mondes zu den anderen Planeten und den Tierkreiszeichen, wobei der Mond (wie auch die Sonne) im Gegensatz zu den anderen Planeten[32] in seiner Kraft aufgrund seines steten Vorwärtsganges nicht durch einen retrograden Lauf vermindert werden kann. Diese Konstellationsmöglichkeiten können nach gängiger astrologischer Auffassung vier grundsätzliche Fragen an die Zukunft beantworten: was im Laufe des Jahres geschehen wird (*de revolutionibus*), was aus einem Menschen, der zu einem bestimmten Zeitpunkt geboren wurde, geschehen wird (*de nativitatibus*), wie ein Vorhaben ausgehen wird (*de interrogationibus*) und welche Zeit für ein bestimmtes Vorhaben am geeignetsten ist (*de electionibus horarum laudabilium*).[33] In der arabischen Astrologie wird die vierte Frage dahingehend erweitert, wie man bestimmte Wirkungen der Himmelskörper für einen dauernden Gebrauch im irdischen Bereich in „Abbildern", „Ringen" oder „Siegel" einfangen kann.[34] Für jede dieser Fragen müssen die Positio-

---

[30] The Book of Instruction in the Elements of the Art of Astrology. By Abu'l-Rayhan Muhammad Ibn Ahmad Al-Biruni. Written in Ghaznah, 1029 A. D. Reproduced from Brit. Mus. Ms. Or. 8349. Transl. by R. RAMSEY WRIGHT. London 1934, ND Bel Air 2006, S. 33.

[31] Ebd., S. 32–43.

[32] „Denn die Kräfte der Planeten wachsen, wenn diese östlich stehen oder rechtläufig sind. Dann besitzen sie größere Kraft als bei westlicher Stellung und retrogradem Laufe; in letzterem Falle haben sie eine schwache, träge Wirkung." Ptolemaeus, Tetrabiblos [Anm. 26], S. 74.

[33] PAOLA ZAMBELLI: The *Speculum Astronomiae* and its Enigma. Astrology, Theology and Science in Albertus Magnus and his Contemporaries. Dordrecht [u. a.] 1992 (Boston Studies in the Philosophy of Science 135), S. 222. Das Albertus Magnus zugeschriebene, um 1260 entstandene ‚Speculum Astromoniae' gibt einen Überblick über die Astronomie und Astrologie des 13. Jahrhunderts im lateinischen Abendland; es ist für die historische Forschung deshalb von besonderem Wert, weil es zu jeder Sparte der Astronomie und Astrologie nicht nur beschreibt, worum es jeweils geht, sondern dazu auch jeweils eine umfangreiche Titelliste der einschlägigen Werke enthält, von denen viele heute verloren sind.

[34] *Sed isti parti associantur illi libri maledicti necromantici, de imaginibus, praestigiis et characteribus, annulis et sigillis eo quod simulationis gratia sibi mutuant quasdam observationes astronomicas, ut sic se reddant aliquatenus fide dignos* („Aber zu diesem Teil werden jene verfluchten nigromantischen Bücher über Abbilder, Vortäuschungen, Zeichen, Ringe und Siegel hinzu gesellt, in denen [die Nigromanten] sich irgendwelche astronomi-

nen der Planeten und Sterne für den fraglichen Zeitpunkt des Geschehens, des Vorhabens oder der Geburt mittels eines astronomischen *iudiciums* bestimmt werden.[35] Maßgeblich ist dafür, welche Planeten und welches Tierkreiszeichen in diesem Moment am östlichen Horizont aufgehen, sich also im Aszendenten befinden. Damit in Verbindung gebracht werden die Stellungen der anderen Planeten, die je nach Position in Konjunktion, Opposition oder anderen Beziehungen zum Aszendenten stehen können.[36] Ein weiteres, zentrales Element sind die Häuser, worunter die Tierkreiszeichen in einer Ur-Position, meistens der Beginn der Welt,[37] verstanden werden. Jeder Planet ist zwei Häusern, dem einen am Tag, dem anderen in der Nacht, zugeordnet; nur Sonne und Mond haben jeweils nur ein Haus. Dem Mond wird als Haus das Tierkreiszeichen des Krebses zugeordnet; er beherrscht nachts das Trigon[38] aus Stier, Jungfrau und Steinbock.[39] Er wird erhöht[40] im Stier und fällt im Skorpion.[41] Steht er an seinen Knoten, so gibt er Scharfsinn und spitzfindigen Verstand, schnelle Erfindungsgabe, Tätigkeit und Schlagfertigkeit.[42]

In entsprechender Weise sind die planetaren Konstellationen auch für die Gesundheit des Menschen zu beachten. Auch wenn die Zuordnungen der Planeten zu den einzelnen Körperteilen, wie sie Al-Biruni beschreibt, nie zu einer eigenen ikonographischen Tradition geführt haben, wie sie sich im ‚Tierkreiszeichenmann' für die Zuordnung von Tierkreiszeichen und Körperteilen im Mittelalter entwickelt hat[43] – mir ist nur ein einziger ‚Planetenmann' aus dem 16. Jahrhundert bekannt (Abb. 2) – sind die planetaren

---

schen Beobachtungen zu eigen machen, um so vorzutäuschen, dass sie besonders glaubwürdig seien". Ebd., S. 222.

35 Ebd., S. 222.

36 „Aus allen diesen Ausführungen nun erkennt man, daß die Wirkungsart der Planeten einmal aus ihrer eigenen Natur herrührt, andererseits von den [Tierkreis]Zeichen, der Stellung zur Sonne, dann ihrem Aufenthalt in den Winkeln, wie ich dies entwickelt habe. [...] Endlich auch noch aus ihrer Stellung zum Horizont. Denn im Medium coeli oder in einem nachfolgenden Hause sind sie wirksamer. Danach ist ihre Kraft eine große, wenn sie am Horizont oder in dem ihm folgenden Hause stehen." Ptolemaeus, Tetrabiblos [Anm. 26], S. 74.

37 Vgl. HAMEL, Begriffe [Anm. 2], S. 313–317.

38 Die vier astrologischen Trigone entstehen dadurch, dass man die zwölf Tierkreiszeichen mit Linien verbindet, die in einem Winkel von 120 Grad zueinander stehen („Die Trigone sind Dreiecke mit gleichen Seiten, die als Besonderes die Eigenschaft besitzen, sich einander vollkommen zu entsprechen"; Ptolemaeus, Tetrabiblos [Anm. 26], S. 57).

39 Ebd., S. 58.

40 Erhöhung (‚Exaltation', ‚Würde') und Fall (‚Erniedrigung') sind weitere Tierkreiszeichen, in denen die Kraft des jeweiligen Planeten zu- oder abnimmt. Die Herkunft dieser Zuordnungen und ihre Begründungen sind unklar. Vgl. HAMEL, Begriffe [Anm. 2], S. 267.

41 Ptolemaeus, Tetrabiblos [Anm. 26], S. 60.

42 Ebd., S. 217.

43 Vgl. etwa AD STIJNMANN [u. a.]: Medizin unter dem Einfluss der Sterne: Der Tierkreiszeichenmann. In: HEITZMANN, Sterne [Anm. 2], S. 39–45.

Eigenschaften selbstverständlich in den einschlägigen medizinischen Texten mit aufgenommen worden. In dem ‚Tacuinum sanitatis' etwa, einer Reihe von Gesundheitstabellen des arabischen Arztes Ibn-Buṭlān aus dem 11. Jahrhundert, das noch im 16. Jahrhundert in lateinischer und deutscher Übersetzung gedruckt wurde, wird davor gewarnt, Datteln zu essen, wenn der Mond in einem feurigen oder wässrigen Zeichen steht,[44] Wein dagegen ist zu empfehlen, wenn sich der Mond in einem wässrigen Zeichen befindet, mit Ausnahme des Skorpions, oder wenn er in Konjunktion mit Venus und Jupiter steht.[45] Beim Aderlass wiederum soll der Mond in einem feurigen Haus stehen und danach in einem irdischen.[46]

Schließlich ist noch die vierte (und im Mittelalter hochumstrittene[47]) Sparte der mittelalterlichen Astrologie zu nennen, in der es darum geht, die stellaren Konstellationen im sublunaren Bereich nicht nur für Prognosen oder die Auswahl günstiger Stunden nutzbar zu machen, sondern auch die Strahlen der Sterne[48] für späteren Gebrauch gleichsam zu konservieren. Die Texte dieser Astralmagie stammen aus dem arabischen Raum, nehmen aber in synkretistischer Weise auch Elemente der kabbalistischen, gnostischen und hermetischen Traditionen auf.[49] In der Hauptsache geht es darum, die Emanationen der Planeten und Sterne in Talismane einzufangen; im wohl prominentesten Vertreter dieser Gattung, dem wahrscheinlich um 1250 in

---

[44] Das Buch vom gesunden Leben. Die Gesundheitstabellen des Ibn Buṭlān in der illustrierten deutschen Übertragung des Michael Herr. Nach der bei Hans Schott erschienenen Ausgabe Straßburg 1533. Hg. von HANS ZOTTER. Mit 32 getreuen Farbwiedergaben aus dem Tacuinum sanitatis Codex Vindobonensis 2396. Graz 1988, S. 165,1.

[45] Ebd., S. 213, 1.

[46] Ebd., S. 223, 2.

[47] Im ‚Speculum astronomiae' wird unter drei Arten der Herstellung von Talismanen (*imagines*) unterschieden. In der ersten werden dazu Räucherungen (*suffumigationes*) und Beschwörungen (*invocationes*) gebraucht; diese Art ist zu verdammen. Die zweite ist weniger verdammenswert, gleichwohl aber nicht erlaubt; in ihr werden Zeichen (*characteres*) unter gleichzeitiger Anrufung bestimmter Namen (*per quaedam nomina exorcizandorum*) in Gegenstände ‚eingeschrieben' (*per inscriptionem*). Die dritte Art umfasst die eigentlichen astrologischen Bilder (*modus imaginum astronomicarum*), die sich nicht jener Räucherungen und Beschwörungen bedient und ihre Kraft ausschließlich aus der Sternenkonstellation erhält (*sed virtutem nanciscitur solummodo a figura caelesti*); diese Art ist tolerierbar, wenn sie sich jedes nigromantischen Beiwerks enthält. ZAMBELLI, Speculum [Anm. 33], S. 240–250.

[48] Jeder Stern sendet gemäß seiner eigenen Natur und Art, die wiederum von seiner Position innerhalb der *machina mundi* abhängt, Strahlen aus. Die sublunare Welt wiederum ist ein Abbild der Sternenwelt, so dass die stellaren Emanationen auf die irdischen Elemente einwirken können. Al-Kindi: De radiis. Theorie des arts magiques. Traduit du latin et présenté par DIDIER OTTAVIANI. Paris 2003, S. 15 u. 23.

[49] Vgl. NICOLAS WEILL-PAROT: Les „images astrologiques" au Moyen Âge et à la Renaissance. Speculations intellectuelles et pratiques magiques (XIIe-XVe siècle). Paris 2002 (Sciences, Techniques et Civilisations du Moyen Âge à l'Aube des lumières 6).

Andalusien aus dem Arabischen übersetzten ‚Picatrix', [50] heißt es: „Der Sinn der Talismane liegt in ihrer Verknüpfung mit den Himmelskörpern. [...] Hauptbedingung aber, ohne die nichts zustande kommt, ist, dass der Hersteller [der Talismane] seine innere Energie auf sein Tun konzentriert und seinen Willen ganz auf die Sache richtet, damit seine Seelenkräfte mit den himmlischen Kräften in Verbindung treten." [51] Die Planeten spielen dabei eine besondere Rolle: „Am besten wird der Talisman auf die Wirkung der sieben Planeten angelegt; und die höchste und dauerhafteste [Wirkung] übt [ein Planet] aus, wenn ihm ein Glücksplanet gegenübersteht, der die Herabsendung seines Pneumas vom Himmel auf die Erde helfend fördert." [52] Der Mond nimmt dabei eine zentrale Stellung im Bereich der Liebe und der Freundschaft ein: „Man darf ferner Liebes- und Freundschaftstalismane nur machen, wenn der Mond mit den Glücksplaneten in Konjunktion steht und an Vollmondtagen [...]. Man macht z. B. [Talismane für] Zuneigung, Liebe und die Begegnung mit Königen am Montag, wenn der Mond voll ist und im Schützen oder Stier oder Krebs oder in den Fischen steht [...]. Passe auch beim Mond immer den Zeitpunkt ab, wenn er in einer glücklichen Station [...] steht. Liebe[stalismane] mache, wenn der Mond mit der Venus in Konjunktion steht [...]." [53]

Der dahinter stehende Gedanke ist, dass Planeten und Sterne sich in bestimmten Konstellationen verstärken, in anderen gegenseitig stören und abmildern; gelingt es nun, für die jeweils gewünschte Wirkung den Zeitpunkt einer günstigen Konstellation zu errechnen und für diesen Moment am geeigneten Ort zu sein, dann schreiben sich die stellaren Kräfte in einen entsprechend herzustellenden materialen Träger aus Metall, Wachs oder Edelsteinen, dem Talisman, ein, der ebenfalls den Kräften korrespondieren sollte und der mit einem der Konstellation entsprechenden Bild, dem ‚Sigillum', aus verschiedensten Zeichen, den sog. Characteres, versehen wird.

In einem kleinen astralmagischen Text, der nach der Überlieferung angeblich von dem mythischen Gott Hermes selbst stammen soll, werden 15 zentrale Korrespondenzreihen aus Sternen, Steinen, Kräutern und Talismanen beschrieben. [54] Anders als üblich sind es hier aber nicht die Tierkreis-

---

[50] Vgl. Images et magie. Picatrix entre Orient et Occident. Sous la direction de JEAN-PATRICE BOUDET [u. a.]. Paris 2011(Sciences, Techniques et Civilisations du Moyen Âge à l'Aube des lumières 13).

[51] Picatrix. The Latin version of the Ghāyat Al-Ḥakīm. Ed. by DAVID PINGREE. Text, Introduction, Appendices, Indices. London 1986 (Studies of the Warburg Institue 39); HELLMUT RITTER/MARTIN PLESSNER: Picatrix: Das Ziel des Weisen von Pseudo-Maǧrīṭī. Übersetzung aus dem Arabischen. London 1962 (Studies of the Warburg Institute, 27), S. 34f. (die Zitate im folgenden nach der deutschen Übersetzung).

[52] Ebd., S. 36.

[53] Ebd., S. 34f.

[54] Liber Hermetis in quindecim stellis quindecim lapidibus quindecim herbis et quindecim imaginibus. In: LOUIS DELATTE: Textes latins et vieux Français relatifs aux Cyranides. Liège, Paris 1942, S. 240–275.

zeichen oder die Planeten, sondern 15 ausgewählte Fixsterne, die maßgeblich auf die Erde einwirken, wobei die Stärke und Art dieser Wirkung wiederum wie üblich von seiner Konstellation zu den Planeten abhängt. Jedem dieser Sterne wird ein Stein, Kraut und Talisman zugeordnet; der fünfte Stern etwa namens *Alhabor, latine Canis maior* („der große Hund", d. i. Sirius[55]), „ist von der Natur her der Venus zugehörig und ist ein Stern des Glücks; durch diesen wird in vielfacher Weise der Zustand der Welt zum Temperament oder Distemperament, von Gutem zum Schlechten verändert, aber wenn er dieses Schicksal im Aszendenten oder im Medium caeli hat und wenn der Mond bzw. der Teil des Schicksals mit diesem in demselben Grad ist, dann bedeutet das großes Glück."[56] Der ihm zugehörige Stein ist der Beryll, der große Ehre und großes Wohlwollen bei der Herstellung von Eintracht zwischen Fürsten bewirkt,[57] das zugehörige Kraut ist Savina,[58] das zusammen mit Artemisia[59] und Dragontea[60] sowie einem kleinen Stückchen der Zunge einer bestimmten Schlange unter den Beryll gelegt werden muss,[61] und schließlich müssen in den Stein Bilder (*imagines*) und Zeichen (*characteres*) in Form eines ‚Hasenwärters' (? *leporarius*) oder eines schönen Mädchens eingraviert werden.[62] Bei alldem kommt dem Mond eine besondere Rolle zu; in diesem Traktat wird er nicht unter die Planeten gezählt, sondern wie die Sonne als eigenständiger Stern angesehen;[63] er soll die Wirkung aller 15 Korrespondenzreihen verstärken, wenn er im Aszendenten oder im Medium caeli steht.[64]

---

[55] PAUL KUNITZSCH: Arabische Sternnamen in Europa. Wiesbaden 1959, S. 117.

[56] *Haec autem stella est ex natura Veneris et est stella fortunae et per hanc mutatur multotiens status mundi ad temperamentum vel distemperamentum, ab bonum vel ad malum, quia si quis eam fortunatam habuerit in ascendente vel in medio caeli et Luna vel pars fortunae ea fuerit in eodem gradu, significat magnam gratiam* (DELATTE, Anm. 54, S. 251).

[57] *Quintus lapis dicitur berillus* [...]. *Cuius virtus est magni honoris et magnae benevolentiae ad ponendum concordiam inter reges* ; ebd., S. 261.

[58] Savina, sabina: Sadebaum („Juniperus sabina"). Vgl. ULRICH STOLL: Das ‚Lorscher Arzneibuch'. Ein medizinisches Kompendium des 8. Jahrhunderts (Codex Bambergensis Medicinalis 1). Text, Übersetzung und Fachglossar. Stuttgart 1992 (Sudhoffs Archiv, Beiheft 28), S. 446 u. 421.

[59] Artemisia: Beifuß; Schwarze Edelraute; Rainfarn; Klebriger Gänsefuß. STOLL, Arzneibuch [Anm. 58], S. 419.

[60] Dragontea: dracontium, dracontea. Drachenwurz (Dracunculus vulgaris); Gefleckter Aronstab (Arum italicum); Salomonssiegel (Polygonatum odoratum). STOLL, Arzneibuch [Anm. 58], S. 428.

[61] *Quinta herba est savina. Haec cum artemisia et dragontea et parvo de lingua colubri debet poni sub berillo* (DELATTE, Liber Hermetis [Anm. 54], S. 267).

[62] [*D*]*iversae sunt imagines et caracteres quae sculpi debent in lapidibus* [...] *Quinta sicut leporarius vel puella bene disposita;* ebd., S. 272f.

[63] *Similiter quattuor superius constituta intelliguntur quae apud nos inmobilia et incorruptibilia et inpertingentia comprobantur, id est quae nec movere nec corrumpere nec ad ea pertingere possumus: et sunt haec videlicet sol, luna, stellae et caeli*; ebd., S. 242.

[64] *Et notandum quod si Luna fuerit cum aliqua illarum* [*sc. quindecim stellarum*] *in*

In einer dritten Species der arabisch-mittelalterlichen Astralmagie schließlich werden kabbalistische Elemente aufgenommen, indem Sterne und Planeten in Beziehung gesetzt werden zu den 72 Namen der Engel.[65] In einem Handbuch eines Nigromanten aus dem 15. Jahrhundert werden Anleitungen für die Herstellung von Siegeln gegeben, in denen Zeichen für Engel, Planeten und die Wochentage eingeschrieben werden. Gabriel ist derjenige Engel, der dem Mond zugeordnet wird; das entsprechende Siegel ist am Montag, in der Stunde des Monds, und im Zeichen des Krebs herzustellen (Abb. 3).[66]

2. Die Mondphasen: Kalender und Lunare

Der regelmäßige Wechsel der Mondgestalt, aber auch seine alle anderen Planeten und Sterne des Nachthimmels überragende Größe und Helligkeit, die mit bloßem Auge beobachtet werden können, haben dazu geführt, dass schon in ältesten Zeiten der Mond kultisch verehrt und ihm eine besondere Bedeutung für die sublunare Welt beigelegt wurde.[67] Vor allem aber wurde die Stellung des Monds vor dem Hintergrund des Jahreslaufs der Sonne durch die Ekliptik als Grundlage für die Einteilung der Zeit in Monate und Jahre genommen.[68]

Dabei ergab sich allerdings bei einer Einteilung der Zeit, die exakter sein wollte, als nur grob bestimmte wiederkehrende Jahrespunkte festzulegen,[69] das Problem, dass die Umlaufzeit des anderen stellaren Zeitmessers, der Sonne, nicht exakt mit dem Mondzyklus, der schon in der Antike wie auch

---

nativitate vel interrogatione in ascendente vel in medio caelo, apparet eius virtus atque significatio secundum naturam et significationem sui dominii similiter cum fuerit per se in praedictis locis; ebd., S. 244.

[65] Vgl. CLAIRE FANGER: Conjuring Spirits. Texts and Traditions of Late Medieval Ritual Magic. Pennsylvania 1994 (Magic in History); Invoking Angels. Theurgic Ideas and Practices, Thirteenth to Sixteenth Centuries. Hg. von ders. Pennsylvania 2012 (Magic in History).

[66] RICHARD KIECKHEFER: Forbidden Rites. A Necromancer's Manual of the Fifteenth Century. Strout 1997 (Magic in History), S. 301.

[67] Vgl. dazu die zahlreichen Belege bei VIKTOR STEGEMANN: Mond. In: Handwörterbuch des deutschen Aberglaubens, Bd. 6 (1935), Sp. 477–534, ferner die Beiträge von Victoria Altmann-Wendling, Emrys Schlatter und Ingo Schaaf in diesem Band.

[68] Vgl. dazu im Überblick HERMANN GROTEFEND: Taschenbuch der Zeitrechnung des deutschen Mittelalters und der Neuzeit. 12. Aufl. 1982. Durchges. von JÜRGEN ASCH. Hannover 1982, S. 1f.

[69] Wie es etwa bei der 1999 entdeckten sog. Himmelscheibe von Nebra angenommen wird, die aus der Bronzezeit stammen soll und auf welcher der Mond als Voll- und als Neumond abgebildet ist. Zusammen mit einer Siebener-Gruppe von Sternen und zwei Horizont-Segmenten auf der Scheibe kann bei entsprechender Ausrichtung Anfang und Ende des landwirtschaftlichen Jahrs abgelesen werden. Vgl. HARALD MELLER/KAI MICHEL: Die Himmelsscheibe von Nebra. Der Schlüssel zu einer untergegangenen Kultur im Herzen Europas. Berlin 2018, bes. S. 59–66.

im Mittelalter in seiner Dauer von 29 Tagen, 12 Stunden und 44 Minuten[70] genau quantifizierbar war, in Deckung zu bringen war. Das seit Julius Caesar auf die Dauer von 365 Tagen festgesetzte Sonnenjahr wurde deshalb so mit den Mondzyklen korreliert, dass 19 Julianische Jahre 235 Mondmonaten entsprachen, die sich wiederum, mit Einschub von Schaltmonaten, in einer Dauer von 30 und 29 Tagen abwechselten.[71] Mit dem Christentum ergab sich das weitere Problem, dass das Osterfest, von dessen Datierung alle weiteren beweglichen kirchlichen Feste abhängen, immer auf den Sonntag nach dem ersten Vollmond nach der frühjährlichen Tagnachtgleiche fallen sollte. Allerdings wurde diese astronomische Konstellation mit der Zeit nicht mehr durch Beobachtung, sondern durch Berechnung getroffen; diese sog. computistische Methode kann anhand der Goldenen Zahl[72] und der Tages- oder Sonntagsbuchstaben[73] angewendet werden, wobei die Tagnachtgleiche auf den 21. März festgesetzt wurde.[74]

Die Computistik, die vor allem gebraucht wird, um die kirchlichen Festtage des Jahres zu berechnen, bildet den Kern aller Kalender des Mittelalters.[75] Daneben findet sich die kalendarische Verzeichnung von Mondphasen sowie Sonnen- und Mondfinsternissen (Abb. 4); außerdem werden in die Kalender mit der Zeit aber auch sonstige Texte aufgenommen, die der alltäglichen Lebensbewältigung und dem Blick in die Zukunft dienen.[76] Dabei handelt es vor allem um medizinische Anleitungen, etwa zum Aderlassen, sowie um astrologisch-prognostische Texte wie etwa zu den Tierkreis-

---

[70] CELNIK/HAHN, Astronomie [Anm. 2], S. 44.

[71] GROTEFEND, Zeitrechnung [Anm. 68], S. 1f.

[72] Da die Mondzyklen nach 19 Sonnenjahren wieder an denselben Monatsdaten eintreten, kann man, wenn man einen festen Ausgangspunkt hat, von dem ab man rechnet (das Jahr 1 v. Chr.), die Monddaten der gegenwärtigen Jahreszahl plus Eins (wegen des Beginns bei 1 v. Chr.) mittels dessen Division durch 19 und der Ermittlung des Rests bestimmen; dieser Rest ergibt die goldene Zahl. In den Kalendern wird diese goldene Zahl für die Neumonde der 19 Jahre angegeben, um den Nutzer die Rechnung zu ersparen; ebd., S. 2f.

[73] Die sieben Tagsbuchstaben von A bis G sind den 365 Tagen des Jahres in stetiger Wiederholung fest zugeordnet. Wenn man den Sonntagsbuchstaben für das betreffende Jahr kennt, kann an einer Tafel (GROTEFEND, Zeitrechnung [Anm. 68], S. 135) abgelesen werden, auf welchen Wochentag ein bestimmtes Datum fällt. Der Sonntagsbuchstabe wiederum gibt an, auf welches Datum eines bestimmten Jahres der erste Sonntag fällt; für diesen Tag diesen Jahres ist der entsprechende Tagesbuchstabe der Sonntagsbuchstabe. Auch dieser kann in einer Tabelle abgelesen werden; ebd., S. 134.

[74] GROTEFEND, Zeitrechnung [Anm. 68], S. 4.

[75] Eine besonders instruktive Darstellung des Computus findet sich bei ALBERT DEROLEZ: Die komputistischen Tafeln des Liber Floridus. Trier 2003 (Miteilungen und Verzeichnisse aus der Bibliothek des Bischöflichen Priesterseminars zu Trier 16).

[76] MARKUS MUELLER hat dies in beeindruckender Weise an einer Handschrift des 15. Jahrhunderts gezeigt: Beherrschte Zeit. Lebensorientierung und Zukunftgestaltung durch Kalenderprognostik zwischen Antike und Neuzeit. Mit einer Edition des Passauer Kalendars (UB/LMB 2° Ms. astron. 1). Kassel 2009.

zeichen, den Jahreszeiten oder den Monaten, was diesen Sammelwerken von der Forschung die Bezeichnung als ‚Volkskalender'[77] oder ‚Iatromathematisches Hausbuch'[78] eingetragen hat. Die Werkgattung hat sich über die sog. Bauernkalender[79] bis heute erhalten.[80]

Der besonderen Rolle des Mondes entsprechend, dessen zyklisches Wachsen und Vergehen schon immer in Verbindung gesetzt wurde mit gleichartig erscheinenden Vorgängen in der sublunaren Welt und der deshalb als deren Verursacher angesehen wurde, finden sich in diesen ‚Volkskalendern' auch zahlreiche Auslegungen, die sich an dem Wechsel der Mondgestalt von Neumond zu Neumond orientieren und für jeden dieser 30 Tage entsprechende Anweisungen und Voraussagen geben. Die Tradition dieser sog. Lunare[81] reicht wahrscheinlich bis in antike und byzantinische Zeiten,[82] wobei die ältesten lateinischen Lunare aus dem 9. Jahrhundert stammen.[83] Die Lunare können entweder als Sammellunare alle Lebensbereiche wie etwa geplante Reisen, Ackerbau, Krankheiten, gestohlene Gegenstände, Träume oder auch die persönliche Lebensprognose betreffen;[84] bei den Speziallu-

---

77 Vgl. FRANCIS B. BRÉVART: The German *Volkskalender* of the Fifteenth Century. In: Speculum 63 (1988), S. 312–342; ders.: Chronology and Cosmology. A German *Volkskalender* of the Fifteenth Century. In: The Princeton University Library Chronicle 57 (1996), S. 225–265.

78 Vgl. dazu MUELLER, Zeit [Anm. 76], S. 115–118; zum typischen Textbestand dieser Handschriften ebd., S. 118f. Zum Typus des Iatromathematischen Hausbuchs vgl. jetzt auch BERNHARD SCHNELL: Iatromathematisches ‚Hausbuch (Schürstab-Fassung)', früher ‚Deutscher Kalender'. Ein kritischer Forschungsbericht. In: ders.: Arzneibücher · Kräuterbücher · Wörterbücher. Kleine Schriften zur Text- und Überlieferungsgeschichte mittelalterlicher Gebrauchsliteratur. Hg. von DOROTHEA KLEIN. Würzburg 2019 (Publikationen aus dem Kolleg ‚Mittelalter und Frühe Neuzeit' 7), S. 223–254.

79 LUDWIG ROHNER: Kalendergeschichte und Kalender. Wiesbaden 1978; RUDOLF SCHENDA: Hinkende Botschaften? Zur Entwicklung und Bedeutung der schweizerischen Volkskalender. In: Schweizerisches Archiv für Volkskunde 92 (1996), S. 161–181.

80 Vgl. etwa: Neuer Schreibkalender auf das gemeine Jahr nach der gnadenreichen Geburt unsers Herrn Jesu Christi 2020 [...] 247. Jahrgang. Kempten [2019] (Steinhausers Kempter Kalender), S. 37–42 (S. 40: „Im absteigenden Mond ist Pflanzzeit", S. 41: „Der aufsteigende Mond verstärkt den Saftanstieg in den Pflanzen"). Der Kalender wird in den Kemptener Buchhandlungen verkauft, ist aber auch über den Online-Handel erhältlich.

81 Vgl. CHRISTOPH WEISSER: Studien zum mittelalterlichen Krankheitslunar. Ein Beitrag zur Geschichte laienastrologischer Fachprosa. Pattensen/Hann. 1982 (Würzburger medizinhistorische Forschungen 21); ders.: Lunare. In: Die deutsche Literatur des Mittelalters. Verfasserlexikon. Begr. von WOLFGANG STAMMLER, fortgef. von KARL LANGOSCH. 2., völlig neu bearb. Aufl. hg. von KURT RUH (federführend ab Bd. 9: BURGHART WACHINGER) [u. a.]. 14 Bde. Berlin, New York 1978–2008 [^{2}VL], hier Bd. 5 (1985), Sp. 1054–1062; FRANCIS B. BRÉVART: Mondwahrsagetexte (deutsche). In: ^{2}VL, Bd. 6 (1987), Sp. 674–681.

82 UTE MÜLLER: Deutsche Mondwahrsagetexte aus dem Spätmittelalter. Diss. FU Berlin 1971, S. 48; MUELLER, Zeit [Anm. 76), S. 73.

83 WEISSER, Studien [Anm. 81], S. 116.

84 *Der erst tag nach der uernewung ader enczundung des mons von der sunnen, als man*

naren stehen wieder vor allem Krankheiten bzw. die Bewahrung der Gesundheit im Vordergrund, wobei allein 126 Krankheitslunare im Mittelalter gezählt werden können.[85] In den Krankheitslunaren geht es um die Dauer der Krankheit, die kritischen Tage, den Schweregrad, ihre Symptome, das Verhalten des Kranken sowie um die Frage ihrer Mortalität,[86] wobei nicht alle Aspekte immer und in gleicher Weise beantwortet werden. Um nur ein Beispiel zu nennen: In einem Lunar mit der Überschrift *Merck gar eben von den siechtagen, ob er lang oder kurtz lig*, heißt es:

> *Der ist der <des ersten tags> eins jeclichen monedes sich ze bette l°itt, so ist der nechste tag zü fürchten; überkomptt er den hin, so ist er hin kumen von des todes freiß. Der an dem andren tag siech wirtt, so ist der xiiij tag ze fürchtten; überkomptt er den, so ist er hin kumen, hatt er joch arbeitt. Der an dem dritten tag siech wirtt, der kompt an freiß bald då von.* [...] *Der an dem xxix tag siech wirtt, der stirbt. Der an dem xxx tag siech wirtt, der geniset balde oder stirbt bald.*[87]

In den lateinischen Fassungen wird dies noch knapper ausgedrückt:

> *Luna i: Infirmatur diu. Luna ii: Cito surgit. Luna iii: Longa et periculosa. Luna iiii: Moritur: Luna v: Similiter* etc.[88]

3. Der Mond als Planet: Planetentraktate und Planetenkinder

Eine weitere Textsorte innerhalb der ‚Volkskalender' bilden die Planetentraktate.[89] Ihre Herkunft und Geschichte ist zwar unklar,[90] sie entfalten aber

---

von ym schreibt, ist gut vnd nůcz in allen dingen. Sunderlich an dem selben tag ist gut kauffen, verkauffen, in schef geen, vnd vber wasser varn vnd auch uber lant rayzzen; ackern vnd allerlaÿ samen säen, weingartten, pawmgartten vnd ander gärtten machen. Vnd wer an dem selbigen tag siech wirt, stet er nit auff an dem dritten tag vnd wirt gesunt, so wirt sein kranckheyt swerer vnd wert lang, vnd wirt hart genessen. Wem man auch an dem selbigen tag ettwas stilt, so wirt der diep kurczlich herwider chomen. Vnd was man dann in dem trawm sicht, es sey gut oder pozz, das wirt gekert in frewd. Ob die [recte wohl: *du*] *sechst, das dich dein vein vberwinden, so wirst du sy uberwinden. Auch vindet man geschriben: wer an dem selbigen tag geporn wurd, der wurd leblich vnd wurd mäniklich gevallen*. Kassel, UB/LMB 2° Ms. astron. 1, fol. 100r. Zit. unter Einfügung moderner Interpunktion nach MUELLER, Zeit [Anm. 76], Anhang, S. 196. Ediert auch bei WEISSER, Studien [Anm. 81), S. 176f.

85 WEISSER, Studien [Anm. 81], S. 114 Anm. 381. Weisser zählt hier auch diejenigen Krankheitslunare mit, die in Sammellunare eingegangen sind.

86 WEISSER, Studien [Anm. 81], S. 98.

87 Ebd., S. 414–418.

88 Ebd., S. 419.

89 Grundlegend A[NTON] HAUBER: Planetenkinderbilder und Sternbilder. Zur Geschichte des menschlichen Glaubens und Irrens. Mit 51 grossenteils Ulmer Handschriften entnommenen Abbildungen auf 36 Tafeln. Strassburg 1916. Vgl. auch FRANCIS B. BRÉVART/GUNDOLF KEIL: Planetentraktate (und ‚Planetenkinder'-Texte). In: ²VL, Bd. 7 (1989), Sp. 715–723.

90 Vgl. dazu VIKTOR STEGEMANN: Aus einem mittelalterlichen deutschen astronomisch-astrologischen Lehrbüchlein. Eine Untersuchung über Entstehung, Herkunft und Nach-

eine immense Wirkmächtigkeit,[91] nicht zuletzt deshalb, weil sie sich als ein zentraler Bestandteil in dem sog. Großen Planetenbuch wiederfinden, das bis 1800 in mindestens 40 hoch- und niederdeutschen Fassungen gedruckt wurde.[92] Anders als die bekannteren Tierkreiszeichen-, Monats- und Jahreszeitentraktate, die über die Stellung des Menschen im Jahresablauf informieren und entsprechende Anweisungen und Prognosen geben, enthalten die Planetentraktate Informationen zu den sieben Planeten, die meistens in absteigender Reihenfolge von Saturn bis Mond geordnet werden. Das Material ist wohl der einschlägigen astronomischen und astrologischen Fachliteratur entnommen und für die Planetentraktate neu zusammengestellt worden.[93] Über den Mond heißt es etwa in dem Planetenbuch von 1556:

> *Stund des Mons. Darinn ist gut Wasserbew anfahen / Honig / öl / vnd allerley Haußspeiß kauffen / auch gut fleisch vnd zame Thier kauffen / on Schaf / gut list vnd betriegerey brauchen. Es ist nicht gut Heirath machen / anfahen zu bawen / noch etwas bestendigs anfahen / nicht gut gelt außleihen / aber alles gut anzufahen des mann bald end begert. Wenn die Sonn im Brachmonat inn den Krebs geht / so hat der Mon grossen gewalt in seinen stunden. Wenn das new oder bruch wirdt in der stund des Mons / so hastu in dem selbigen Monat Windt vnd Regen ein groß theil. Der Mon hat am Menschen das Haupt / darumm Artzneie es nicht in seinen stunden. Der Mon hat mehr inn vns zu wircken / denn die anderen Planeten / dieweil er der nechst ist bey dem Menschen / darumb des Mons lauff mehr denn anderer Planeten eigenschafft war zu nemen / denn er laufft gar in kurtzem durch die xij. zeichen / daruon er gut vnd böß an sich zeucht / wirckets natürlich in vns nach jedens zeichens eigenschafft.*[94]

---

wirkung eines Kapitels über Planetenkinder. Reichenberg 1944 (Prager deutsche Studien 52), S. 23 Anm. 4, der der Ansicht ist, dass eine lateinische Vorlage des von ihm edierten Planetenbuchs, des von ihm sog. astronomischen Lehrbüchlein A, der Kern alle Planetentraktate sein soll. Francis B. Brévart und Gundolf Keil sind diesbezüglich allerdings skeptisch und weisen auf „vier neu ins Blickfeld getretene [lateinische] Texte“ hin, die als Quellen in Frage kommen könnten; BRÉVART/KEIL, Planetentraktate [Anm. 89], Sp. 722.

[91] MUELLER, Zeit [Anm. 76], führt im seinem Anhang B, S. L–LII, 76 Planetentraktate in insgesamt 89 Handschriften auf.

[92] FRANCIS B. BRÉVART: ‚Planetenbuch‘ (‚Großes Planetenbuch‘). In: [2]VL, Bd. 7 (1989), Sp. 713–715. Eine Edition des Planetenbuchs wurde 1975 von BRÉVART angekündigt, das Vorhaben ist allerdings mittlerweile aufgegeben. Vorläufig können das Faksimile des Erstdrucks aus dem Jahre 1556 sowie des Drucks aus dem Jahr 1800 herangezogen werden: Das groß Planetenbuch. [...] Alles auß Platone / Ptolomeo / Hali / Albumasar / und Johanne Königßberger / auffs kürtzst gezogen [...] M. D. LVI. Reprint der Originalausgabe von 1556. Leipzig 2001; Das Grosse Planeten=Buch Welches aus dem Platone, Ptolemeo, Hali, Albumasar, Barlaam und Johann Königsperger aufs fleißigste zusammengezogen [...]. Frankfurt am Mayn, bey Heinrich Ludwig Brönner, 1800. Reprint ohne Angabe von Ort u. Jahr.

[93] VIKTOR STEGEMANN: Planeten. In: Handwörterbuch des deutschen Aberglaubens, Bd. 7 (1936), Sp. 36–294, gibt ebd., Sp. 75–262 eine Synopse der Planeteneigenschaften nach Antiochus, Dorotheos, Ptolemaeus, Iulianos, Valens, Firmicus, Rheorios, Abumasar und Ibnragel.

[94] Planetenbuch von 1556 [Anm. 92], fol. 42vf.

In einem weiteren Kompilationsschritt wurden die sieben Planeten einerseits mit figürlichen Abbildungen illustriert und andererseits mit weiteren Informationen zu den unter ihrer Regentschaft geborenen Menschen, den sog. Planetenkindern, versehen.[95] Auch hier sind die Quellen nicht ganz klar. Während die Kompilatoren für die Sachinformationen wiederum auf die Fachliteratur zurückgreifen konnten, erscheinen die ersten Planetenkindertexte im eigentlichen Sinne erstmalig Ende des 14. Jahrhunderts: Es handelt sich dabei um ein dem Mönch von Salzburg zugeschriebenes Planetenkinderlied,[96] das direkt mit der Beschreibung des Mondes und seiner Kinder beginnt: „Der Mond ist feucht und ziemlich kalt / und seine Kinder wirken alt / dicklich feist mit kleinen Augen / Schläfer die recht wenig taugen / sind launisch und plappern viel / kennen kein Maß und Ziel / in Liebesdingen ohne Saft / und ihre Freud hat wenig Kraft."[97] Auf dieses Lied oder auf eine gemeinsame Quelle[98] soll wiederum das um 1422 enstandene Planetengedicht Oswalds von Wolkenstein zurückgehen,[99] wobei bei Oswald noch zusätzliche Informationen zu finden sind. Um das Jahr 1400 sind demnach eine Reihe von Planetenkinderliedern im Umlauf, deren Urheber nicht immer näher zu bestimmen sind.[100]

Kurz vor oder nach der Mitte des 15. Jahrhunderts[101] finden sich nun

---

[95] Vgl. dazu DIETER BLUME: Regenten des Himmels. Astrologische Bilder in Mittelalter und Renaissance (Studien aus dem Warburghaus 3). Berlin 2000; ANNETT KLINGNER: Die Macht der Sterne. Planetenkinder: ein astrologisches Bildmotiv in Spätmittelalter und Renaissance. Diss. HU Berlin 2017.

[96] Zum Primat des Mönchs von Salzburg KLINGNER, Macht der Sterne [Anm. 95], S. 48–50. STEGEMANN, Planeten [Anm.93], Sp. 286 meint dagegen, dass man „wie bei den Prosaexzerpten [...] auch hier vom Lateinischen zur Sprache des Volkes fortgeschritten ist". Er nennt als Beleg für die „meist in hexametrischer Form" abgefassten lateinischen Verse allerdings nur den ‚Bellifortis' des Konrad Kyeser (vgl. dazu unten, S. 96). Dieser ist jedoch später entstanden als das Planetenkindergedicht des Mönchs von Salzburg; vgl. BURGHART WACHINGER: Mönch von Salzburg, In: ^{2}VL, Bd. 6 (1987), Sp. 658–670, zum Planetenkindergedicht Sp. 668.

[97] Der Mönch von Salzburg: Die weltliche Dichtung. Übertragen von C. W. AIGNER. Ausgabe der mittelalterlichen Texte von FRANZ VIKTOR SPECHTLER. Salzburg 1995, S. 147–150, hier S. 147 (Übersetzung) u. 243–244 (Text), hier S. 243 (*Der mon ist feucht und darzu kalt, / sein kinder sint also gestalt / dick, vaist, leib und augen clain, / släffrig und sint gern ayn, / si cläffen und sint lewnig, / ir vil sint übersewnig, die mynn tut yn nit überlast, / wann freud ist yn ein seltsam gast*).

[98] So KLINGNER, Macht der Sterne [Anm. 95], S. 52.

[99] Oswald von Wolkenstein, Kl 22, ‚Des grossen herren wunder'. Vgl. oben Anm. 1.

[100] WOLFGANG KERSKEN: *Genner beschnaid*. Die Kalendergedichte und der Neumondkalender des Oswald von Wolkenstein. Überlieferung – Text – Deutung. Göppingen 1975 (Göppinger Arbeiten zur Germanistik 161), S. 259–268, macht auf deutsche und lateinische Parallelüberlieferungen in elf weiteren Handschriften aufmerksam (darunter auch das Planetenlied des Mönchs von Salzburg) und meint, dass „Oswald das Lied Kl 22 zumindest teilweise übernahm, kann als sicher gelten" (S. 261).

[101] KLINGNER, Macht der Sterne [Anm. 95], S. 228, datiert das älteste Planetenblockbuch, das sog. Basler Planetenbuch, auf die Jahre um 1435/40. Sie folgt damit BLUME,

Blockbuchdrucke[102] und Sammelhandschriften,[103] in denen diese Planetenverse zusammengefügt werden mit bildlichen Darstellungen der Planeten. In dem ältesten der Drucke, dem sog. Basler Planetenbuch, stehen dabei auf der Recto-Seite eines Blattes eine Abbildung des Planeten mit seinen Häusern und übergeschriebenen Versen zu seinen Eigenschaften und auf der Verso-Seite Verse zu seinen Kindern mit einer darunter stehenden Darstellung dieser Kinder in ihren typischen Tätigkeiten und Berufen. Zum Mond heißt es hier:

> *Der sterne wirken gat durch mich / Jch byn vnstete wundirlich / Meyne kynt man kavm geczeymen kan / Nymande sie gerne seynt vndirtan / Jr antlicz yst bleich vnd rvnt / Grim grawsam czene eynen dicken mund / Obirsichtig schel eyn engen gang / Gern hoffertig trege der leip nicht lang / Lewfer kewkeler fysscher marner / Farnde schuler fogeler molner bader / vnd was sich mit wasser dirnert / Den yst des monden scheyn beschert.*[104]

Im Vergleich zu den früheren Planetenkinderliedern, wie sie von denen des Mönchs von Salzburg und Oswalds von Wolkenstein repräsentiert werden, kommen jetzt also nicht nur das Bild des jeweiligen Planeten, sondern auch

Regenten [Anm. 95], S. 207–209, der dies mit Einzelheiten der in den Holzschnitten dargestellten Kleidung begründet. ANGELIKA MERK: Blockbücher des 15. Jahrhunderts. Berlin, Boston 2018, S. 77 mit Anm. 191, meint dagegen, dass das ‚Basler Planetenbuch' aufgrund des Wasserzeichenbefundes um 1455/58 entstanden sein muss.

[102] KLINGNER, Macht der Sterne [Anm. 95], S. 228f., führt fünf verschiedene, von 1435/40 bis 1453/70 erfolgte Blockbuchdrucke mit insgesamt zehn, teils nur fragmentarisch erhaltenen Exemplaren auf. MERK, Blockbücher [Anm. 101], S. 245–250 („Bibliographische Materialsammlung zu den Planetenkinderbüchern"), nennt 13 Exemplare, von denen allerdings eines heute nicht mehr nachweisbar ist und deren Aufenthalt bei einem anderen unbekannt ist. Sie unterscheidet ebenfalls fünf verschiedene Drucke; dazu kommt noch eine weitere Ausgabe in zwei erhaltenen Exemplaren, bei welcher der Text jeweils (einmal auf Latein, einmal auf Deutsch) handschriftlich eingetragen ist. Die Entstehungszeit der Drucke soll zwischen 1455 und 1470 liegen.

[103] KLINGNER, Macht der Sterne [Anm. 95], S. 230f., nennt zehn Sammelhandschriften verschiedenen Inhalts: Berlin, SBB – PK, Ms. germ. fol. 244 (‚Rheinfränkisches Kochbuch', ca. 1440/42); Berlin, SBB – PK, Ms. germ. fol. 642 (1440/42); Salzburg, UB, M III 36 (2. V. 15. Jh.); Kassel, LuMB, 2° Ms. Astron. 1 (‚Passauer Kalendar', 1445); London, BL, Add. Ms. 17987 (Kalender auf das Jahr 1446); Rom, Vat., cpl 1452 (vor 1456); München, BSB, cgm 312 (‚Konrad Bollstätters Losbuch', 1450/73); Wien, ÖNB, Cod. 3085 (Biblia pauperum, 1470/80); Tübingen, UB, Ms. M.d.2 (‚Kalendarisches Hausbuch des Meisters Joseph', um 1475); München, BSB, clm 4394 (1477); ‚Wolfeggsches Hausbuch' (1477). Die Liste ist unvollständig; zu ergänzen ist etwa um das Hausbuch des Heinrich Rüdiger aus dem Jahr 1564 (Heidelberg, UB, Hs. 3394), ein Planetenbuch aus dem 15. bis 17. Jahrhundert (München, BSB, cgm 7269), das ‚Oettingen-Wallersteinsche Hausbuch' (Augsburg, UB, Cod. III 1. 2° 41) sowie die Sammelhandschrift des Wilhelm Rang (München, BSB, clm 4394).

[104] Schweinfurt, Bibliothek Otto Schäfer, Basler Planetenbuch, fol. [9]r–[9]v. Ein leicht normalisierter und mit Interpunktion versehener Abdruck auch bei BLUME, Regenten [Anm. 95], S. 233f.

eine Aufzählung der Tätigkeiten und Berufe der Planetenkinder hinzu, die wiederum in einen zweiten Bild dargestellt werden (Abb. 5). Diese „zuweilen ganz allerliebsten Kompositionen"[105] sollen aus „kleine[n] Genrebildchen"[106] entstanden sein, wie sie sich in astronomischen Handschriften des Hochmittelalters finden lassen,[107] wobei sich für die jeweiligen Planetenkinder ein weitgehend festes Figureninventar herausbildet. Für den Mond sind das, wie am ‚Basler Planetenbuch' zu sehen, die der wässrigen Eigenschaft des Monds entsprechenden ‚Wasserberufe' wie Fischer, Bader, aber auch der die Wasserkraft nutzende Müller (*molner*), wogegen mit der aus dem zyklischen Wechsel der Mondgestalt abgeleiteten Unbeständigkeit des Mondes alle ‚unsteten' Berufe wie Läufer, Boten (*marner*), Gaukler (*kewkeler*)[108] sowie fahrende Schüler korrespondieren. In der weiteren Rezeption der Planetenkinderverse und -bilder, wie sie etwa in Kalendern, Hausbüchern, Losbüchern sowie in gemalten und gedruckten Planetenkinderserien[109] bis weit ins 17. Jahrhundert zu finden sind, können diesen Figuren noch weitere hinzugefügt werden, wenn sie nur den grundsätzlichen Wirkeigenschaften des Planeten entsprechen. So finden sich als Kinder des Monds im ‚Wolfeggschen Hausbuch' (um 1470) auch Reisende, Bänkelsänger und Jäger,[110] im ‚Kalendarischen Hausbuch des Meisters Joseph' (um 1475) Krieger, Ruderer und Bauleute beim Kirchenbau, erstaunlicherweise aber auch ein Prediger mit seiner Gemeinde,[111] oder bei Hans Sebald Beham (1539) Prostituierte und Seefahrer (Abb. 7).[112]

Die figürlichen Darstellungen der Planeten entstammen ebenfalls verschiedenen Traditionen. Die eine geht zurück auf babylonische, hellenistische

---

[105] STEGEMANN, Planeten [Anm. 93], Sp. 278.

[106] Ebd.

[107] Ebd., Sp. 278–282.

[108] Zur Figur des Gauklers in den Planetenkinderbildern vgl. ANETA BIALECKA: Kinder der Luna. Theaterhistorische Bildquellenforschung zur Ikonographie des Gauklers im höfischen und städtischen Kontext des 15. Jahrhunderts im deutschsprachigen Raum. Diplomarbeit Wien 2008.

[109] Ein Katalog der Planetenkinderserien findet sich bei KLINGNER, Macht [Anm. 95], S. 230–232. Hinzuzufügen wäre noch die Holzschnittserie von Hans Sebald Beham, ‚Die 7 Planeten mit ihren Kindern', um 1530 (abgedruckt bei HEINZ ARTUR STRAUSS: Der astrologische Gedanke in der deutschen Vergangenheit mit 93 Abbildungen aus der altdeutschen Buchillustration. München, Berlin 1926, Anhang).

[110] Venus und Mars. Das Mittelalterliche Hausbuch aus der Sammlung der Fürsten zu Waldburg Wolfegg. Hg. von CHRISTOPH GRAF ZU WALDBURG WOLFEGG. München, New York 1997, S. 40.

[111] Iatromathematisches Kalenderbuch / Die Kunst der Astronomie und Geomantie. Farbmikrofiche-Edition der Handschrift Tübingen, UB, Md 2. Beschreibung der Handschrift von GERD BRINKHUS. Introduction to the Astrological-Divinatory Manuscript by DAVID JUSTE. Verzeichnis der Federzeichnungen [...] von HELGA LENGENFELDER. München 2005 (Codices illuminati medii aevi 63), S. 68 zu fol. 272r (Abb. bei BLUME, Regenten [Anm. 95], Tafel 41).

[112] Abb. bei STRAUSS, Gedanke [Anm. 109], Anhang.

und römische Vorstellungen der Planeten als Götter;[113] die Planeten werden statuenartig mit den Attributen ihrer Gottheit abgebildet.[114] Luna wurde in griechischer und römischer Zeit mit Artemis, der Tochter des Zeus, und Selene, der Schwester oder Geliebten des Sonnengottes, gleichgesetzt;[115] sie wurde dargestellt als Wagenlenkerin.[116] Die andere Tradition ist aus dem arabischen Raum im Kontext der astronomischen Werke gekommen; sie selbst speist sich wiederum aus babylonischem Götterglauben und aus den Vorstellungen der Sabier von den Planeten.[117] Als Vermittler gelten die von Michael Scotus am Hof Friedrichs II. gemachten Übersetzungen arabischer Astronomie;[118] in seinem ‚Liber introductorius in astronomiam'[119] beschreibt Michael den Mond als eine mit einer Mondsichel gekrönte Jungfrau, die zwei brennende Fackeln in der Hand hält und in einem von Ochsen gezogenen Einspänner fährt.[120] Dem entsprechen auch die Illustrationen der erhaltenen Textzeugen, wobei hier Luna noch eine Mondsichel auf dem Kopf trägt.[121] In einer anderen, ebenfalls wohl am Hof Friedrichs II. entstandenem Handschrift, dem ‚Liber astrologiae' des Georg Fendulus,[122] sitzt Luna, ebenfalls wieder mit einer Mondsichel gekrönt, dagegen auf einem Thron und hält in der rechten Hand eine goldverzierte Scheibe, in der linken ein Szepter; heraldisch links von ihr ist der Krebs als ihr Haus gemalt.[123] Ein weiterer ikonographischer Zweig, der vielleicht auf arabische Vorstellungen von reitenden Planeten zurückgeht,[124] ist bildlich erstmals im Spätmittelalter nachzuweisen. Im ‚Bellifortis' Konrad Kyesers reitet der Mond, diesmal als Mann, vor dem Hintergrund einer zunehmenden Mond-

---

[113] O[TTO] BEHRENDSEN: Darstellungen von Planetengottheiten an und in deutschen Bauten. Straßburg 1926 (Studien zur deutschen Kunstgeschichte 236); zur ikonographischen Tradition BLUME, Regenten [Anm. 95], KLINGNER, Macht der Sterne [Anm. 95], S. 18–27.

[114] STEGEMANN, Planeten [Anm. 93], Sp. 267–270.

[115] HAMEL, Begriffe [Anm. 2], s. v. Luna, Artemis, Selene.

[116] KLINGNER, Macht der Sterne [Anm. 95], S. 26.

[117] STEGEMANN, Planeten [Anm. 93], Sp. 270–277.

[118] Ebd., Sp. 274; KLINGNER, Macht der Sterne [Anm. 95], S. 43f.

[119] Vgl. dazu BLUME, Regenten [Anm. 95], S. 53–63.

[120] Ebd., S. 59.

[121] München, BSB, clm 10268, fol. 86r (Abb. bei BLUME, Regenten [Anm. 95], S. 371, Abb. 49); Wien, ÖNB, Cod. 2352, fol. 31v (Abb. bei BLUME, Regenten [Anm. 95], S. 376, Abb. 58). — In zwei Handschriften des ‚Liber astrologiae' wird der Mond dagegen als Pilger dargestellt: London, BL, Ms. Sloane 3983, fol. 47v; New York, Pierpont Morgan Libr., Ms. M. 785, fol. 50v (Abb. bei BLUME, Regenten [Anm. 95], S. 424f., Abb. 156 u. 157). Die Darstellung des Mondes in der New Yorker Handschrift ist allerdings nicht korrekt; hier wird der Stier als Haus des Mondes abgebildet.

[122] Vgl. dazu BLUME, Regenten [Anm. 95], S. 35–46.

[123] Abbildung ebd., S. 325, Tafel 11.

[124] STEGEMANN, Planeten [Anm. 93], Sp. 277. Stegemann verweist hier auf eine Stelle des ‚Picatrix', wo von den Engeln des Saturn die Rede ist, die herabsteigen, die Menschen töten und auf schwarzen Reittieren reiten.

scheibe, nackt auf einem Schimmel; in der rechten Hand hält er eine Art Peitsche;[125] auf der gegenüberliegenden rechten Seite finden sich die Eigenschaften des Planeten und seiner Kinder in lateinischen Versen, die allerdings mit den üblichen Angaben nicht übereinstimmen.[126]

Die einzelnen Elemente der ikonographischen Traditionen werden in den Blockbüchern, Sammelhandschriften und Bilderfolgen in verschiedenen Kombinationen zusammengeführt: die Reihe reicht von Frau Luna, die mit Trinkhorn und Fackel in den Händen auf einem Erdhügel[127] oder auf oder zwischen zwei Speichenrädern steht (Abb. 6)[128] oder sitzt[129], über die durch die Luft reitende Göttin mit ihrem Banner in der Hand[130] bis zu Frau Luna, die auf einem einachsigen Wagen sitzend von zwei Frauen gezogen wird und in den Händen Mondsichel und Horn hält (Abb. 7)[131].

4. Der Mond vor dem Fixsternhimmel: Zodiakalmondbücher und Mondstationen

Betrachtet man den Mond nicht nur unter dem Aspekt seines knapp 30 Tage dauernden Gestaltwandels, sondern auch als Planet in seiner Umlaufbahn um die Erde vor dem Hintergrund des Fixsternhimmels, so dauert es nur 27,32 Tage, bis er seine ursprüngliche Position wieder erreicht. Dieser

---

[125] Conrad Kyeser aus Eichstätt, Bellifortis. Hg. von der Georg-Agricola-Gesellschaft zur Förderung der Geschichte der Naturwissenschaft und der Technik. 2 Bde. Düsseldorf 1967, hier Bd. 1: Faksimile, fol. 10v.

[126] *Octo bis decem consurgit luna diebus / Luna donat natum fronte nigrum coloratum / In voltu rubeum iustum castum vagabundum / Longus est et pingwis fronte longos habet crines / Atque nigros oculos habet et ore bene cantat.* („In achtundzwanzig Tagen erhebt sich der Mond, / Der Mond schenkt den schwarzhaarig-geborenen, / Im Gesicht roten, gerechten, keuschen, unsteten. / Lang ist er und fett, hat über der Stirn lange Haare / Und schwarze Augen und singt schön mit seinem Munde"); ebd., Bd. 2: Umschrift und Übersetzung von GÖTZ QUARG, S. 15.

[127] Salzburg, UB, Ms. M II 180 (Abb. bei BLUME, Regenten [Anm. 95], S. 450, Abb. 199); ‚Kalendarisches Hausbuch des Meister Joseph' (Abb. bei BLUME, Regenten [Anm. 95], S. 461, Abb. 222); ‚Die sieben Planeten mit ihren Kindern'. Einblattdruck, um 1490 (Abb. bei STRAUSS, Gedanke [Anm. 109], S. 41, Abb. 34).

[128] ‚Basler Blockbuch' (Abb. bei BLUME, Regenten [Anm. 95], S. 446, Abb. 186); ‚Kalendarisches Hausbuch' (Abb. ebd., S. 454, Abb. 207); Kopenhagener Blockbuch (Abb. ebd., S. 469, Abb. 238); Schermar-Handschrift Ulm (Abb. bei BIALECKA, Kinder [Anm. 108], S. 173)

[129] ‚Kalendarisches Hausbuch des Meister Joseph' (Abb. bei BIALECKA, Kinder [Anm. 108], S. 178).

[130] ‚Wolfeggsches Hausbuch' (Abb. bei BLUME, Regenten [Anm. 95], S. 473, Abb. 245).

[131] Baccio Baldini, Kupferstich, um 1460 (Abb. bei BLUME, Regenten [Anm. 95], S. 483, Abb. 265); Hans Sebald Beham, Kupferstich, 1530/40, hier mit Trinkhorn und Mondsichel in den Händen [Abb. bei STRAUSS, Gedanke [Anm. 109], Anhang); Hamen Jansz Muller, Kupferstich, 1567 (Abb. bei BIALECKA, Kinder [Anm. 108], S. 202); Crispijn van de Vos, Kupferstich, 1581 (Abb. ebd., S. 204)

um zwei Tage gegenüber dem synodischen Monat kürzere siderische Monat ist der Tatsache geschuldet, dass sich die Erde zwischenzeitlich ebenfalls auf ihrer Sonnenumlaufbahn weiterbewegt und so den Mond gleichsam ein Stück mitgenommen hat. Da Mondumlaufbahn und Ekliptik bis auf den Unterschied des genannten Winkels von fünf Grad auf einer Ebene liegen, durchwandert unter geozentrischer Perspektive der Mond ebenso wie die Sonne das um die Ekliptik liegende Band der Tierkreiszeichen, so dass der Mond in 28 Tagen die einzelnen Tierkreiszeichen durchläuft. Dies wird in astrologischer Sicht in den Zodiakalmondbüchern beschrieben, in denen der Lauf des Mondes entweder entsprechend der zwölf Tierkreiszeichen oder der 36 Dekane[132] dargestellt wird.[133] Allerdings ist der Mond hier nur insofern von Wichtigkeit, als er durch seine Stellung im Tierkreis signalisiert, welches Sternbild gerade regiert.[134] Ein zumindest im deutsch-niederländischen Sprachbereich singuläres Zodiakal-Mondbuch verbindet dagegen die Position des Mondes im Tierkreis mit astralmagischen Vorstellungen, wonach je nach Sternbild verschiedene Siegel zu zeichnen und Gebete an den Mond zu sprechen sind.[135]

Eine andere Unterteilung erfolgt nach den Fixsternen, vor denen der Mond in den 28 Nächten seines siderischen Umlaufs steht; diese Mondstationen oder Mondhäuser werden auch in den lateinischen und deutschen Texten mit ihren arabischen Bezeichnungen benannt,[136] wobei ihre Bedeutung, da die Termini nicht in die astronomische Nomenklatur übernommen wurden,[137] zum Teil auch missverstanden wurde. Während in der arabischen Astrologie die Mondstationen hauptsächlich im Kontext von Wetterprognosen erscheinen,[138] wobei es vor allem um die Vorhersage von Regen geht, werden sie in der arabischen Astralmagie beachtet, um entsprechende Talismane herzustellen. Nach dem ‚Picatrix' etwa kann man, wenn der Mond sich in der ersten Station al-Šaraṭān befindet, „Reisen machen sowie Abführmittel trinken. [...] Und in dieser Station macht man Talismane, um Ehegatten und Freunde durch Entfremdung oder Feindschaft auseinanderzubringen, und ferner Talismane, daß ein Sklave entfliehen oder entlaufen

---

[132] Vgl. WILHELM GUNDEL: Dekane und Sternbilder. Glückstadt, Hamburg 1936 (Studien der Bibliothek Warburg 19).

[133] Zu den Zodiakalbüchern vgl. MÜLLER, Mondwahrsagetexte [Anm. 82], S. 44–46.

[134] Ebd., S. 45.

[135] W. BRAEKMAN: Magische Experimenten en Toverpraktijken uit en middelnederlands Handschrift. In: Verslagen en Medelingen van de Koninklijke Vlaamse Academie voor Taal- en Letterkunde 1966, S. 53–118, hier S. 104–111.

[136] Grundlegend immer noch MORITZ STEINSCHNEIDER: Über die Mondstationen (Naxatra), und das Buch Arcandam. In: Zeitschrift der Deutschen Morgenländischen Gesellschaft 18 (1864), S. 118–201.

[137] KUNITZSCH, Sternnamen [Anm. 55], S. 53–57 („Mondstationen"), hier S. 54.

[138] Vgl. BABORA KOCÁNOVÁ: Latein als Sprache der mittelalterlichen Wettervorhersage. In: Archivum Latinitatis Medii Aevi 71 (2013), S. 237–248, hier S. 243–245.

kann, zu wem er will und wünscht, und um die Genossenschaft von Genossen zu zerstören. Denn sie ist unheilstiftend und feurig."[139]

Die astrologische Bedeutung der Mondstationen findet sich ebenfalls in den laienastrologischen Texten wieder, wobei hier die eigentlich notwendige astronomische Bestimmung der Mondposition zur Zeit der Geburt ersetzt wird durch ein gematrisches Verfahren, mit dem aus dem Zahlenwert des Taufnamens auf die maßgebliche Mondstation geschlossen wird.[140] Die Texte waren im Gegensatz zu den Lunaren und Planetentraktaten und -kindern mit etwa 20 Traktaten allerdings weit weniger verbreitet;[141] in der deutschen Sprache ist aus dem späten Mittelalter nur ein Mondwahrsagebuch dieser Art überliefert,[142] das dem Münchner Arzt und Übersetzer Johannes Hartlieb zugeschrieben wird[143] und dessen lateinische Vorlage nicht erhalten zu sein scheint.[144] Dort heißt es etwa zu der ersten Mondstation:

> *Alnatha im ersten teil des widers vnd die wonung hat 3 stern in Summo emisperis. So er sich dar inn dregett, so findet der fürst fil gūtz dem folck oder dem lande, brait von libe, ein frūnt siner burger, zart, lang harig, ein grosse stirn. Ein zeychen hat er an mūnd. Dann thūt im das hertz we oder die gall. Er wirt gezaichnet an den ougen mit eim bis oder in den naßlochern oder an den manlichen glidern vnd stirbet von zobrey oder von besen geisten. Wirt er geboren an 3. stund, so wirt er arm, gūtig, senft mūtig vnd fellet gern in die hend eines gewaltigen oder der finde. Sin glick ist in ritterschaft, in koūfmanschaft aller ding vnd in sūnderhait die da rott sind. In den tagen, so sy glick haben sollen, der ist aller meist in* [Zeichen der Venus], [Zei-

[139] Picatrix [Anm. 51], S. 15–21, hier S. 15.

[140] Vgl. WOLFRAM SCHMITT: Hans Hartliebs mantische Schriften und seine Beeinflussung durch Nikolaus von Kues. Diss. Heidelberg 1962, S. 94–100. Die maßgebliche Zahl wird entweder durch eine Addition der Zahlenwerte der Buchstaben oder durch Ablesen in einer Tabelle zu den gängigen Taufnamen gefunden; von dieser Zahlensumme wird solange eine vorgegebene Zahl abgezogen, bis ein Rest nicht größer als 28 übrigbleibt; dies entspricht dann der Mondstation.

[141] LYNN THORNDIKE/PEARL KIBRE (A Catalogue of Incipits of Medieval Scientific Writings in Latin. Rev. a. augm. edition. Cambridge, Mass. 1963, s. v. Moon, Stations) verzeichnen insgesamt 23 Incipits von lateinischen Mondstationen-Traktaten, wobei dies nicht mit der Zahl der Traktate selbst gleichgesetzt werden muss, da die Textanfänge in den Handschriften nicht immer identisch sind. Als Autoren werden Alfraganus, Ali ibn il Haytin, Alchandrinus, Zaelem und Girgit genannt.

[142] Vgl. MÜLLER, Mondwahrsagtexte [Anm. 82], S.103.

[143] „Kunst der Gedächtnüß“ und „De Mansionibus“. Zwei frühe Traktate des Johann Hartlieb. Hg. von BODO WEIDEMANN. Diss. FU Berlin 1964, S. 180–193 (Edition).

[144] Zu Anfang des Mondwahrsagebuchs wird gesagt, dass es aus dem zweiten Kapitel eines ‚Buchs der heiligen drei Könige‘ übersetzt worden sei; ebd., S. 180,3. Hartlieb selbst nennt in seinem ‚Buch aller verbotenen Künste‘ (Johann Hartliebs Buch aller verbotenen Kunst. Unters. und hg. von DORA ULM. Halle a. S. 1914) ein Zauberbuch mit dem Incipit *Tres magi in Egypto fuerunt* (ebd., S. 24), das allerdings nicht nachweisbar ist und daher verloren zu sein scheint. THORNDIKE/KIBRE, Incipits [Anm. 141], Sp. 1089, verzeichnen zwar einen lateinischen Text mit dem selben Incipit (*Primo dicitur Alnatha*); es handelt sich dabei jedoch um das deutsche Mondwahrsagebuch.

> chen des Saturn], *vnd Martis; Juppitters tag ist böß. Aber so er sich bereyt gegen vffgang der* [Zeichen der Sonne] *vnd so die thür sines huses dar zu gekert, das ist güt.*[145]

Völlig auf eine astrologische Anbindung verzichten schließlich die Losbücher, bei denen durch ein Würfel-, geomantisches oder sonstiges Verfahren der Fragende über verschiedene Instanzen schließlich bei einer Auskunft gebenden Figur landet.[146] Sind dies üblicherweise Philosophen, Richter oder ähnliches, so werden in einem Mondwahrsagebuch des 15. Jahrhunderts die Mondstationen als Antwortende eingesetzt, wobei diese offensichtlich als menschliche Figuren missverstanden werden. Die achtundzwanzigste antwortet dabei auf die Frage nach dem künftigen Wohlstand: *So du beginst ze reichen, so will der todt zu dir schleichen.*[147] In den Planetenbüchern schließlich erscheinen die 28 Mondstationen ohne jede weitere astronomische Erklärung als Liste von 28 Sternen, die wie die Tierkreiszeichen und die Planeten auf die unter ihnen geborenen Kinder wirken:

> *Welches kindt / Mann odder Weib / geboren wirdt / so Alnacha auffgeht in der ersten stund des tags / soll gewinnen bey seinem Munde ein zeichen / auch bey den Augen / soll haben ein schöne Nasen / gewinnen gut / vnd doch darbey haben ein trüben muth* [...] *Mag alt werden xxiiij. iar.*[148]

5. Die Schnittpunkte der Mondbahn mit der Ekliptik: Mondknoten (‚Drachenhaupt' und ‚Drachenschwanz') und Mondknotenachse (‚Drache')

Wenn man unter geozentrischer Perspektive davon ausgeht, dass Mond und Sonne beide auf Bahnen unterschiedlichen Durchmessers und in unterschiedlichem Winkel zum Himmelsäquator die Erde umlaufen, dann schneiden sich beide Bahnen an zwei Punkten.[149] Die beiden Punkte werden im Mittelalter Mondknoten genannt, die deshalb von besonderer Be-

[145] WEIDEMANN, Kunst [Anm. 143], S. 181,17–30.

[146] Vgl. dazu FRANK FÜRBETH: Sandrichter und Dämonen in der Geomantie des Mittelalters. In: Turpiloquium. Kommunikation mit Teufeln und Dämonen in Mittelalter und Früher Neuzeit. Hg. von JULIA GOLD und JÖRN BOCKMANN. Würzburg 2017 (Würzburger Beiträge zur deutschen Philologie 41), S. 161–185; MARCO HEILES: Das Losbuch. Manuskriptologie einer Textsorte des 14. bis 16. Jahrhunderts. Wien [u. a.] 2018.

[147] ROBERT VIAN: Ein Mondwahrsagebuch. Zwei altdeutsche Handschriften des XIV. und XV. Jahrhunderts. Halle a. S. 1910, S. 125.

[148] Planetenbuch von 1556 [Anm. 92], fol. 13v. In den Planetenbüchern erscheinen die 28 Mondstationen mit verballhornten Namen nur noch als 28 Fixsterne mit ihrer Wirkung; der Bezug zum Mondumlauf ist völlig verloren gegangen.

[149] Besser wäre es, von den Kreisflächen zu sprechen, die von beiden Bahnen umschlossen werden. Die größere Kreisfläche, die von der Sonnenbahn gebildet wird, schneidet dann die Mondfläche in einer Geraden, die durch den konzentrischen Mittelpunkt beider Flächen geht und außerdem durch zwei Punkte beider Kreise; diese beiden Kreisschnittpunkte sind die Mondknoten.

deutung sind, weil nur dann, wenn Sonne und Mond an diesen Punkten in einer geraden Linie von der Erde aus gesehen hintereinander stehen, es zu einer Sonnenfinsternis, und wenn die Erde auf einer geraden Linie zwischen Sonne und Mond steht, es zu einer Mondfinsternis kommen kann. Diese astronomischen Tatsachen sind selbstverständlich auch dem Mittelalter bekannt, so dass die Mondknoten ebenfalls in den Kalendern verzeichnet werden.[150] Darüber hinaus wird seit den ältesten Kulturen den Mondknoten auch eine eigenständige astrologische Kraft zugebilligt; da eine Finsternis den Eindruck erwecken könnte, dass hier ein riesiges Tier mit seinem Maul Sonne oder Mond verschlingt, hat man, wohl schon bei den Indern, den aufsteigenden Mondknoten auch als *caput draconis* („Drachenhaupt") und in Analogie dazu den absteigenden Mondknoten als *cauda draconis* („Drachenschwanz") bezeichnet. Zieht man nun eine Verbindungslinie quer durch das Himmelsgewölbe vom Drachenhaupt zum Drachenschwanz, so ergibt sich die Imagination eines Drachen, dessen Körper den Himmel durchschneidet und der sich, da die Schnittpunkte aufgrund der unterschiedlichen Umlaufgeschwindigkeit von Sonne und Mond über die Ekliptik rückwärts zu wandern scheinen, rückwärts durch den Himmel wälzt.

Drachenkopf und Drachenschwanz werden als eigenständige Himmelserscheinungen den Planeten gleichgesetzt und erscheinen als solche auch in den Planetentraktaten.[151] Auch in den astralmagischen Texten wird ihnen eine besondere Wirkung zugesprochen.[152] Im Gegensatz zur heutigen Astrologie, in der sich eine Subspecies der Mondknotenastrologie herausgebildet hat, in der es eben um den Drachen (heute bezeichnet als Mondknotenachse) geht,[153] sind aus dem Mittelalter jedoch keine astrologischen Deutungen des Drachen als Ganzem bekannt.[154] Allerdings ist eine solche

---

[150] Vgl. etwa den Kalender des Jacob Pflaum [Ulm] [ca. 1478] (GW M32813), fol. 2v (*Des tracken hǒpt vnd schwantz warer lǒf*) u. fol. 4rff. (Für jeden Monat werden in fünf Spalten die Koordinaten des Laufs der Sonne, des Monds, des Drachenhaupts und der Tierkreiszeichen angegeben).

[151] Vgl. etwa die Handschrift des Heinrich Rüdiger aus dem Jahr 1564 (Heidelberg, UB, Hs. 3394, fol. 129r–130r: Vom Drachenkopf, fol. 130r–130v: Vom Drachenschwanz).

[152] „Wir sagen also: Bei allen Operationen mußt du auf den Ort des Mondes achten, weil er von allen Dingen (Himmelskörpern) am nützlichsten und am untrüglichsten ist und die klarste Signifikation für das gibt, was in der Welt des Entstehens und Vergehens vorfällt [...] wenn er in seiner Dejektion ist oder von dem Herrn seines Hauses frei ist, ohne ihn zu aspizieren, oder cadens ab angulo ist oder mit dem Drachen<schwanz> zusammensteht, so wird ein solcher Anfang keinen Bestand haben." Picatrix [Anm. 51], S. 69f.

[153] Vgl. beispielsweise HEINZ ANTONI: Mondknoten in Deutung und Direktion. Warpke-Billerbeck (Hann.) 1954 (Astrologische Universal Harmonien 37), S. 11: „Auf Grund ihrer Wirkung ist es unerlässlich, von einer Knotenachse zu sprechen." Der Verfasser findet etwa heraus, dass schon bei der Ausfahrt der Titanic am 10. April 1912 die Mondknotenachse (also nach mittelalterlicher Auffassung der Drache) senkrecht auf der Aszendenten/Deszendentenebene stand und mit dieser das „kosmische Kreuz" bildete, ein Vorzeichen großen Unheils; ebd., S. 30.

[154] Die knappen Ausführungen von TIMO REBSCHLOE (Der Drache in der mittelalter-

Deutung über das Zeugnis eines prominenten Vertreters der deutschen Literatur nachweisbar. Wolfram von Eschenbach lässt in seinem ‚Parzival' Trevrizent, den Bruder des an einer unheilbaren Wunde leidenden Gralskönigs Anfortas, über dessen Verwundung und die erfolglosen Heilungsversuche berichten.[155] Gegen die vergiftete Wunde, die an den Tagen der Rückkehr des Saturn in sein Haus,[156] einer gleichzeitigen (allerdings nicht genauer bezeichneten) bestimmten Stellung von Jupiter und Mars[157] sowie des

---

lichen Literatur Europas. Heidelberg 2014 [Beiträge zur älteren Literaturgeschichte], S. 101–105: „Exkurs: Astronomie, Astrologie und Alchemie") nennen nur die Drachenpunkte (S. 103).

[155] Wolfram von Eschenbach, Parzival. Nach der Ausgabe KARL LACHMANNs rev. und komm. von EBERHARD NELLMANN. Übertragen von DIETER KÜHN. Frankfurt a. M. 1994. 2 Bde. (Bibliothek des Mittelalters 8/1,2). Parzival kommt zu dem Einsiedler Trevrizent, der ihn über die Geschichte des Grals und der Gralsritterschaft, die Verwundung des Gralskönigs Anfortas bei einer Tjost sowie die vergeblichen Heilungsversuche informiert (452,13–483,18).

[156] Nach der Erzählung von den vergeblichen Heilversuchen beschreibt Trevrizent auch, wann die Wunde des Anfortas besonders schmerze: *dô der sterne Sâturnus / wider an sîn zil gestuont, / daz wart uns bî der wunden kuont / unt bî dem sumerlîchen snê* (489,24–27, „Daß der Planet Saturn erneut seinen Ausgangspunkt erreichte, das merkten wir an seiner Wunde und am sommerlichen Schnee"). In der bislang umfassendsten Studie zur Astrologie im ‚Parzival' von WILHELM DEINERT (Ritter und Kosmos im Parzival. Eine Untersuchung der Sternkunde Wolframs von Eschenbach. München 1960 [Münchener Texte und Untersuchungen zur deutschen Literatur des Mittelalters 2], S. 24f., fasst das *zil* des Saturn als dessen Haus (*domicilium*) auf. Immer dann, wenn sich die Planeten wieder in ihrem Haus befinden, gilt ihr Einfluss als besonders stark (vgl. oben 3.).

[157] In der genannten Beschreibung fügt Trevrizent hinzu: *etslîcher sterne komende tage / die diet dâ lêret jâmers klage, / die sô hôhe ob ein ander stênt / und ungelîche wider gent* (490,2–6, „Die Aszendenten von Planeten [die sehr großen Abstand haben, verschieden schnelle Umlaufzeiten] lassen dort die Leute jammern"). Im letzten Buch des ‚Parzival' wird erzählt, wie die Gralsgesellschaft auf die Ankunft des Mannes wartet, der die erlösende Mitleidsfrage stellt, während Anfortas sie bittet, ihn sterben zu lassen. In diesem Zusammenhang wird noch einmal das Leiden von Anfortas beschrieben: *nu hete diu wîle des erbiten, / daz Mars oder Jupiter / wâren komen wider her / al zornec mit ir loufte* / [...] / *dar si sich von sprunge huoben ê. / daz tet an sîner wunden wê* (789,4–10, „Der Zeitpunkt war herangerückt, an dem Mars oder Jupiter voll Zorn auf ihren Umlaufbahnen jeweils einen Punkt erreichten, von dem sie anfangs aufgebrochen: [...] da tat Anfortas seine Wunde [...] weh"). Die Übersetzung von KÜHN folgt hier DEINERT, Ritter [Anm. 156], S. 69–74, der allerdings den Anfangspunkt der Umlaufbahnen dahingehend spezifiziert, dass damit der Aufbruch der Planeten zum Zeitpunkt der Weltschöpfung gemeint sei. ARTHUR GROOS (Treating the Grail King: Astrology and Medicine in Book XVI of Wolfram's „Parzival". In: Sudhoffs Archiv 76 [1992], S. 74–86, hier S. 79f.) versteht dies dagegen als Beschreibung einer Konjunktion der beiden Planeten, die nach den arabischen Autoritäten unabhängig von ihrer Stellung im Tierkreis eine Vergiftung der irdischen Luft ausgelöst hätten (wobei GROOS allerdings gegen die Edition von LACHMANN/NELLMANN „Mars oder Jupiter" mit der alternativen Lesart einiger Textzeugen „Mars unde Jupiter" ersetzen muss).

zusätzlichen Wechsels des Monds in seiner Gestalt[158] immer wieder besonders zu schmerzen beginnt, sei bislang eine Reihe von Heilmitteln unterschiedlichster Art angewendet worden; als letztes, auch dieses allerdings ohne Erfolg, habe man ein Heilkraut namens *trachonté* besorgt, das an der Stelle wachse, wo ein Drache totgeschlagen worden sei, in der Hoffnung, dass *des trachen umbevart* gegen das *widerkomen* der Planeten und *des mânen wandeltac* helfen möge.[159] Während das Drachenkraut problemlos als Natterwurz bzw. Schlangenknöterich identifiziert werden konnte,[160] ist die Bedeutung der *trachen umbevart* umstritten. Obwohl schon vor längerem die Vermutung geäußert wurde, dass damit die Mondknoten gemeint sein könnten,[161] ist dies mangels eines zeitgenössischen Zeugnisses für den Begriff eines ‚Umlaufs des Drachen' vehement zurückgewiesen worden.[162] Diesem Mangel kann nun allerdings abgeholfen werden. Seinen um 1120

[158] *wandeltac* (483,15) bzw. *des mânen wandelkêre* (490,7) kann nicht die Retrogradizität der Planeten meinen, da der Mond nicht rückläufig ist (vgl. oben 1.), muss sich also auf den Wechsel der Erscheinung von Vollmond zu Neumond oder umgekehrt beziehen (vgl. oben 2.). KÜHN übersetzt daher mit „Tag des Mondenwechsels" und „Mond im Wechsel".

[159] *wir gewunn ein wurz heizt trachontê / [...] ob uns des trachen umbevart / darzuo möhte iht gefromen, / für der sterne wider komen / unt für des mânen wandeltac, / dar an der wunden smerze lac* (483,6–16, „Wir holten uns auch Drachonté [...] in der Hoffnung, dass der Rundlauf dieses ‚Drachen' helfen könnte gegen Rückkehr der Planeten und den Tag des Mondwechsels, denn das löst den Wundschmerz aus").

[160] BERNHARD DIETRICH HAAGE: Studien zur Heilkunde im „Parzival" Wolframs von Eschenbach. Göppingen 1992 (Göppinger Arbeiten zur Germanistik 565), S. 159f. Haage verweist hier auf ein Herbar der Spätantike, in dem berichtet wird, dass *dracontea* aus dem Blut eines Drachen entstanden ist. Vgl. dazu auch oben Anm. 60.

[161] DEINERT, Ritter [Anm. 156], S. 99–104. Deinert vermutet, dass Wolfram Kenntnis davon durch die sog. Tolederbriefe aus der Zeit um 1186 erlangt haben könnte, in denen aufgrund einer „Stellung der Sonne im Zeichen der Waage und im Schwanze des Drachen" „das schlimmste Unheil für die ganze Menschheit" prophezeit wurde; ebd., S. 101. Allerdings wird in den Tolederbriefen nur von dem „Schwanze des Drachen" und nicht von seinem Umlauf gesprochen.

[162] „Wie Wolfram von Eschenbach allein von der Nennung des Drachenschwanzes in einem ‚Tolederbrief' zur Vorstellung von der „umbevart" des Drachen gelangt sein soll, kann Deinerts Theorie nicht klären" (HAAGE, Studien [Anm. 160], S. 109). Haage will dagegen hinter des *trachen umbevart* ein alchemistisches Symbol, den Ouroboros, verstehen, „das Zeichen ewiger Erneuerung und Symbol des alchemischen Prozesses der Koagulation und Sublimation"; ebd., S. 161. Im selben Sinne auch Joachim REICHERT: ‚Slaying the Dragon'. Der letzte Heilversuch an Anfortas im „Parzival" Wolframs von Eschenbach (483,6–18). In: Mediaevistik 14 (2001), S. 149–178. – Nellmann wiederum in seinem Kommentar zum ‚Parzival' weist beides zurück: „beides ist m. E. ganz unwahrscheinlich. Der *trache* muss mit dem in v. 8 genannten Drachen identisch sein. Die *umbevart* wäre dann das „Umherwandern" des Drachen, bei dem er das Leben verliert und und sein Blut verliert, aus dem die Pflanze wächst" (NELLMANN, Parzival, Bd. II [Anm. 155], S. 691). Gegen diese Interpretation wendet Reichert zu Recht ein, dass das Drachenkraut nach der Erzählung Trevrizents aus dem Blut eines erschlagenen Drachen wächst (483,8f.) und nach seinem Tod der Drache kaum noch wird herumwandern können.

entstandenen Traktat ‚De dracone', in dem es um die genaue zeitliche Berechnung der Umlaufzeiten von Sonne und Mond und damit zusammenhängend der jeweiligen Finsternisse in den Mondknoten geht, beginnt Walcher von Malvern mit der Feststellung: „Unter den sieben Planeten, die um den Zodiac herumlaufen, läuft auch der Drache, allerdings mit einer entgegengesetzten Bewegung. Denn während der Lauf aller Planeten von Widder zu Stier, von Stier zu Zwilling usw. geht, ist nur der Drache so gemacht, dass er von Widder zu Fische, von Fische zu Wassermann usw. geht. Er ist außerdem von solcher Größe, dass, in welchem Zeichen oder Grad sein Kopf sich befindet, sein Schwanz das entgegengesetzte Zeichen oder Grad besetzt."[163] Dieser „Rundgang" (*circumitio*) oder „Umlauf" (*ambitus*) des Drachen, wie er von Walcher genannt wird,[164] dauere genau 18 Jahre, sieben dreißigtägige Monate, sechs Tage und 18 Stunden,[165] so dass der tägliche Lauf des Drachen (*iter Draconis in die*) genau aus drei Punkten, 10 Minuten und 50 Minutenminuten bestehe.[166] Auch wenn es Walcher ausschließlich um astronomische Fragen geht und er deshalb keinerlei astrologische Auslegung dieses *ambitus draconis* gibt, kann Wolfram hier oder anderswo das Phänomen der *trachen umbevart* kennengelernt haben; es war jedenfalls spätestens seit dem 10. Jahrhundert dem lateinischen Mittelalter bekannt.[167] Entsprechende bildliche Darstellungen finden sich allerdings erst in der frühen Neuzeit (Abb. 9).

Man wird wohl kaum annehmen wollen, dass Wolfram mit der Position von Saturn, Jupiter und Mars, dem Gestaltwandel des Monds und dem dagegen helfenden Umlauf des Drachen sowie dem eng mit den Fixsternen

---

[163] *Inter septem planetas per zodiacum circumeuntes discurrit etiam Draco, sed contrario motu, quia cum omnium planetarum cursus ab Ariete in Taurum, a Tauro in Geminos, et sic in cetera, feratur, solus Draco ab Ariete in Pisces, a Piscibus in Aquarium, et sic in cetera, ferri perhibetur. Est autem tanta magnitudinis, ut in quocumque signo vel gradu caput eius habeatur, eius oppositum signum vel gradum cauda eius semper obtineat.* Walcher of Malvern, *De Lunationibus* and *De Dracone*. Study, Edition, Translation, and Commentary by C. PHILIPP E. NOTHAFT. Turnhout 2017 (De Diversis Artibus 101), S. 194.

[164] Ebd., S. 195 u. 212.

[165] Ebd., S. 212.

[166] Ebd., S. 206.

[167] ARTHUR GROOS (*trachonté* and *des trachen umbevart* [Parzival 483]. In: Essays in Germanic Studies. Carl Lofmark Memorial Volume [Trivium 28, 1993]. Lampeter, Wales 1993, S. 23–37, hier S. 28) hat erstmals auf den Traktat des Walcher von Malvern aufmerksam gemacht, den er jedoch mangels vorliegender Edition nur über die Schriften des Petrus Alfonsi kannte. Er verweist außerdem auf den ‚Picatrix' sowie die Werke des Alchabitius, Johannes Hispalensis, Al-Battani und Bartholomaeus Anglicus (S. 28f. mit Anm.), in denen es allerdings jeweils nur um *caput* und *cauda draconis*, also die Mondknoten, geht. NOTHAFT, Walcher [Anm. 163], S. 41, nennt dagegen als Vorläufer Walchers das unter dem Namen ‚Alchandreana' seit dem 10. Jahrhundert bekannte Corpus von astrologischen Texten, in dem ebenfalls von dem Umlauf des Drachen in einem Zeitraum von 18 Jahren geschrieben wird; zum Zeitpunkt der Erschaffung der Welt soll sich der Drache im Zeichen des Löwen befunden haben.

assoziierten ‚Drachenkraut' eine konkrete stellare Konstellation zu beschreiben beabsichtigte; vielmehr kann davon ausgegangen werden, dass auch und gerade angesichts der sonstigen astronomischen und astrologischen Versatzstücke im ‚Parzival', die Wolfram aus der gerade aus Toledo in das lateinische Wissen des Abendlandes gelangten Fachliteratur entnommen haben muss – man denke an die arabische Sternenliste der Kundrie[168] oder an das geheimnisvolle Buch des Flegetanis, das in Sternenschrift geschrieben sein soll[169] –, es ihm in der Hauptsache darum ging, den Eindruck eines fremdartig klingenden und damit beglaubigten Sprechens über die tiefsten Geheimnisse der kosmischen Schöpfung[170] zu machen. Dass dabei der Mond und sein Umlauf eine prominente (wenn auch letztlich misslingende) Rolle einnimmt, bestätigt die im Vorstehenden beschriebene Perspektive des Mittelalters auf den Mond als Mittler zwischen Erde und Kosmos.

---

[168] Vgl. DEINERT, Ritter [Anm. 156], S. 39–69.

[169] Vgl. FRANK FÜRBETH: Der Gral in Wolframs ‚Parzival' und das zugrundeliegende Buch des Flegetanis im Kontext der Astralmagie des 12. Jahrhunderts. In: Astronomie und Astrologie im Kontext von Religionen. Hg. von GUDRUN WOLFSCHMIDT. Hamburg 2018 (Nuncius Hamburgensis. Beiträge zur Geschichte der Naturwissenschaften 32), S. 143–167.

[170] Von daher ist auch kaum anzunehmen, dass mit der *trachen umbevart* ein alchemistisches Symbol gemeint sein könnte (so zuletzt REICHERT, Dragon [Anm. 162]). Alchemie wäre ein Fremdkörper in dem gesamten astronomisch-astrologischen Diskurs des ‚Parzival'. Vgl. so auch GROOS, *trachontê* [Anm. 167], S. 24f.

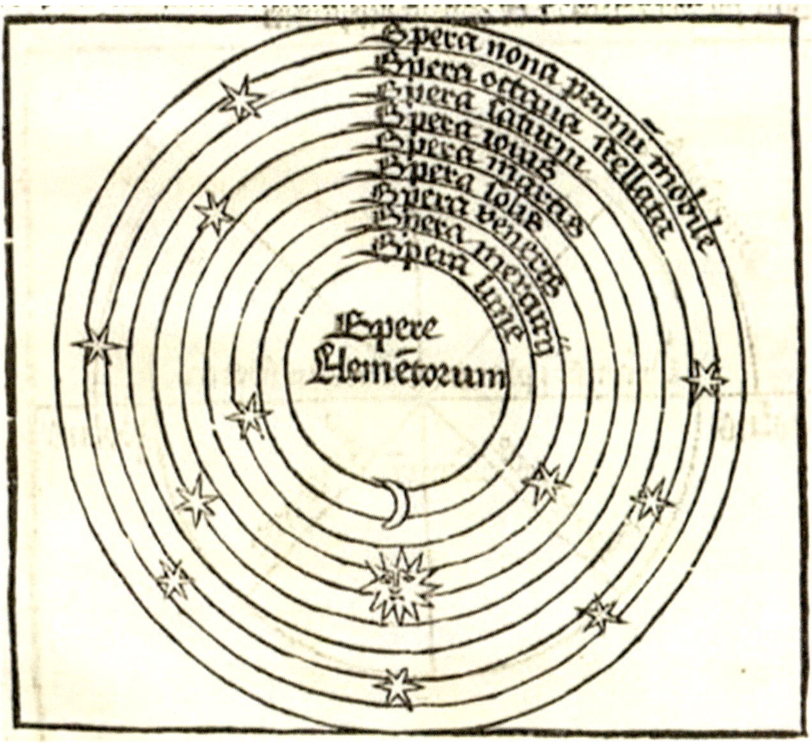

Abb. 1: Modell des Kosmos. Johannes de Sacrobosco, Sphaera mundi. Leipzig [1489], fol. [3]r. Ex. München, BSB, 4° Inc. s. a. 1605, GW M 14579.

Abb. 3: Siegel des Engels Gabriel und des ihm zugeordneten Mond. *Ecce sigillum Gabrielis Angeli cuius stella est luna fac illud die lune hora lune in signo Cancri et cetera*. München, BSB, clm 849, fol. 72r.

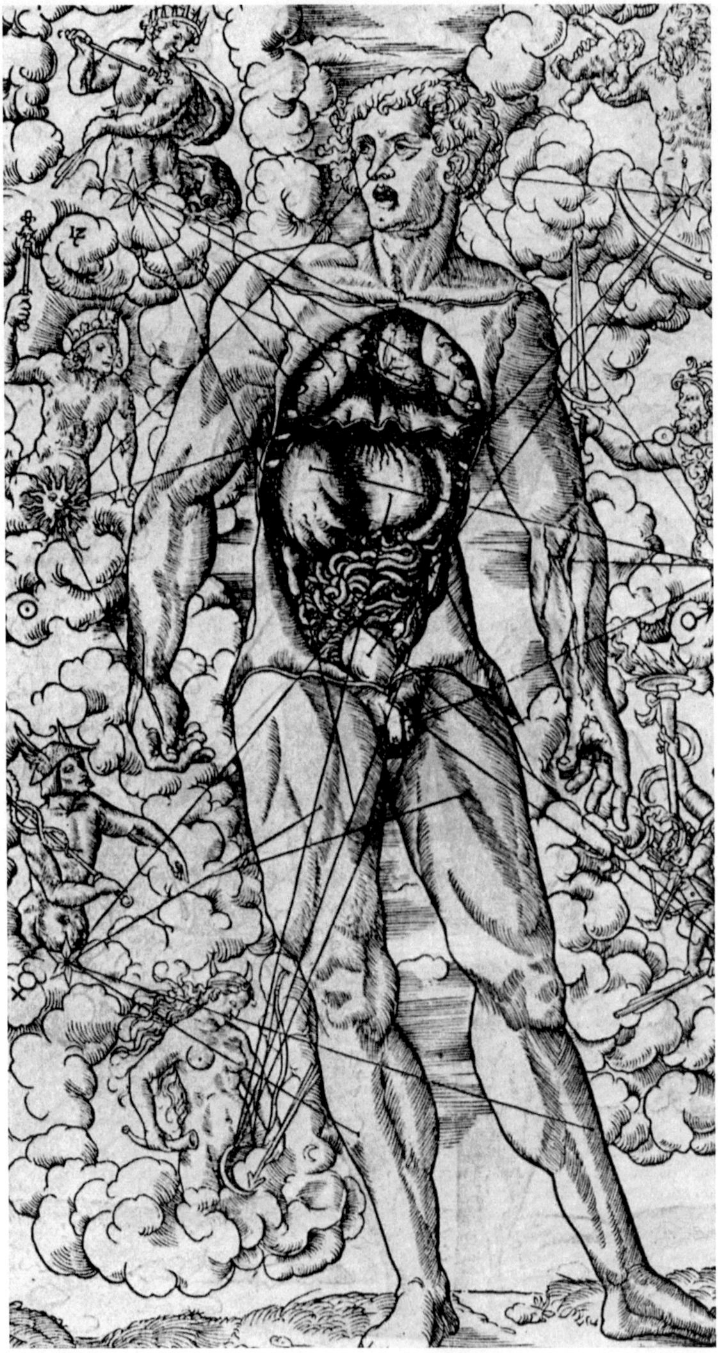

Abb. 2: Planetenmann. Abb. in: MICHAEL BISCHOFF: HimmelsZeichen. Nördlingen 1986. S. 29 (Quelle bibliographisch nicht verifizierbar).

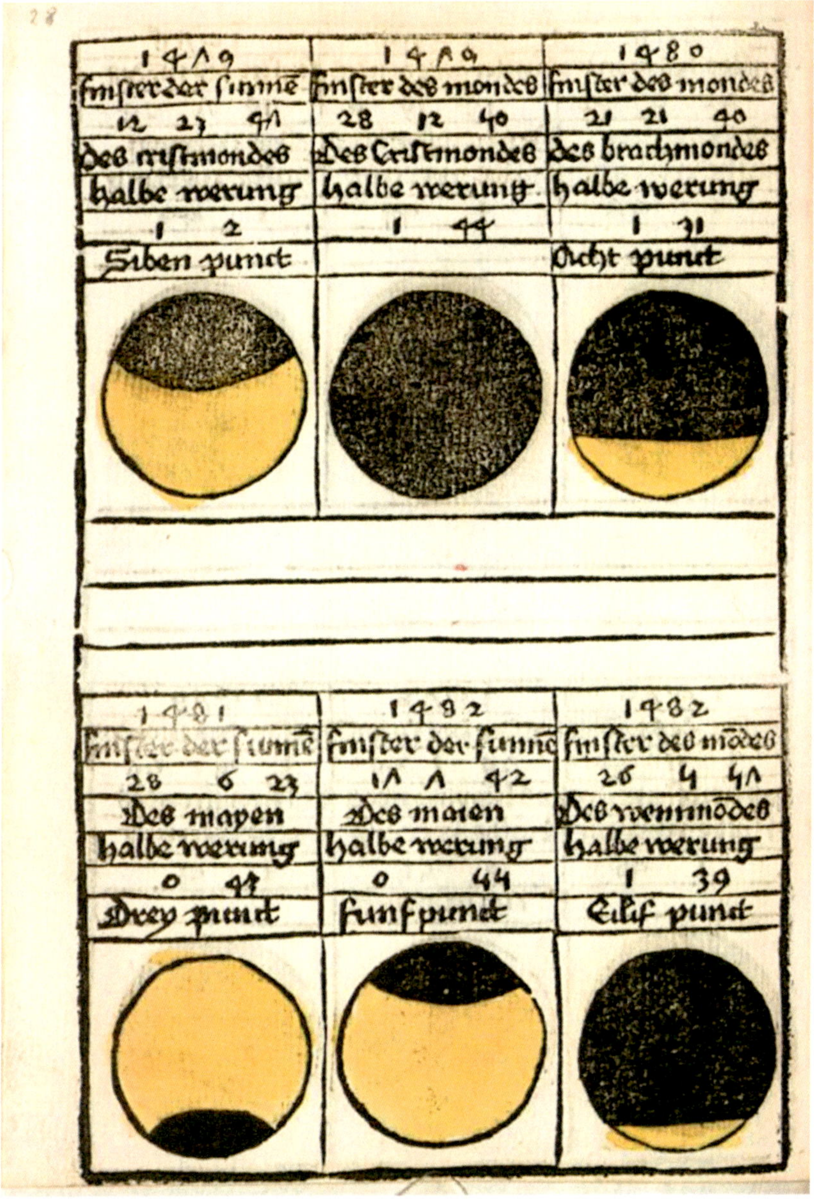

Abb. 4: Sonnen- und Mondfinsternisse für die Jahre 1479 bis 1482. Johannes Regiomontan, Kalender [Blockbuch]. [Nürnberg] [ca. 1475], S. 28. Ex. München, BSB, Xylog. 45.

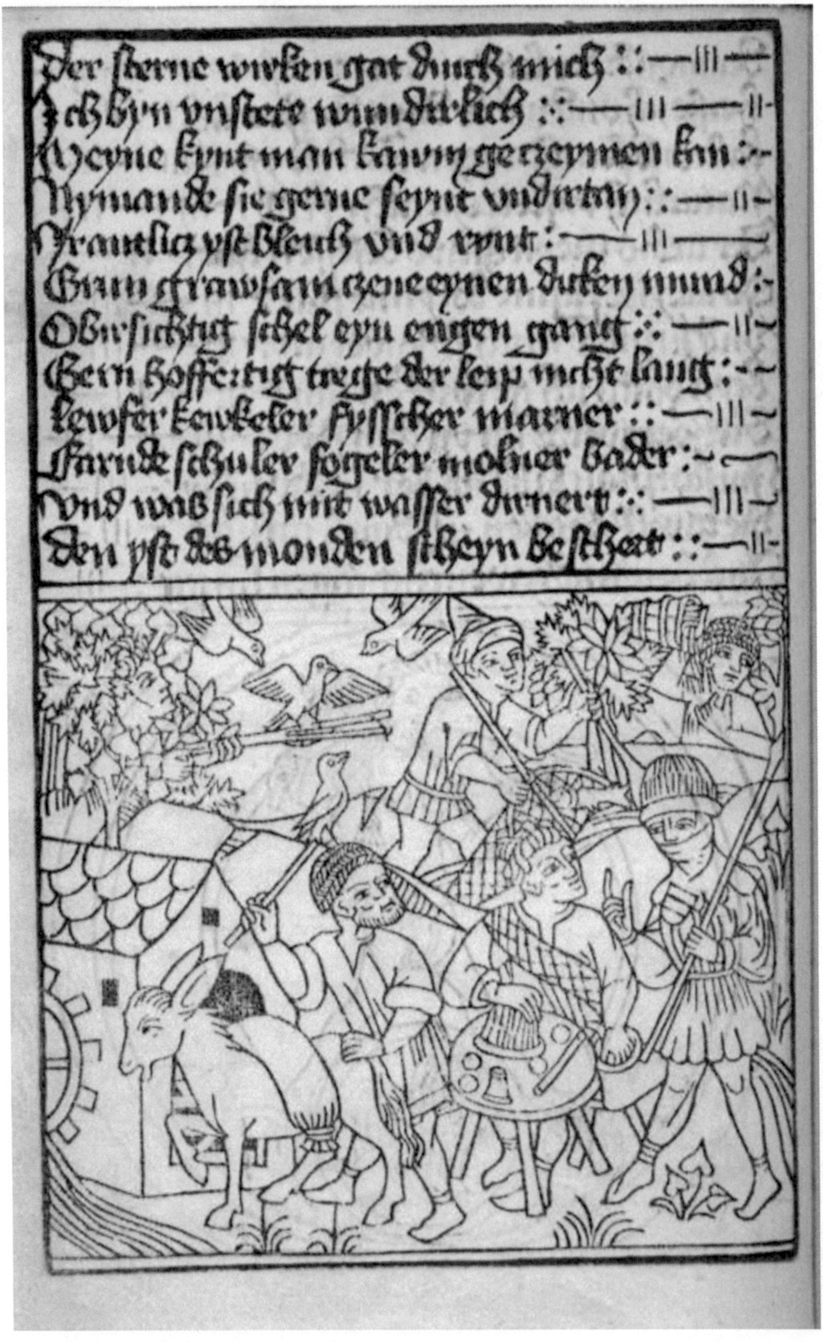

Abb. 5: Kinder des Planeten Mond. ‚Basler Blockbuch'. Schweinfurt, Bibliothek Otto Schäfer, OS 1033, fol. [9]v.

der monde der letzte planet nass :-ll——ll-
heisse ich und wirke ding die synt lass :-lll——
kalt und feucht meyn wirken yst :-lll——ll-
Naturlich unstete zu aller frist :-lll——ll-
Der krebis meyn hawss besessen hot :-ll——
So meyne figure dar ynne stat :-lll——lll-
Und jupiter mich schawet an :-lll——lll-
Keyn obilß ich gewirken kan :-lll——lll——
Die höchste werck ich yn dem styr :-lll——lll-
Im scorpion fälle ich her nider schir :-lll—
Die zwelf zeichen ich durch gange :-lll—
In sieben und zwenzig tagen lange :-lll-

Abb. 6: Frau Luna. ‚Basler Blockbuch'. Schweinfurt, Bibliothek Otto Schäfer, OS 1033, fol. [9]r.

Abb. 7: Luna und ihre Kinder. Hans Sebald Beham, Holzschnitt aus der Serie ‚Die sieben Planeten und ihre Kinder', 1539.

Abb. 8: Die 28. Mondstation. Johannes Hartlieb, De Mansionibus. Freiburg, UB, Hs. 458, fol. 134r.

Practica deutsch Meister Hansen
Virdung von Haßfurt/vff das M.ccccc vnd xxiij.jare rc. gemacht
zu eren dem Durchläuchtigisten hochgepornen Fursten vnd herrē
Herꝛen Ludwigen Pfaltzgrauen bey Rhein Hertzogē in Bayren deß
Heilgen Römischen Reychs Ertzdruchsessen vnd Kurfürsten rc.

¶ Durch Keiserlich mandat ist verbotten das niemandt dise prac/
tica vnd Laßzedel nachdrucke in Sechs jaren bey peen zehen marck
lötigs golds. nach laut vnd inhalt nachuolgens Mandats.

Abb. 9: Umlauf des Drachen. Johann Virdung, Practica deutsch uff das 1523. jare. [Nürnberg] [1522], Titelblatt. Ex. München, BSB, Res/4 Astr. p. 525, 18. VD 16 V 1280.

Mondtopiken: Der Mond als Gegenstand von Literatur, Malerei und Musik

Michael Erler

Der Mond als Loge, die Erde als Bühne

Lukians Erzählung von Menippos' Weltraumfahrt

1. Mondlandung: Stolz und Skepsis

Die Mondlandung von Apollo 11, am 20. Juli 1969, um 15.18 Uhr (Ortszeit Houston/Texas, U.S.A.), die sich zum 50. Mal jährte, löste weltweit Stolz und Begeisterung aus. Stolz darauf, dass Menschen zu einer solchen technischen Höchstleistung imstande sind, Begeisterung nicht zuletzt wegen der Möglichkeit, dank des Apollo-Programms zum ersten Mal vom Mond aus die Erde als Ganze von fern sehen und als strahlend blauen Planeten wahrnehmen und bewundern zu können. Bei manchen mischte sich diese Begeisterung freilich auch mit Nachdenklichkeit. Denn der Blick auf die frei im All schwebende, strahlende Erdkugel verdeutlichte für sie die Fragilität unseres Planeten und machte die größte der drei von Sigmund Freud aufgelisteten Kränkungen des Menschen, die kosmologische Kränkung durch Kopernikus, gleichsam sichtbar. Denn nun war es zu sehen, dass die Erde nicht der Mittelpunkt des Weltalls ist und damit die Menschen nicht im Zentrum leben, sondern winzige Wesen auf einem kleinen Himmelskörper sind, der zudem frei und ohne Halt im All zu schweben scheint. Der Blick vom Mond auf die Erde gab – wie es Günther Anders in seinem interessanten Buch ‚Der Blick vom Mond' eindrücklich beschreibt und reflektiert[1] – den Blick frei auf Menschen, deren irdische Bemühungen und Ehrgeiz eher belanglos scheinen.

2. Lukian und der Mond

Die moderne Leistung der Mondlandung ist also bewundernswert, kann aber zugleich nachdenklich machen, wenn man die Chance nutzt, den Blick vom Mond auf die Erde und das Treiben der Menschen zu richten. Im Folgenden soll daran erinnert werden, dass man eben dieser Nachdenklichkeit aus gleichem Anlass schon in der Antike begegnet. Denn Neil Armstrong und Buzz Aldrin waren keineswegs die ersten, die auf dem Mond landeten und die der Blick vom Mond auf die Erde zu Überlegungen über den Sinn menschlichen Handelns und Strebens anregte. Schon im 2. Jahrhundert n. Chr. erzählte der Rhetor, Literat und Intellektuelle Lukian,[2] einer der wichtigsten

---

[1] GÜNTHER ANDERS: Der Blick vom Mond, Gedanken über Raumfahrt. München 1996.
[2] Über Lukians Werk informieren MANUEL BAUMBACH/PETER VON MÖLLENDORFF: Ein literarischer Prometheus. Lukian aus Samosata und die Zweite Sophistik. Heidelberg

und unterhaltsamsten Intellektuellen seiner Zeit, von Landungen auf dem Mond. In seinen ‚Wahren Geschichten'[3] berichtet er von einer Seereise, bei der ein Segelschiff über die Säulen des Herakles hinausfährt und dann infolge eines gewaltigen Sturmes in den Himmel und bis zum Mond getragen wird, wo die Schiffsbesatzung in einen wahren Krieg der Sterne verwickelt wird. Die Armeen von Mondkönig und Sonnenherrscher kämpfen darum, den Morgenstern zu kolonisieren. Berittene Geier, Riesenameisen und Flöhe, die groß sind wie zwölf Elefanten, kämpfen dabei mit. Lukian erzählt dieses Märchen im Zusammenhang mit Überlegungen über den Zusammenhang von Lüge, Wahrheit, Fakten und Fiktion und hat damit großen Einfluss auf die spätere Entwicklung des Science-fiction-Romans ausgeübt.[4]

Dies gilt auch für die andere Erzählung Lukians, den ‚Ikaromenippos', in der eine Reise in den Himmel und der Mond eine wichtige Rolle spielen.[5] Ziel der Reise ist Zeus, der Mond dient für eine Zwischenlandung und gibt Gelegenheit für eine durchaus kritische Betrachtung der Erde und des Lebens der Menschen. Auch dieser Text, insbesondere das humorvoll geschilderte und literarisch mit zahlreichen Anspielungen versehene Motiv der Betrachtung des Verhaltens der Menschen im öffentlichen und im privaten Bereich gleichsam aus einer Mondperspektive[6] hat großen Einfluss in der europäischen Literatur gehabt.[7] Freilich ist daran zu erinnern, dass und wie Lukian mit diesem originellen Motiv seinerseits kunstvoll-literarisch philosophische Gelehrsamkeit aufgreift und in den Dienst eines von Humor

---

2017 (Heidelberger Studienhefte zur Altertumswissenschaft); CHRISTOPHER P. JONES: Culture and Society in Lucian. Cambridge, MA [u. a.] 1986; JACQUES BOMPAIRE: Lucien *écrivain. Imitation et creation*. Paris 1958 (Bibliothèque des Écoles Françaises d'Athènes et de Rome 190), 2. Aufl. 2000; ARISTOULA GEORGIADOU/DAVID J. LARMOUR: Lucian's science fiction novel. Interpretation and Commentary. Leiden [u. a.] 1998 (Mnemosyne, Bibliotheca Classica Batava Supplementum), bes. S. 51–155.

[3] Vgl. Lukian von Samosata: Wahre Geschichten. Aus dem Griechischen übers. und mit einem Nachwort von MANUEL BAUMBACH. Zürich 2000. Zu den Verae historiae vgl. PETER VON MÖLLENDORFF: Auf der Suche nach der verlogenen Wahrheit. Lukians ‚Wahre Geschichten'. Tübingen 2000 (Classica Monacensia).

[4] Vgl. GRAHAM ANDERSON: Studies in Lucian's Comic fiction. Leiden 1975 ((Mnemosyne, Bibliotheca Classica Batava Supplementum XLIII); ANDREW LAIRD: Fiction as Discourse of Philosophy in Lucian's Verae Historiae. In: The Ancient Novel and Beyond. Hg. von STELIOS PANAYOTAKIS [u. a.]. Leiden, Boston 2003, S. 115–127; DISKIN CLAY: Lucian's Philosophical Island. In: ebd., S. 3–9.

[5] Vgl. STEPHAN FLAUCHER: Sonne, Mond und Götter – der Ikaromenippos des Lukian. In: Der Altsprachliche Unterricht 57 (2014), S. 40–47.

[6] Vgl. WERNER VON KOPPENFELS: ΚΑΤΑΣΚΟΠΟΣ oder der Blick der Höhe: Ein menippeischer Streifzug. In: Antike und Abendland 47 (2001), S. 1–20; ders.: Der andere Blick. Das Vermächtnis des Menippos in der europäischen Literatur. München 2007, S. 31–65.

[7] Vgl. HEINZ-GÜNTHER NESSELRATH: Lukianos von Samosata. In: Der Neue Pauly 7: Die Rezeption der antiken Literatur (1999), S. 493–501.

getragenen Aufklärungswillens[8] stellt. Denn die kulturkritischen Bemerkungen über das Leben der Menschen aus der Mondperspektive verbinden komische Elemente mit – wie zu zeigen ist – einem Reflexionsmuster kaiserzeitlicher Selbstreflexion über das menschliche Dasein, das der Selbstdisziplinierung und Dispositionsbildung des Menschen dienen sollte. Zwar wird für Lukians kritischen Blick auf das Leben auf der Erde zumeist auf einen kynischen Hintergrund verwiesen, wie ihn schon der Name Menippos für den Haupthelden nahelegt. Denn Menippos steht für den Kyniker und Autor Menippos aus Gadara aus dem 3. Jahrhundert v. Chr., der auch literarisch als Satiriker Vorbild für Lukian war.

Es lässt sich zudem zeigen, dass Lukians Geschichte über die Mondlandung im ‚Ikaromenippos' nicht nur am Beginn einer literarischen Tradition fiktiver Mondlandegeschichten[9] steht. Sie greift ihrerseits selbst literarische und philosophische Traditionen auf. Der Literat Lukian erinnert den Leser durch bestimmte Motive auch an literarische und philosophische Kontexte und Traditionen, mit denen er spielt und die er zu einer originellen Geschichte mit durchaus ernstem Hintergrund verbindet. Besonders interessant ist in diesem Zusammenhang der skeptische und kulturkritische Blick, den Menippos – anders als Armstrong – vom Mond auf die Erde richtet. Das Motiv ‚Blick von oben' mit kritischen Ausblicken ist schon bei Platon und Aristophanes in einem naturphilosophisch-mythischen und im kulturkritischen Kontext der Philosophen- oder Intellektuellenschelte zu finden. Es fand dann als Reflexionsmuster und Mittel der Selbstpflege und Dispositionsbildung in unterschiedlichen philosophischen Traditionen Anwendung. Offenbar hat Lukian also verschiedene Motivstränge gebündelt und mit dem Motiv einer Mondreise verbunden. Hieran sei im Folgenden erinnert.

3. Der Mond in der antiken Wissenschaft

Zunächst aber sei kurz an die Rolle erinnert, welche der Mond im philosophisch-wissenschaftlichen Diskurs zu Lukians Zeit spielte. Der Mond war in der Antike nicht nur Gegenstand der Verehrung in Gebet und Hymnus,

---

[8] Vgl. RUDOLF HELM: Lucian und die Philosophenschulen. In: Neue Jahrbücher für das klassische Altertum, Geschichte und deutsche Litteratur und für Pädagogik 9 (1902), S. 188–215; HEINZ-GÜNTHER NESSELRATH: Kaiserlicher Skeptizismus in platonischem Gewand: Lukians ‚Hermotimos'. In: Aufstieg und Niedergang der römischen Welt (ANRW). Hg. von WOLFGANG HAASE und HILDEGARD TEMPORINI. Teil II: Prinzipat, Bd. 36.5. Berlin, New York 1992, S. 3451–3482; DISKIN CLAY: Lucian of Samosata: Four Philosophical Lives (Nigrinus, Demonax, Peregrinus, Alexander Pseudomantis). In: ebd., Teil II, Bd. 36.5. Berlin, New York 1992, S. 3406–3450.

[9] Vgl. z. B. Jules Verne, Edgar Allan Poe und H. G. Wells; vgl. ANTONY KEEN: Mr. Lucian in Suburbia: Links between the True History and The First Men in the Moon. In: Classical Traditions in Science Fiction (Classical presences). Hg. von BRETT M. ROGERS und BENJAMIN ELDON STEVENS. Oxford, New York 2015, S. 105–120.

wie der Homerische Hymnus[10] auf den Mond zeigt. Er steht auch für eine Atmosphäre oder ein Gefühl vor allem im Zusammenhang mit der Nacht.[11] Der Mond war zudem Gegenstand philosophisch-wissenschaftlicher Betrachtung und Neugierde. Bei Anaxagoras hören wir von Überlegungen zu Fragen, die mit dem Mond verbunden und diskutiert wurden.[12] Umstritten waren seine Größe, die Erklärung der Mondphasen, die Frage, ob der Mond bewohnt ist und, damit zusammenhängend, was die Konsistenz des Mondes ausmacht. Besonders letzteres war Gegenstand von Streit. Derartige Streitfragen spiegeln sich in Menippos' Geschichte. Denn dort klagt der Mond – Frau Luna – persönlich über derartige Streitereien der Philosophen über ihr Wesen und bittet den Reisenden Menippos bei seiner Zwischenlandung auf dem Mond, in dieser Sache bei Zeus vorstellig zu werden und Abhilfe zu schaffen.[13]

Im ‚Ikaromenippos' resultiert demnach das Lesevergnügen nicht nur aus freiem Spiel der Phantasie, sondern resultiert auch daraus, dass Stellungnahmen zu zeitgenössischen wissenschaftlichen Diskussionen über den Mond eingewoben und mit literarischen und philosophischen Assoziationen verbunden werden.

4. Menippos' Mondlandung

Worum geht es im ‚Ikaromenippos'? In diesem Text schildert der Kyniker Menippos seine Reise zum Mond und darüber hinaus in den Himmel zu Zeus. Er habe sich für den Flug mit einem Adler- und einem Geierflügel ausgerüstet, dazu aber kein Wachs benutzt (das ja in der Sonne schmilzt), um dem Schicksal des Ikaros zu entgehen, dem das Wachs schmolz und der deshalb ins Meer stürzte. Evoziert die Geschichte mit ihrem Titel ‚Ikaromenippos' mit Ikaros die Tradition des Höhenfluges und Seelenfluges[14], so

---

[10] Vgl. Hom. Hymn. xxxii.

[11] Vgl. z. B. Sappho: Und ich schlafe allein. Gedichte. Neu übers. von ALBERT VON SCHIRNDING. München 2013; zur Rolle des Mondes und der Nacht vgl. die Beiträge in: La Nuit. Imaginaire et réalités nocturnes dans le monde Gréco-Romain. Neuf exposés suivis de discussions. Hg. von ANGELOS CHANIOTIS. Genf 2018 (Entretiens sur l'antiquité classique 64).

[12] Vgl dazu WILHELM GUNDEL: Mond. In: Paulys Realencyclopädie der classischen Altertumswissenschaft [RE], Bd. XV2 (1933), Sp. 75-105 und besonders HERWIG GÖRGEMANNS: Untersuchungen zu Plutarchs Dialog „De facie in orbe lunae". Heidelberg 1970 (Bibliothek der klassischen Altertumswissenschaften 33), bes. S. 34–39. Vgl. Plutarch: Das Mondgesicht. Eingeleitet, übers. und erläutert von HERWIG GÖRGEMANNS. Zürich 1968.

[13] Vgl. Icar. 20–21. Lukian zitiert nach: Luciani Opera. Hg. von M[ATTHEW] D[ONALD] MACLEOD. 4 Bde. Oxford 1972–1987 (Oxford Classical Texts).

[14] Zum Motiv des Seelenfluges vgl. KARIN LUCK-HUYSE: Der Traum vom Fliegen in der Antike. Stuttgart 1997 (Palingenesia. Schriftenreihe fur Klassische Altertumswissenschaft 62).

evoziert sie mit Menippos die philosophische Tradition kynischer Weltsicht und literarisch die Gattung der Satire.[15] Beides dient Lukian in diesem Text wie in vielen anderen dazu, menschliche Belange als nichtig anzusehen, den Menschen einen Spiegel vorzuhalten und über ihr Fehlverhalten aufzuklären. In seiner Geschichte über Ikaromenipp lässt Lukian Menippos also von seiner Reise zu Zeus erzählen. Diese Reise hat auf dem Weg in den Himmel zu einer Zwischenlandung auf dem Mond geführt. Anlass für seinen Flug war seine Neugier und Wissbegierde. Menippos wollte wissen, was es denn mit dem Weltall auf sich habe und welche Rolle die Götter spielten. Da er auf der Erde bei den Philosophen mit ihren widerstreitenden Meinungen und ihrem Gezänk keine plausible Erklärung erhalten habe, hatte er beschlossen, lieber selbst nachzusehen und Zeus persönlich zu befragen. Nach einigen Übungsflügen startet er seine Reise zu Zeus und macht dabei Rast auf dem Mond. Von hier aus bietet sich ihm, nicht zuletzt infolge seines vom Adlerflügel verliehenen Scharfblicks, die Erde als Bühne menschlichen Lebens dar – von Theater[16] ist in diesem Zusammenhang die Rede. Freilich versetzt ihn dieser Anblick nicht in Begeisterung. Vielmehr kommt ihm alles winzig und klein vor, die Erde, die Länder und die Menschen. Deren Geschäftigkeit und Ehrgeiz kommen ihm lächerlich vor, und ihre Geschäftigkeit erinnert ihn an einen Ameisenhaufen. Frau Luna habe ihn zudem gebeten, bei Zeus für ihn vorstellig zu werden und zu klagen, dass die Menschen so viel Unsinniges über sie und ihre Beschaffenheit verkündeten.[17] Dann sei er zu Zeus weitergeflogen, sei von ihm freundlich aufgenommen und bewirtet worden. Zeus habe ihn daran teilhaben lassen, welche merkwürdigen Gebete die Menschen an ihn richten – sie sprechen dabei Wünsche nach dem Floriansprinzip aus.[18] Dann darf Menippos an einer Götterversammlung teilnehmen und – wie von Frau Luna gewünscht - die Klage gegen die Philosophen vortragen. Zeus ist beeindruckt und beschließt, die Philosophen zu vernichten; doch muss er hiermit noch warten, weil es zunächst ein Fest gibt, währenddessen solche Strafen nicht vollzogen werden dürfen. Immerhin zerschmettert er mal schnell – gleichsam als Vorgeschmack – den Epikureer Hermarchos mit Blitz und Donner. Hermarchos wird diese Strafe wohl doppelt getroffen haben, weil Epikureer bestreiten, dass Blitz und Donner von Zeus kommen, sondern natürliche Phänomene seien, die man nicht zu fürchten hat.[19] Da ist es doppelt bitter, von einem Blitz erschlagen

[15] ROBERT BRACHT BRANHAM: Unruly Eloquence. Lucian and the Comedy of the Traditions. Cambridge, London 1989 (Revealing Antiquity 2).

[16] Vgl. Luc. Icar. Kap. 11.

[17] Vgl. Luc. Icar. Kap. 20-21.

[18] Dazu vgl. MICHAEL ERLER: Selbstfindung im Gebet. Integration eines Elementes epikureischer Theologie in den Platonismus der Spätantike. In: Platonisches Philosophieren. Zehn Vorträge zu Ehren von Hans Joachim Krämer. Hg. von THOMAS A. SZLEZÁK und KARL-HEINZ STANZEL. Hildesheim 2001, S. 155–172.

[19] Vgl. Lucr. De rer. nat. VI 96–534, z. B. Blitz, Donner oder andere Naturerscheinun-

zu werden. Am nächsten Tag wird Menippos von Zeus entlassen, nicht ohne ihm den Flügel abzunehmen – damit er nicht wiederkommen kann. Vielmehr geleitet Hermes Menippos zurück zu Erde und nach Hause.

5. Philosophenstreit und Autopsie

Lukian erzählt ein Märchen. Gleichwohl handelt es sich nicht nur um ein bloßes Spiel der Phantasie, wie es z. B. in seiner anderen Mondreise in den ‚Verae historiae' geschieht, wo ein Schiff infolge eines Sturmes gleichsam zufällig nach der Durchfahrt durch die Säulen des Herakles in den Himmel gehoben und damit auf einer Seereise in den Himmel geschickt wird.[20] Auch im ‚Ikaromenippos' lässt Lukian der Phantasie freien Lauf, doch ist diese in besonderer Weise verbunden mit literarischen und mit philosophischen Motiven. Das Lesevergnügen wird verstärkt durch Hinweise auf literarische, aber auch wissenschaftlich-philosophische Diskurse, die den Mond, aber auch das menschliche Leben auf der Erde betreffen. Dies wird schon beim Anlass der Reise des Menippos deutlich. In ‚Ikaromenippos' setzt Lukian ein traditionell literarisch-philosophisches Motiv gleichsam in Handlung um. Menippos' Reise erfolgt nämlich aus freien Stücken und aus Frustration heraus, von der er einem Freund erzählt.[21] Denn Menippos ärgert sich über die ewige Zwietracht zwischen Philosophen und ihren Schulen gerade bei den Fragen, auf die Menippos Antworten sucht: die Frage, wie die Welt entstanden ist, was sie zusammenhält, wie es mit den Gestirnen und insbesondere wie es sich mit dem Mond verhält, wie es zu Naturerscheinungen wie Hagel, Regen, Donner oder Blitz kommt, Fragen also, über die sich seit langer Zeit Philosophen den Kopf zerbrochen haben. Menippos fragt deshalb Experten in Philosophie und Wissenschaft um Rat. Doch können diese Menippos' Verwirrung nicht beseitigen, sondern verstärken diese sogar, weil sie in keinem einzigen Punkt in ihren Auskünften Übereinstimmung erreichen. Zudem entpuppen sie sich als Großsprecher, die gleichsam in luftiger Höhe einherwandeln und dabei Astronomie und lauter derartig unnütze Dinge betreiben.[22] Diesem Gehabe und diesem unnützen Streit will Menippos entfliehen und seine Neugierde befriedigen, indem er selbst in der Höhe des Himmels nach Antworten sucht.

Dieser Entschluss ist nachvollziehbar und dem literarisch versierten Leser nicht unbekannt. Denn der Anlass – Streit unter Philosophen – erinnert an einen aus der philosophischen Literatur wohlbekannten Topos, die Diaphonia, den ewigen Streit zwischen Philosophen und ihren Schulen über wichtige Fragen.

---

gen wie Erdbeben VI 537–607; vgl. auch Epikurs Brief an Pythokles 84–116.

[20] Vgl. dazu VON MÖLLENDORFF, Auf der Suche [Anm. 3], S. 30–61.

[21] Vgl. Luc. Icar. Kap. 1–4.

[22] Vgl. Luc. Icar. Kap. 4–6.

Dieser Philosophenstreit insbesondere über Fragen der Ethik oder der Kosmologie wird verschiedentlich in der Literatur thematisiert und bisweilen gleichsam szenisch umgesetzt und vorgeführt, z. B. von Cicero in ‚De natura deorum' oder in den ‚Tusculanen' bis hin zu Augustinus' ‚Contra Academicos'. Anderen dient er geradezu als Argument dafür, dass man zur Wahrheit nicht vordringen könne, wie dies bei den Skeptikern der Fall ist.[23]

Lukian greift dieses Motiv ebenfalls auf und dramatisiert es gleichsam, indem er es zum Anlass und Grund der geschilderte Reise macht – und dies geradezu auf doppelte Weise: zunächst, indem er Menippos aus Frustration über den Philosophenstreit die Reise antreten lässt, um selbst eine Lösung zu finden; dann, indem er Menippos bei seiner Zwischenlandung auf dem Mond Frau Luna treffen und ihn bitten lässt, bei Zeus vorstellig zu werden, weil sie den ewigen Streit der Philosophen darüber leid sei, ob der Mond – also sie selber – erdartig sei oder woher die Mondphasen kommen oder ob es einen Mann auf den Mond gebe. Aber nicht nur in philosophischer Literatur wird man bei der Motivsuche fündig. Streit als Grund für Frust und als Anlass, die Erde zu fliehen, erinnert den Leser zudem an die Komödie ‚Der Friede' des Aristophanes (421 v. Chr.), in der es gleichfalls um eine Flucht vor Streit geht: Hier hat der Winzer Trygaios genug vom Peloponnesischen Krieg, von unfähigen Politikern und Generälen.[24] Auch er will deshalb zu Zeus in den Himmel fliegen, um den Streit zu beenden und Göttin Eirene (Frieden) auf die Erde zu holen. Als Flugapparat wählt Trygaios freilich keine Flügel – das überlässt er dem Bellerophontes mit seinem geflügelten Pferd Pegasos in der Euripideischen Tragödie –, sondern einen Mistkäfer.[25] Dass der Leser an diese Komödie denken soll, macht der gelehrte Autor Lukian deutlich. Seinem Freund gegenüber, dem er seine Geschichte von der Himmelfahrt erzählt, bemerkt er gleichsam beiläufig, dass er für seine Fahrt keine Leiter zu Hilfe genommen,[26] sondern sich Flügel zugelegt habe. Das ist eine merkwürdige Bemerkung. Denn danach hatte niemand gefragt, und auf diese Idee ist sein Gefährte auch nicht gekommen. Man fragt sich also, was diese Bemerkung soll, und wird sich erinnern, dass in Aristophanes' Komödie ‚Der Friede' ausdrücklich festgestellt wird, dass es keine Leiter brauche, um in den Himmel zu kommen gelangen.[27] Bei Aristophanes kommt ein Mistkäfer zum Einsatz – bei Lukian ein Flügelpaar: Geier- und Adler-

---

[23] Vgl. Cic. Nat. deor. 1,1; Tusc. 4,47; Sext. Emp. Pyrrh. 1,165; August. c. Acad. 3, 10,23–3, 19,23.

[23] Vgl. HEINZ-GÜNTHER NESSELRATH: Lukians Parasitendialog. Untersuchungen und Kommentar. Berlin, New York 1985, ND 2016, S. 287.

[24] Vgl. Aristoph. Pax 1–248. Vgl. BERNHARD ZIMMERMANN: Aristophanes. In: Handbuch der griechischen Literatur der Antike. Band 1: Die Literatur der archaischen und klassischen Zeit. Hg. von dems. München 2011, S. 764–800, bes. S. 773.

[25] Vgl. Aristoph. pax 58–176. Die Himmelsleiter, die dem Patriarchen Jakob im Traum erschien und von der im Johannisevangelium Io 1,51 die Rede ist, ist wohl kaum gemeint.

[26] Vgl. Luc. Icar. Kap. 2.

[27] Vgl. Aristoph. pax 69f.

flügel. Es ist offensichtlich, dass Lukian den Leser auf Aristophanes und seine Komödie ‚Der Friede' hinweisen möchte.

Neben dieser literarischen hat das Reisemotiv des Menippos aber auch eine methodisch-philosophische Konnotation. Menippos ist bei aller Kritik an Philosophen selbst offenbar philosophisch interessiert, indem er Fragen nach dem Wesen und dem Funktionieren der Welt stellt, wie es Philosophen tun, und trotz aller Frustration neugierig bleibt. Freilich setzt er nicht mehr einfach auf abstrakt-philosophische Reflexionen, sondern möchte selbst Lösungen finden, indem er an die Quelle gehen und bei Zeus nachfragen möchte. Seine Reise dient dazu, selber zu erfahren, wie die Welt funktioniert. Dies erinnert an den methodischen Anspruch, den z. B. Historiker wie Herodot erheben (Autopsie) und dem Philosophen wie Sokrates skeptisch gegenüberstehen und als un-philosophisch abgelehnen. Wenn Sokrates' Partner Glaukon in Platons ‚Politeia' nach langen abstrakt-theoretischen Beweisgängen über den ideal gerechten Menschen und den ideal gerechten Staat (Kallipolis) anmerkt, es wäre doch ganz schön und noch überzeugender, nicht nur auf theoretische Erörterungen zu bauen, sondern in der Realität nachzuschauen, wie sich die Dinge verhalten, muss er sich belehren lassen, dass dies für einen wahren Philosophen ohne Relevanz, für einen Nichtphilosophen aber nachvollziehbar sei.[28] Menippos also möchte die philosophischen Probleme als Nichtphilosoph lösen und von Zeus als Hersteller der Welt erfahren, wie er es gemacht habe und wie sie funktioniere. Auch deshalb entscheidet er sich für die Himmelsreise, womit einen weitere ‚aristophanische' Parodie verbunden ist.

Wenn Menippos kritisiert, dass sich Philosophen mit Dingen ‚oben' (*meteora*) und Astronomie und ähnlich unnützem Zeug beschäftigen, wenn er sich nach ‚oben' begibt, um Erkenntnis zu gewinnen und wenn sein Freund sich infolge von Menippos' Ausführungen ‚oben' (*meteoros*) befindet[29], dann greift Lukian nicht nur jene zur Zeit des Sokrates, Aristophanes und Platon *en vogue* gewesene Intellektuellenschelte auf, wonach Philosophen und Intellektuelle in einer von Vielgeschäftigkeit geprägten Gesellschaft als Außenseiter galten.[30] Lukian macht sich zudem jenen komischen Effekt zunutze, den zuerst Aristophanes in sein Anti-Sokratesstück ‚Die Wolken' anwendet, um sich über Intellektuelle und Philosophen lustig zu machen.

---

[28] Vgl. Plat. rep. 472cd. Vgl. MICHAEL ERLER: Vieles weiß der Fuchs, aber eine große Sache der Igel. Zum Verhältnis von philosophischer Einheit und literarischer Poikilia bei Platon. In: Platons Hermeneutik und Prinzipiendenken im Lichte der Dialoge und der antiken Tradition. Hg. von ULRIKE BRUCHMÜLLER. Hildesheim 2012, S. 99–120, bes. S. 105–108.

[29] Vgl. Luc. Iar. Kap. 3.

[30] Vgl. BERNHARD ZIMMERMANN: Aristophanes und die Intellektuellen. In: Aristophane. Sept exposés suivis de discussions par ENZO DEGANI [u. a.]. Entretiens préparés et présidés par J. M. BREMER et E. W. HANDLEY. Vandœuvres – Genève 19–24 août 1991. Genf 1993 (Entretiens sur l'antiquité classique XXXVIII), S. 255–286.

Da diese sich mit höheren Dingen und Gedanken beschäftigen, lässt er sie in der Höhe schweben (*meteora*) nach dem Grundsatz, dass nur Gleiches durch Gleiches erkannt werden kann. Deshalb wird in der Komödie ‚Die Wolken' Sokrates in einem Korb hochgezogen. Wie auch sonst erreicht Aristophanes hier komische Effekte,[31] indem er Metaphern wörtlich nimmt und in Handlung umsetzt. Platon greift das in seinen Dialogen auf, indem er z. B. im ‚Theiatet' seinerseits nicht Philosophen, sondern Politiker hochziehen, es ihnen dabei aber schwindelig werden lässt.[32] Eben diese Umsetzung von Metaphorik in Handlung betreibt also auch Lukian und dies in klarer Anspielung auf das Vorbild Aristophanes. Es ist kein Zufall, dass das Wort *meteora* in Lukians Text ein kleines Leitmotiv ist. Es wird deutlich, dass Menippos' Erzählung von den Mondfahrt das Märchenspiel eines philosophisch und literarisch gelehrten Autors ist.

6. Mondphysik

Die Geschichte impliziert aber nicht nur literarische, sondern auch philosophisch-wissenschaftliche Stellungnahmen. Schon der Umstand, dass Menippos auf dem Mond landen kann, setzt ja voraus, dass der Mond ein erdartiger Weltkörper ist, auf dessen festen Grund man landen kann. Diese Auffassung ist zu Lukians Zeit keineswegs eine Selbstverständlichkeit. Zwar könnte man es einfach als Märchenmotiv ansehen. Doch würde dies dem zeitgenössischen Kontext der Erzählung nicht gerecht.

Anaxagoras behauptete, dass der Mond kein Eigenlicht besitzt, sondern sein Leuchten allein der Sonne verdankt und er selbst eine erdartige Substanz hat.[33] Das war ein großer Fortschritt gegenüber der älteren Annahme, dass der Mond wie Sonne und Sterne ein feurig leuchtender Körper sei, dessen Konsistenz mit der Erdsubstanz nicht verglichen werden könne. Anaxagoras behauptete zudem, dass die Mondoberfläche teils eben, teils gebirgig sei,[34] eine Position, die man auch in pythagoreischen Zirkeln vertreten hat, die aber dann von Platon und Aristoteles und in der Folge von anderen Schulen wie Stoa, dem Epikureismus und dem Peripatos abgelehnt wurde.[35]

Man folgte zumeist Auffassungen wie derjenigen des Aristoteles, für den der Mond aus einer Mischung aus Äther und Luft bestand, die Stoiker,

---

31 Zur aristophanischen, auch von Lukian angewendeten Methode vgl. HANS-JOACHIM NEWIGER: Metapher und Allegorie. Studien zu Aristophanes. München 1957 (Zetemata. Monographien zur klassischen Altertumswissenschaft 16) und KLAUS-DIETRICH KOCH: Kritische Idee und komisches Thema. Untersuchungen zur Dramaturgie und zum Ethos der aristophanischen Komödie. 2. Aufl. Bremen 1968.

32 Vgl. Plat. Theaet. 172d.–175e.

33 Vgl. dazu GÖRGEMANNS, Untersuchungen [Anm. 12], S. 34f. mit Stellenangaben.

34 Vgl. ebd., S. 35.

35 Vgl dazu ebd., S. 34–39.

lehrten, er sei ein Gemisch aus Feuer und Luft. Betrachtet man den philosophisch-wissenschaftlichen Kontext der Zeit Lukians, dann ist festzustellen, dass die Mond-Erde-These alleine von Plutarch in der Schrift ‚De facie orbis lunae' mit leichten Modifikationen vertreten wurde. Ein Grund für die Ablehnung der These mag darin zu sehen sein, dass ein erdartiger Mond offenbar nicht in ein Weltbild passte, in dem die Erde das Zentrum bildete, das von jeweils leichter werdenden Schichten umgeben war. Neben Plutarch findet sich die Theorie vom erdartigen Mond nur in romanhaften Kontexten wie bei Lukian oder einigen anderen Autoren.[36] Es gibt Grund zur Annahme, dass Lukian möglicherweise von Plutarch beeinflusst ist,[37] der später immerhin Kepler als Verfechter des heliozentrischen Weltbildes mit der These eines erdhaften Mondes beeinflusst hat. Kepler hat zudem im Jahr 1608 eine Erzählung mit dem Titel ‚Somnium' (‚Der Traum'), verfasst, die eine Mondfahrt beschreibt.[38]

Jedenfalls vertritt Lukian mit seiner Erzählung von einem für eine Landung geeigneten Mond trotz aller Fiktivität eine durchaus ernstzunehmende Position in einem wissenschaftlichen Streit seiner Zeit über die Konsistenz des Mondes.

7. Blick von oben

Wenn Lukian Menippos auf dem Mond den Philosophen Empedokles treffen lässt, ist das natürlich ein Märchenmotiv, aber auch Lukians Antwort auf die vieldiskutierte Frage, ob es Menschen auf dem Mond gibt. Die Begegnung des Menippos mit Empedokles ist aber vor allem von dramaturgischer Bedeutung für die Geschichte von Menippos' Mondfahrt. Denn Empedokles weist Menippos darauf hin, dass er mit Hilfe seines Adlerflügels sozusagen einen Adlerblick von oben auf die Erde und die dortigen Geschehnisse werfen kann.[39] Was Menippos dort auf der Erde beobachtet, nimmt dann einen großen Teil der Beschreibung seines Mondaufenthaltes ein[40] und ist von besonderem Interesse. Denn dieser Adlerblick bringt Menippos gleichsam in die Position des allessehenden Zeus und macht ihn zu einem alleswissenden homerischen Erzähler, der alle Handlungen der Menschen überall erkennt. Lukian verbindet auf diese Weise mit dem Mond ein Motiv – den

---

[36] Vgl. Plut. De facie Kap. 2–16. Kap. 16–23, wo die Erdtheorie bewiesen wird, die aus mythischem Kontext übernommen und von Plutarch gleichsam rational affirmiert wird, vgl. GÖRGEMANNS, Untersuchungen [Anm. 12], S. 37f.

[37] Vgl. PHILIPP WÄLCHLI: Studien zu den literarischen Beziehungen zwischen Plutarch und Lukian: ausgehend von Plutarch, De genio Socratis und Lukian, Philopseudeis. München, Leipzig 2003, S. 159–166.

[38] Johannes Kepler: Somnium seu opus posthumum de astronomia lunari. Frankfurt a. M. 1634.

[39] Vgl. Luc. Icar. Kap. 13–16.

[40] Vgl. Luc. Icar. Kap. 16–19.

Blick von oben –, das auch sonst in der Literatur, vor allem aber im praktisch-philosophischen Kontext eine Rolle spielt.[41] Schon bei Aristophanes berichtet Trygaios, dass er bei seinem Ritt auf dem Mistkäfer die Menschen aus der Vogelperspektive in ihrer Kleinheit und Bedeutungslosigkeit erkannte:

> „Das war kein Spaß, ihr Herrn, die Himmelfahrt!
> Gottsjämmerlich tun mir die Beine weh!
> Von oben seht ihr winzig aus, ihr Leute,
> Vom Himmel aus betrachtet – niederträchtig!
> Allein von hier noch niederträchtiger! (Übers. Seeger)[42]

Bedeutungslosigkeit, schlechtes Verhalten und Nichtigkeit menschlicher Bemühungen – dies verbindet sich seitdem mit einer Perspektive ‚von oben' und seit Lukian mit Reisen in den Himmel zum Mond.[43] Denn Menippos erkennt vom Mond aus nicht nur, wie klein die Erde ist, sondern auch, dass sich Menschen, Privatleute oder Politiker in der Öffentlichkeit und privat moralisch fragwürdig verhalten. Das gilt auch für Philosophen wie Kyniker und Epikureer und ihren Umgang miteinander. Jeder kümmert sich nur um sich und nicht um die Gemeinschaft; keiner verhält sich entsprechend seiner philosophischen Überzeugung.[44] Da er über einen Adlerblick verfügt, kann Menippos sogar in die Häuser schauen und verfehltes Verhalten von Menschen dort, aber auch in politischen Kontexten beobachten. Menippos beschreibt dieses problematische Zusammenleben der Menschen literarisch gelehrt unter Hinweis auf die berühmte Schildbeschreibung in Homers ‚Ilias', wo die Herstellung des Ersatzschildes für Achill Anlass ist, unterschiedliche Lebensformen und Betätigungen von Menschen zu beschreiben.[45] Lukian nimmt das Nebeneinander von Betätigungen der Menschen ohne Rücksicht aufeinander als Bild für das Durcheinander, das er bei einem Ameisenhaufen[46] auf der Erde beobachtet. Er empfindet dies als ein trauriges Schauspiel und fühlt sich an einen Chor erinnert, bei dem jeder Sänger seine eigene Melodie singt ohne Rücksicht auf Harmonie mit den anderen Sängern, bis der Chorleiter sie der Bühne verweist.[47] Menippos nimmt also Diaphonia und Mangel an Symphonie auf der Erde wie bei den Philosophen wahr. Damit klingt das Streitmotiv, das Menippos zur Flucht von der Erde

---

[41] Pierre Hadot: Philosophie als Lebensform. Geistige Übungen in der Antike. Aus dem Französischen von ILSETRAUT HADOT und CHRISTIANE MARSCH. Berlin 1991, S. 123–135.

[42] Vgl. Aristoph. pax 821. Aristophanes: Die Komödien. Hg. von BERNHARD ZIMMERMANN. Übers. von LUDWIG SEEGER. Stuttgart 2019.

[43] Vgl. VON KOPPENFELS, ΚΑΤΑΣΚΟΠΟΣ [Anm. 6], S. 3–7.

[44] Luc. Icar. Kap. 17–18.

[45] Hom. Il. XVIII. 478–608.

[46] Vgl. Ameisen Luc. Icar. Kap 19 u. Hermot. Kap. 5; Sen. De tranq. animi 12,3; ders. Nat. Quaest. I prol. 10.

[47] Vgl. Luc. Icar. Kap 17.

bewogen hat, auch hier auf dem Mond bei Frau Luna an. Der Mond wird auf diese Weise zu einer Loge, die Erde zu einer Bühne.

8. Blick auf die Erde als Therapie

Dieses Bild des Chores der Menschen, der zu keiner musikalischen Harmonie findet und der mit einer kulturkritischen Komponente verbunden ist, findet sich zur Zeit des Lukian vornehmlich in kynischen Kontexten.[48] Der kulturkritische Blick von oben hingegen und der Vergleich der Menschen mit Ameisen wird auch in anderen philosophischen Zusammenhängen verwendet als eine Art therapeutisches Mittel, um beim Menschen Nachdenklichkeit über die Bedeutung seines Tuns unter erweiterter Perspektive zu erzeugen und ihm dadurch zu einer positiven Lebenshaltung und zu Großmut und auf diese Weise zu einer Gelassenheit im Leben zu verhelfen. Es sei hier auf Seneca verwiesen, der im Vorwort zu den ‚Naturales quaestiones' Naturbetrachtungen mit eben dieser Intention verbindet:

> „Alsdann hat er das ausgemachte und vollkommene Glück, dessen die Menschheit fähig ist, wenn er alles Übel unter seine Füße tritt und sich emporschwingt und in die innere Tiefe der Natur eindringt." (Übers. Albrecht nach O. und E. Schönberger)[49]

Seneca macht deutlich, dass das eigentliche Ziel der Naturbetrachtung nicht diese selbst sei, sondern die Verfasstheit des Betrachtenden. Denn der Blick von oben auf die Erde zeige, wie klein und z. T. wüst diese sei.[50] Naturbetrachtung ‚von oben' wird also ein meditatives Mittel der praktischen Philosophie. Sie soll für ein richtiges menschliches Verhalten und für den Erwerb einer angemessenen Disposition sorgen.

Besonders deutlich wird die Verbindung dieses Motivs ‚Betrachtung von oben' und ihr therapeutischer Zweck bei Mark Aurel in dessen Meditationen, wo es ausdrücklich heißt:

> „Schön ist der Ausspruch Platon: Wenn man sich über die Menschen Gedanken macht, muss man auch die irdischen Dinge betrachten," (Übers. Nickel)[51]

---

[48] Vgl. RUDOLF HELM: Lucian und Menipp. Leipzig, Berlin 1906, ND Hildesheim 1967, S. 80–114, bes. S. 93.

[49] Vgl. Sen. Nat. quaet. Prooem. 1, 7; Übers. aus MICHAEL VON ALBRECHT: Wort und Wandlung. Senecas Lebenskunst. Leiden, Boston 2004 (Mnemosyne, Bibliotheca Classica Batava Supplementum), S. 114–116 (nach L. Annaeus Seneca: Naturales quaestiones. Naturwissenschaftliche Untersuchungen. Lateinisch/Deutsch. Übers. und hg. von OTTO und EVA SCHÖNBERGER. Stuttgart 1990/1998).

[50] Vgl. Sen. Quaest. Nat. Proem. 8.

[51] Vgl. Mark Aurel med. 7.48. Übers.: Mark Aurel: Wege zu sich selbst. Griechisch–Deutsch. Hg. und übers. von RAINER NICKEL. München, Zürich 1990.

Auch hier wird der Blick von oben und die kritische Betrachtung menschlicher Tätigkeiten zu einem meditativen Mittel, um eine besondere Haltung im Menschen hervorzubringen. Es geht darum, Gleichgültigkeit gegenüber scheinbaren Werten zu entwickeln, indem man traditionelle Werte relativiert und in ihrer Bedeutung reduziert. Die Erde und die Ereignisse dort werden perspektivisch und geographisch verkleinert, die Haltungen und Begierden der Menschen als bedeutungslos entlarvt. Der ‚Blick von oben' wird zu einem Argument und einem Mittel praktischer Reflexion, um zu einer gelassenen Haltung dem Leben gegenüber zu gelangen. Diese Hilfsmittel haben sich die Kyniker zunutze gemacht; sie finden sich aber auch in anderen philosophischen Kontexten,[52] wie z. B. in Ovids ‚Metamorphosen' in einem pythagoreischen Kontext oder in Ciceros ‚Traum des Scipio', wo auf diese Weise der Ruhmgedanke relativiert wird, oder beim Epikureer Lukrez in seinem Gedicht ‚De rerum natura', wo der Blick ‚von oben' ebenfalls zur Gelassenheit gegenüber Widerfahrnissen im Leben verhelfen soll.[53] Dies ist der philosophisch ‚ernste' Hintergrund für Lukians Darstellung von Menippos' Blick vom Mond auf die Erde. Man darf vermuten, dass auch der Aufklärer Lukian damit nicht nur eine Belustigung, sondern auch eine ‚Erbauung' des Leser intendiert haben mag und einer scheinbar pessimistischen Weltsicht Ausdruck verlieh.[54] Offenbar hat Lukian das meditative Element ‚Blick aus der Loge, die Erde als Bühne' dramatisiert und in eine heitere Geschichte umgesetzt und dabei ein wichtiges Element praktischer Philosophie durch Anbindung an die Mondgeschichte zu einem wirkungsmächtigen literarischen Topos in der europäischen Literatur gemacht, das man zudem zurückverfolgen kann bis zu Platon.

9. Blick auf Erde als Aufgabe: Platons ‚Phaidon'

Denn wenn sich Lukian bei diesem Blick ‚von oben' auf die Menschen und ihr Verhalten an einen Ameisenhaufen erinnert fühlt,[55] greift er ein Motiv auf, das man öfters in Zusammenhang mit dem ‚Blick von oben' findet.[56] Folgt man nämlich dem Vergleich der Menschen mit den Ameisen, dann

---

[52] Vgl. PIERRE HADOT: Die innere Burg. Anleitung zu einer Lektüre Marc Aurels. Aus dem Französischen von MAKOTO OZAKI und BEATE VON DER OSTEN. Frankfurt a. M. 1996, S. 242f.

[53] Vgl. Ovid Met. XV 147–151; Cic. De rep. 6, 9–6, 29 (Traum des Scipio); Lucr. De rerum natura 2,1–24.

[54] Vgl. HADOT, Lebensform [Anm. 41], S. 131 ; vgl. MICHAEL ERLER: ‚Magnitudo animi' und Naturbetrachtung – Anmerkung zu „factus erectior" (Augustinus, De beata uita 4). In: Spiritus et Littera. Beiträge zur Augustinusforschung. Festschrift zum 80. Geburtstag von Cornelius Petrus Mayer OSA. Hg. von GUNTRAM FÖRSTER [u. a.]. Würzburg 2010 (Cassiciacum 39,6), S. 117–127.

[55] Vgl. Sen. Tranq. animi 12,3.

[56] Vgl . Luc. Icar. Kap. 10.

stößt man auf Platon und darauf, dass er im Dialog ‚Phaidon' nicht nur diesen Vergleich verwendet, sondern dies auch in einem Kontext tut, der geradezu als Vorgabe für das Motiv ‚Blick von oben' gelesen werden kann.[57] Im ‚Phaidon' nämlich werden Menschen, die keine wirklichen Philosophen sind, sondern irgendwie das Leben meistern, mit Ameisen verglichen.[58] Zudem und wichtiger noch ist am Schluss des Dialoges abermals von Menschen als Ameisen die Rede. Dort möchte Sokrates das Leben der Seelen, deren Unsterblichkeit er bewiesen hat, in einem Mythos beschreiben. Zuvor jedoch bietet Sokrates eine naturwissenschaftliche Spekulation über die Gestalt und Regionen der Erde, die er selbst als ungewöhnlich bezeichnet.[59] Die Erde ist demnach von oben betrachtet eine Kugel und wirkt wie ein aus 12 Stücken zusammengefügter Ball[60] in der Mitte des Universums. Weiter führt Sokrates aus, dass die ihm bekannte Welt um den Mittelmeerraum in einer von vielen Vertiefungen der Erdoberfläche liege. Die Menschen wohnen um dieses Meer herum wie Ameisen und wie Frösche um den Sumpf. Dieser Vergleich ist bemerkenswert. Der Hinweis auf Frösche leuchtet ein. Ameisen aber zu erwähnen, ergibt nur dann Sinn, wenn man die Bedeutungslosigkeit der Menschen betonen will. In der zeitgenössischen Komödie waren Ameisen offenbar mehrfach ein entsprechendes Thema.[61]

Besonders interessant ist der Kontext, in dem hier das Ameisenmotiv auftaucht. Wir erfahren nämlich, dass wir Menschen in Höhlungen der Erde wohnen wie in einem Meer und dass es eine „wahre Erde" oberhalb der uns bekannten Regionen gibt. Wir Menschen glauben, das, was über uns ist, sei der Himmel. In Wahrheit sind aber Himmel und wahre Erde außerhalb und oberhalb unseres Lebensbereiches. Der Mensch würde das erkennen, wenn er nicht von Schwerfälligkeit und Schwachheit gehindert würde aufzutauchen, um zu sehen, wie reiner und schöner es dort oben ist:

> „Wenn jemand bis dort oben hin kommen würde oder Flügel besäße und hinauffliegen könnte, (würde) er dort auftauchen und hinabblicken und, so wie hier die Fische, die aus dem Meer auftauchen und die Dinge hier sehen, würde er die Erde dort sehen, und wenn seine Natur kräftig genug ist, diesen Anblick auszuhalten, würde er erkennen, dass dies der wahre Himmel, das wahre Licht und die wahre Erde ist und dass diese unsere Erde [....] zersetzt und zerfressen ist." (109e-110a, Übers. Ebert, leicht modifiziert)[62]

---

[57] Vgl. dazu WÄLCHLI, Studien [Anm. 37], S. 158–216, bes. S. 159–166.

[58] Vgl. Plat. Phaed. 82b.

[59] Vgl. Plat. Phaed. 108e–110a.

[60] Vgl. Plat. Phaed. 110b.

[61] Vgl. Komödientitel für Pherekrates (Myrmekanthropoi, Μυρμηκάνθρωποι „Ameisenmenschen"). Ameisen spielen auch im Kontext von Musikkritik eine Rolle; vgl. MARKUS Asper: Onomata allotria. Zur Genese, Struktur und Funktion poetologischer Metaphern bei Kallimachos. Stuttgart 1997 (HERMES Einzelschriften 75), S. 44.

[62] Phaed. 109e–110a; Übers.: Platon: Werke. Übersetzung und Kommentar. Bd. I 4: Phaidon. Hg. und übers. von THEODOR EBERT. Göttingen 2003.

Wenn einer Flügel hätte, dann könnte er hinauffliegen und die Wahrheit erkennen,[63] meint also Sokrates. Man wird sich an das berühmte Flügelgespann der Seele und ihren Flug erinnern, wie er im ‚Phaidros'[64] geschildert wird, aber auch an die Tradition des ‚Blickes von oben', wie er uns bei Menippos und der Tradition begegnet, die Lukian aufgreift. Man kann geradezu sagen, dass im ‚Ikaromenippos' gleichsam dramatisiert wird,[65] was im ‚Phaidon' hypothetisch erwogen wird. Sein Menippos besorgt sich Flügel und blickt über seinen Lebensbereich hinaus. Bilder und sprachliche Reminiszenzen legen es nahe, dass Lukian bei der Gestaltung seiner Geschichte Platons ‚Phaidon' im Blick hat, wie er sich auch sonst gerne literarisch auf Platon bezieht. Immerhin vergleicht auch Platon im ‚Phaidon' das Meer und den Himmel, was zur Seereise in den Himmel inspirieren kann, wovon Lukian in den ‚ Verae historiae' erzählt.[66] Zu bedenken ist zudem, dass Plutarch in der Schrift ‚De facie' sich ebenfalls auf den ‚Phaidon' bezieht und in diesem Zusammenhang die ‚wahre Erde' in Platons ‚Phaidon' mit dem Mond gleichsetzt.[67] Man darf also vermuten, dass Platons ‚Phaidon' zu den Texten zählt, die auch Lukian bei seiner Geschichte über die Mondlandung inspirierte. Er konnte sich zudem von Plutarch angeregt fühlen, diese Himmelfahrtgeschichte mit dem Mond zu verbinden. Deutlich wird jedenfalls, dass der Topos ‚Blick von oben' bis auf Platon zurückgeht und das es sowohl Platon als auch Lukian um die Bewertung der Tätigkeit der Intellektuellen geht. Dann wäre für die von Lukian ausgehende Tradition der Science-Fiction-Literatur auch auf Platon zu verweisen.

10. Schluss

Lukians Erzählung ‚Ikaromenippos', die wie die ‚Wahren Geschichten' einen wichtigen Einfluss auf die weitere Literatur hatte, ist wohl wegen ihrer Verbindung mit dem Mond originell, greift freilich einen Topos aus dem Kontext praktischer Philosophie und Selbsttherapie auf, der nicht nur unterhalten will, sondern der Dispositionsbildung des Menschen dienen soll. Dies passt zu Lukians Aufklärungsintention: das Motiv des Mondes zu nutzen als Möglichkeit einer Perspektive auf die Erde, die nicht nur begeistert, sondern auch nachdenklich stimmt, insofern es die Bedeutung menschlicher Belange zu relativieren hilft. Wenn im Zusammenhang mit der Mondlandung nicht nur berechtigte Begeisterung über die Leistung und auch den Anblick der freischwebenden Erde, sondern auch Nachdenkliches geäußert

---

[63] Vgl. Plat. Phaed. 109e.

[64] Vgl. Plat. Phaed. 246a, 248e.

[65] Vgl. WÄLCHLI, Studien [Anm. 37], S. 167.

[66] Vgl. Plat. Phaed. 109b. Vergleich des Himmels mit dem Meer: Plat. Phaed. 109c–110a; Chance der Menschen, die wahre Erde zu sehen, wenn sie gefiedert sind: Phaed. 109e. Dazu VON MÖLLENDORFF, Auf der Suche [Anm. 3], S. 549.

[67] Vgl. Plut. De facie Kap. 25,940de; Kap. 21,934f–935a.

wurde – dass dadurch die Einsamkeit des Menschen, seine Bedeutungslosigkeit auf einem frei im All schwebenden Körper und die Relativierung menschlicher Belange vor Augen geführt werden –, dann hat auch diese Nachdenklichkeit antike Vorbilder, die von Lukian literarisiert, die von hellenistischen Philosophen instrumentalisiert und nicht zuletzt von Platon und wohl von Aristophanes angeregt wurden.

Brigitte Burrichter

Der Ritter auf dem Mond

Die Mondreise in Ludovico Ariostos ‚Orlando furioso'

Am Beginn des 16. Jahrhunderts, von 1516 bis 1532, verfasste Ludovico Ariosto den *romanzo* ‚Orlando furioso' (den ‚Rasenden Roland'). Der ‚Orlando furioso' ist ein ausgesprochen vielfältiges und hochgradig intertextuelles Werk, in dem zahlreiche Erzählfäden zu einem bunten Text verwoben werden (das Bild ist von Ariosto selber).[1] Den inhaltlichen Rahmen der Erzählung um Roland bildet die Schlacht der Franken gegen die Mauren vor Poitiers;[2] Ariosto lässt sie von Karl dem Großen und seinen Palladinen vor Paris führen. Karl hat allerdings ein Problem: Seine Kämpfer sind in ganz Europa und darüber hinaus verstreut, weil sie die schöne Angelica verfolgen oder von ihr verfolgt werden. Zum Glück sind auch die heidnischen Ritter hinter der Schönen her, so dass die Heere gleichermaßen geschwächt werden. Den Christen erwächst aber im Lauf der Erzählung ein größeres Problem als die Zerstreuung der Helden, denn Karls wichtigster Kämpfer, Roland, der Orlando des *romanzo*, wird außer Gefecht gesetzt, weil er über der unbeantworteten Liebe zu Angelica den Verstand verloren hat und nun als Wilder Mann durch die Welt zieht.[3] Die zweite Klammer des *romanzo*, eng mit der ersten verknüpft, ist die Gründungserzählung des Hauses Este, dessen Vertreter, Kardinal Ippolito I. von Este, der *romanzo* gewidmet ist. Zwei der zentralen Helden, die christliche Ritterin Bradamante und der heidnische Ritter Ruggiero, werden das Geschlecht der Este begründen. Der geographische Rahmen des *romanzo* ist weit gespannt, er reicht von Paris bis nach China, umfasst Nordafrika und Nubien und schließlich sogar den Mond, auf den der englische Ritter Astolfo gerät.

1. Auf dem Weg zum Mond

Astolfos Mondfahrt wird, vom Leser unbemerkt, von langer Hand vorbereitet. Bereits im 15. Gesang bekommt Astolfo von der Fee Logistilla zwei Ob-

---

[1] Ludovico Ariosto: Orlando furioso. Hg. von MARCELLO TURCHI. Mailand 1974, XIII, 81; im Folgenden mit Canto und Strophe zitiert. Die Übersetzungen sind aus Ariost: Der Rasende Roland. Übers. von JOHANN DIEDERICH GRIES. München 1987.

[2] In der historischen Schlacht 732 stellte sich Karl Martell den vordringenden maurischen Verbänden entgegen und trieb diese hinter die Pyrenäen zurück.

[3] Siehe BRIGITTE BURRICHTER: Der Wahnsinnige als Wilder Mann. ‚Yvain ou le Chevalier au Lion', ‚Amadas et Ydoine' und ‚Ariosto furioso'. In: WahnSinn in Literatur und Künsten. Hg. von GERHARD PENZKOFER und IRMGARD SCHAROLD. Würzburg 2017 (Würzburger Ringvorlesungen 10), S. 81–110, hier S. 102–108.

jekte, die ihm später helfen werden: ein Buch, das Anleitungen für Zauber und Gegenzauber enthält, und ein Horn, dessen Klang alle in die Flucht treibt. Im 22. Gesang löst er mithilfe des Buches einen Zauber und bekommt so den Hippogryphen, das geflügelte Pferd des heidnischen Zauberers Atlante, der eine Mischung aus Pferd und Greif ist.

> *Non potrebbe esser stato più giocondo*
> *d'altra aventura Astolfo, che di questa;*
> *che per cercar la terra e il mar, secondo*
> *ch'avea desir, quel ch'a cercar gli resta,*
> *e girar tutto in pochi giorni il mondo,*
> *troppo venìa questo ippogrifo a sesta.*
> *Sapea egli ben quanto a portarlo era atto,*
> *che l'avea altrove assai provato in fatto.* (XXII, 26)

> „Wohl konnte man Astolf nun nichts erweisen / Was größre Freud als dieses ihm gebar; / Denn Land und Meer nach Wunsche zu durchreisen, / Zu sehn, was ihm zu sehn noch übrig war, / Die ganze Welt in kurzem zu umkreisen, / Bot sehr bequem der Hippgryph sich dar. / Auch wußt Astolf, wie gut er sei zu reiten; / Er hatt ihn schon erprobt zu andren Zeiten."

Die Neugierde treibt Astolfo also an, er wird über die ganze (Alte) Welt fliegen und schließlich mit dem Hippogryphen ins Irdische Paradies gelangen, um von dort zum Mond aufzusteigen.

Die Mondreise greift auf mehrere Prätexte zurück und setzt diese in eine neue Erzählung um. Die wichtigsten sind Lukians ‚Ikaromenippus'[4] und Dantes ‚Divina Commedia' – Dante kommt im zweiten Gesang des ‚Paradiso' auf den Mond.[5] Vor allem Astolfos Weg zum Mond ist voller Dante-Reminiszenzen, denn Astolfo gelangt zunächst in die Hölle und von dort ins Irdische Paradies.

Eigentlicher Ausgangspunkt der Mondreise ist die letzte Station des Rundflugs, Äthiopien, wo der blinde König (der Priesterkönig Johannes) von den Harpyien gequält wird. Der König war ob seines Reichtums so überheblich geworden, dass er schließlich den Berg des Irdischen Paradieses besteigen wollte, und wurde deshalb von Gott mit Blindheit geschlagen und den Harpyien ausgesetzt.[6] Astolfo bekämpft die Monster und verjagt sie schließlich mit seinem magischen Horn. Er verfolgt die Unwesen bis in die Hölle, deren Eingang am Fuß eines hohen Berges liegt – hier beginnen die Dantebezüge. Astolfo sieht auf dem dunklen Weg Gestalten, von denen eine, nach-

---

4 Siehe dazu MICHAEL ERLER: Der Mond als Loge, die Erde als Bühne. Lukians Erzählung von Menippos' Weltraumfahrt, in diesem Band, S. 115–130.

5 Zum Mond in der ‚Commedia' siehe MICHELANGELO PICCONE: Canto due. In: Lectura Dantis Turicensis. Hg. von GEORGES GÜNTERT und MICHELANGELO PICCONE. Firenze 2002, Bd. 3: ‚Paradiso', S. 35–51.

6 Die Strafe für die Anmaßung, den Paradiesberg besteigen zu wollen, erinnert an den Odysseus in Dantes ‚Inferno' (Canto 25), der den Versuch mit dem Tod bezahlt hatte.

dem er sie mit dem Schwert geschlagen hatte, ihn anspricht. Es entspinnt sich ein Gespräch in Dantescher Manier:

> *Il duca stupefatto allor s'arresta,*
> *e dice all'ombra: — Se Dio tronchi ogni ala*
> *al fumo, sì ch'a te più non ascenda,*
> *non ti dispiaccia che 'l tuo stato intenda.*
>
> *E se vuoi che di te porti novella*
> *nel mondo su, per satisfarti sono. —*
> *L'ombra rispose:— Alla luce alma e bella*
> *tornar per fama ancor sì mi par buono,*
> *che le parole è forza che mi svella*
> *il gran desir c'ho d'aver poi tal dono,*
> *e che 'l mio nome e l'esser mio ti dica,*
> *ben che 'l parlar mi sia noia e fatica. —* (XXXIV, 9–10)

> „Der Herzog bleibt vor Staunen unbeweglich / Und spricht zum Geist: „Gott lähme dergestalt / Des Rauches Flügel, daß sie nicht dich stören! / Doch laß mich deines Schicksals Kunde hören. // Und soll die Welt von dir Bericht erlangen / Durch meinen Mund, gern leist ich dir Gewähr.“ Der Geist versetzt: „Zum heitern Sonnenprangen / Scheint mir so hold und süß die Wiederkehr, / Auch nur durch Ruf, daß heftiges Verlangen / Nach solchem Glück mich zwingt, auf dein Begehr / Dir meinen Stand und Namen anzusagen, / Macht Reden gleich mir viel Beschwerd und Plagen.“

Die Seele berichtet, dass an diesem Ort die Frauen büßen, die aus Hochmut und verschmähter Liebe Männer ins Unglück gestürzt haben, und erzählt dann ihre eigene Geschichte.

Astolfo überlegt, weiter in die Hölle vorzudringen, verlässt dann aber diesen unwirtlichen Ort schnell wieder, weil der Gestank zu stark wird. Sehr beiläufig gibt der Erzähler hier zum ersten Mal einen Hinweis darauf, dass Astolfo nicht nur aus eigenem Antrieb handelt: *andare un palmo sol più non gli lice* (XXXIV, 44, „auch nur eine Spanne weiter zu gehen, war ihm nicht erlaubt“ [Übersetzung B. B.]), es scheint also, dass nicht nur der Höllengestank ein Weitergehen unmöglich macht, sondern eine höhere Macht im Spiel ist. Astolfo geht daher zurück, verschließt den Zugang zur Hölle mit Steinen, wäscht sich dann den Höllenschmutz vom Gesicht (XXXIV, 47)[7] und fliegt mit dem Hippogryphen auf den hohen Berg, der bis zur Mondsphäre zu reichen scheint. Seine Motivation: Ihm scheint der Berg so verlockend, dass er neugierig wird und immer höher fliegen will. *Tanto è il desir che di veder lo 'ncalza, / ch'al cielo aspira, e la terra non stima* (34,48, „Verächtlich dünken ihn die Erdengleise, / Gen Himmel treibt ihn die Begier zu sehn“). Zum ersten Mal scheint hier der ‚Ikaromenippus‘ Lukians als

[7] Als Dante und Vergil die Hölle verlassen haben, wäscht Vergil seinem Begleiter das Gesicht.

Prätext durch, wenngleich Astolfos Neugier weniger konkret als die des Menippus ist, da er sein Ziel nicht kennt.

Auf der Spitze des Berges findet er eine wundervolle Blumenwiese (XXXIV, 49–51) und einen prachtvollen Palast.[8] Er wird von einem würdigen alten Mann empfangen, der Astolfo erklärt, er sei auf Gottes Weisung hin im Irdischen Paradies angekommen, nicht etwa aus freien Stücken, wie der Ritter bisher geglaubt hatte. Denn er müsse dem Kaiser im Kampf gegen die Heiden helfen. Der alte Mann stellt sich als der Evangelist Johannes vor.

Nach einem guten Essen erklärt ihm der Evangelist Gottes Absicht: Astolfo soll den besten Ritter des Kaisers, Roland, zurück auf das Schlachtfeld führen. Da Orlando aber wegen seiner Liebe zu Angelica seinen Auftrag zur Verteidigung der Christenheit vernachlässigt habe, hat Gott ihn mit Wahnsinn gestraft.[9] Die Frist der Strafe ist nun aber abgelaufen und deshalb hat Gott Astolfo dazu bestimmt, Orlando Heilung zu bringen. Dafür müsse er aber, so fährt der Evangelist fort, auf den Mond reisen.

Ariosto erweitert mit dieser Erklärung seine bisher nur auf das Irdische beschränkte Erzählung um die göttliche Ebene und erklärt ausdrücklich, dass Karls Verteidigung gegen die Mauren in einem größeren Kontext steht. Was zunächst als Astolfos Neugier erschien, ist in Wahrheit Gottes Plan,[10] wie Dante steigt auch Astolfo durch Gottes Willen in die Planetensphäre auf. Allerdings geht es nicht um die Rettung einer individuellen Seele, wie bei Dante, sondern um die Rettung der Christenheit mit militärischen Mitteln. Dies erklärt auch, dass die Mondfahrt hier weitaus technischer bewerkstelligt wird als in der ‚Divina Commedia', deren Protagonist nur Beatrices Blick folgen musste, um in den Himmel aufzusteigen. Im *romanzo* wird die Mondfahrt genau vorbereitet, wie dies auch Lukians Menippus tut.[11] Man müsse auf den günstigen Moment warten, so erklärt der Evangelist, bis der Mond genau über ihnen stehe. Für den Aufstieg greift Johannes auf das Himmelsgefährt zurück, das, wie es im Text heißt, schon Elias in den Himmel

---

8 Vgl. die Wiese im Irdischen Paradies bei Dante (Purgatorio 28). Der Palast ist vielleicht von der Beschreibung des Irdischen Paradieses in Andrea da Barbarinos ‚Guerino il Meschino' angeregt (der seinerseits auf die Brandansreise und/oder das ‚Purgatorio Sancti Patricii' zurückgreift und dessen Darstellung ausschmückt). Das Irdische Paradies ist dort von einer leuchtenden, prachtvollen Mauer umgeben. Dort fragt der Protagonist auch nach dem Evangelisten Johannes, der aber, so erfährt er, gerade ‚beim Herrn' sei; Andrea da Barberino: Guerino il Meschino. BSB-Ink A-484, urn:nbn:de:bvb:12-bsb00045536-3, k2r (03.09.2020).

9 Etwas später verweist der Evangelist auf Nebukadnezar (XXXIV, 65), allerdings müsse Orlando nur drei Monate im Wahnsinn leben.

10 Der Evangelist erklärt, dass die ganzen Hilfsmittel ohne Gottes Willen nichts geholfen hätten (XXXIV, 56).

11 Lukian von Samosata: Ikaromenippus oder die Luftreise. In: Lucians von Samosata Sämtliche Werke. Übers. von CHRISTOPH MARTIN WIELAND. Bd. 1, Leipzig 1788, S. 198–237, hier S. 210f.

führte.[12] Johannes nimmt den Wagen, spannt die Feuerrösser an, wartet auf den Moment, an dem der Mond am nächsten steht und fährt dann los.

Quattro destrier via più che fiamma rossi
al giogo il santo evangelista aggiunse;
e poi che con Astolfo rassettossi,
e prese il freno, inverso il ciel li punse.
Ruotando il carro, per l'aria levossi,
e tosto in mezzo il fuoco eterno giunse;
che 'l vecchio fe' miracolosamente,
che, mentre lo passar, non era ardente. (XXXIV, 69)

„Vier Rosse, die der Flammen Rot besiegen, / Spannt an die Deichsel nun der heil'ge Mann, / Und als mit Astolfen eingestiegen, / Nimmt er den Zaum und treibt sie himmelan. / Der Wagen eilt, die Lüfte zu durchfliegen, / Und langt gar bald im ew'gen Feuer an; / Wobei jedoch, solang' er es durchrannte, / Der Greis das Wunder tat, daß es nicht brannte."

Wenn Dante sich fragte, wie ein lebendiger Körper ins himmlische Reich der Seelen eindringen könnte, so gibt es hier das – im Kontext des Weltbildes – natürliche Hindernis des Feuerrings.[13] Aber das ist – wie Dantes Körperlichkeit – kein Problem, weil auch hier der Himmel hilft. Sie durchfahren den Feuerring gefahrlos und gelangen schließlich auf den Mond.

2. Auf dem Mond

Der Mond selber erstaunt Astolfo, und er gibt eine Beschreibung, hinter der die Prätexte durchschimmern:

Tutta la sfera varcano del fuoco,
ed indi vanno al regno de la luna.
Veggon per la più parte esser quel loco
come un acciar che non ha macchia alcuna;
e lo trovano uguale, o minor poco
di ciò ch'in questo globo si raguna,
in questo ultimo globo de la terra,
mettendo il mar che la circonda e serra. (XXXIV, 70)

„Dem Feuerkreis entronnen, führt zum Reiche / Des Mondes sie nunmehr ihr kühner Pfad. / Sie sehn, daß dieser fast dem Stahle gleiche, / Der, gut geglättet, keinen Flecken hat, / Und daß er unsre Kugel wohl erreiche / An Größ' und

[12] Vgl. 2 Kön 2,11: „Und als sie miteinander gingen und redeten, siehe, da kam ein feuriger Wagen mit feurigen Rossen, die schieden die beiden voneinander. Und Elia fuhr im Wettersturm gen Himmel" (Lutherbibel 2017).

[13] Die Bedingungen des Weltalls werden also im Vergleich zu Lukian an die modernen Erkenntnisse angepasst, bei Dante theologisch, bei Ariosto astronomisch. Vgl. zum Problem des Körpers bei Dante PICCONE, Canto due [Anm. 5], S. 35–39.

Umfang, oder bald ihr naht; / Die Erdenkugel, sag' ich, samt dem Meere, / Das rings umgibt und einengt ihre Sphäre."

Lukian und auch Dante begegneten dem Mond mit den wissenschaftlichen Fragen ihrer Zeit. Für Lukian war es die Frage, ob der Mond gasförmig oder fest sei,[14] Dante fragte, den wissenschaftlichen Diskussionen seiner Zeit entsprechend, nach der Ursache der Mondflecken,[15] die, wie er feststellt, allerdings nur von der Erde aus sichtbar sind. Ariosto folgt Dantes Beschreibung, wenn er den Mond fleckenlos beschreibt: *Veggon per la più parte esser quel loco / come un acciar che non ha macchia alcuna* (XXXIV, 70), allerdings spart sich Ariosto die wissenschaftliche Diskussion und belässt es bei der Anspielung auf den Prätext. Der erste Eindruck betrifft die Größe des Mondes:

Quivi ebbe Astolfo doppia meraviglia:
che quel paese appresso era sì grande,
il quale a un picciol tondo rassimiglia
a noi che lo miriam da queste bande;
e ch'aguzzar conviengli ambe le ciglia,
s'indi la terra e 'l mar ch'intorno spande,
discerner vuol; che non avendo luce,
l'imagin lor poco alta si conduce. (XXXIV, 71)

„Zweifach erstaunt den Herzog, zu erfahren, / Daß dieses Land so groß ist nahebei, / Das, angeschaut von Erdbewohnerscharen, / Aussieht, als ob's ein kleiner Teller sei; / Und daß er, um die Erde zu gewahren / Mitsamt dem Meer, die Augen alle zwei / Sehr schärfen muß; denn leer an eignem Lichte, / Erhebt ihr Bild sich wenig zum Gesichte."

So klein der Mond von der Erde aus aussieht, so groß ist er in Wirklichkeit.[16] Die Diskussion über die Größe und das anschließende Schärfen des Blicks, um auf der Erde überhaupt etwas zu sehen, folgt Lukians ‚Ikaromenippus',[17] allerdings gibt es keinen satirischen Blick zurück, wie bei Lukian. Da Johannes und Astolfo am Abend gestartet sind, die Erde also nicht mehr von der Sonne angestrahlt wird und folglich ziemlich dunkel ist, kann Astolfo nichts erkennen.[18] Lukian beschreibt im ‚Ikaromenippus' ausführlich

---

[14] ERLER, Der Mond als Loge [Anm. 4], S. 118.

[15] Beatrice widerlegt Dantes zunächst vorgebrachte Meinung, die Flecken rührten von der unterschiedlichen Dichte der Mondregionen her, mit Ausführungen, die auf den avanciertesten optischen Theorien der Zeit basieren, siehe KRISTA RASCOE: Blinded by the Light: Medieval Optical Physics in Dante's *Paradiso*. In: Text, Transmission, and Transformation in the European Middle Ages, 1000-1500. Hg. von CARRIE GRIFFIN und EMER PURCELL. Turnhout 2018, S. 101–118, hier S. 108–110. Zu den Mondflecken auch PICCONE, Canto due [Anm. 5], S. 48–51.

[16] Diese Feststellung reiht sich ein in eines der Leitthemen des ‚Orlando', die Frage nach Schein und Sein. Dies soll hier aber nicht weitergeführt werden.

[17] Lukian, Ikaromenippus [Anm. 11], S. 212ff.

[18] Vgl. zu der ganzen Episode JOACHIM WINK: Glaube und Fiktion im Orlando

den Blick zurück auf die Erde, im ,Wahren Traum' die Mondbewohner und ihre Schlacht gegen die Sonnenbewohner,[19] sagt aber nichts über den Mond selber aus. Ariosto lässt seinen Ritter nun den Mond erkunden:

Altri fiumi, altri laghi, altre campagne
sono là su, che non son qui tra noi;
altri piani, altre valli, altre montagne,
c'han le cittadi, hanno i castelli suoi,
con case de le quai mai le più magne
non vide il paladin prima né poi:
e vi sono ample e solitarie selve,
ove le ninfe ognor cacciano belve. (XXXIV, 72)

„Ganz anders als auf unserm Erdenkreise / Sind oben dort die Felder, Flüsse, Seen; / Die Ebnen, Täler, Höh'n von andrer Weise, / Mit Städten und mit Schlössern wohl versehn, / Mit Häusern, die Astolf auf keiner Reise, / Vorher noch nachher, je so groß gesehn. / Auch weite Wälder gibt's im Mondgefilde, / Wo stets die Nymphen jagen nach dem Wilde."

Der Mond ist also ausgestattet wie die Erde, wenn auch alles größer und prachtvoller ist, und Ariosto bevölkert den Mond mit den Gestalten der antiken Mythologie, später kommen noch die Parzen dazu. Wer in den Städten und Burgen lebt, wird nicht gesagt, denn Astolfo hat keine Zeit für die Wunder des Mondes (und der Erzähler nicht für deren Beschreibung), hat er doch einen Auftrag. Es reicht anzuführen, dass alles anders sei als auf der Erde. Der Apostel führt ihn schließlich in ein Tal,

ove mirabilmente era ridutto
ciò che si perde o per nostro diffetto,
o per colpa di tempo o di Fortuna:
ciò che si perde qui, là si raguna. (XXXIV, 73)

„Wo wunderbarlich alles wird gefunden, / Was man verliert, es sei durch Ungefähr, / Durch Zeit, durch Schicksal, durch Versehn: dort oben / Wird, was man hier verloren, aufgehoben."

Zu diesem Tal der verlorenen Dinge hat Ariosto wohl Leon Battista Alberti inspiriert, der in seinen Tischgesprächen ein Gespräch zwischen zwei Freunden anführt, in dem der eine von einer Reise ins Land der Träume erzählt, in dem es an einem Fluss ein Ufer der verlorenen Dinge gibt.[20] Ariosto beschreibt das Tal der verlorenen Dinge auf dem Mond ausführlich und nutzt es zum satirischen Blick auf seine Zeit, den Lukian mit dem Blick auf die Erde realisiert hatte. Im Tal finden sich Berge von Liebesschwüren, Verspre-

Furioso. Auskultation eines einbalsamierten Korpus' und Rekonstruktion blasphemischen Lachens. Frankfurt a. M. [u. a.] 2009, S. 277–290, zur ,dunklen' Erde S. 282.

19 ERLER, Der Mond als Loge [Anm. 4], S. 116.

20 Leon Battista Alberti: Le Intercenali. Hg. und übers. von IDA GARGHELLA. Neapel [u. a.] 1998, Buch 4.1, S. 76–80, hier S. 78. Das Gespräch ist sehr deutlich von Lukians ,Wahren Geschichten' inspiriert.

chen und Gebeten, vertane Zeit und verlorener Ruhm, untergegangene Reiche und vergangene Schönheit – außer Dummheit gibt es hier alles reichlich, und Ariosto breitet es über acht Strophen genüsslich aus. Drei Strophen lang geht es um moralische Versäumnisse, fast sechs Strophen um Hofkritik: Es gibt Berge von vergeblichen Schmiergeldern und Bestechungsversuchen, fehlgeleiteten Almosen und sogar die Constantinische Schenkung. Es ist offensichtlich, dass diese schöne Beschreibung eine Satire auf seine eigene Zeit und vor allem auf das Leben am Fürstenhof ist.[21] Der höchste Berg in diesem Tal besteht aus Ampullen, die verlorenen Verstand enthalten:[22]

> *Era come un liquor suttile et molle,*
> *atto a esalar, se non si tien ben chiuso;*
> *e si vedea raccolto in varie ampolle*
> *qual più, qual men capace, atte a quell'uso.* (XXXIV, 83)

> „Als feiner Liquor war er hier zu sehen, / Der, nicht sehr fest verschlossen, leicht verraucht. / Man sah in Flaschen aller Art ihn stehen, / Groß oder klein, wie man sie nun gebraucht."

Die Ampullen sind mit dem Namen des früheren Besitzers versehen, und so kann Astolfo lesen, wie viele Männer, die er bisher für recht vernünftig gehalten hatte, ihren Verstand verloren haben. In der größten Ampulle ist der Verstand Orlandos, den Astolfo auf Geheiß des Evangelisten mitnimmt. Damit er Orlando seinen Verstand wiedergeben kann, darf er zu Übungszwecken seinen eigenen verlorenen Verstand inhalieren.

Der Evangelist führt den Ritter dann weiter auf dem Mond herum, zunächst zum Palast der Parzen. Der Besuch bei den Parzen gibt Anlass für einen Blick in die Zukunft der Familie von Ariostos Mäzen: Der Besuch auf dem Mond hat so neben der erzähltechnischen und satirischen auch eine panegyrische Funktion.

Dann sieht Astolfo einen Alten, der Namen in einen Fluss wirft, von denen einige von Vögeln aufgepickt werden. Der Evangelist erklärt, dass der Alte die Zeit sei, die alles dem Vergessen anheimgibt. Die Namen, die von den Vögeln aufgepickt und später dann wieder fallengelassen werden, bleiben eine gewisse Zeit in der Erinnerung der Nachwelt, Namen allerdings, die von Schwänen aufgenommen werden, entgehen dem Vergessen ganz. Die Schwäne seien auf dem Mond, was die Poeten auf der Erde seien, so fährt der Evangelist fort (XXXV, 22) und setzt dann zu einer langen Erklärung über die Macht der Dichtung an. Es seien die Dichter, so Johannes, die nicht nur für den Nachruhm sorgen, sondern auch das Bild bestimmen, das von einem Menschen bleibt. Macht man sich die Dichter zu Freunden, prägen sie ein positives Bild, verärgert man sie, ein negatives. Die lange Liste der Beispiele beginnt mit Aeneas, der nicht so fromm gewesen sei, wie

---

21 Vgl. WINK, Glaube und Fiktion [Anm. 18], S. 286–290.

22 Der verlorene Verstand findet sich auch an Albertis Ufer, allerdings wird er dort nicht genauer beschrieben.

berichtet wird. Johannes fährt damit fort, dass die Griechen verloren, die Trojaner gewonnen haben und Penelope eine Hure war, und endet nach weiteren Beispielen mit Dido, die keusch gewesen sei, aber von Vergil als Hure dargestellt worden sei, weil er sie nicht mochte. Von den antiken Beispielen der Divergenz zwischen Realität und dichterischer Überlieferung geht Johannes direkt dazu über, dass er als Autor das Leben seines geliebten Herrn aufgezeichnet habe (XXXV, 25–29) – *honi soit qui mal y pense.*

Nach weiteren Gesprächen, die der Erzähler nicht mehr berichtet, kehren die beiden ins Irdische Paradies zurück, und Astolfo besteigt wieder den Hippogryphen, um Orlando nach einigen Umwegen seinen Verstand zurückzugeben.

3. Mondbilder

Ariosto greift auf vorgängige Mondreisen zurück, auf Lukian und Dante und ergänzt seine Inszenierung des Mondes mit Albertis Fantasiegeschichten. Dabei zitiert er genau so viel, dass der Leser den Prätext erkennt, um von diesem aus ganz eigene Entwürfe zu finden. Anders als Lukian und Alberti versieht Ariosto seine Mondreise mit vielen Aspekten, die den Anschein von Realität erwecken. Der Empfang im Paradies hat, anders als bei Dante oder auch in den früheren Jenseitsbeschreibungen, nichts Spirituelles, sondern versorgt den Reisenden mit Essen und einem bequemen Bett. Für die Fahrt zum Mond steht im Irdischen Paradies das geeignete Gefährt bereit, das auch sonst für Reisen in die umgebenden Himmelsregionen dient (*un carro,* [...] *ch'era ad uso / d'andar scorrendo per quei cieli intorno* [XXXIV, 68, „ein Wagen [...] / Den man gebraucht, die Himmel zu durchziehen"]), der Evangelist wartet auf den günstigen Moment für den Start. Alles auf dem Mond ist größer und prächtiger als auf der Erde, aber davon abgesehen, gibt es hier wie dort Flüsse und Seen, Städte und Burgen. Johannes erklärt seinem Begleiter, was dieser nicht versteht. Der Mond ist nicht fantastischer oder mirakulöser als die intradiegetische irdische Welt des *romanzo* mit ihren Zauberern und Feen.

4. Die Mondreise im Kontext des *romanzo*

Astolfos Reise zum Mond erweitert die Geographie des *romanzo*, der in der gesamten Alten Welt spielt. Die Ritter sind ständig in Bewegung, wer den Hippogryphen nutzen kann, überfliegt die Welt in wenigen Tagen. Ariosto nimmt, wie Lukian,[23] gängige Formulierungen wörtlich – wenn Orlando seinen Verstand verloren hat, muss dieser sich irgendwo befinden. Da die Erde den Rittern zugänglich ist und keine Geheimnisse hat, bietet sich der

---

[23] Vgl. ERLER, Der Mond als Loge [Anm. 4], S. 123.

Mond als Ort an. Gleichzeitig gibt dies Ariosto die Gelegenheit, seiner bis dahin sehr im Irdischen verhafteten Rittererzählung einen transzendenten ‚Überbau' zugeben, wenn Gott selber in den Kampf gegen die Heiden eingreift und die Rettung in der himmlischen Sphäre liegt.

Wie sorgfältig Ariosto dabei vorgeht, zeigt ein Blick auf eine berühmte Strophe des ersten Gesangs, als der Christ Rinaldo und der Heide Ferraù gemeinsam, auf einem Pferd, Angelica verfolgen:

> *Oh gran bontà de' cavallieri antiqui!*
> *Eran rivali, eran di fé diversi,*
> *e si sentian degli aspri colpi iniqui*
> *per tutta la persona anco dolersi;*
> *e pur per selve oscure e calli obliqui*
> *insieme van senza sospetto aversi.*
> *Da quattro sproni il destrier punto arriva*
> *ove una strada in due si dipartiva.* (I, 22)

> "Oh Biederkeit der alten Rittersitten! / Die Nebenbuhler waren, die entzweit / Im Glauben waren, bittern Schmerz noch litten / Am ganzen Leib vom feindlich wilden Streit, / Frei von Verdacht und in Gemeinschaft ritten / Sie durch des krummen Pfades Dunkelheit. / Das Roß, getrieben von vier Sporen, eilte, / Bis wo der eine Weg in zwei sich teilte."

Angesichts dieses ‚Rittergeistes', der den *romanzo* über weite Strecken bestimmt,[24] motiviert der göttliche Eingriff die Hinwendung zum ernsthaften Glaubenskampf. Wohl hatte Karl schon im ersten Kampf, wie im ‚Rolandslied', auf sein Gebet hin Hilfe vom Heiligen Michael bekommen, aber der religiöse Aspekt blieb bisher auf die wenigen Szenen auf dem Pariser Schlachtfeld beschränkt. Nun, nachdem Ariosto im göttlichen Auftrag mit seiner Mondreise zur Rettung der Christenheit beiträgt, lösen sich nach und nach die noch offenen Konflikte, die positiven heidnischen Protagonisten bekehren sich zum Christentum, die Helden sammeln sich bei Paris und die Christen siegen.

Die Annäherung Ariostos an den Mond ist ebenfalls vorbereitet. Der nubische König hatte aus Hochmut bereits versucht, den hohen Berg zu besteigen und ins Irdische Paradies zu gelangen (XXXIII, 109f.). Gott hatte dies verhindert und ihn dafür bestraft. Der Paradiesberg ist damit bereits in die Erzählung eingeführt, als Astolfo aus Neugier hinauffliegt, ihm ist der Aufstieg erlaubt. Auch der prachtvolle Palast des Irdischen Paradieses ist durch den – nach menschlichen Maßstäben – sehr prachtvollen Palast des nubischen Königs vorbereitet, der aus purem Gold und vielen Edelsteinen besteht.

Diese sorgfältige Vorbereitung des Irdischen Paradieses lenkt den Blick auf dessen Funktion in der Erzählung. Mit Blick auf Lukians ‚Ikaromenip-

[24] Wenn die Ritter auch in der Regel gegeneinander kämpfen, aber selten im Kontext des großen Kampfes.

pus' zeigt sich eine strukturelle Parallele der beiden Reisen des Astolfo und des Menippus. Für letzteren ist der Mond die erste Station außerhalb der Erde. Menippus ist aus Neugierde auf dem Mond gelandet und bekommt dort eine Botschaft an Jupiter mit, dann startet er vom Mond zum Weiterflug zu Jupiter.[25] Ariosto verschiebt die Orte, behält aber deren Funktion für die Reise insgesamt bei. Auch Astolfo startet aus Neugierde, im christlichen Kontext ist aber der Ort, der nicht mehr ganz der irdischen Sphäre angehört, das Irdische Paradies. Dort erfährt Ariosto seine Aufgabe und fährt von dort auf den Mond. Lukian schimmert damit auch auf der strukturellen Ebene der Monderzählung durch.

Von diesem epischen Rahmen abgesehen, nutzt Ariosto die Mondepisode für alle Aspekte, die auch sonst den *romanzo* bestimmen und steigert diese: Die Fahrt zum Mond ist schneller als der Flug mit dem Hippogryphen, der seinerseits der ständigen Bewegung der Ritter neue Dimensionen eröffnet. Das Tal der verlorenen Dinge gibt der Satire breiten Raum und der Besuch bei den Parzen Gelegenheit zur Enkomiastik. Die Diskussion über die Rolle der Dichter, die Ariosto selber immer wieder ins Spiel bringt, gewinnt durch die Autorität des Evangelisten zusätzliches Gewicht. Nicht zuletzt findet Ariosto eine originelle Lösung, um den wahnsinnigen Orlando zu heilen und damit zugleich alle Ritter wieder zum eigentlichen Kampfgeschehen vor Paris zurückzuführen.

Ariosto hat mit seiner Mondreise die menippische Satire aufgegriffen und sie in einer neuen, originellen Erzählung umgesetzt.[26] Der Mond ist dabei nicht nur der höchste geographische Punkt, den der Ritter erreicht, hier verdichtet sich die Ironie, die den ganzen *romanzo* durchzieht, zur Satire. Astolfo braucht dafür nicht auf die Erde zurückblicken; deren Schwächen präsentieren sich ihm im Sammelsurium der verlorenen Dinge auf dem Mond.

---

[25] ERLER, Der Mond als Loge [Anm. 4], S. 119.

[26] Siehe dazu WERNER VON KOPPENFELS: Der andere Blick. Das Vermächtnis des Menippos in der europäischen Literatur. München 2007, S. 43f.

Stefan Kummer

Der Mond in der neuzeitlichen Landschaftsmalerei*

I.

Es gibt Nächte, die vom strahlenden Licht des Vollmondes erfüllt sind, so dass es kaum einer künstlichen Beleuchtung bedarf, um im Freien seinen Weg zu finden. Häufiger sind indessen die Nächte, an denen der zu- oder abnehmende Mond unter anderen Gestirnen, abgesehen von seiner Größe, keine herausragende Rolle am Himmel spielt, nicht zu reden von den Neumondphasen. Ähnlich verhält es sich mit der Darstellung des Mondes in der Geschichte der europäischen Landschaftsmalerei. Es gab Zeiten, in denen die Landschaftsmaler dem Mond nur eine marginale Rolle zubilligten, wenn er überhaupt als darstellungswürdig galt. Und andererseits kennen wir Epochen der Landschaftsmalerei, die sich durch eine regelrechte „Mondschwemme" auszeichnen, wie es Andreas Blühm mit Blick auf die Romantik ausgedrückt hat. Hiermit sind die ungezählten Landschaftsbilder dieser Epoche gemeint, auf denen der strahlende Vollmond den Ton angibt. Der folgende Überblick über die Geschichte der ‚Mondscheinlandschaften' in der neuzeitlichen europäischen Malerei kann und will selbstverständlich keinen Anspruch auf Vollständigkeit bei der Ausschöpfung dieses weitgespannten Themas beanspruchen. Zur Begrenzung auf Monddarstellungen in der neuzeitlichen Landschaftsmalerei ist anzumerken, dass die künstlerische Auseinandersetzung mit dem Thema ‚Mond' erst im Zusammenhang eines Landschaftsbildes ein ästhetisches Interesse gewinnt, das über rein ikonographische Tatbestände hinausführt und die Sinne des Betrachters bisweilen so sehr in den Bann zu schlagen vermag, dass man von nahezu magischer Wirkung sprechen möchte, die von der Erscheinung des Mondes in der Landschaftsmalerei ausgehen kann.

Die Eingrenzung auf das Gebiet der Landschaftsmalerei hat zur Folge, dass das Mittelalter nicht in den Fokus der folgenden Darlegungen gerät. Die Darstellung der Landschaft war nämlich im Mittelalter bedeutungslos, wie überhaupt die naturgetreue Schilderung der Welt und des Menschen, was hier nicht näher erörtert werden kann.

Der folgende Text lehnt sich mit einer Reihe seiner Beispiele an den von Andreas Blühm herausgegebenen, 2009 erschienenen Ausstellungskatalog ‚Der Mond' an, allerdings verfolgt er eigene Wege. Denn er versteht sich als ein freilich nur bescheidener Beitrag zur Geschichte der europäischen Landschaftsmalerei.

---

* Die Essayform des Vortrags vom 4. Juni 2019 wurde beibehalten. Die verwendete Literatur ist am Schluss des Beitrags aufgeführt.

II.

Im 14. und zunehmend im 15. Jahrhundert trat ein tiefgreifender Wandel in der Landschaftsmalerei ein, der nicht allein diese betraf. Allgemein erwachte in der europäischen Kunsttätigkeit des Spätmittelalters ein neuartiges Interesse an der Darstellung der Natur und der Lebenswelt des Menschen, das sich auch auf die Wiedergabe der Himmelserscheinungen zu erstrecken begann. Nun wurden nicht nur Landschaften bei Tageslicht, sondern auch Nachtlandschaften und der gestirnte Himmel darüber zum Thema der Malerei.

Eine der wahrscheinlich frühesten gemalten nächtlichen Landschaften findet sich auf einem Bild an der Predella des 1423 von dem mittelitalienischen Maler Gentile da Fabriano geschaffenen Dreikönigsaltars (Florenz, Uffizien; Abb. 1). Auf dem Gemälde, welches die Geburt Christi darstellt (Abb. 2), erstreckt sich jenseits der Szenerie, die der Stall und die Herberge, Maria mit dem Kind, Ochs und Esel, der schlafende Joseph und zwei Frauen bilden, eine Hügelkette, wo sich die Verkündigung an die Hirten ereignet und über die sich ein von unzähligen Sternen übersäter nächtlich blauer Himmel wölbt. Am linken Bildrand, ganz oben in der Ecke der Bildtafel, erscheint unauffällig die Sichel des zunehmenden Mondes, der offensichtlich keine besondere Aufmerksamkeit beanspruchen soll, gleichwohl die Erscheinung des Nachthimmels komplettiert. Der Mond ist lediglich Teil des Kosmos, der wiederum als Hinweis auf das Reich Gottes verstanden werden darf. Dessen ungeachtet erscheint es als bemerkenswert, dass eine der ersten Monddarstellungen des zu Ende gehenden Mittelalters und der beginnenden Neuzeit den Erdtrabanten in seiner ihm zugehörigen ‚Umgebung' zeigt, ohne ihn in evident allegorische Bezüge zu stellen. Vielmehr begnügt sich die Darstellung mit der Schilderung der Erscheinung des Gestirnes, wodurch die Stimmung und die Atmosphäre der nächtlichen Szenerie abgerundet wird.

Das Erscheinen des Mondes kann aber auch zur Verdeutlichung der Erzählung beitragen, wie ein gegen 1450 entstandenes Tafelgemälde mit der Darstellung der Gefangennahme Christi bezeugt. Das Bild wird dem namentlich nicht bekannten Meister der Karlsruher Passion, einem oberrheinischen Maler, zugeschrieben (Karlsruhe, Kunsthalle; Abb. 3). Das dichte Gewimmel der Schergen, die Christus gefangengenommen haben, füllt großenteils die Tafel. Am oberen Bildrand sind links Judas, der mit seinem Lohn zu entkommen sucht, und rechts Petrus, der gerade mit einer Hiebwaffe einem Schergen das Ohr abschlägt, zu erkennen. Dass das Geschehen im Freien, in der ‚Natur' stattfindet, deuten die Berge und ein Baum im Hintergrund an. Über die Tageszeit des Geschehens gibt der teilweise bewölkte gestirnte Nachthimmel Auskunft. Mitten unter den achtzackigen Sternen erscheint, umgeben von einem mächtig strahlenden Hof, ein abnehmender Halbmond, der zusammen mit seiner Aureole die Szenerie in ein fahles Licht taucht. Der Mond zeigt nicht nur die Tageszeit an, sondern ihm kommen noch weitere Aufgaben zu: Mit seinem für einen Halbmond übernatürlich starken Licht überwindet er das nächtliche Dunkel, um die Figuren zu konturieren und plastisch zu formen. Nicht zuletzt verleiht der Mondschein dem dramatischen Geschehen den Charakter des Bestürzenden, Unheimlichen. Dem Meister der Karlsruher Passion ging es nicht um die Darstellung des Erdtrabanten als solchen, sondern er nützte das Mondlicht, um das schreckliche Geschehen zu illuminieren. Auffällig ist dabei, dass der Maler hierfür nicht einen Vollmond, sondern einen abnehmenden Halbmond gewählt hat. Ohne Zweifel hätte die Form eines Vollmonds noch mehr Effekt gemacht, obgleich die Aureole des Halbmondes hier immerhin so gestaltet wurde, als gehöre sie zu einem voll gerundeten Gestirn. Wegen dieses Widerspruchs in der Gestaltung fragt man sich, ob der Sichel des abnehmenden Mondes eine bestimmte inhaltliche Bedeutung zu Grunde liegt, zumal bekannt ist, dass sich seit alters her diese Gestalt des Mondes mit der Vorstellung von der Ungunst der Zeiten oder eines Zeitabschnitts verbindet. Deshalb wurde in der Literatur auch vermutet, dass der hier am Nachthimmel erscheinende a b n e h m e n d e Halbmond symbolisch zu verstehen ist: nämlich als ein in dieser schlimmen Stunde im Leben Jesu erscheinendes Zeichen, das indessen zugleich auf den weiteren Verlauf der Heilsgeschichte hinweisen könnte. Denn so gewiss es ist, dass der Halbmond dereinst wieder seine volle Gestalt gewinnen wird, so sicher ist es für den Christen, dass Jesus nach dem Kreuzestod wieder auferstehen wird, weshalb der abnehmende Mond nicht nur Unheil, den Verrat an Jesus und dessen Tod, sondern auch dessen Sieg über den Tod und sein Erlösungswerk ankündigt (Aline Miebach). Kein weiteres Gemälde des 15. Jahrhunderts ist mir bekannt, auf dem der Darstellung des Mondes ein solches Gewicht zugebilligt wurde, wie auf der Tafel des Meisters der Karlsruher Passion.

III.

Im 16. Jahrhundert erhalten die Landschaftshintergründe auf den Gemälden aller Bildgattungen, seien es Historienbilder, Porträts, Allegorien, immer größeren Raum. Dies gilt für die Malerei südlich und ebenso nördlich der Alpen, und zwar zunächst für die Maler der italienischen Hochrenaissance, wie etwa Raffael, der wohl die bedeutendsten Landschaftshintergründe in seiner Epoche gemalt hat, obgleich ihm der junge Tizian hierin kaum nachstand.

Im Verlauf des 16. Jahrhunderts, vor allem in dessen zweiter Hälfte, haben auch die niederländischen Maler bedeutende Beiträge zur Landschaftsmalerei geleistet. Hier ist an erster Stelle Pieter Brueghel d. Ä. zu nennen. Seine berühmten, größtenteils im Kunsthistorischen Museum zu Wien aufbewahrten ‚Monatsbilder', die den Zyklus der Jahreszeiten illustrieren, billigen der Landschaftsdarstellung einen geradezu überwältigend großen Raum zu, während den darin auftauchenden Menschen die Rolle von Staffagefiguren zugewiesen wird. Von diesen Bildern bis hin zu ‚autonomen' Landschaftsbildern – Gemälden, auf denen die Landschaft das Thema ist, indem sie um ihrer selbst willen dargestellt wird – wäre es nur ein kleiner Schritt gewesen. Aber erst ganz am Ende des Jahrhunderts, in den 1590er Jahren entstanden vereinzelt erste ‚autonome' Landschaftsbilder, und zwar südlich und nördlich der Alpen. Auf diesem Gebiet sollten bald die niederländischen Maler die Führung übernehmen, da die Italiener Vorbehalte gegenüber der Landschaftsmalerei hegten: Sie galt nämlich in der italienischen Kunsttheorie als die rangniedrigste Malereigattung, während die Historienmalerei die höchste Wertschätzung genoss.

Obwohl den Landschaftshintergründen bereits lange vor der Entstehung der ‚autonomen' Landschaftsmalerei im 16. Jahrhundert ein erhebliches Gewicht zugebilligt wurde, sucht man in der malerischen Produktion dieses Jahrhunderts vergeblich nach Darstellungen von mondbeschienenen Landschaften. Keiner der großen Maler des 16. Jahrhunderts von Raffael bis Paolo Veronese und Pieter Brueghel hat anscheinend Derartiges gemalt. Wahrscheinlich hat das Interesse an daran gefehlt.

IV.

Umso bemerkenswerter ist es, dass in der Malerei zu Beginn des 17. Jahrhunderts, genauer gesagt im Jahre 1609, mit einem Male der Vollmond über einer in nächtliches Dunkel getauchten Landschaft aufging. Es war ein Frankfurter Maler, dem wir nicht nur die erste neuzeitliche, sondern die meines Wissens erste vom Vollmond beschienene Landschaft überhaupt verdanken: Adam Elsheimer (1578–1610). Sie ist ein wesentlicher Bestandteil der auf Kupfer gemalten ‚Flucht der hl. Familie nach Ägypten' (München, Alte Pinakothek; Abb. 4). Allerdings ist dieses Gemälde, das wegen seiner Landschaftsdarstellung zu den bedeutendsten seiner Epoche zählt, nicht in Frankfurt, sondern in Rom entstanden. Elsheimer hatte bei dem Frankfurter Maler Philipp Uffenbach gelernt und war in seiner Heimatstadt wie manch ein anderer dort tätiger Maler unter den Einfluss niederländischer Maler geraten. 1598, mit 20 Jahren, verließ er seine Heimatstadt, um sich für zwei Jahre in München niederzulassen, bevor er sich im Jahre 1600 nach Rom aufmachte. Dort erwarb er sich einen großen Ruf; bedeutende Maler schätzten ihn, unter anderen kein geringerer als Peter Paul Rubens, der 1605 nach Rom kam. Den frühen Tod Elsheimers im Jahre 1609 betrauerte sein großer Antwerpener Kollege mit bewegenden Worten: Nach einem solchen Verlust „sollte sich unsere ganze Zunft in Trauer hüllen", schrieb Rubens. Elsheimer sei in der „ganzen Kraft seines Könnens gestorben", und „seine Ernte" habe „noch in ihren Keimen" gestanden.

In seinem Todesjahr, 1609, entstand die ‚Flucht nach Ägypten' und mit diesem Bild das Schlüsselwerk in der Geschichte der neuzeitlichen Mondscheinlandschaft. Vordergründig geht es allerdings in diesem Gemälde um eine Episode aus der Kindheitsgeschichte Jesu, über die der Evangelist Matthäus berichtet (Mt 2,13–15): Um der Verfolgung durch König Herodes zu entgehen, flüchtete die hl. Familie auf Geheiß eines Engels nach Ägypten. Eine neuzeitliche ikonographische Sonderform der Fluchtdarstellungen stellt die Schilderung der Begebenheit in nächtlicher Dunkelheit dar, so wie sie Elsheimer mit dem vorliegenden Gemälde geschaffen hat. Am unteren Bildrand, in dessen Mitte, sehen wir die hl. Familie: Maria auf dem Esel, den Jesusknaben im Arm, gefolgt von dem kräftig ausschreitenden Joseph, der in der Linken eine Fackel hält und mit der Rechten dem Kind ein Stöckchen zu übergeben versucht, so als solle das Kleinkind die Führung des Esels übernehmen (Franziska Bachner). Die hl. Familie bewegt sich durch eine Talaue, teils am Rande einer in der rechten Bildhälfte sichtbaren Wasserfläche, teils ist sie im Begriff, ein weiteres Gewässer in der linken Bildhälfte zu durchschreiten. An dessen jenseitigem Ufer lagern Hirten mit einer Kuhherde und ihren Hütehunden. Ein von einem knienden Schäfer unterhaltenes Feuer lodert dort hoch unter mächtigen Baumkronen auf, die den Mittelgrund zum großen Teil abschließen. In der rechten Bildhälfte indessen verlieren sich die Bäume in der Ferne, so dass in der Tiefe, am rechten Bildrand, der Horizont sichtbar wird. Hier, wo das nächtliche Sternenhimmelszelt seine größte Ausdehnung erreicht, ist über dem Horizont gerade der Mond aufgegangen. Trotz einer leichten Bewölkung werden die Milchstraße und einige charakteristische Sternenbilder sichtbar. Den gesamten Himmel beherrscht indessen die hell leuchtende Scheibe des aufgehenden Mondes, deren Licht von den benachbarten Wolkenbänken silbrig reflektiert wird und die sich in der erwähnten Wasserfläche spiegelt und diese zugleich erhellt. Völlig einsam steht diese Darstellung des aufgehenden Mondes in der Geschichte der Malerei da – und zwar nicht nur wegen der einzigartigen Atmosphäre, die das Geschehen schafft, sondern auch wegen der Detailgenauigkeit, mit der das Gestirn wiedergegeben wurde. Der Maler beschreibt mit dem Pinsel charakteristische Formationen der Mondoberfläche, allerdings seitenverkehrt, so dass sie erst auf dem Spiegelbild des Planeten auf der Wasserfläche in korrekter Wiedergabe erscheinen (Christian Nitz). Auch die Sternkonfigurationen sind so genau wiedergegeben, dass sie sich auf den Juni 1609 datieren lassen. Allerdings sind die einzelnen Sternbilder willkürlich zusammengefügt, weshalb sie an anderen Stellen als in der Wirklichkeit erscheinen (Hartl/Sicka), woraus sich ersehen lässt, dass sie ungeachtet aller Naturtreue gemäß künstlerischen Gesichtspunkten angeordnet worden sind. Im Kontrast zu der ‚magischen' Wirkung, die von dem kalten Licht der Mondscheibe ausgeht, steht das in zwei Abstufungen wiedergegebene warme künstliche Licht: der relativ schwache Schein der Fackelfunzel, die Joseph hält, und die mächtig auflodernden Flammen des Lagerfeuers, die ebenso wenig wie die Leuchte Josephs gegen das die Finsternis durchdringende Licht des Mondes ankommen.

Die Darstellung des Gestirnes an sich, insbesondere aber dessen getreue Wiedergabe, hat die Forschung mit dem Interesse Elsheimers an der Beobachtung des Himmels mittels eigens dafür konstruierter Teleskope erklärt – einem Interesse, das im Umkreis Galileo Galileis und der römischen Accademia dei Lincei gepflegt wurde. Elsheimer scheint aber nicht Galilei nachgeahmt, sondern sogar dessen Mondbeobachtungen antizipiert zu haben. Wie dem auch sei: Jedenfalls wird aus seiner Wiedergabe des Gestirns ein völlig neuartiges – und man darf wohl sagen – neuzeitliches Interesse an der Beobachtung der Natur und des Kosmos deutlich. Dieses ‚wissenschaftliche' Interesse dürfte eines der Motive für die Darstellung des Mondaufgangs in Elsheimers Bild gewesen sein.

Aber als Erklärung für die Wahl des Bildthemas erscheint diese Vermutung doch als zu vordergründig. Vielmehr hatte Elsheimer eine Neigung für die Besonderheiten atmosphärischer Phänomene in der Landschaft, die ganz eigentümliche Auswirkungen auf die menschliche Seele haben. Als Beispiel dafür sei nur das von ihm gegen 1606 gemalte Bild genannt, das mit dem Titel ‚Aurora' versehen ist, da der Sonnenaufgang als das eigentliche Thema des Gemäldes erscheint, obwohl, nahezu unsichtbar in der linken unteren Ecke des Bildes, Acis und Galatea dargestellt sind, die sich vor dem Kyklopen Polyphem verstecken (Braunschweig, Herzog-Anton-Ulrich-Museum; Abb. 5). Es ist wie die ‚Flucht nach Ägypten' auf eine relativ kleine Kupferplatte gemalt (17,0 x 22,5 cm; ‚Flucht nach Ägypten': 31 x 41 cm). Die glatte Oberfläche des polierten Kupfers ermöglicht eine besonders feine Malweise, weshalb Elsheimer wohl diesen Malgrund gewählt hat. Damit stand er übrigens in seiner Zeit nicht allein; erwähnt sei nur der Hofkünstlerkreis um Kaiser Rudolf II., in dem sich wohl wegen ihrer genannten Qualitäten die Kupferplatte als Malgrund großer Wertschätzung erfreute. Auch Elsheimers Landschaftsgemälde ‚Aurora' schildert eine außergewöhnliche transitorische landschaftliche Situation, dieses Mal einen Moment, in dem über der ‚klassischen' Landschaft unweit der Ewigen Stadt die Sonne aufgeht und das schwefelartige Licht des Zentralgestirns auf das noch nächtliche Blau des Himmels trifft. Sowohl die ‚Flucht nach Ägypten' als auch die ‚Aurora' lassen mich vermuten, dass Elsheimer weder mit dem aufgehenden Mond noch mit der aufgehenden Sonne eine ganz bestimmte inhaltliche Botschaft verknüpft hat. Vielmehr scheint mir, dass Elsheimer von dem Gedanken besessen war, bisher von den Malern kaum beachtete Himmelsphänomene zu beobachten und das Gesehene in seinen Bildern künstlerisch zu gestalten.

V.

So einzigartig Elsheimers Landschaft mit dem aufgehenden Mond um 1609 noch war, so dokumentiert sein Bild (wie auch schon seine ‚Aurora' von 1609) ein allgemeines, verstärktes Interesse an der Darstellung der ‚reinen', auch ‚autonom' genannten Landschaft, das über die Darstellung von mehr oder weniger ausgedehnten Bildhintergründen entschieden hinausgeht. In der italienischen Kunst blieben zwar auch noch im 17. Jahrhundert, wie im Säkulum zuvor, die ‚autonomen' Landschaftsdarstellungen eher selten, aber nördlich der Alpen, vor allem in den nördlichen Niederlanden, stieg die Landschaftsmalerei zu einer anerkannten, neben der Historienmalerei, der Porträt-, der Stilleben- und der Genremalerei tonangebenden Gattung auf. Bevorzugtes Thema der holländischen Landschaftsmaler war die Darstellung ihrer Heimat, worin man einen Akt patriotischer Zuwendung erkannt hat. Weit aufgefächert ist das Spektrum der niederländischen Landschaftsmalerei des 17. Jahrhunderts, des sogenannten Goldenen Zeitalters. Einen gewissen, allerdings nicht allzu großen Anteil haben daran auch die Mondscheinlandschaften.

Anregend für das Aufgreifen dieses Nebenthemas der niederländischen Landschaftsmalerei könnte ein Reproduktionsstich gewesen sein, den der holländische Maler und Graphiker Hendrick Goudt im Jahre 1613 nach dem Vorbild von Elsheimers ‚Flucht nach Ägypten' gefertigt hat (Abb. 6). Bemerkenswert getreu, wenn auch seitenverkehrt, wiederholt der Kupferstich seine Vorlage. Aufgrund der weiten Verbreitung, die üblicher Weise das Medium der Reproduktionsgraphik fand, dürften von dem Blatt wichtige Impulse ausgegangen sein. Das Thema der mondbeschienenen Landschaft findet sich nämlich in der Folgezeit auch im Schaffen der holländischen Maler, und zwar, gemäß den zu vermutenden Erwartungen des niederländischen Publikums, in heimischer Einkleidung.

Zwei Beispiele mögen dies demonstrieren. Der im holländischen Dordrecht beheimatete Aelbert Cuyp, der vor allem durch seine Darstellungen von Rindern bekannt ist, war auch auf Seestücke spezialisiert. Gelegentlich hat er solche in nächtlicher Einkleidung gemalt, wie die ‚Fischerboote im Mondschein' (Köln, Wallraf-Richartz-Museum, gegen 1643/45; Abb. 7). Der Blick gleitet über eine mondbeschienene, leicht gekräuselte Wasserfläche mit tiefliegendem Horizont, an dem sich links undeutlich in der Ferne einige Segelschiffe abzeichnen. Rechts ankern an einer hölzernen Pier zwei Segelschiffe, deren Masten in den Himmel ragen. Zum rechten Bildrand hin schließt eine großenteils im Schatten liegende Windmühle das Gemälde ab. Drei Staffagefiguren auf der Pier sind die einzigen Menschen, die auf dem Bild in Erscheinung treten. Über dem niedrigen Horizont erhebt sich der bewölkte Himmel, der gemäß den Gestaltungprinzipien der klassischen niederländischen Landschaftsmalerei den größten Teil der Bildfläche einnimmt. Von einer Wolkenbank durchschnitten, erscheint die runde Scheibe des Vollmondes, deren verschleiertes Licht immer noch so viel Kraft besitzt, dass die leicht bewegte Wasserfläche und das Segel des einen Fischerbootes davon geisterhaft erleuchtet werden. Nicht zu verkennen ist der ‚patriotische' Ansatz des Gemäldes, der sich durch das Wasser, die Segelschiffe und vor allem die Windmühle zu erkennen gibt. Aber das Gemälde ist alles andere als heimelig. Denn durch das Mondlicht wirkt es etwas unheimlich, wenn nicht gar das Gestirn eine bedrohliche Stimmung erzeugt. Hieraus erklärt sich wohl eine etwas exponierte Deutung des Bildes in der Literatur: Der Mond warne vor der Gefahr einer Springflut, die in den Vollmondnächten sehr groß sei: „‚Bleibt wachsam', will Cuyp seinen Landsleuten zurufen“ (Christian Nitz). Dieser ohne jeglichen Quellenbeleg aufgestellten Behauptung darf man mit Skepsis begegnen. Stattdessen wird man sich mangels jeglicher Quellengrundlage, die eine verlässliche Deutung der Mondererscheinung auf Cuyps Gemälde ermöglichen könnte, mit der Betrachtung von dessen Erscheinung begnügen müssen, ohne andererseits zu behaupten, dass eine bestimmte Bedeutung auszuschließen sei.

Genauso verhält es sich mit den Mondscheinlandschaften des Aert van der Neer, der sich auf diese Darstellungen und zudem auf Winterlandschaften spezialisiert hatte, obwohl beide Bildgattungen im 17. Jahrhundert keine hohen Preise erzielten. Das Gemälde trägt den Titel ‚Mondschein über einem Fluss' (Montreal, Privatbesitz, 1647; Abb. 8). Gemäß einem bewährten Kompositionsschema hat der Maler eine Flussbiegung so in das Bild gesetzt, dass sie etwas über die Hälfte der rechten Bildfläche einnimmt, wobei allerdings das linke Flussufer den Schwerpunkt der Landschaftsdarstellung bildet. Durch das Laub eines lichten Gehölzes sind dort Wohngebäude zu erahnen, deutlich tritt indessen erst jenseits der Bäume eine Kirche mit mächtigem gotischem Turm hervor. Am rechten Ufer hat ein Kahn angelegt und am Horizont ragen einige Segelschiffe auf. Es ist unverkennbar eine heimische holländische Landschaft, die Aert van der Neer dargestellt hat. Bildbeherrschend ist die hellglänzende Scheibe des Mondes, deren Licht nicht nur die benachbarten Cumulus-Wolken erleuchtet und den Fluss aufglänzen lässt, in dem sich das Gestirn spiegelt, sondern die für die gesamte Lichtsituation des tonigen Bildes verantwortlich ist. Ob der Maler mit seiner mondbeschienenen Landschaft eine bestimmte Aussage machen wollte und welchen Erwartungen des Publikums er mit seinem Gemälde zu entsprechen suchte, entzieht sich mangels Quellen und insbesondere wegen des Fehlens einschlägiger Aussagen in der Kunstliteratur vollkommen unserer Kenntnis. So müssen (oder dürfen?) wir uns damit begnügen, das stimmungsvolle Bild zu genießen, das uns immerhin die Botschaft übermittelt, dass Aert von der Neer der Nachtseite der niederländischen Landschaft große Reize abzugewinnen wusste.

VI.

Insgesamt gesehen, bildeten die Mondscheinlandschaften in der Malerei des Barocks eher die Ausnahme. Sie waren jedenfalls kein Charakteristikum der Epoche. Dies änderte sich gründlich in der Epoche des Klassizismus und der Romantik. In den Jahrzehnten zwischen etwa 1780 und 1850 kam es zu jener „Mondschwemme“, von der einleitend schon die Rede war. Nicht nur in der Malerei, sondern auch in der Literatur wurde das Thema ‚Mond' sehr beliebt. Ein frühes Zeugnis von dessen Aktualität ist Georg Christoph Lichtenbergs ‚Sendschreiben der Erde an den Mond' von 1780, in dem sich der Göttinger Gelehrte und Philosoph über die Mondschwärmerei seiner Zeit lustig macht. Als ein früher Höhepunkt der in der zweiten Hälfte des 18. Jahrhunderts aufkommenden gefühlvollen Mondlyrik darf Goethes im Jahre 1777 entstandenes Gedicht ‚An den Mond' gelten („Füllest wieder Busch und Tal"; 1. Fassung um 1777; 2. Fassung publ. 1789). Der Mond wird zum Gefährten und Seelentröster des Menschen, sein Anblick löst die Seele und lindert seelischen Schmerz. Und er gibt Stoff zum Nachdenken über das menschliche Leben, über Gott und über die Stellung des Einzelnen in der Welt, wie auch das 1779 erschienene ‚Abendlied' von Matthias Claudius in exemplarischer Weise vorführt („Der Mond ist aufgegangen"). Zweifellos entstammen die Mondlyrik und die vom Mond beschienenen Landschaften des Klassizismus und der Romantik derselben Gefühls- und Gedankenwelt, wobei allerdings einschränkend festzustellen ist, dass im Gegensatz zu den Gedichten die Bilder im allgemeinen nur erahnen lassen, welche Botschaft ihnen innewohnt, weshalb ihre Deutung meist dem Interpreten überlassen bleibt, wobei allerdings anzuraten ist, hierbei möglichst nahe bei den dargestellten Gegenständen zu bleiben und sich nicht in allzu luftige spekulative Höhen zu erheben, zumal damit zu rechnen ist, dass vielen, wenn nicht gar den meisten vom Mondlicht erfüllten ‚romantischen' Landschaften vor allem zugedacht worden war, Stimmung zu erzeugen oder zu vermitteln.

Die romantische „Mondschwemme" begann in der zweiten Hälfte des 18. Jahrhunderts. Von ihr wurden auch Maler erfasst, von denen man vermuten möchte, dass sie von romantischen Empfindungen verschont geblieben seien, wie der von Goethe geschätzte und mit ihm befreundete Maler Jakob Philipp Hackert, einer der Hauptvertreter der frühklassizistischen Landschaftsmalerei. Sein ‚Hafen im Mondschein' von 1773 (Köln, Wallraf-Richartz Museum; Abb. 9) rekurriert, wie man unschwer erkennen kann, auf niederländische Landschaften mit Vollmond, Wasser, Fischerbooten, turmartigem Gebäude (das hier allerdings keine Windmühle, sondern ein mittelalterlicher Turm ist) und transponiert seine Vorbilder in eine Küstenlandschaft, der die Felsen, die Vegetation und sogar das Licht des Vollmondes, um den es sich unstreitig handelt, ein südliches Gepräge verleihen. Hackert, der den größeren Teil seines Lebens, nämlich 39 Jahre von 1768 bis 1807, in Italien verbrachte und dort auch verstarb, konnte eine Mondnacht in einem italienischen Schifferhafen nur noch mit den Augen eines Italiensüchtigen sehen.

Anders dagegen der Engländer Joseph Wright of Derby, ein Maler aus Derby, der auch in Italien weilte, allerdings nur etwa zwei Jahre, von 1773 bis 1775. Wright, der vor allem als Porträtist hervortrat, aber auch als Landschaftsmaler wirkte, liebte mondbeschienene Landschaften, was kein Wunder ist, gehörte er doch der Lunar Society in Birmingham, einer naturwissenschaftlichen Gesellschaft, an. In Erinnerung an seinen Italienaufenthalt malte er sieben Jahre später, 1782, das ‚Grab Vergils im Mondlicht' (Derby,

Museum and Art Gallery; Abb. 10). Das am Fuße des Posillipo bei Neapel gelegene Grabmonument war schon zu Petrarcas Zeiten ein Anziehungspunkt für Italien-Reisende. Die aufgerissene Grabkammer und deren teilweise zerborstener zylindrischer Überbau beherrschen die linke Hälfte des Gemäldes. Dem Bildaufbau der klassischen Landschaft entsprechend, antwortet der Architektur am gegenüberliegenden rechten Bildrand ein Pendant, und zwar in Gestalt eines wellenförmig aufstrebenden Baumes, dessen feinblättrige Krone eine hinunter zur Grabkammer führende Treppe und den benachbarten, von einer Ruine bekrönten Hügel sowie den Himmel darüber einrahmt. In dessen dichter Wolkendecke erlaubt eine längliche Öffnung den Ausblick auf die fahle Scheibe des Vollmonds, von der die Wolken aufgehellt und die Ruine samt der Grabkammer in ein schwaches, silbriges Licht getaucht werden. Der klassische Bildaufbau gerät dadurch in eine romantische Stimmung, die den Betrachter zum Sinnieren über die Vergänglichkeit alles Irdischen einlädt. Klassik und Romantik, die sich in diesem Bild begegnen, erzeugen keinen schreienden, nicht einmal einen stillen Kontrast, sondern erweisen sich als die zwei Seiten einer Epoche, die wir die klassizistische und zugleich die romantische bezeichnen.

Gegen 1780, als Wright sein Bild malte, begann diese Zeitspanne der bildenden Kunst und Architektur, und gegen 1850 endete sie. Hackerts und Wrights Gemälde bezeugen, dass klassizistische und romantische Maler gleichermaßen an der „Mondschwemme" mitwirkten. Mondscheinlandschaften erfreuten sich so großer Beliebtheit, dass sie zum Ausstattungsrepertoire der Wohnräume gehörten. Einen anschaulichen Beleg hierfür bietet ein von dem Maler Franz Schrank um 1810 gemaltes ‚Bildnis einer Familie' (Köln, Wallraf-Richartz-Museum). Vater, Mutter, zwei Kinder und ein Hund präsentieren sich in einer biedermeierlich möblierten Wohnstube. An der grün gestrichenen Wand ist an einem von einer Verdachung bekrönten Vorsprung über einem offenen Kamin die Allegorie einer von Putten begleiteten Fides befestigt. An deren Seiten sieht man Landschaftsgemälde aufgehängt: rechts eine Landschaft bei Tage, links ein Gegenstück bei Vollmond. Der Hinweis auf die Tageszeiten mag als Wink auf den Gang alles Irdischen zu verstehen sein, während die Allegorie der Fides zur Festigkeit im Glauben ermahnt.

Wenige Mondbilder der romantischen Landschaftsmalerei lassen sich inhaltlich eindeutig erklären. Zu den romantischen Malern, die zumindest gelegentlich einen gewissen Einblick in die Gedankenwelt erlauben, die ihren Mondscheinlandschaften zugrunde liegt, gehörte Caspar David Friedrich, dem wir die vielleicht eindrucksvollsten, bestimmt aber die bekanntesten Werke dieser Gattung verdanken. Von den vielen Bildern Friedrichs, auf denen der Mond erscheint, seien hier exemplarisch einige herausgegriffen – Werke, deren Inhalt sich einerseits durch Quellen, andererseits durch die Anschauung wenigstens bruchstückhaft erklären lassen. Friedrich betrachtete das Mondmalen als seine Manie. Der Dichter Karl August Förster, der zusammen mit dem Maler Peter Cornelius im Jahre 1820 Caspar David Friedrich in seinem Atelier besuchte, berichtet hierüber Folgendes: „Er [C. D. F.] lachte sich selbst aus, dass er lauter Mondschein male, und meinte, wenn die Menschen nach ihrem Tode in eine andere Welt versetzt würden, so käme er sicherlich in den Mond." Ob die folgende Feststellung Försters auf Aussagen Friedrich fußt, steht allerdings dahin: „Wir sahen ein kleines Bild: ‚Das Meer, vom Mond beschienen'. Die Idee des Unendlichen möchte sich in so kleinem Raum kaum vollkommener darstellen lassen; der Widerschein des Mondes auf den Wellen vortrefflich" (Caspar David Friedrich in Briefen und Bekenntnissen).

Recht schlicht scheint die Botschaft des 1815 entstandenen Mondbildes Friedrichs zu sein, das zunächst betrachtet werden soll. Es trägt den Titel ‚Das Kreuz an der Ostsee' (Berlin, Stiftung Preußische Schlösser und Gärten; Abb. 11). Zum Inhalt dieses Gemäldes äußerte sich Friedrich in einem Brief vom 15. Mai 1815 an die mit Goethe befreundete Malerin Luise Seidler folgendermaßen: „Das Bild, für Ihre Freundin bestimmt, ist bereits angelegt, aber es kommt keine Kirche darauf, kein Baum, keine Pflanze, kein Graßhalm. Am nackten steinigten Meeresstrande steht hochaufgerichtet das Kreutz, denen so es sehen, ein Trost, denen so es nicht sehen, ein Kreutz" (Börsch-Supan). Die unbekannte Auftraggeberin hatte vielleicht ein Bild von Friedrich erwartet, auf dem eine gotische Kirchenruine in einer Landschaft erscheint. Friedrich indessen pflanzte auf einem Felsen ein von Streben gestütztes Kreuz auf, das am Meeresufer weithin sichtbar in den Himmel ragt. Ein Anker am Fuße des Felsen ist zweifellos als Symbol der Hoffnung zu betrachten, die Stangen rechts daneben, nautische Hilfsmittel, die zu sicherer Landung der Schiffe benötigt werden, mögen ähnlich gedeutet werden. Über dem bewegten Meeresspiegel, auf dem in der Ferne zwei Segelschiffe zu erkennen sind, geht in einer Zone von Wolkenbänken der Vollmond auf, dessen Licht den Gürtel des Gewölks erhellt. Darüber aber werden zwei Drittel des hochgewölbten Himmels noch vom rötlichen Licht der Abendsonne erfüllt. Börsch-Supan, der führende Friedrich-Forscher, erkennt in den Schiffen ein Symbol für das dem Tod sich nähernde Leben, im Anker ein Sinnbild für die Hoffnung auf Auferstehung, in dem Gestänge Symbole für die Sicherheit, die der Glauben im Sterben verleiht, in den Steinblöcken am Ufer Sinnbilder des christlichen Glaubens und schließlich im Mond ein Symbol Christi. Abgesehen davon, dass er für all diese Deutungen keinen Beleg vorweisen kann, ist zu bedenken, dass die als Symbole begriffenen Gegenstände keineswegs eine bestimmte Botschaft übermitteln müssen, sondern möglicherweise lediglich Assoziationen wecken sollten, die verschiedene Interpretationen zulassen. Evident ist die Botschaft des Kreuzes, von dem Friedrich sagt, dass es für den Gläubigen (der es zu „sehen" gelernt hat) einen Trost bereithalte. Kreuz, Anker und Manövrierstangen mögen eine gute, wenn nicht gar eine ‚frohe Botschaft' enthalten, doch weiter sollte man, wie ich meine, mit der ‚freihändigen' Interpretation nicht gehen. Dass Schiffe auf dem Meer (nur schwach) zu sehen sind, muss nicht unbedingt tiefsinnig gedeutet werden. Was aber sagt uns der Mond? Völlig aus der Luft gegriffen erscheint seine Deutung als Symbol für Christus. Von alters her ist dies die Sonne. Der Mond ist hier wohl kaum als christliches Symbol aufzufassen, sondern eher als romantisches Stimmungselement. Er ist der Begleiter des Nachdenklichen, der die Seele löst und zu Gedanken bewegt, die dem Sinn und dem Telos unseres Lebens gewidmet sind. Die „Idee der Unendlichkeit" erblickte der Dichter Förster in dem Gestirn, als er eine mondbeschienene Landschaft in Friedrichs Atelier betrachtete. Auch diese Vorstellung mag in der Darstellung des Mondes anklingen. Aber unwahrscheinlich ist es, dass der Mond hier als Symbol mit konkreter Bedeutung aufzufassen ist.

Noch ein weiteres Mondscheingemälde Friedrichs lässt sich mit einer Äußerung des Malers verbinden. Die Rede ist von dem gegen 1819/1820 entstandenen Gemälde ‚Zwei Männer in Betrachtung des Mondes' (Dresden, Gemäldegalerie Neue Meister; Abb. 12). Auf einem ansteigenden Weg, der in einen von Bäumen bestandenen und von Felsen gesäumten Bergabhang eingearbeitet ist, stehen zwei in Rückenansicht dargestellte Männer, gekleidet in sogenannter altdeutscher Tracht (erkennbar vor allem an den Baretten). Der linke stützt sich freundschaftlich auf den rechten, und beide sind offensichtlich in den Anblick des zunehmenden Mondes versunken. Eine große, halb entwurzelte Eiche, die den Bergabhang in der rechten Bildhälfte hinabzustürzen droht, scheint mit einem langen, fast kahlen Ast nach beiden Männern zu greifen, während die Äste einer Fichte am Abhang links den Freunden eine baldachinartige Bekrönung bietet. Börsch-Supan, der nahezu alle Gemälde Friedrichs meist ohne jeden Beleg religiös deutet, glaubt in der Darstellung die geschichtliche Entwicklung vom Heidentum (Indiz: entwurzelte Eiche, Felsbrocken rechts als Teil eines Megalithgrabes) zum Christentum (Indiz: Fichten, Mond) zu erkennen, was hier nicht näher kommentiert sei, zumal der Interpret völlig die erwähnte Äußerung Friedrichs zu diesem Bild übergeht. Der zuvor schon zitierte Dichter Förster überliefert, was Friedrich beim gemeinsamen Betrachten dieses Gemäldes über die zwei Männer bemerkte: „‚Die machen demagogische Umtriebe', sagte Friedrich ironisch, wie zur Erklärung." In dieser wohl halb spaßhaft, wohl halb ernst gemeinten Bemerkung ist sicherlich ein Körnchen Wahrheit enthalten. Denn das Tragen altdeutscher Kleidung macht die beiden zu ‚Demagogen', das heißt zu Leuten, die in den Umkreis der auf demokratische Rechte pochenden deutschen Patrioten zählten und die deswegen als ‚Demagogen' bezeichnet wurden, nachdem im Jahre 1819 der Burschenschaftler Karl Sand den Dichter August von Kotzebue, der als ‚Fürstenknecht' galt, ermordet hatte. Burschenschafter und freiheitlich gesinnte Patrioten trugen als Zeichen ihrer Gesinnung üblicherweise altdeutsche Tracht, deren Tragen zwar seit 1819 von der fürstlichen Reaktion verboten war, was aber häufig missachtet wurde. Friedrich, der ein Verächter monarchischer Herrschaft und ein überzeugter Demokrat war, stellte gerne Männer in der Bekleidung der Demagogen dar, worin man ein politisches Bekenntnis erblicken kann. Wenn man auf dieser Grundlage unser Bild deutet, könnte man wie etwa Peter Märker zu der Auffassung gelangen, dass es sich um eine Manifestation der Hoffnung auf in politischer Hinsicht bessere Zeiten handelt, wobei die Zuversicht auf eine bessere Zukunft in der dunklen Nacht der ‚Reaktion' die Sichel des zunehmenden Mondes verkörpern, während der absterbende Baum eine überwundene Epoche symbolisieren könnte. Gegen eine solche eindimensionale politische Ausdeutung spricht allerdings die zuvor schon angesprochene Mondschwärmerei Friedrichs. Ein Beispiel für diese könnte auch unser Bild sein, auf dem dargestellt wurde, wie sich die zwei ‚Demagogen' von dem Anblick, den das Gestirn bietet, offensichtlich nicht losreißen können. Gerade dieser Kontrast zwischen demagogischen politischen Gesinnungen und romantischer Gestimmtheit mag es gewesen sein, der Friedrich zu der ironischen Bemerkung veranlasste, dass die beiden Männer demagogische Umtriebe machten. Denn zu solchen steht die Andacht, mit der sie den Mond betrachten, in denkwürdigem Kontrast.

Auf Friedrichs im Jahre 1821 entstandenem Gemälde ‚Mondaufgang am Meer' (St. Petersburg, Eremitage; Abb. 13) sind zwei Paare dargestellt, die am Meeresstrand, der mit Findlingsgeröll übersät ist, den Aufgang des Vollmondes verfolgen. Weit haben sich die auf einem vom Meerwasser umspülten Felsbrocken stehenden Männer vorgewagt, während die beiden jungen Frauen auf einem Findling am sicheren Ufer Platz genommen haben. Das Wesen der Frau und des Mannes, so wie es Friedrich und seine Zeitgenossen gesehen haben, soll hier wahrscheinlich charakterisiert werden. Was diese vier, auf die Meeresfläche und die darauf segelnden Schiffe blickenden Figuren bewegen mag oder was sie denken mögen, entzieht sich nicht zuletzt auch deswegen vollkommen der Wahrnehmung, da sie Rückenfiguren sind. Trotz des Umstandes, dass die beiden Männer in altdeutscher Tracht gekleidet sind, spricht nichts dafür, dass sie sich demagogischen Gedanken hingeben. Vielmehr erscheinen alle vier Figuren als Menschen, die in reiner Anschauung begriffen sind und völlig vom Angeschauten ergriffen zu sein scheinen. Sie demonstrieren, wie ich meine, die eigene Ergriffenheit des Malers von dem Schauspiel, das der Mond bietet. Hierdurch zeichnen sich Friedrichs Mondscheinbilder vor den üblichen Gemälden der Romantik mit verwandter Thematik aus.

VII.

Der wohl bedeutendste Ästhetiker des19. Jahrhunderts, Friedrich Theodor Vischer, hat im 1854 publizierten dritten Band seiner ‚Ästhetik oder Wissenschaft des Schönen' über mondbeschienene Landschaften geschrieben: „[...] die Mondscheinlandschaft löst in schwebende, schmelzende Empfindungen auf." Ähnlich äußerte sich Vischers zu seiner Zeit namhafter Münchner Kollege Moriz Carriere in seiner ‚Ästhetik' (1. Aufl. 1859): „Der Mondschein hat etwas Traumhaftes", womit das rein Stimmungsmäßige der Mondscheinlandschaft betont wird.

Es verwundert nicht, dass entsprechend diesen Auffassungen führender deutscher Ästhetiker die Mondscheinlandschaften gegen die Mitte des 19. Jahrhunderts häufig einen sentimentalen Charakter annahmen. Dieser ist eines der hervorstechenden Kennzeichen der spätromantischen Malerei; verwiesen sei hier nur auf das Schaffen von Ludwig Richter und Moritz von Schwind. Die Sentimentalität spätromantischer Mondscheinbilder nahm bereits 1846 der Düsseldorfer Maler Johann Peter Hasenclever satirisch aufs Korn: In diesem Jahr schuf er das Gemälde ‚Die Sentimentale' (Düsseldorf, Museum kunst palast; Abb. 14), das eine junge Dame im Négligé zeigt, die in einem großbürgerlichen Schlafzimmer mit aufgestütztem Haupt am Fenster sitzt und, magisch angezogen von dem Vollmond, der über einer Flusslandschaft aufgegangen ist, schmachtend hinaus und zum Himmel empor blickt. Ihre Lektüre, die ‚Leiden des jungen Werthers', der erotische Roman ‚Mimili' von Heinrich Clauren und ein Brief deuten an, in welche Richtung sich die Gedanken der jungen Frau bewegen, zu denen der Mond die passende Einstimmung geben soll. Dass mit einem Gemälde wie diesem die Mondschwärmerei und dementsprechend die Gattung der Mondscheinlandschaft in ein fragwürdiges Licht gerückt werden sollte, kann wohl kaum bestritten werden. Ungeachtet solcher Kritik an dem Genre ‚mondbeschienene Landschaft' hielt die „Mondschwemme" noch eine Weile an, wie verschiedene Bilder des Impressionismus und des Expressionismus bezeugen. Allerdings ist nicht zu übersehen, dass seit der Moderne die Mondscheinlandschaften mehr und mehr und schließlich ganz und gar aus der seriösen Malerei verschwunden sind. Und spätestens seit der Mond von Menschen betreten wurde, hat er seine Magie verloren.

Literaturverzeichnis

Adam Elsheimer in Rom. Werk, Kontext, Wirkung. Akten des Internationalen Studientages der Bibliotheca Hertziana, Rom 26.–27. Februar 2004. Hg. von Andreas Thielemann und Stefan Gronert. München 2008.

Keith Andrews: Adam Elsheimer. Werkverzeichnis der Gemälde, Zeichnungen und Radierungen. München 1985.

Wolfgang Augustyn: „Et fuge in Aegyptum". Zur Bildüberlieferung der Flucht nach Ägypten. In: Von neuen Sternen, S. 76–105.

Reinhold Baumstark: Römische Weggefährten: Rubens und Elsheimer. In: Von neuen Sternen (s. u.), S. 50–75.

Franziska Bachner: Figur und Erzählung in der Kunst Adam Elsheimers. Phil. Diss. Würzburg 1995.

Andreas Blühm: Monde. In: Der Mond (s. u.), S. 53–69.

Andreas Blühm: Clair de lune. Jakob Philipp Hackert (1737–1807): Hafen im Mondschein, 1773. In: Der Mond (s. u.), S. 116f.

ANDREAS BLÜHM: Franz Schrank, tätig um 1810: Bildnis einer Familie, um 1810. In: Der Mond (s. u.), S. 116.

ANDREAS BLÜHM: Mondsüchtig. Johann Peter Hasenclever (1810–1853): Die Sentimentale, 1846. In: Der Mond (s. u.), S. 154f.

HELMUT BÖRSCH-SUPAN: Caspar David Friedrich. Gemälde, Druckgraphik und bildmäßige Zeichnungen. München 1973.

HELMUT BÖRSCH-SUPAN: Caspar David Friedrich. 4. erw. und überarb. Aufl. München 1990.

NILS BÜTTNER: Geschichte der Landschaftsmalerei. München 2006.

WERNER BUSCH: Caspar David Friedrich. Ästhetik und Religion. München 2003.

MORIZ CARRIERE: Aesthetik. Die Idee des Schönen und ihre Verwirklichung durch Natur, Geist und Kunst, 2. Teil: Die bildende Kunst. Die Musik. Die Poesie. 2., neu bearb. Aufl. Leipzig 1873 (1. Aufl. 1859).

Caspar David Friedrich in Briefen und Bekenntnissen. Hg. von SIGRID HINZ. Berlin 1984.

Matthias Claudius: Sämtliche Werke. Textredaktion: JOST PERFAHL. München 1968.

KEITH CHRISTIANSEN: Gentile da Fabriano (1370–1427). Ithaca, NY [u. a.] 1982.

MARCUS DEKIERT: „...ein Werk, das in allen Theilen zugleich und in einem jeden besonderlich ganz unvergleichlich ist...“. Adam Elsheimers Flucht nach Ägypten – Werk und Wirkung. In: Von neuen Sternen (s. u.), S. 20–49.

Goethes Werke. Bd. 1 (Hamburger Ausgabe): Gedichte und Epen. Textkritisch durchges. und komm. von ERICH TRUNZ. 11. Aufl. (1. Aufl. 1948) München 1978.

GERHARD HARTL/CHRISTIAN SICKA: Komposition oder Abbild? Die Darstellung des Nachthimmels in Adam Elsheimers Flucht nach Ägypten. Eine naturwissenschaftlich-kritische Betrachtung. In: Von neuen Sternen (s. u.), S. 106–126.

ASTRID HEDRICH-SCHERPF: Adam Elsheimer und die Landschaft, Phil. Diss. Würzburg 2005.

WERNER HOFMANN: Caspar David Friedrich. Naturwirklichkeit und Kunstwahrheit. München 2000.

Im Detail die Welt entdecken. Adam Elsheimer. 1578–1610. Städelsches Kunstinstitut, Frankfurt am Main 17. März–5. Juni 2006 [u. a.]. Wolfratshausen 2006.

RÜDIGER KLESSMANN: Adam Elsheimer. Sein Leben und seine Kunst. In: Im Detail die Welt entdecken (s. o.), S. 11–41.

Georg Christoph Lichtenberg: Gnädigstes Sendschreiben der Erde an den Mond. In: Georg Christoph Lichtenberg: Schriften und Briefe. Hg. von FRANZ H. MAUTNER. Bd. 2: Aufsätze. Satirische Schriften. Frankfurt a. M. 1983, S. 193–200.

ANSGAR LORENZ: Moonlight & enlightenment. Joseph Wright of Derby (1734–1797): Vergils Grab im Mondlicht, 1782. In: Der Mond (s. u.), S. 118f.

MANFRED LURKER (Hg.): Wörterbuch der Symbolik. 5., durchges. und erw. Aufl. (1. Aufl. 1979) Stuttgart 1991 (Kröners Taschenausgabe 464).

PETER MÄRKER: Caspar David Friedrich. Geschichte als Natur. Heidelberg 2007.

JÜRG MEYER ZUR CAPELLEN: Raphael. A critical catalogue of his paintings. Bd. 1: The beginnings in Umbria and Florence. Landshut 2001. Bd. 2: The roman religious paintings, ca, 1508–1520. Landshut 2005. Bd. 3: The Roman portraits, ca. 1508–1520. Landshut 2008.

EMMA MICHELETTI: L'Opera completa di Gentile da Fabriano. Mailand 1976.

ALINE MIEBACH: Tumult bei Nacht. Meister der Karlsruher Passion, um 1450. In: Der Mond (s. u.), S. 82f.

Der Mond. Hg. von ANDREAS BLÜHM. Mit Beiträgen von HORST BREDEKAMP, HERMANN-MICHAEL HAHN und HORST HIESINGER. Ostfildern [u. a.] 2009 (Wallraf-Richartz-Museum & Fondation Corboud Köln 2009).

MIRJAM NEUMEISTER: Adam Elsheimer und die Tradition des niederländischen Nachtstücks. In: Adam Elsheimer in Rom (s. o.), S. 87–110.

CHRISTIAN NITZ: Speculum Dei. Hendrick Goudt (1583–1648) nach Adam Elsheimer (1578–1610): Die Flucht nach Ägypten. In: Der Mond (s. o.), S. 96f.

CHRISTIAN NITZ: Die Stille trügt. Fischerbote im Mondschein, ca. 1643–45. In: Der Mond (s. o.), S. 102f.

FRITZ NOVOTNY: Die Monatsbilder Pieter Bruegels d. Ä. Wien 1948.

FILIPPO PEDROCCO: Tizian. München 2000.

CURT SCHWEICHER/GEZA JÁSZAI: [Lemma] Flucht nach Ägypten. In: Lexikon der christlichen Ikonographie. Hg. von ENGELBERT KIRSCHBAUM SJ †. Bd. 2: Allgemeine Ikonographie: Fabelwesen–Kynokephalen. Rom [u. a.] 1970, Sp. 43–50.

SEYMOUR SLIVE: Dutch painting. 1600–1800. New Haven [u. a.] 1995 (Yale University Press Pelican history of Art).

WOLFGANG STECHOW: Bruegel. Köln 1974.

ERICH STEINGRÄBER: Zweitausend Jahre europäische Landschaftsmalerei. München 1985.

PIETER SUTTON/JOHN LOUGHMAN: The Golden Age of Dutch landscape. Madrid 1994.

FRIEDRICH THEODOR VISCHER: Aesthetik oder Wissenschaft des Schönen. Zum Gebrauche für Vorlesungen. Bd. 4: Kunstlehre: Bildnerkunst/Malerei. 2. Aufl. München 1923 (1. Aufl.: Bd. 3, 1854).

Von neuen Sternen. Adam Elsheimers Flucht nach Ägypten. Alte Pinakothek München. Hg. von REINHOLD BAUMSTARK. Katalog von MARCUS DEKIERT. Mit Beiträgen von WOLFGANG AUGUSTYN. München 2005.

[Lemma] Wright, Joseph, gen. Wright of Derby. In: Allgemeines Lexikon der bildenden Künstler von der Antike bis zur Gegenwart. Begr. von ULRICH THIEME und FELIX BECKER. Hg. von HANS VOLLMER. Bd. 36. Leipzig 1947, unveränd. ND 1999, S. 282.

Die nachfolgenden Fotos fertigte, wenn nicht anders angegeben, Birgit Wörz, Institut für Kunstgeschichte der Universität Würzburg.

Abb. 1: Gentile da Fabriano, Dreikönigsaltar. Florenz, Uffizien. Bildnachweis: gemeinfrei bereitgestellt durch Wikimedia Commons.

Abb. 2: Gentile da Fabriano, Dreikönigsaltar: Geburt Christi. Florenz, Uffizien. Bildnachweis: gemeinfrei bereitgestellt durch Wikimedia Commons.

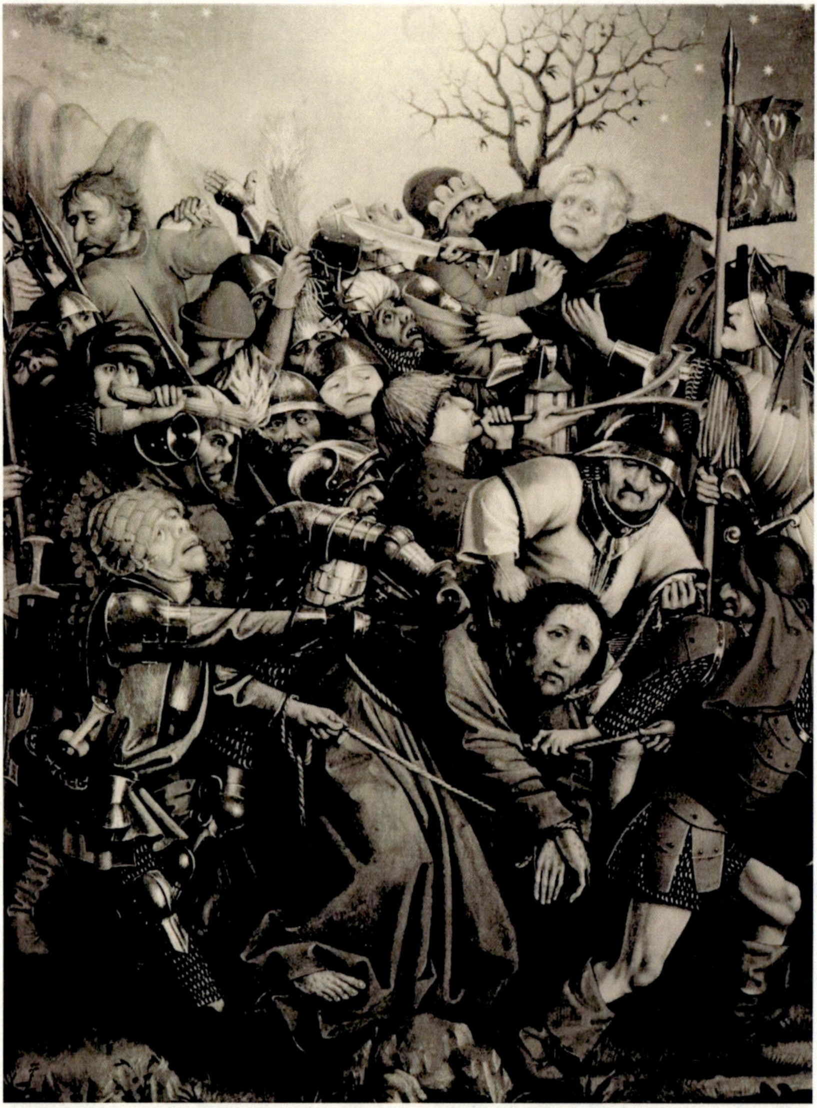

Abb. 3: Meister der Karlsruher Passion, Gefangennahme Christi. Karlsruhe, Kunsthalle.

Abb. 4: Adam Elsheimer, Die Flucht nach Ägypten. München, Alte Pinakothek. Bildnachweis: gemeinfrei bereitgestellt durch Wikimedia Commons.

Abb. 5: Adam Elsheimer, Aurora. Braunschweig, Herzog-Anton-Ulrich-Museum. Bildnachweis: gemeinfrei bereitgestellt durch Wikimedia Commons.

Abb. 6: Hendrick Goudt, Kupferstich nach: Adam Elsheimer, Flucht nach Ägypten. Bildnachweis: gemeinfrei bereitgestellt durch Wikimedia Commons.

Abb. 7: Aelbert Cuyp, Fischerboote im Mondschein. Köln, Wallraf-Richartz-Museum. Bildnachweis: gemeinfrei bereitgestellt durch Wikimedia Commons.

Abb. 8: Aert van der Neer, Mondschein über einem Fluss. Montreal, Privatsammlung. Bildnachweis: gemeinfrei bereitgestellt durch Wikimedia Commons.

Abb. 9: Jakob Philipp Hackert, Hafen im Mondschein. Köln, Wallraf-Richartz-Museum.

Abb. 10: Joseph Wright of Derby, Vergils Grab im Mondlicht. Derby, Museum and Art Gallery. Bildnachweis: gemeinfrei bereitgestellt durch Wikimedia Commons.

Abb. 11: Caspar David Friedrich, Das Kreuz an der Ostsee. Berlin, Stiftung Preußische Gärten und Schlösser. Bildnachweis: gemeinfrei bereitgestellt durch Wikimedia Commons.

Abb. 12: Caspar David Friedrich, Zwei Männer in Betrachtung des Mondes. Dresden, Gemäldegalerie Neue Meister. Bildnachweis: gemeinfrei bereitgestellt durch Wikimedia Commons.

Abb. 13: Caspar David Friedrich, Mondaufgang am Meer. St. Petersburg, Eremitage. Bildnachweis: gemeinfrei bereitgestellt durch Wikimedia Commons.

Abb. 14: Johann Peter Hasenclever, Die Sentimentale. Düsseldorf, museum kunst palast. Bildnachweis: gemeinfrei bereitgestellt durch Wikimedia Commons.

Barbara Hunfeld

Caspar David Friedrichs ‚Seestück bei Mondschein' und die Mondlandschaften der Literatur

I.

Das Meer bei Nacht.[1] Mondlicht gleißt auf der glatten schwarzen See. Über das Licht gleitend: ein einzelnes Schiff. Es segelt vor dem Wind. Von der Bildmitte aus nimmt das Schiff Kurs auf die Welt diesseits des Bildes: Der Bug weist auf den Betrachter. Auf ihn hält das Boot zu, als komme das Zentrum des Bildes seinem Blick entgegen. Vielleicht ist es nicht nur der Wind, der die Klüver bläht. Auf hintergründige Art bestimmt der Mond Caspar David Friedrichs ‚Seestück bei Mondschein'[2]. Die Wolken sind der Schleier,

[1] Die folgenden Betrachtungen von Caspar David Friedrichs ‚Seestück bei Mondschein' stehen im Kontext der im Beitrag verfolgten literaturwissenschaftlichen Fragestellung und beanspruchen, da sie aus dieser und damit nicht aus fachlicher Perspektive erfolgen, keine kunsthistorische Relevanz. Die wichtigsten kunsthistorischen Aussagen zum Gemälde fasst SABINE CIBURA zusammen: Die Schiffe und Boote im Werk von Caspar David Friedrich. Bonn 2019, S. 272–274.

[2] Um 1827/28, Öl auf Leinwand, 25,2 x 31,2 cm, Leipzig, Museum der Bildenden Künste. Bildnachweis: Wikimedia Commons.

der den Mond verdeckt, doch diaphan ist für sein Licht. Der Widerschein liegt, dem Betrachter verborgen, auch auf der Rückseite der Segel. Etwas, das sich nicht unmittelbar erschließt, treibt das Boot an.

‚Seestück bei Mondschein' ist ein Mondbild ohne Mond. Der Mond ist nicht da, auch wenn der Betrachter weiß, dass er Teil der dargestellten Welt ist. Aus diesem Grund steht das Bild am Beginn dieses Beitrags: weil es den Mond nicht zeigt. Denn das tut auch nicht die Literatur. Sie ähnelt dem Licht zwischen den Wolken und der Widerspiegelung auf dem Wasser: Der Funktion der Bildverweise, die auf den Mond hindeuten, entspricht der Repräsentationscharakter der Sprache. Mögen die Sprachzeichen auch keine Indices sein wie die Zeichen auf dem Bild, so evozieren sie dennoch auf ihre Weise, was nicht da ist. Die Literatur ruft die Dinge der Welt in der Vorstellung auf, ungeachtet ihrer Verfügbarkeit. Diese selbstverständliche Erfahrung des Lesens kommt dem literarischen Mond[3] entgegen. Es gilt, das nur projektiv Ergründbare auszuloten. Der Mond der Literatur ist außerweltlich, nur in der Imagination erreichbar. Als unverfügbares Territorium ist er Terrain der Träume. Er indiziert eine andere Sphäre, ähnlich der, deren Aufscheinen bei Friedrich jenseits der Wolken wahrnehmbar wird. Deshalb nimmt, solange ihm der unbewehrte Blick von der Erde aus gilt, die Literatur auf den Mond keinen Zugriff wie auf einen Gegenstand selbstverständlicher Wirklichkeit. Der Mond wird bedeutet, nicht abgebildet; er zeigt sich nicht, er tritt in Erscheinung. An die Stelle der Mimesis rückt die Insinuation.

Mondreisen, die kein Außerhalb vorfinden, sondern den Mond als satirischen Wiedergänger des Irdischen, spielen im Folgenden keine Rolle; auch nicht die sich wiederholenden Beschwörungsformeln des Geheimnisvollen, in deren Bekanntheit das Unbekannte zum Stereotyp wird: Sie alle bestätigen nur, was man schon weiß. Es geht um den Mond, der fremd bleibt. Er ist Zeichen einer grundsätzlichen Unverfügbarkeit, ob als entrückte Ferne oder als sich andeutende Transzendenz. Selbst da, wo literarische Mondbesucher ihn betreten, fasst man nicht Fuß, denn der Mond weist das Expansionsstreben der Expeditionen in die Unermesslichkeit ab. Der Mond kann Spiegel des Eigenen sein, aber nur der Fremdheit im Selbst, der man nicht Herr wird.

Auf solche Art lädt also die Literatur ihre Leser ein, den Mond wenn nicht körperlich, so doch in der Imagination zu bereisen. Ob im Blick von der Erde oder auf imaginierter Reise ins All: Was vom gewohnten Standpunkt

---

[3] Der vorliegende Beitrag nimmt sich einiger ausgewählter Aspekte des Themas an, dessen Vielschichtigkeit sich in der umfangreichen Sekundärliteratur über den Mond in Literatur und Kulturgeschichte spiegelt. Zu den verschiedenen Bedeutungen des Mondes vgl. z. B. ELISABETH FRENZEL: Der Mond. In: dies.: Motive der Weltliteratur. Ein Lexikon dichtungsgeschichtlicher Längsschnitte. 6. Aufl. Stuttgart 2008, S. 537–550; MARYAM SACHS: Der Mond. München 1998; BERND BRUNNER: Mond. Die Geschichte einer Faszination. München 2011; JOACHIM KALKA: Der Mond. Berlin 2016.

aus nicht gesehen werden kann, verlangt nach einem Wechsel der Perspektive. Nur die Literatur sieht hinter die Wolken, auf die Rückseite der Segel. Sie nimmt die Leser mit auf ihre Reise in der Sprache. Es ist eine Bewegung, die nicht ankommt, ähnlich der des Boots in der Mitte des Bildes. Auf dem Bild ist kein Hafen zu sehen, ebensowenig der Mond, der das Boot leitet. Das Ziel bleibt entzogen: Daraus bezieht auch die Bewegung des Textes ihre Kraft. Denn ihr Antrieb ist die unerfüllbare Vorstellung, einer anderen Seite ansichtig zu werden, die über das visuell und kognitiv Sichtbare hinausreicht.

II.

Grundsätzliche Gegensätze bestimmen Caspar David Friedrichs ‚Seestück bei Mondschein'. Der Himmel ist durchscheinend, die See opak. Das Schiff segelt vom Licht in die Dunkelheit. Es ist, der Perspektive nach, eine Dunkelheit, in der auch der Betrachter steht. Nur hinter dem Schiff breitet Mondlicht sich über die Meeresoberfläche aus, wie Kielwasser. Eine Wolkenfront zieht quer über den aufragenden Mast. So unruhig der Himmel ist, so still ist das Wasser: Während Wolken sich wie Wellen über den Himmel wälzen, bleibt die See glatt.

Der Ruhe der See sind drei Bewegungen gegenübergestellt. Die erste verläuft mit der Wolkenfront diagonal von links hinten aus der Ferne nach rechts oben, über den Kopf des Betrachters hinweg. Eine zweite Bewegungsrichtung deutet der Mast an, der, gegen das Wolkenband um ein Weniges geneigt, von unten nach oben weist. Die Korrespondenz der Silberbahn auf dem Wasser mit dem Licht hinter den Wolken unterstreicht diese Vertikale. Eine dritte Bewegung schiebt sich auf den Betrachter zu, markiert durch das auf ihn zu segelnde Boot. Sie wird durch die Dreiecksformation der Lichtreflexionen betont, die hinter dem Schiff auf dem Wasser schimmern; ihr Glanz verstärkt einerseits die Verlockung des Horizonts, dem der in die Raumtiefe gleitende Betrachterblick entgegeneilt, um andererseits der Gegenbewegung, die aus dem Bild heraus auf den Betrachter zuläuft, Wucht zu verleihen. Im Fokus all dieser Bewegungen steht das Schiff. Ihm kommt, die genannten Dynamiken zusammenführend, eine Funktion der Gestaltung des Raums zu. Die Bewegungslinien durchmessen den Raum, und das Schiff zentriert ihn. Erst solche Strukturen formen eine Konstellation, die den nach allen Seiten hin unbestimmten Ort als Landschaft wahrnehmbar macht, als ästhetischen Zusammenhang.[4] Eben diese Strukturen involvieren den Betrachter in die dargestellte Welt, räumlich wie kognitiv.

Das Bild behandelt den Topos der *navigatio vitae*. Der Betrachter sieht sich selbst im Spiegel des Bildes: seine Lebensreise über die See der Welt,

---

[4] Vgl. RAINER PIEPMEIER: Landschaft III: Der ästhetisch-philosophische Begriff. In: Historisches Wörterbuch der Philosophie. Hg. von JOACHIM RITTER [u. a.]. Online. DOI: 10.24894/HWPh.5232.

einem letzten Hafen entgegengehend. Die bedrohliche Welt wird nicht nur, als dargestellte Wirklichkeit, ins Bild gefasst, sie äußert sich auch in dem Darstellungsproblem, mit dem es das ‚Seestück bei Mondschein' zu tun hat. Es geht um die Bild-Werdung des Amorphen im Ringen um Struktur angesichts der panoramatischen Offenheit des unwägbaren Raums. Die Welt ist uferlos, unauslotbar, unermesslich, und so bewegt sie sich auf den Betrachter zu, als etwas Inkommensurables, ihn – wie auch auf anderen Gemälden Friedrichs – umwölbend. Sie drängt sich ihm in einer Nähe auf, die ihn im Sinne Blumenbergs, aber auch nach den Vorstellungen des Diskurses des Erhabenen, überwältigen könnte. Hans Blumenberg beschreibt die Wucht der Unmittelbarkeit, mit der die Welt mit ihren Widrigkeiten auf das Subjekt eindringt;[5] der Diskurs des Erhabenen redet von dieser Wucht als einer Immanenz, der man nicht entrinnt, solange man ihre Zumutungen nicht wenigstens in der Vorstellung überwinden kann.[6] Es besteht also die Notwendigkeit der Distanz. Sie kann nie im empirischen Sinn eingenommen werden, da es unmöglich ist, aus der Welt herauszutreten, die alles umfasst wie die tendenziell aus dem Bild auf die Betrachterwirklichkeit ausgreifende Meeres- und Himmelsunendlichkeit. Ein Sicherheitsabstand ist nur durch Reflexion erreichbar. Sie leistet eine Gestaltung des Ungestalten, eine Ordnung der Wirklichkeit durch Interpretation. Vielleicht findet sie sogar einen Weg aus der Immanenz heraus.

III.

Auf Friedrichs Bild wird der Mast zum Fingerzeig. Bereits der Mast selbst enthält, seiner Form nach, ein Interpretationsangebot an den Betrachter: Bekanntlich lassen sich bei Friedrich in manchen Bildelementen Kreuzformen erkennen,[7] als Symbole einer Transzendenz, die die Immanenz übersteigt. Wichtiger im hier behandelten Zusammenhang aber ist die Verbindung, die auf dem Bild zwischen Mast und Mond besteht. Der aufragende Mast zeigt in etwa dahin, wo hinter den Wolken der Mond verborgen ist. Es ist kein Umweg über ein Symbol aus einem dem Bildinhalt fernen Kontext nötig, um dem Betrachter die Richtung zu weisen. Was den Betrachter aus dem Meer der Immanenz herausführen könnte, ergibt sich aus der Logik des Bildes selbst: Schiffe halten sich nachts an die Konstellationen am Himmel. Der Mond ist Orientierungsmarke im doppelten Sinn, der Navigation des Bootes wie der Seele. Er verortet das Boot im Raum und die Seele in der Zeit. Als der Wandelbare, dessen Zyklus konstant bleibt, richtet er die Seele auf eine überzeitliche Ordnung hin aus, auf den letzten und sicheren Hafen ihrer Reise.

---

5 Vgl. HANS BLUMENBERG: Arbeit am Mythos. Frankfurt a. M. 1996, S. 9–39.

6 Vgl. PIEPMEIER, Landschaft III [Anm. 4], hier Abschnitt 3.

7 Vgl. HELMUT BÖRSCH-SUPAN: Caspar David Friedrich. München 1973, S. 128.

Natürlich kann der Mond in Friedrichs Zeit auch selber Ziel von Reisen sein, nämlich der Gedanken, die ihn, je nach Kontext ihrer Spekulation, zum Gestade der Seelen oder Seleniten machen. Doch deutet der Mond vor allem über sich hinaus. Wofür auch immer er dabei steht, es hat etwas Ambivalentes. Die Welt ist seltsam verändert in seinem Glanz, der vieles verbirgt, um manches in anderem Licht zu zeigen. Mit seinen Phasen zeigt er Zeitverläufe an, doch auch die Ewigkeit, indem seine Zyklen über alle Zeit der Menschen hinwegschreiten. Die überweltliche Macht, die ihn bewegt, verfügt über Leben und Tod, weshalb auch der Mond mit Tod und Leben assoziiert ist.[8] Die Aura des Geheimnisses, die den Mond umgibt, hat also mehrere Gründe: das Zwielicht der Landschaft, die Unbegreiflichkeit des Kosmos, das Rätsel des Todes.

Einer alten Vorstellung nach sind die Sterne keine Körper, sondern Öffnungen, Durchlässe hin zur göttlichen Welt.[9] Die Idee geht über die Tradition der Lampen am Himmelsgewölbe, die Gott aufhängt, hinaus. Nicht indirekt auf das Handeln Gottes hindeutend, sondern das Metaphysische zeigend wie in einer Monstranz,[10] sind die Sterne Fenster in der Schwärze der diesseitigen Welt, hin zu einer Lichtwelt jenseits der Schwärze. Die sich aus dieser Vorstellung ergebende Veranschaulichung ihrer Bedeutung verleiht den Zeichen des Himmels eine besondere Evidenz. Auch der Mond ließe sich in diesem Kontext sehen. Er reflektiert das Sonnenlicht, das wiederum auf den Urquell allen Lichts, das Göttliche, hindeutet;[11] so offenbart er, was die Nacht entzieht.

Dass der Mond auf dem Bild von Wolken verdeckt wird, steht dem Transzendenzbezug des Bildes nicht entgegen, insofern die Unsichtbarkeit des Mondes Effekt der Schattenwelt des Irdischen sein mag, die die metaphysische Seelenwelt dem leicht zu täuschenden Auge des Körpers verbirgt. Der in Richtung des Mondes weisende Zeigegestus des Mastes ist mittelbares Zeichen der Transzendenz. Doch es geht um mehr als um Botschaften an den Betrachter. Da es mit dem Mond eine besondere semiotische Bewandtnis hat, kommt es nicht nur auf Interpretationsinhalte an, sondern auch auf eine Reflexion des Interpretierens. Sie geht immer wieder von Darstellungen des Mondes aus, vor allem in der Literatur, aber auch auf manchen Bildern. Die Verbindung von Mast und Mond im ‚Seestück bei Mondschein' lässt sich, gerade durch die mit dem verborgenen Mond entzogene Repräsentation der

---

8 Vgl. IRIS EGGERDINGER: „Domine, ut videam!". Stoff- und motivgeschichtliche Untersuchungen zu Carl Orffs Kleinem Welttheater *Der Mond*. Ein Beitrag zur historischen und vergleichenden Märchenforschung. München 2004, S. 44f,, 52.

9 Vgl. CHRISTOF JUNKER: Das Weltraumbild in der deutschen Lyrik von Opitz bis Klopstock. Berlin 1932, S. 27, 38f., 67.

10 KLAUS WEIMAR verwendet den Begriff im Zusammenhang mit der Poetologie Brockes': Gottes und der Menschen Schrift. Zum vollkommenen Gedicht des Barthold Hinrich Brockes. In: Merkur 513/1991 (H. 12), S. 1089–1095, hier S. 1090.

11 Vgl. WOLFGANG MENZEL: Christliche Symbolik. Regensburg 1854, S. 387.

Transzendenz, aus dieser Sicht betrachten. Das Bild, das den Mond nicht zeigt, zeigt dafür etwas anderes: die prekäre Struktur des Bezeichnens. Das Zeichen deutet auf das hin, was es selbst nicht ist,[12] ohne es, als dessen defizitärer Stellvertreter, je zu erreichen. Der Mond, auf den hin der Mast ausgerichtet ist, muss unsichtbar bleiben, denn er kann als Signifikat der Bezeichnung gerade kein Gegenstand unmittelbarer Anschauung sein. Indem das Bild dem Auge des Betrachters den Mond nicht zeigt, führt es dem Betrachter die Bedeutung des Mondes vor Augen. Zugleich wird anschaulich, wie Hindeuten und Deuten zusammenhängen: Das Verweisen des Zeichens erklärt die dargestellte Welt, so wie der Raum auf dem Bild von den ihn durchmessenden Bewegungen bestimmt wird. Bedeutung hängt vom Bedeuten ab, dessen Bewegung[13] ins Leere laufen kann. Die Vertikale des Mastes, steil aufwärtsweisend, doch nicht im Lot, ist immer gefährdet, aus der Balance zu geraten.

IV.

Unverfügbarkeit ist eine zentrale Eigenschaft des Mondes, wenigstens bis zur Mondlandung im Jahr 1969. Aus der empirischen Unerreichbarkeit ergab sich ein besonderer Bedarf an Interpretation, so als müsse das, was außer Reichweite ist, zumindest kognitiv zugänglich werden. Die Semantiken des Mondes binden also ihn, der außerhalb irdischen Zugriffes steht, in irdische Konzepte ein. Seine Externalität dient dazu, das Innerhalb der eigenen Welt zu bestimmen. Dies reicht von der seit der Antike getroffenen Unterscheidung zwischen der sublunaren und der supralunaren Welt bis zum Mond als Exil des Ausgestoßenen und Verlorenen: Der ‚Mann im Mond' ist ein Verbannter, der gegen die göttliche Ordnung verstoßen hat,[14] und in Ariosts ‚Rasendem Roland' liegen auf dem Mond alle auf der Erde verlorengegangenen Gegenstände, inklusive des Verstandes des Helden.

Phantasien über den Mond werden auf verschiedene Weisen zu Selbstaussagen. Die bekanntesten, aber vordergründigsten, sind Besuche der Literatur bei Mondgesellschaften, die entweder Utopien oder Satiren irdischer Zustände sind. In solcher Aneignung büßt der Mond seine Eigentümlichkeit ein. Er ist dann kein Außerhalb mehr, kein Bürge des Anderen. Diese Bürgschaft aber ist wichtig, denn sie hat einen stabilisierenden Charakter. Der Mond markiert das Draußen. Auf diese Weise kann die eigene Welt eingehegt werden. Ist diese Welt jedoch insuffizient, hat das Draußen die Funktion einer Verheißung; der Mond indiziert dann eine Gegenwelt. Darin deutet er auf einen letzten Rückzugsort der Hoffnungen: Indem die vom Mond bezeugte andere Sphäre den irdischen Gesetzmäßigkeiten ent-

[12] Vgl. JACQUES DERRIDA: Die différance. In: ders.: Die différance. Ausgewählte Texte. Hg. von PETER ENGELMANN. Stuttgart 2020, S. 110–149, hier S. 119.
[13] Ebd., S. 125.
[14] Vgl. Meyers Großes Konversations-Lexikon. Band 13. Leipzig 1908, S. 237.

hoben ist, wird sie zum Reservoir an Rückversicherungen für alle, die sich aus den Umständen, in denen sie gefangen sind, heraussehnen. Mit ihren Wünschen sehen sie zum Mond: die Einsamen, von der Heimat oder vom geliebten Menschen getrennt, die Jenseits- und die Zukunftsgläubigen, von anderen Welten erwartend, was die Beschränkung der diesigen versagt. Weil aber dem Mond eine Ambivalenz innewohnt, mag ihm ein ums andere Mal nicht zu trauen sein, er ist nur scheinbar ein Refugium.

Dies trifft besonders die im übertragenen Sinn Mondsüchtigen. Sie irren vor allem durch die Texte um und nach 1800. Hier wird die Unerreichbarkeit des Mondes zur Chiffre für jenen Anteil des Selbst, der sich in das Bild des Selbst nicht integriert. Während der Mond der erzählten Landschaften eine hintergründige Präsenz hat, richtet sich das Teleskop des Textes auf die Mondlandschaften des Ichs. In einer Zeit, die naturwissenschaftlich nach den Sternen greift, soll auch der *fundus animae* des Innersubjektiven ausgeleuchtet werden. Indem die Ratio nicht nur die äußere Welt erhellt, sondern auch die innere weiter erkundet, wird bekanntlich der Abgrund dunkler.[15] In solchem Kontext steht der Mond an einem Kipp-Punkt zwischen Stabilisierung und Destabilisierung der Mondsucher der Literatur und deren Leser, wann immer ein Text mit der Sinnsuche der einen wie der anderen spielt. Zwiespältigkeit der Signale angesichts eines hohen Rückversicherungsbedarfs ist eines der Kennzeichen von Mondszenen.

V.

Der Antagonismus von Unverfügbarkeit und Aneignung, der bei der Literarisierung des Mondes eine Rolle spielt, findet in dem Umstand seine Entsprechung, dass Mondwahrnehmungen, ob auf Bildern oder in Texten, Lichtwahrnehmungen sind, die im Kontext einer großen Dunkelheit stehen. Sichtbarkeit in einem Umfeld, das die Welt dem Auge entzieht, ist ein Faszinosum, das immer wieder bei den Mondsichtungen der Bilder und Texte zu bemerken ist.

Brockes, bedeutender Autor der frühen Aufklärung, dessen Literatur sich, wie man weiß, die Erhellung der bisher dunklen, undurchschaubaren Welt zur Lichtsphäre einer rationalistisch geordneten Erfahrungswirklichkeit auf die Fahnen schreibt,[16] stellt im Sinn der zeittypischen Popularisierung naturwissenschaftlicher Fakten den Zusammenhang zwischen Mond und Sonne her:[17] In der Nacht kann zwar die Sonne nicht scheinen, somit der Quell allen

[15] Vgl. HARTMUT BÖHME [u. a.]: Kulturgeschichte der Angst. In: Angst. Ein interdisziplinäres Handbuch. Hg. von LARS KOCH. Stuttgart 2013, S. 275–381, hier S. 278.

[16] Vgl. BARBARA HUNFELD: Der Blick ins All. Reflexionen des Kosmos der Zeichen bei Brockes, Jean Paul, Goethe und Stifter. Tübingen 2004, S. 49–59.

[17] *Wenn, nach des weissen Lichtes Quell, / Wodurch so Nacht als Schatten hell, / Dem klaren Mond, ich Aug' und Hertze lencke, / Und mit Aufmercksamkeit bedencke, / Daß dieses Licht allein der Sonnen Licht, / Als deren Glantz und heller Strahlen Pracht / So gar auch in der dicksten Nacht, / Wenn alle Dinge sich in schwartze Schatten hüllen, / Das ganzte*

Lichts nicht direkt gesehen werden, doch der Mond stellt in der Dunkelheit einen Widerschein bereit. Es wird zum indirekten Verweis auf den entzogenen Ursprung des Lichts, das, nach den Gesetzen der Optik, Voraussetzung von Sichtbarkeit ist. Daraus sind Symboliken ableitbar. Die für die Aufklärung typischen sind bekannt: Licht, Erhellung und Sichtbarkeit dienen als Metaphern der Erkenntnis. Zudem ist die Sonne als Quelle des Lichts Bild des göttlichen Quells allen Seins. „Es werde Licht!" kann als Artikulation jener schöpferischen Strahlkraft verstanden werden, welche die Welt als Erscheinung evoziert. Brockes führt in seinen literarischen Darstellungen des Mondes, insbesondere in dem Gedicht ‚Betrachtung des Mondscheins in einer angenehmen Frühlings-Nacht', naturwissenschaftliche Erkenntnis und traditionelles Analogiedenken physikotheologisch[18] zusammen, um sein Weltbild zu schließen: Der Mond ist Spiegel der Sonne, die Sonne ist Spiegelung Gottes.[19]

Das Prinzip der Spiegelung ist, im konkreten wie übertragenen Sinn, ein steter Begleiter des Monds der Literatur. Auch an Monddarstellungen auf Gemälden ist dies zu beobachten. Widerschein und Abglanz des Mondlichts sind für die Gestaltung von Friedrichs ‚Seestück bei Mondschein' zentral. Erstens verbinden sie die ansonsten wie Blöcke einander gegenüberstehenden Raumsphären. Zweitens sind sie nicht nur physikalische, sondern auch semiotische Phänomene. Drittens deuten Abglanz und Widerschein auf die ambivalente Ordnung der Wirklichkeit durch Bezeichnungsvorgänge. Das Mondlicht steht hier wie auch in der Literatur in einem Kontext entzogener Sichtbarkeit, Erkenntnis, Wahrheit und Wirklichkeit, fungiert aber als deren Abglanz. Es soll also einerseits für das Entzogene bürgen, andererseits kann es nur dessen Widerschein sein. Das macht es ebenso bedeutsam wie fragwürdig.

VI.

Es gibt in der Literatur zwei Bedeutungen des Wortes ‚Mondlandschaft'. Reist man zum Mond, besucht man die Landschaft der Mondoberfläche. Blickt man

---

Firmament dennoch erfüllen: / Davon durch sie zugleich im Dunckeln / Die Cörper der Planeten funckeln; / Erstaun' ich, daß der Sonnen Gluth, / Zu unserm Nutzen, nimmer ruht. / Dann da sie nicht des Nachts sich selber zeigen kann: / So strahlt sie doch im Gegenschein uns an. Barthold Heinrich Brockes: Betrachtung des Mondscheins in einer angenehmen Frühlings-Nacht. In: ders.: Auszug der vornehmsten Gedichte aus dem Irdischen Vergnügen in Gott. 1738. Faksimiledruck. Stuttgart 1965, S. 659–669, hier S. 667.

[18] Vgl. BARBARA HUNFELD: Evidenz im Text – Evidenz als Text. Or: A language for the eye. Evidence within the text and evidence as text in german physico-theological literature. In: Physico-theology in England and on the European Continent (1650–1750). Hg. von ANNE BLAIR und KASPAR VON GREYERZ. Boston 2020, S. 209–221.

[19] *Indem ich, fuhr er fort, nun hievon dichte, / Empfind' ich, daß ein Trieb den Geist/ Zu einem noch weit grössern Lichte, / Zu dieses Wunders Schöpfer reisst, /* [...] */ Durch den, so wie der Mond durch sie, die Sonne gläntzt: /* [...]. Brockes, Betrachtung des Mondscheins [Anm. 17], S. 668.

auf der Erde in die nächtliche Landschaft, sieht man die milchig beschienene Erdoberfläche unter dem Mond. Dies ist die ältere Bedeutung des Wortes. Der Begriff ist aus der bildenden Kunst bekannt, wo er einen besonderen Typ von Landschaftsmalerei bezeichnet. Beide Arten von Mondlandschaften verbindet, dass sie Landschaften der Phantasie sind. Den Mond und seine Landschaft kennt man nicht, und die Landschaft unter dem Mond wirkt, als kennte man sie nicht. Schimmer und Dunkelheit haben einen Verfremdungseffekt, der das scheinbar Vertraute in das noch Unausgelotete verwandelt. Dieses Fremde, vielleicht Unheimliche[20] im als bekannt Gedachten verweist, so deuten viele der Texte an, auf etwas Unausgelotetes im Betrachter selbst.

In der Romantik hat der Mond eine besondere Konjunktur. Das Interesse der Romantik gilt, wie man weiß, dem dunklen Anteil des Subjekts. Ihre Mondlandschaften und einsamen Träumer sind geradezu ein Klischee. Statt Seelenlandschaften auszubreiten, bringt ein anderer Autor, Zeitgenosse der Romantiker, das Prinzip der Mondlandschaft lakonisch auf den Punkt. In seiner Novelle ‚Der Mann von funfzig Jahren' beschreibt Goethe eine Eisfläche in der Nacht. Ein heimliches Paar läuft Schlittschuh im Mondlicht. Hinter den Liebenden liegt das Schloss, zu dem sie zurücklaufen sollen und es nicht wollen; immer von neuem machen sie kehrt, um dem Mond entgegenzugleiten. Sie konnten sich, so heißt es,

> [...] *von dem glatten Boden nicht loslösen, jeder Lauf gegen das erleuchtete Schloß, wo sich schon viele Gesellschaft versammelte, ward plötzlich umgewendet und eine Rückkehr ins Weite beliebt; man konnte sich nicht voneinander entfernen, aus Furcht, sich zu verlieren, man faßte sich bei der Hand, um der Gegenwart ganz gewiß zu sein.* [...]
> *Der volle Mond stieg zu dem glühenden Sternenhimmel herauf und vollendete das Magische der Umgebung. Sie sahen sich wieder deutlich und suchten wechselseitig in den beschatteten Augen Erwiderung wie sonst, aber es schien anders zu sein. Aus ihren Abgründen schien ein Licht hervorzublicken und anzudeuten, was der Mund weislich verschwieg* [...].
> [...] *die Sterne flammten, die Kälte war gewachsen, sie fühlten nichts davon und fuhren dem lang daherglitzernden Widerschein des Mondes, unmittelbar dem himmlischen Gestirn selbst entgegen.*[21]

Goethes Text zeigt etwas, das typisch für die literarischen Mondlandschaften ist: Es besteht ein Zusammenhang zwischen dem Licht des Mondes und

[20] Vgl. Freuds Konzept des Unheimlichen, in dem der Begriff für verdrängte Anteile des Eigenen, die spürbar werden, verwendet wird: SIGMUND FREUD: Das Unheimliche. In: Imago. Zeitschrift für Anwendung der Psychoanalyse auf die Geisteswissenschaften. V.5/6 (1919), S. 297–324. Freud geht davon aus, dass das Unheimliche „zwei Vorstellungskreisen zugehört, [...] dem des Vertrauten, Behaglichen und dem des Versteckten, Verborgen gehaltenen" (S. 301). Schelling zitierend, argumentiert er, unheimlich „sei alles, was ein Geheimnis, im Verborgenen bleiben sollte und hervorgetreten ist" (S. 302).

[21] Johann Wolfgang von Goethe: Der Mann von funfzig Jahren. In: ders.: Wilhelm Meisters Wanderjahre. In: ders.: Werke. Hamburger Ausgabe. Hg. von ERICH TRUNZ. Bd. 8, München 1998, S. 167–224, hier S. 213.

einer Art *Licht* aus inneren *Abgründen*, das etwas verschwiegen andeutet, ohne es taghell auszuleuchten. Der Mond als geheimnisvoller Wiedergänger der Sonne erleuchtet, aber nicht im Sinne einer Aufklärung des Dunklen, sondern im Modus eines Zwielichts, das den Eindeutigkeiten des Tages seine Vieldeutigkeit entgegenhält. Diese Zwielichtigkeit des Mondes prägt sich den zu ihm aufsehenden Figuren auf. Ihre Augen sind, wie die Landschaften unter dem Mond, *beschattet*[] und doch voller *Licht*, sie offenbaren und verbergen gleichzeitig. Dies gilt auch für den Mond.

Mondbetrachter werden zuweilen selbst betrachtet. Der Mond, dessen Rund in der Literatur immer wieder als ein vom Nachthimmel starrendes Auge gedeutet wird, blickt zurück. *Der Mond sah leuchtend aus der Höhe*, schreibt Storm in ‚Der Schimmelreiter'[22] und steht damit in einer langen Tradition lunarer Blicke aus dem All. Der Mond sieht die Protagonisten an, während die Protagonisten den Mond ansehen, ein Spiegelungseffekt, eine projektive Kreuzung der Blicke. Die Befragung der Welt wird zur Selbstbefragung, indem der Mond den fragenden Blick reflektiert. Für die Subjekte ist es eine Erfahrung des befremdenden Bekanntwerdens mit sich. Wenn der Mond traditionell für das ganz Andere steht, während das Auge einem alten Topos nach Spiegel der Seele ist, bekommt der Blick aus dem All eine beunruhigende Dimension. Das Andere und das Eigene werden verschränkt, verbunden mit den für solche Mondlandschaft-Szenen typischen Überhöhungen, die zugleich durchkreuzt werden. Seele und himmlische Sphäre teilen um 1800 Prätentionen des Absoluten. Mondlandschaft-Szenen beschwören sie, meist aber, um zu zeigen, wie intrikat sie sind.

VII.

Goethes Liebende auf dem mondschimmernden Eis sind bei Tag Zwängen ausgesetzt, die ihrer im Geheimen wachsenden Zuneigung, ihren diffusen Bedürfnissen entgegenstehen. Von der hellen Menschenwelt im Wortsinne abgewendet, bewegen die Figuren sich hier auf das ganz andere Licht des Mondes zu. Es ist der Augenblick, in dem das körperliche Auge, das des Tageslichts bedarf, zur Ruhe kommt und sich ein anderes, ein Seelenauge, auftut. Es ist der Moment, in dem der Mond das *Magische der Umgebung* [...] *vollendet*[], womit das Stichwort für die in Mondszenerien übliche Idee der Überschreitung der gewohnten Wirklichkeitswahrnehmung fällt.

In den Mondlandschaften der Romantik, aber auch bei anderen Autoren korrespondiert dem Sehen mit dem Seelenauge die eigentümliche Ansicht schwebender, zerfließender, konturloser Landschaft. Die Dekonturierung, als eine Auflösung der vom Tageslicht akzentuierten Raumgrenzen und ein-

[22] Theodor Storm: Der Schimmelreiter. Berlin 1888, S. 230. Zitiert nach der Online-Version des Deutschen Textarchivs. Hg. von der Berlin-Brandenburgischen Akademie der Wissenschaften (www.deutschestextarchiv.de).

zeln hervorgehobenen Gegenstände, zeigt eine Verschmelzung der sonst kategorial aufgeteilten Wirklichkeit zum kosmischen Zusammenhang an. Sehen mit dem Seelenauge unter dem Licht des Mondes meint also keine trennscharfe diskursive Erkenntnis, sondern das Sichtbarwerden der Kohärenz der Welt, in welcher Empirie und deren Deutung, Außenwelt und Innenwelt ineinanderübergehen.

Da der Mond solche Einsichten zu verheißen scheint, ist auch für die Figuren bei Goethe der Widerschein auf der Eisfläche eine Verlockung, der Spur des Mondes zum Gestirn selbst zu folgen. Es geht um die Hoffnung, etwas *unmittelbar* zu schauen, das sich nur in der Einsamkeit der Nacht, in der Weite eines nicht von Grenzen eingeschlossenen Raums, in einem Schwebezustand des Gleitens und des glitzernden Zwielichts offenbart. Mit dem Mond ist der utopische Traum von der unmittelbaren Schau der Wahrheit verbunden.

Auch deshalb suchen die beiden Figuren, die erst dabei sind, ihre Liebe zueinander zu entdecken, unter dem Licht des Mondes die übliche Rückversicherung beieinander und finden sie nicht mehr. Die ‚Deutlichkeit', mit der sie jetzt einander sehen, hat nichts mit der Klarheit des Tages zu tun, denn was immer sie erkennen, bleibt im Sprachmodus eines *es schien*. *Sie sahen sich wieder deutlich und suchten wechselseitig in den beschatteten Augen Erwiderung wie sonst, aber es schien anders zu sein. Aus ihren Abgründen schien ein Licht hervorzublicken und anzudeuten, was der Mund weislich verschwieg* [...]. Wie hier der Mund ist traditionell auch der Mond verschwiegen, der, einer seiner vielen Eigenschaften nach, unter anderem auch stummer Zeuge der Liebe ist.[23] So schweigsam der literarische Mond im Hinblick auf diskursive Vereindeutigungen bleibt, so beredt sind seine Andeutungen von Bedeutsamkeit.

Goethe belässt es nicht dabei. Er nimmt den Mond als Indikator von Zwiespältigkeiten ernst. Jene Wahrheitsschau, die das Mondlicht verspricht, kehrt sich gegen die Liebenden, indem ihnen, scheinbar aus dem Mond selbst, ein Mann entgegenkommt.

> *Da blickten sie auf und sahen im Geflimmer des Widerscheins die Gestalt eines Mannes hin und her schweben, der seinen Schatten zu verfolgen schien und selbst dunkel, vom Lichtglanz umgeben, auf sie zuschritt: unwillkürlich wendeten sie sich ab* [...].

Es ist der künftige Bräutigam der Frau, der zugleich der Vater ihres Geliebten ist. Indem er *seinen Schatten zu verfolgen schien und selbst dunkel, vom Lichtglanz umgeben, auf sie zuschritt*, weist der Text ihn, die Hauptfigur der Novelle, selbst als zwiespältige Gestalt aus. Der Mythos vom Mann im Mond klingt an, der, eines Vergehens gegen die göttliche Ordnung wegen, auf den

---

[23] Vgl. FRENZEL, Der Mond [Anm. 2], S. 537.

Mond verbannt wurde.[24] Bei Goethe kehrt der Mann im Mond zurück, um die Erwartungen der Liebenden an die Mondnacht zu durchkreuzen.

Während der Text die üblichen Mondmythen evoziert (Zauber, Wahrheit, Verheißung, Verdammung), wendet sich seine Hauptfigur vom Mond ab, macht sich an eine Rückkehr aus der Welt der Projektionen. Von der Mythologie des Mondes bleibt nur der Schatten, den die Figur im Mondlicht wirft, und nur ihrem eigenen Schatten folgt sie.

VIII.

Wenn zu Beginn des 20. Jahrhunderts Mondreisende in Otfrid von Hansteins „Zukunftsroman" ‚Mond-Rak I' den Mond in Augenschein nehmen,[25] tut sich eine Mondlandschaft und mit ihr eine Eisbahn ganz anderer Art auf als bei Goethe. Dabei ist den Astronauten,

> *wenn sie wie auf federnden Gummikissen dahinsprangen, zumute wie ungeübten Schlittschuhläufern, die noch nicht verstanden, das Gleichgewicht zu halten.* […] *Der riesenhafte, sogenannte Krater des Plato lag vor ihnen. In mächtigen Eisstufen senkte sich der Bergwall, mehrere tausend Meter schroff abfallend, zu einer gewaltigen Ebene. Sie sah aus wie ein gefrorenes Meer* […].
>
> *Es war die gewaltigste, übermenschlichste Eisbahn, die eine phantastische Phantasie sich auszudenken vermochte. Der Krater des Plato, der von der Erde aus gesehen fast den Eindruck eines Vulkans macht, erwies sich als eine fast hundert Kilometer weite Ebene, der gegenüber die Gebirge des Randwalles nur niedrig erschienen, während scharfe Lichtreflexe sie den irdischen Fernrohren anders zeigten, und auf dieser Ebene ließ sich ganz deutlich die Kugelform des Mondes erkennen.*[26]

Mit dem Betreten des Platonkraters verlässt der Leser die Platonshöhle. Der Mond *erw*[*ei*]*s*[*t*] sich als ein anderer als der, den man *von der Erde aus gesehen* hat. Der Leser soll jetzt, so suggeriert der Text, den wirklichen Mond erblicken. Es kommt darauf an, die tatsächliche Natur der Dinge *deutlich* zu *erkennen*. Der Text prätendiert dabei eine empirische Unmittelbarkeit, die Projektionen und Fernrohre gleichermaßen hinter sich lässt. Die *gewaltigste, übermenschlichste Eisbahn, die eine phantastische Phantasie sich auszudenken vermochte*, ist die Überbietung aller Phantasien und zugleich deren Aufhebung durch schiere physische Größe, die nicht semantisiert wird.

Dazu kommt eine Umkehrung der Perspektive. Die Blickrichtung wird gedreht, vom Mond zur Erde:

---

24 Vgl. EGGERDINGER, „Domine, ut videam!" [Anm. 8], S. 41f.

25 Zur Einordnung der in diesem Kapitel angeführten literarischen Mondreisen bei Hanstein und bei Daiber vgl. die standardsetzende Studie von HANS ESSELBORN: Die Erfindung der Zukunft in der Literatur. Vom technisch-utopischen Zukunftsroman zur deutschen Science Fiction. Würzburg 2019, insbes. S. 76f., 81–84, 92–97, 173f., 186f.

26 Otfrid von Hanstein: Mond-Rak I. Eine Fahrt ins Weltall. Ein Zukunftsroman. Stuttgart 1929, S. 97.

> [...] *die Erde, jetzt ihnen als Mond erscheinend*, stand *als eine fast viermal so große Scheibe hell leuchtend zwischen den Fixsternen.*
> *Die Mitte dieser Scheibe, die Eisflächen der Pole, glänzte unendlich hell, und wie von der Erde aus die Mondberge gewissermaßen wie das Gesicht eines Mannes erscheinen, so vermochte sogar das bloße Auge die verschiedenen Weltteile auf der Erde zu erkennen.*[27]

Der Blick ins All wird vom Blick aus dem All konterkariert. Der extraterrestrische Betrachter weiß, dass der Mond nicht die Scheibe ist, als die er dem irdischen Sehen erscheint.[28] Auch weiß er um den optischen Schein der Erde als Scheibe. Das alte Bild der Erde wird zitiert, um Sichtweisen als standpunktabhängig zu kennzeichnen. Bloßer Eindruck und objektive Wahrnehmung werden einander gegenübergestellt. Wer mit dem Text vom All aus zur Erde blickt, ist sich der perspektivischen Täuschungen bewusst. Darum ist, so die Behauptung, der Blick aus dem All nicht projektiv wie der Blick ins All; es ist der Blick von der Erde, der ein Gesicht, als Widerspiegelung des Betrachters, auf den Mond phantasiert, während der extraterrestrische Blick die Erde so sieht, wie sie ist, mit ihren Kontinenten. Schein und Sein – Gesicht und Oberflächenkontur, Interpretation und Befund – werden gegeneinander ausgespielt. Damit aber bleibt jene Wirklichkeit, die der Text zeigt, auf den traditionellen Blick bezogen. Ihre Eigentlichkeit ist nicht das, was den Bildern vorausliegt, sondern ergibt sich aus deren Entlarvung. Gleichwohl kommt der Text nicht ohne Bilder aus; *Eisbahn*, *Meer*, *Vulkan* und *Scheibe* zeugen davon.

Der Konnex zwischen alter und neuer Sicht des Mondes ist an einem weiteren Phänomen der Umkehrung zu sehen, das auch bei anderen Science-Fiction-Autoren der Zeit bemerkt werden kann. Während die Mondlandschaften der Erde dekonturiert sind, wie weichgezeichnet, verschwommen und im Zwielicht, sind die Mondlandschaften des Mondes scharf umrissen, mit hartem Kontrast, grell, so als müsse ihnen ein Spuk ausgetrieben werden. Die behauptete Tatsächlichkeit des neu gesehenen Mondes im Gegensatz zur Fragwürdigkeit der alten Phantasmen wird dadurch unterstrichen, dass die lunare Kulisse extrem ausgeleuchtet ist. Diese Landschaften haben nichts Fließendes, sondern sind starr, wie stillgestellt. Wo die Mondlandschaften der Erde von unheimlicher Lebendigkeit sind, wirkt die lunare Landschaft

---

[27] Ebd., S. 84f.

[28] Vgl. die wiederholte Gegenüberstellung von scheinbarer Wahrnehmung und tatsächlicher Gegebenheit bei der Betrachtung der Himmelskörper: *Der Krater des Plato, der von der Erde aus gesehen fast den Eindruck eines Vulkans macht, erwies sich als eine fast hundert Kilometer weite Ebene, der gegenüber die Gebirge des Randwalles nur niedrig erschienen, während scharfe Lichtreflexe sie den irdischen Fernrohren anders zeigten, und auf dieser Ebene ließ sich ganz deutlich die Kugelform des Mondes erkennen.* [...] *die Erde, jetzt ihnen als Mond erscheinend,* [...] *als eine fast viermal so große Scheibe* [...]. [...] *und wie von der Erde aus die Mondberge gewissermaßen wie das Gesicht eines Mannes erscheinen, so vermochte sogar das bloße Auge die verschiedenen Weltteile auf der Erde zu erkennen.*

tot. Dazu passt, dass auch der Himmel seine Tiefe und Schwerelosigkeit verloren hat, welche Träumen von einer Welt jenseits der Erdenschwere Raum gaben.

> *Zu ihren Füßen war nicht weiches Moos, wie Egon im ersten Augenblick gedacht hatte, sondern Rauhreif und zierliche Eisgebilde. Tot und hart dehnte sich um sie, von Furchen zerrissen, von Spalten durchzogen, ein rauher Boden.*
> *Der Himmel war weder blau noch gewölbt wie auf der Erde. Er lastete flach und schwarz auf dem Monde, und überall waren in stechender Klarheit* [...] *die Sternbilder* [...], *wie scharfe, harte, kalt leuchtende Punkte verschiedener Größe am Himmel.*
> *In ihrem Rücken stand die über alles Maß helle Sonnenscheibe, aber sie hatten keinerlei Empfindung, ob die Sonne wärmte.*[29]

Eine ähnliche Beschreibung des Mondes findet sich in Albert Daibers ‚Vom Mars zur Erde'. Es ist die Sicht aus dem Raumschiff beim Flug über den Mond, auch hier mit einem Blick zur Erde.

> *Eine solche überwältigende Lichtfülle strömte ihm entgegen, daß er geblendet die Augen schloß. Uschan reichte ihm ein schwarzes Glas, und nun war es den Augen des Erdensohnes möglich, hinabzuschauen auf die im grellsten Sonnenlichte strahlende Mondlandschaft, über der das Luftschiff schwebte. Da stiegen hohe, schroffe Felsmassen zu unheimlicher Höhe empor, lange, tiefschwarze Schatten werfend, die im Gegensatz zu dem blendenden Lichte doppelt schwarz erschienen. Fürchterliche Abgründe gähnten ihm aus Riesenkratern entgegen* [...]. [...] *da klafften Spalten und weiteten sich Täler, übergossen vom grellsten, durch keine Atmosphäre gemilderten Sonnenglanz und mit schwarzen Schatten, die an Dunkelheit und Schärfe ihresgleichen nicht hatten. Vergeblich aber suchte das Auge nach einem Tropfen Wasser, nach einer Spur von Grün.*
> [...]
> [...] *Da wölbte sich über ihm ein dunkler Himmel, schwarz wie Tinte, wolkenlos, darin brannte eine Sonne, die er selbst durch sein geschwärztes Glas kaum zu betrachten vermochte [...]. Und ein großer, dunkler, von hellem Lichtrande umgebener Körper hing am Himmel. Das mußte die Erde sein.*[30]

Das Unbekannte, das hier dem Blick offenbar wird, ist nur die andere Seite dessen, was man schon kennt. Wo die Astronauten der Literatur die Mondoberfläche erkunden, ist in Texten wie diesen deren nur scheinbare Fremdheit aus dem Abgleich mit dem Bekannten konstruiert. Denn es gibt bereits eine Mondlandschaft anderer Art, die längst zur Folie der Erfahrung geworden ist. Vor ihr wird die lunare Mondlandschaft zur Kontrafaktur der irdischen. Der eigentliche Kontrast besteht also nicht zwischen grellem Licht

---

[29] Ebd., S. 84.

[30] Albert Daiber: Vom Mars zur Erde. Eine Erzählung für die reifere Jugend. Stuttgart o. J. (um 1914). Zitiert nach der Online-Version des Projekts Gutenberg (www.projekt-gutenberg.org). Die Textstelle stammt aus dem neunten Kapitel „Eine Station auf dem Monde".

und tiefem Dunkel, sondern zwischen irdischer und lunarer Mondlandschaft, die, indem die eine Gegenpol der anderen ist, zusammenhängen.

Unheimlich sind sie beide. Das bei Hanstein nur angedeutete, bei Daiber offenkundige Grauen zeigt das Befremden des Betrachters, der auf ein nur vermeintlich fremdes Terrain blickt, das ihn, wie auch der Blick aus dem All zur Erde zeigt, auf sich selbst zurückverweist. Denn in den Abgründen und dunklen Himmeln kehrt die alte Semantik der Seelenlandschaft zurück, die auch die Mondfahrten dem Mond nicht austreiben.

IX.

Mit Blick auf Caspar David Friedrichs Meeresbilder stellt sich die Frage, wohin all die Seelenschiffe, die Friedrich malt, unterwegs sind. Sie segeln auf etwas zu, das auf den Bildern entweder hinter dem Horizont oder vor dem Bild selbst liegt, wie im Fall vom ‚Seestück bei Mondschein'. In der Ferne, dem Betrachter gegenüber, endet der Bereich des Sichtbaren am Horizont,[31] der eine Sichtgrenze ist, aber keine Raumgrenze, weshalb die Linie zwischen Himmel und Meer, gleißend im Mondlicht, zu der Vorstellung fortwährender Überschreitung der Sichtgrenze einlädt. Ein mögliches Land jenseits des Horizonts könnte also Symbol der Transzendenz sein, ebensowohl aber die Fortschreibung des Raumes vor dem Horizont. Seit die Immanenz im Wissensdrang der Aufklärung anschwillt, ist die Horizontlinie nur die Wahrnehmungsgrenze des bisher Entdeckten, hinter der der Raum künftiger Entdeckungen immer weitergeht; kein letzter Hafen also in Sicht. Bei umgekehrter Perspektive, nicht der Blickrichtung ins Bild hinein folgend, sondern der Richtung des Bootes aus dem Bild heraus, gibt auch diese der Darstellung innewohnende Bewegung Rätsel auf. Wie weit reicht die schwarze Oberfläche des Meeres in den Bildvordergrund hinein? Erreicht sie den Betrachter, der also nicht auf sicherem Grund steht? Ziel mag ein Raum diesseits der Darstellung sein, ein Ort, den das Bild nicht bestimmen kann, ein Bereich, der der Bezeichnung vorausliegt.

Wohin also soll der Betrachter sich wenden? Gegen die Bewegung des Schiffes dem Horizont zu, um im Bild verloren zu gehen, entweder in der Empirie oder den Imaginationen? Oder soll der Betrachter sich mit der Bewegung des Schiffes in die eigene Welt zurückwenden, die aber – so deutet das Bild an, soweit es noch abbilden kann – erst recht inkommensurabel ist? Es scheint, als verstärkten Schiff und die von ihm gebündelten Bewegungen die Beunruhigung, die von der dargestellten Welt ausgeht, statt sie durch Überformung einzuhegen. Der vom Bild verwehrte Blick zum Mond ent-

[31] Zur hier dargelegten Argumentation mit der kulturgeschichtlichen Funktion und Bedeutung des Horizonts vgl. ALBRECHT KOSCHORKE: Die Geschichte des Horizonts. Grenze und Grenzüberschreitung in literarischen Landschaftsbildern. München 1989. Vgl. auch BLUMENBERG, Arbeit am Mythos [Anm. 5], S. 13.

spricht jener Verweigerung der Erfüllung von Sehgewohnheiten, wie sie für Friedrichs Bildkonstruktionen diskutiert wird. Darin liegt eine Befragung von Letztgültigkeit. Der Mond, der die entrückte Urbildsphäre bezeugt, ist hier selbst entzogen, so wie das Ziel, an dem das Boot anlanden könnte. Nicht nur der apodiktische Bezugspunkt der Lebensreise fehlt, sondern auch die Gewissheit, dass Zeichen ihn repräsentieren. Wo der Navigationsversuch der Interpretation keine Eindeutigkeit herstellen kann, besteht keine Sicherheit des Betrachterstandpunktes. Solche Offenheit ist das Metier der Kunst, ob auf Bildern oder in Texten.

X.

Um das auszuhalten, bedarf es wohl einer Ironie, wie sie Wilhelm Raabes Erzählung ‚Deutscher Mondschein' bietet. In diesem Text begegnet dem Erzähler, der beteuert, er sei kein bisschen romantisch, eines Abends ein Mann, der sich vom Mond verfolgt fühlt. Ein klarer Fall von Irrsinn, findet der Erzähler. Ob beim vom Mond Verfolgten oder beim mit dem Mond Behelligten: Der Mond zerrt an den Nerven. Womöglich ist ja der Mond, von dem so oft erzählt worden ist, zur Last geworden: All die Projektionen des Absoluten, die in Insuffizienz gründen, oder eines Andersseins, das ins Eigene zurückführt, sowie die daraus resultierende Unheimlichkeit verfolgen Betrachter, Erzähler, Leser. Dagegen hilft nur: erzählen. *Erzählen wir ruhig und ohne alle Aufregung*, beginnt also der Text,[32] der seinen ‚Realismus' augenzwinkernd ausstellt.

Am Meer bei Mondaufgang stürzt, eine Düne herunterrutschend, dem Erzähler ein Mann entgegen, der schließlich im Sand sitzenbleibt und hysterisch schreit. Der Mond ist nicht zu sehen. Wie so oft bei Raabe schiebt sich die verselbständigte Rede vor die darzustellende Wirklichkeit.

> *„Er – sie – ist hinter mir!* […]"
> *„Wer? was? wer ist hinter Ihnen?" schrie ich, an der grauen Dünenwand emporstarrend, ohne etwas irgend Bedrohliches zu erblicken.* […]
> *„Doch, doch! Er – sie – der Mond – Luna – Selene! Nein, nein, nicht Luna und Selene, sondern er, der Mond, der verruchte deutsche Mond! Eben geht er hinter den Watten auf und wird in einigen Minuten dort über die Höhe hinter mir her sein! Und hier kein Dach, kein Schirm – nicht einmal ein Regenschirm – und der nächste Badekarren zum Unterschlüpfen eine Viertelstunde weit ab! Das ist mein Tod!"*[33]

Wie es so weit kommen konnte, weiß man.

---

[32] Wilhelm Raabe: Deutscher Mondschein. In: ders.: Sämtliche Werke (Braunschweiger Ausgabe). Band 9/2. Hg. von KARL HOPPE [u. a.]. Göttingen 1976, S. 381–402, hier S. 381.
[33] Ebd., S. 384.

Matthias Meyer

Sozialutopie, Eskapismus, Untergangsvision

‚Frau Luna' als Spiegel des frühen 20. Jahrhunderts

Im Zentrum meiner Überlegungen stehen interpretatorische Anmerkungen zu einer der erfolgreichsten Operetten des 20. Jahrhunderts, deren Geschichte aber bereits 1899 beginnt: ‚Frau Luna' von Paul Lincke. Doch um dieses Zentrum zu erreichen, braucht es eine längere Durchquerung der Peripherie, eine Vorgeschichte, die weit ins 19. Jahrhundert (oder auch noch weiter) zurückreicht. Mondreisen dauern eben nicht nur eine gewisse Zeit, sie benötigen auch eine gehörige Vorbereitung. Einen echten Countdown während dieser Vorgeschichte wird es nicht geben, wird doch der Countdown erst in den späten zwanziger Jahren des vorigen Jahrhunderts erfunden, genauer – jedenfalls ist das eine oft geäußerte Position – von Fritz Lang für seinen epischen Stummfilm ‚Die Frau im Mond' (1928/29),[1] der das Problem zu bewältigen hatte, wie man einen Raketenstart dem Publikum ankündigt: Wenn man vorwärts zählt, ist der Zielpunkt der Zahlenreihe nicht selbstverständlich; das Rückwärtszählen aber hat ein eindeutiges Ende. Am Film war übrigens als technischer Berater unter anderem Professor Hermann Oberth beteiligt, der später zeitweilig in der Heeresversuchsanstalt Peenemünde arbeitete und dessen Schüler Wernher von Braun maßgeblich an der Entwicklung der V2 sowie später am Raumfahrtprogramm der NASA mitwirkte.[2] Solche merkwürdigen Beziehungen zwischen Fiktion und Realität zeichnen allerdings die Geschichte der Raumfahrt und die Geschichte der Mondliteratur insgesamt aus. So findet sich die Idee einer mehrstufigen Rakete, die es ja erst ermöglicht, dass der Mensch die Erde einigermaßen unbeschädigt verlassen kann, nebst der Konstruktion eines Startgestells für diese bereits in ‚Wie du solt machen gar schöne Rackette, die da von im selber oben hienauff in die hoch faren' des Hermannstädter Ingenieurs Conrad Haas (1509–1576).[3] Ebenfalls in Hermannstadt (auch Oberth stammte daher) hat der Arzt Friedrich Krasser 1869 festgehalten: „In hundert Jahren landen unsere En-

[1] Vgl. etwa MARC MANCINI: The Future Isn't What It Used To Be. In: Film Comment 21 (May/June 1985), S. 12, sowie KAGE BAKER: Frau im Mond. In: Ancient Rockets. Treasures and Train Wreck of the Silent Screen. Hg. von KATHLEEN BARTHOLOMEW. San Francisco 2011, S. 52–55, die festhält, dass die gesamte Startsequenz der späteren Realität des Apollo-Mondprograms entspricht.

[2] Vgl. BAKER, Frau im Mond [Anm. 1], S. 54, sowie auch PATRICK MCGILLIGAN: Fritz Lang – The Nature of the Beast. Minneapolis 2013, S. 141–146. Zu Oberth vgl. die Daten in der NDB, https://www.deutsche-biographie.de/sfz72736.html#ndbcontent_sfz70427 (26.06.2020).

[3] Das Manuskript wurde erst 1961 in Sibiu wieder aufgefunden und liegt im Archiv der Bukarester Akademie.

kelkinder auf dem Mond“[4] – und er sollte auf das Jahr genau recht behalten. Dass es sich bei diesem Arzt um den Großvater von Hermann Oberth, eben jenem besagten Raketenkonstrukteur, handelt, ist eines dieser Details, die einem bei Recherchen zum Thema Realität und Literatur bei der Mondlandung die Frage aufkommen lassen, wer hier wen nachahmt.

I.

Ich will aber nicht – dies wird in anderen Beiträgen behandelt – in der Antike, bei Johannes Kepler oder beim ‚Orlando Furioso‘ ansetzen. Meine Mondgeschichte beginnt bei der Keimzelle der modernen Mondfantasien, zwei Romanen des französischen Erfolgsschriftstellers Jules Verne.

Verne begann seine literarische Karriere als vergleichsweise wenig erfolgreicher Verfasser von Opernlibretti und Dramen, meist Tragödien.[5] Er wurde auch Theaterdirektor, wechselte dann zwischenzeitlich in bürgerliche Berufe, bevor er mit einem Roman, in dem es um eine fünfwöchige Ballonreise ging, auf den Verleger Pierre-Jules Hetzel traf, der meist Bücher für ein jugendliches Publikum verlegte. Hetzel nahm Verne 1864 unter Vertrag, dieser erhielt zunächst ein Monatsgehalt von 300 Francs (ein Jahr später waren es 750) und musste dafür drei bis vier, ab 1871 nur noch zwei Bücher pro Jahr abliefern.[6] Um deren kommerziellen Erfolg zu garantieren, griff Hetzel stark in Konzeption und Ausführung der Bücher ein. Es ist dies ein frühes Beispiel für die erfolgreiche Zusammenarbeit von Autor und Verleger, ein Modell der erfolgreichen literarischen Kommerzialisierung.

Das Besondere der Verneschen Romane ist ihre Machart, genauer, die Verbindung von Reisethematik, Exotik und wissenschaftlicher Fundierung. Spätestens durch Hetzel lernte Verne, der schon vorher viel gereist war, verschiedene Wissenschaftler kennen und legte einen ausführlichen Zettelkasten an. Er kommt damit dem Wunsch nach Wissensvermittlung in der Unterhaltung nach, ein Konzept, das auf vielfältige Resonanz stieß. Zum einen werden Vernes Romane im verlagseigenen ‚Magasin d’Éducation et de Récréation‘, das sich hauptsächlich an (männliche) Jugendliche wendet, gedruckt, zum andern parallel in Tageszeitungen als Fortsetzungsromane, so dass Verne eigentlich das produziert, was man heutzutage *all ages*-Literatur nennt.[7] Der Bildungsanspruch ist den Veröffentlichungsorten gemein – und dieser Bil-

---

[4] Vgl. http://reporterreisen.com/zehn-tage-siebenbuergen/reportagen/die-himmelstuermer-von-hermannstadt/index.html (26.06.2020).

[5] Die folgende kurze Darstellung zu Jules Verne basiert auf der gründlichen Studie von ROLAND INNERHOFER: Deutschsprachige Science Fiction 1870–1914. Rekonstruktion und Analyse der Anfänge einer Gattung. Wien [u. a.] 1996 (Literatur in der Geschichte, Geschichte in der Literatur 38), S. 29–131, hier S. 29.

[6] Ebd., S. 30, mit Zitat von VOLKER DEHS: Jules Verne in Selbstzeugnissen und Bilddokumenten. 2. Aufl. Reinbek 1993, S. 51.

[7] INNERHOFER, Science Fiction [Anm. 5], S. 31.

dungsanspruch wird in Deutschland vom Verlag Hartleben, der die alleinigen Rechte an Julius Verne kauft, hochgehalten.[8] Verne wird auch in Deutschland nicht nur ein Riesenerfolg, er wird auch zu einem Klassiker der Leihbüchereien und der Arbeiterbibliotheken. Und er entgeht diversen Kampagnen gegen Schund- und Schmutzliteratur, denen andere Erfolgsschriftsteller wie H. G. Wells (auch er gehört mit ‚The First Men in the Moon‘ von 1900/1901 in die Vor- und Nebengeschichte der ‚Frau Luna‘) und Karl May immer wieder ausgesetzt waren. Dies nicht nur aufgrund seines wissenschaftlichen Anspruchs – der wird schließlich in einigen Fällen recht schnell überholt –, sondern auch deshalb, weil er hauptsächlich ein populär-wissenschaftlich akzentuierter Reiseschriftsteller ist, der allen erotischen oder gar sexuellen Verwicklungen entgeht. In seinen Mondromanen, zum Beispiel, kommt er schlicht gänzlich ohne Frauenfiguren aus.[9]

Was mich endlich zu den beiden einschlägigen Texten bringt: ‚De la Terre à la Lune‘ (1865), der 1873 auf deutsch zuerst in Pest (heute ein Teil von Budapest) unter dem Titel: ‚Von der Erde zum Mond. Directe Auffahrt in 97 Stunden‘ erscheint. Der Roman – das ist für all diejenigen, die ihn nie gelesen haben und ihn nur aus der populären Imagination kennen, überraschend – endet mit dem Abschuss des Mondgefährts und der Beobachtung, dass es nun planwidrig in eine Umlaufbahn um den Mond eingetreten ist. Fünf Jahre musste das Publikum warten, bis es erfuhr, was aus den Mondreisenden geworden ist. ‚Autour de la Lune‘ erscheint 1870 (als ‚Reise um den Mond‘ auf deutsch 1873, also parallel zum früheren Roman) und gibt uns die Innensicht des Mondreisegefährts, den Reisebericht der Mondumrundung und schließlich die Rückkehr der Reisenden mit einer Wasserung im Pazifik.

Der erste Roman ist eine äußerst lesenswerte Mischung aus wissenschaftlichen Berechnungen und Überlegungen (auch wenn sie einige Fehler enthalten, welche die vorgeschlagene Mondfahrt nicht nur nicht überlebbar, sondern vor allem auch gar nicht möglich werden lassen) sowie der Diskussion verschiedener wissenschaftlicher Modelle über den Mond. Hier trifft Verne in vielen Punkten die Wirklichkeit, etwa wenn er den Mond als unbewohnt und ohne Atmosphäre beschreibt, wenn er auch davon ausgeht, das vor hunderttausenden von Jahren der Mond bewohnt war – allerdings irrte er erstaunlicherweise bei den Aussagen über die Form des Mondes, die er als auf der Rückseite des Mondes eiförmig erweitert beschreibt. Gleichzeitig ist der Roman auch eine oft recht böse und fast immer treffende Satire auf Fortschrittsbegeisterung und Nationalitätenvorurteile. So sind es natürlich die fortschrittsgläubigen Amerikaner, die überhaupt auf die Idee kommen, eine Reise zum Mond anzutreten. Dass es dazu kommt, ist auf das Ende des Sezessionskrieges zurückzuführen: Die Hersteller von Kanonen, Geschossen aller Art, die Mitglieder des *Gun Clubs*, sind beschäfti-

8 Vgl. ebd., S. 31–35.
9 Vgl. ebd., S. 48f.

gungslos; dessen Vorsitzender Barbicane kommt auf die glorreiche Idee, eine Kanonenkugel auf den Mond zu schießen – eine etwas kriegerische Art der Kontaktaufnahme, die, wie Verne süffisant festhält, durchaus bezeichnend ist. James T. Maston, ein wichtiges Mitglied des *Gun Clubs,* will dann auch in einer der ersten, mit großer Detailfreude beschriebenen Sitzungen dieses Vereins das Geschoss würdigen:

> „‚Diese Kugel, die wir auf den Mond hinaufschießen werden, ist unser Abgesandter, unser Botschafter, und ich bitte um die Erlaubnis, sie vom rein moralischen Standpunkt aus würdigen zu dürfen.‘ Das war eine durchaus neue Art und Weise, ein Geschoß zu betrachten [...]. ‚Die physikalische Kugel, das tötende Geschoß, will ich nicht berühren, sondern nur die mathematische, die sittliche Kugel.‘“[10]

Der erste, US-interne Konflikt tut sich auf, als Barbicane als Vorsitzender des *Gun Clubs* und Exponent der Idee durch seinen Erzkonkurrenten, den Panzerplattenhersteller Nicholl, herausgefordert wird, der die Idee für hirnrissig hält. Vorher aber stellt sich die Frage der Geldbeschaffung, denn selbst die Kriegsgewinnler des *Gun Clubs* können die Rechnungen für das Mega-Projekt nicht zahlen. Es wird eine weltweite Crowd-Funding-Kampagne initiiert – für Verne eine Möglichkeit, ein Stereotypenkabinett zu entfalten:

> „Frankreich fand die Sache erst mal komisch, die Bevölkerung erging sich in spöttischen Kalauern, Schreiber verfassten Varieté-Stücke zu diesem Thema. Schließlich kam aber doch ein Zeichnungsbetrag von 1 253 930 Francs zusammen – dafür darf man sich wohl auch ein wenig lustig machen.“ (S. 80)

Dass diese Worte prophetisch waren, zeigt die nach der Veröffentlichung des Romans auf Frankreichs Bühnen einsetzende Mondmanie.

Es ist in der Forschung bereits mehrfach darauf hingewiesen worden, in welchen Punkten Verne die spätere Mondlandung korrekt antizipiert hat: Nach längeren genüsslich dargestellten Konflikten wird als Startort Florida ausgewählt, sehr nah am späteren Cap Canaveral. Texas zieht den Kürzeren (und hat in der Realität das Kontrollzentrum erhalten: „Houston, wir haben ein Problem“). Auch die Zeit der Reise zum Mond hatte Verne zumindest einigermaßen gut getroffen. Doch bevor es zur bemannten Reise kommt, ist der Beitrag Frankreichs vonnöten: Die Amerikaner wollen nur eine Kanonenkugel auf den Mond schießen (deswegen spenden die Schweizer nur 257 Franken, weil sie dahinter kein Geschäftsmodell wittern) – es ist ein Franzose nötig, um daraus eine bemannte Mondfahrt zu machen. Inmitten der Vorbereitungen trifft in Florida ein Telegramm ein: „Nehmt statt Kugel zylindrisch-konisches Geschoß. Ich reise darin mit. Eintreffe Dampfer Atlanta Mitte Oktober. Michel Ardan.“ (S. 105) Diese Idee – nicht zu ver-

---

[10] Ich zitiere nach der Ausgabe: Jules Verne: Von der Erde zum Mond. Reise um den Mond. Ein Drama in den Lüften. Übers. von JOACHIM FISCHER und LOTHAR BAIER. Frankfurt a. M. 1966 (Die große Jules Verne-Ausgabe in 20 Bänden), hier Bd. 2, S. 43.

heimlichen, da das Telegramm natürlich unterwegs mitgelesen wurde – wird zunächst als ‚Posse' abgetan, dann aber heißt es: „Die Beschäftigung mit dieser Vorstellung, welche die Grenzen der Vernunft plötzlich gewaltig erweiterte, folterte den Sensationslustlappen in den Hirnen der Menschheit" (S. 107). Es folgen neue Berechnungen – die Verne alle im Detail mitteilt –, bis man schließlich das sensationelle Unterfangen wagt. Zwischendurch wird noch ein Duell zwischen Nicholl und Barbicane, den alten Antagonisten, von dem neu hinzugekommenen Franzosen verhindert – und die drei werden Mondfahrer. Schließlich ist alles so weit – und der Roman endet mit einem Trick: Der Abschuss wird nur von der Erde aus beschrieben, auch das Resultat, dass nämlich der Mond nicht getroffen wurde, sondern dass die Mondkapsel nun den Mond umkreist, steht am Schluss des Romans. Warum es dazu kommt, wird ebenso wenig erklärt (ein Rechenfehler?), wie das Schicksal der Reisenden im Dunklen bleibt.

Was aber deutlich ist: Das Ganze ist eigentlich als Selbstmordmission geplant, denn an eine Rückkehr wird nicht gedacht. Ob der Mond eine Atmosphäre hat (und, wenn ja, wie sie beschaffen ist) und ob es gar Mondbewohner gibt, bleibt offen, all diese Risiken werden eingegangen, auch wenn zumindest für den Flug genügend Sauerstoff an Bord ist.

Der zweite Teil, ‚Die Reise um den Mond', wird dann als Reisebericht aus der Mondkapsel erzählt. Ein großer meteorartiger Himmelskörper hatte die Flugbahn der Kapsel ablenkt, so dass sie den Mond verfehlt. Schließlich aber gelingt den Reisenden durch Ausnutzen der Fliehkraft und durch Zünden der Bremsraketen der Rückweg zur Erde. Der Mond aber entpuppt sich als unbewohnt, die vom Franzosen eingeschmuggelten Hühner werden keine Mondhühner werden, die Atmosphäre des Mondes – der vor hunderttausenden von Jahren eine Zivilisation beherbergt haben soll – ist längst verschwunden, es gibt keine Mondbewohner mehr, allenfalls Reste einer Zivilisation.

Auch hier ist Verne erstaunlich präzise – in der Beschreibung der Mondoberfläche, auch in den Gefahren durch Kometen, wenn er auch von der Idee, der Mond sei einmal bevölkert gewesen, nicht lassen kann. Nur mit der Schwerelosigkeit hat er so seine Schwierigkeiten: Sie findet nur punktuell statt. Mit der Wasserung im Pazifik (wie bei den Apollokapseln) und der weltweiten Apotheose der Mondfahrer endet der Roman – nicht aber seine Wirkung. Deren Spur entspricht der ersten Reaktion der Franzosen im Roman auf die Idee der Mondfahrt: Sie machen Varieté-Stücke über das Thema. Und genau das tun auch die Franzosen außerhalb der Fiktion nach dem Erscheinen des überaus erfolgreichen Romans. Eines der ersten Stücke, das in diesem Zusammenhang zu nennen ist, stammt von Jacques Offenbach.

II.

1874 hatte Verne selbst ‚Die Reise um die Welt in 80 Tagen' sehr erfolgreich für das Theater bearbeitet. Was lag näher, als einen anderen Roman von

Verne als Vorlage für ein weiteres Stück zu nehmen – übrigens ohne mit ihm Rücksprache zu halten, was zu einigen Verstimmungen zwischen Offenbach und Verne führte, die aber nicht von Dauer waren.[11] Allerdings sind die Übernahmen so groß nicht. Denn Offenbachs *opéra-feérie* ‚Le voyage dans la lune' in vier Akten und 23 Szenen beginnt zwar mit einem Kanonenschuss auf den Mond, der drei Protagonisten, einen König, einen Prinzen (eine Hosenrolle) und einen Wissenschaftler auf den Erdtrabanten befördert, doch damit enden die Parallelen: Der zweite Akt beginnt auf dem Mond, wo die Seleniten einen schwarzen Punkt am Himmel angstvoll beobachten, ob das nicht ein Geschoss der Erde sei, um sie zu vernichten – aber die Wissenschaft auf dem Monde hatte ja bewiesen, dass die Erde unbewohnt sei. Es kommt dann drei Akte lang zu Verwicklungen und zu einer Liebesgeschichte – denn Liebe ist bislang auf dem Mond unbekannt und wird erst durch einen mitgebrachten Apfel ausgelöst, den eine Mondprinzessin isst. ‚Le voyage dans la lune' gehört nicht zu den wirklich bekannten und dauerhaft erfolgreichen Operetten Offenbachs. Sie wird 1875 uraufgeführt, 1877 wird die Produktion in Paris wieder aufgenommen, 1876 spielen London und Wien das Stück nach. Was aber ausgelöst wird, ist ein Mond-Boom: Es folgen zahlreiche Mond-Operetten und Mond-Stücke für das Vaudeville. Auch in anderer Hinsicht war Offenbachs ‚Voyage' stilbildend: Auf seinem Mond schneit es am Schluss des dritten Aktes, und es gibt ein Grand Ballet der Schneeflocken – was schnell zur großen Mode wird.

Offenbach und seinen Nachahmern gemein ist das Spektakelhafte. Es gibt Kristallpaläste, Dschungel, Höhlen, Vulkanausbrüche. Wie das ausgesehen hat, kann man auch heute noch gut verfolgen. Denn einer der wichtigsten Film-Pioniere, George Méliès, dreht 1902 seinen bei Weitem erfolgreichsten Film, den ersten Science-Fiction-Film ‚Le voyage dans la lune'. Méliès kam vom Theater, und er nutzte für seinen Film Effekte, die er als (ehemaliger) Zauberkünstler in Varietés kannte; er nutzte aber auch filmische Tricks wie Doppelbelichtungen, *stop motion*-Verfahren und Ähnliches. Man sieht dem Film, der sich für die Rahmung (Astronomenkongress, Geschoss-Abschuss, Landung auf dem Wasser) wieder Vernes Roman bedient, seine Herkunft aus dem Vaudeville oder der Operette an: Beim Abschuss ist eine Girls-Reihe zugegen, selbst der Offenbachsche Schnee ist präsent. Der Film zeigt den Einfluss weiterer Verne-Romane: Die Staffage des Mondes erinnert an die ‚Reise zum Mittelpunkt der Erde', die Tiefsee, in die das Geschoss bei der Rückkehr eintaucht, an ‚20000 Meilen unterm Meer'. Die Mondbewohner selbst sind eher durch H. G. Wells beeinflusst – und es gibt in dem

[11] Dies nach JEAN-CLAUDE YON: Jacques Offenbach. Paris 2000, mit Hinweis auf BNF, Département des Manuscrits, N.A.Fr.17.004, ff 278-280, zitiert nach https://fr.wikipedia.org/wiki/Le_Voyage_dans_la_Lune_(op%C3%A9ra-f%C3%A9erie) (26.06.2020) – das Original war mir nicht zugänglich. INNERHOFER, Science Fiction [Anm. 5], S. 56, sieht keine Abhängigkeit Offenbachs von Verne – was wohl zu weit geht. Zumindest Rahmen und Inspiration stammen von Verne.

kurzen Film auch keine Liebesgeschichte.[12] Es treten dort aber die Sternbilder (der Große Wagen) und die Planeten (Venus und Saturn), wenn auch nur kurz, auf.

III.

Solche Auftritte erinnern stark an das Ausstattungstheater, das auch ein 1866 in Berlin geborener Musiker und Komponist in Paris erlebte, als er dort längere Zeit als Dirigent arbeitete: Emil Karl Paul Lincke.[13] Er stammt aus kleinbürgerlichen Verhältnissen, wird früh Halbwaise. Ein Onkel entdeckt seine musikalische Begabung, er erhält seine erste Geige mit elf, wird mit 14 als Stadtpfeifer in Wittenberge in die Lehre geschickt. Als Geiger ist er – für die Ansprüche einer kleinstädtischen Kapelle – bereits fertig ausgebildet, er lernt jetzt Fagott, Tenorhorn und diverse andere Instrumente und kehrt nach Ende der Lehrzeit nach Berlin zurück. Die musikalische Welt, die ihn umgibt, ist – in Berlin – die der die Stadt durchziehenden Militärmusiken, in Wittenberge die der Gelegenheitsmusiken zu offiziellen und privaten Feiern – und das heißt, in Preußen, meist wieder Märsche. So ist es vielleicht zu erklären, dass Lincke auch später die Walzer immer wieder zu Märschen geraten respektive die Walzermelodien seiner Operetten dann im gleichen Stück auch als Marsch auftauchen. In Berlin verschafft er sich Arbeit als Musiker in einem der immer zahlreicher werdenden Theater, er lernt ebenfalls am Anfang ihrer Karriere stehende Komiker kennen, mit denen er später eine enge, beidseitig profitable Beziehung eingeht. Im Laufe der Zeit und bei wechselnden Engagements in der stetig wachsenden Berliner Theaterszene lernt er dann auch seine spätere Ehefrau Anna kennen – und einen Schauspieler, mit dem er eng zusammenarbeitet, nachdem er entdeckt hat, dass dieser ein extrem schneller und durchaus witziger Texter ist: Heinrich Bolten-Baeckers.[14]

Linckes Weg durch die Berliner Theater liest sich wie ein Aufstiegsweg: Er wird Erster Kapellmeister (am Parodie-Theater – ein schöner Titel, auch wenn es keinen zweiten Kapellmeister am Haus mehr gibt),[15] und schließ-

---

[12] Vgl. INNERHOFER, Science Fiction [Anm. 5], S. 57f.

[13] Zu Lincke vgl. FARNZ BORN: Berliner Luft. Eine Weltstadt und ihr Komponist Paul Lincke. Berlin 1966 [das Buch ist – freilich nach dessen Tod – in Linckes eigenem Apollo-Verlag erschienen]; OTTO SCHNEIDEREIT: Paul Lincke und die Entstehung der Berliner Operette. Berlin 1974. Erstaunlich gut ist die Aufnahme ‚Paul Lincke: Frau Luna + Highlights von Drei alte Schachteln (Kollo)', Membran Music 231711, eine Aufnahme mit dem Hamburger Rundfunkorchester unter Wilhelm Stephan aus dem Jahr 1954 mit der damals noch guten Anneliese Rothenberger als Frau Luna.

[14] Vgl. BORN, Berliner Luft [Anm. 13], S. 39–55, SCHNEIDEREIT, Paul Lincke [Anm. 13], S. 28–38, jeweils zum Beginn dieser folgenreichen Zusammenarbeit Lincke und Bolten-Baeckers.

[15] Vgl. SCHNEIDEREIT, Paul Lincke [Anm. 13], S. 30.

lich landet er am Apollo-Theater, einem Haus in der Vaudeville-Tradition. Es wird also an einem Abend ein buntes Programm mit Komikern, Artisten, Kunstjodlern, Chanson- und Coupletsängerinnen und auch einem einaktigen Stück gegeben. Während Lincke zuerst hauptsächlich Lieder für Solisten, auch Übergangs- und Zwischenaktmusiken schreibt, werden einige dieser Lieder schnell zu Schlagern – und so bleibt es nicht aus, dass die aufgeführten Einakter nun auch von Lincke komponiert werden; meist schreibt Bolten-Baeckers das Libretto. 1897 – in einem Jahr, in dem drei Einakter Linckes über die Bühne des Apollo-Theaters gehen – entsteht der Einakter ‚Venus auf Erden'. Der Gedanke, dass Götter auf die Erde ziehen, dass es eine eifersüchtige Juno gibt – all das erinnert nicht nur von fern an Offenbachs ‚Orpheus in der Unterwelt', nur dass man eben nicht in die Unterwelt, sondern nach Berlin zieht und am Schluss kein Höllengalopp, sondern ein euphorischer Marsch steht, bevor sich das Ganze als Traum eines mondsüchtigen Berliners namens Fritz Leichtfuß herausstellt.

Die folgenden zwei Jahre verbringt Lincke in Paris, als Dirigent im Varieté der Folies Bergère, was ihm nicht nur erneutes Prestige, sondern auch zahlreiche Affären und das Ende seiner Ehe einbringt, als er während einer Vorstellung mitten beim Dirigieren *coram publico* von seiner überraschend angereisten Ehefrau geohrfeigt wird.[16] Neben diesen privaten melodramatischen Erfahrungen macht Lincke auch die, dass die Franzosen immer noch einer theatralen Mondmanie anhängen, zumindest auf dem Vaudeville.

Wieder zurück in Berlin, machen Bolten-Baeckers und Lincke etwas für die schnelllebige und auf Verbrauch ausgerichtete Gattung des Varieté-Stücks Typisches: Sie arbeiten ein erfolgreiches Stück um und ergänzen es – aus ‚Venus auf Erden' wird ‚Frau Luna'. Ein Textbeispiel soll zeigen, wie wenig Umarbeitung nötig ist. Aus: „Bin Göttin der Liebe / Frau Venus genannt" wird: „Bin Göttin des Mondes / Frau Luna genannt", aus Fritz Leichtfuß wird Fritz Steppke, aus dem Besuch der Götter in Berlin wird der Besuch der Berliner auf dem Mond. Auch hier kommt es zu interplanetarischen Liebesverwicklungen, die sich aber am Schluss wie von selbst regeln. Und natürlich entpuppt sich Berlin als Faszinosum für die Götter- wie auch die Planetenwelt.[17]

---

[16] Vgl. ebd., S. 43f.

[17] Zum Zusammenhang ‚Venus auf Erden' und ‚Frau Luna' vgl. SCHNEIDEREIT, Paul Lincke [Anm. 13], S. 46–59. Neben der Einordnung in die französisch inspirierte Traditionslinie Verne/Offenbach gibt es durchaus auch eine Berliner Traditionslinie des parodierenden Ausstattungstheaters wie die ‚Reise in die Astronomie – Urania-Parodie' von 1890/91, die auf die Berliner Urania zielt, die nach dem Modell der Wiener Urania gegründet wurde. Dort, in Wien, wurde z. B. ‚Bilder aus der Sternenwelt. Ein naturwissenschaftliches Theaterstück' aufgeführt – kurz: die aktuelle Wissenschaft und die Unterhaltungsindustrie laufen parallel; vgl. NIC LEONHARDT: Metropole als Markt für Mokerie. Parodien auf urbane Unterhaltung als Unterhaltung über Urbanisierung im 19. Jahrhundert. In: Forum Modernes Theater 23,2 (2008), S. 135–150, hier S. 141–146.

Um die Jahrhundertwende entsteht ein musikalisches Phänomen, der Schlager – entweder als selbständige Komposition oder als Auskopplung aus einem Stück.[18] Ein Schlager ist nicht nur durch eine eingängige Melodie und einen selbständigen, ohne Handlungszusammenhang möglichst pointierten Text gekennzeichnet, sondern auch durch eine kurze Länge (die in den zehner Jahren des 20. Jahrhunderts den knapp über drei Minuten der Schellack-Schallplattenseite entspricht) und durch die Verfügbarkeit in verschiedenen Medien. Zunächst gehören in Berlin in die Schlagerindustrie die Musikverlage, die die Schlager für das bürgerliche Wohnzimmer als Notenhefte herausgeben. So hatten sowohl das Apollo-Theater als auch später Lincke selber einen eigenen Musikverlag. Schlager werden nicht nur in den Theatern, sondern auch in den Tanzcafés, in den Biergärten von Kapellen, von den ubiquitären Leierkastenmännern und später von der Schallplatte gespielt. Zudem treiben sie durch ihre Popularität das Publikum wiederum in die Theater – zunächst eine *win-win*-Situation, an der auch der Stummfilm partizipiert, der – auf synchronisierten Schallplatten – die Schlager singenden Stars auf die Leinwand bringt. Für diese Art multimedialer Verwertung erweisen sich Linckes Melodien und Bolten-Baeckers Texte als geradezu ideal.

IV.

‚Frau Luna' gilt als Gründungsstück der Berliner Operette. Diese Bedeutung erkennt 1899 niemand, obwohl es das erfolgreichste Stück der Saison und das bisher erfolgreichste Stück Linckes ist: ca. 600 Aufführungen im Apollo-Theater.[19] Es ist allerdings auch nicht diejenige ‚Frau Luna', die in den letzten Jahren in Baden, Wien, Berlin und anderswo einige Renaissancen erlebt. Die einaktige Fassung unterscheidet sich nicht nur von der Handlung wesentlich von der heute üblichen zweiaktigen; auch musikalisch fehlt noch viel, was man heute mit dem Stück assoziiert. Die zweiaktige Fassung – sie entsteht erst 1922 – hatte ursprünglich nicht mehr den gleichen Erfolg, sie war aber so etwas wie eine Ansammlung von Linckes Greatest Hits. Die ursprüngliche Operette wurde aufgehübscht durch Erfolgsstücke wie das ‚Glühwürmchen-Idyll', ursprünglich aus der Operette ‚Lysistrata', dort von drei griechischen Nymphen gesungen. Dieses Stück war ein wirklicher Welterfolg – Lincke erhielt z. B. eine Urkunde über die millionste Sendung im US-amerikanischen Radio.[20] Das Duett ‚Schenk mir doch ein kleines bißchen Liebe' und der Marsch von der ‚Berliner Luft' aus der gleichnamigen

---

[18] Vgl. hierzu TOBIAS BECKER: die Die Anfänge der Schlagerindustrie. Intermedialität und wirtschaftliche Verflechtung vor dem Ersten Weltkrieg. In: Lied und populäre Kultur/Song and Popular Culture 58 (2013), S. 11–39.

[19] Vgl. WALTER LAQUEUR: Fin-de-siècle: Once More with Feeling. In: Journal of Contemporary History 31 (1996), S. 5–47, hier S. 22f.

[20] Die Urkunde ist abgebildet bei SCHNEIDEREIT, Paul Lincke [Anm. 13], S. 99.

Ausstattungs-Burleske wurden ebenso integriert wie ‚Wenn auch die Jahre enteilen' aus ‚Im Reiche des Indra'. Dass dies geht, ist einerseits natürlich eine Folge der Marktgesetze – als die zweiaktige Fassung entsteht, ist Linckes produktive Zeit vorbei, er bietet noch einmal seine Greatest Hits auf, dem neuen Trend der Jazz-Operette kann oder will er nicht folgen. Die Bedingung dafür ist aber auch ein von Beginn an sehr lose gestricktes Libretto, eben eher eine Szenenfolge, die stärker auf große Nummern denn auf logische Handlungsentwicklung aus ist. So sind auch die – immerhin vier – zentralen Liebesgeschichten weniger auf ihre Entwicklung hin erzählt denn auf einprägsame Situationen.

Held der ‚Frau Luna' – neben der Titelfigur – ist ein Mechaniker. Dies ist übrigens typisch für die Berliner Operette, der die Klassenobsession der Wiener Operette fremd ist,[21] kein versteckter oder herabgesunkener Adliger, sondern eben ein typischer, sprich: ein einer Karikatur entnommener Berliner. Fritz Steppke hängt einem Traum vom Fliegen nach und sucht, getreu der grassierenden Mondmanie, einen Weg, um auf den Mond zu reisen – und er hat ihn in seinem ‚Expressballon' gefunden. Während er 1922 ein Automechaniker sein kann (wie in den meisten späten Inszenierungen), ging das 1899 noch nicht – Flugzeugmechaniker wäre wohl gegangen, doch ist das kein Beruf, der 1899, dem Jahr der Berliner Uraufführung, als Otto Lilienthal gerade drei Jahre tot war, als besonders angesehen gegolten hätte. Angesehen ist Steppke nicht, allerdings doch immerhin so respektabel, dass er in einem Altberliner Mietshaus bei Witwe Pusebach in der Mansarde wohnen und als mögliches Heiratsmaterial für ihre Nichte Marie gelten kann. Steppkes Wohnung gibt das Hauptelement des Berliner Lokalkolorits ab. Zu Beginn der Handlung droht Steppke der soziale Abstieg: Frau Pusebach hat ihm die Wohnung gekündigt, damit ist natürlich auch die Beziehung zu Marie gefährdet. Wohnungslosigkeit ist für jemanden, der jetzt schon mit deutlichem Mietrückstand in einer Mansarde wohnt, der letzte Schritt in die völlige soziale Deklassierung. Die Antwort ist, hier ist zumindest das Originallibretto von 1899 relativ eindeutig, Eskapismus, denn die Reise zum Mond wird hier als Traum gekennzeichnet; den späteren Fassungen scheint es eher egal zu sein, sich mit dem Realitäts- oder Fantasiestatus dieser fantastischen Reise zu beschäftigen. Vor solchem Eskapismus warnt die schnell zurückgelassene und vom Stück zunächst vergessene Marie mit dem Lied ‚Schlösser, die im Monde liegen'. Fritz Steppke wird von zwei wiederum stark typisierten Kumpanen auf seiner heimlichen Reise begleitet, Lämmermeier und Pannecke, letzterer der intendierte Ehemann der Witwe Pusebach. Die Witwe selbst reist als vierter, blinder Passagier mit im Expressballon zum Mond, wo das Ballett der Mondelfen beim Mondputzen die Szene eröffnet. Der Mondminister Theophil entpuppt sich dabei als ein One-Night-Stand

[21] Das Gegenbeispiel (auch musikalisch) ist der Mechaniker/ehemalige Großfürst Alex Doroschinsky in ‚Der Orlow' von Bruno Granichstaedten, der 1925 im Theater an der Wien uraufgeführt wurde.

der Witwe Pusebach, der er für eine Nacht im Berliner Tiergarten Avancen machte, während er nun vergleichsweise vergeblich versucht, die Zofe der Frau Luna, Stella, zu umgarnen. Der Frau Luna macht – ebenfalls vergeblich – seit Urzeiten Prinz Sternschnuppe den Hof. Dies ist die Ausgangssituation, in der die Berliner auf dem Mond ankommen. Jetzt geht es eigentlich nur noch darum, die erfolgreichen Nummern in diesen Liebeskonstellationen zu verteilen. ‚Schenk mit doch ein kleines bißchen Liebe' charakterisiert Theophil und Stella, ‚Theophil, ach Theophil' Pusebach und Theophil etc. Es gibt einiges Hin und Her, auch – eher schwach ausgeprägte – Intrigen, wenn etwa Theophil gegen Schluss der Operette Marie auf den Mond holt, um Steppke von Frau Luna, mit der dieser ein Verhältnis zu beginnen droht, abzulenken. Am Schluss gibt es jedenfalls eine selbst für eine Operette erstaunliche Happy End-Bilanz. Mit Frau Luna und Prinz Sternschnuppe, Theophil und Stella, Pusebach und Pannecke sowie Steppke und Marie bietet sie gleich vier Paare auf, die keinerlei Zweifel an den bestehenden Ordnungen aufkommen lassen: Planetenraum und Berlin bleiben jeweils unter sich, denn es findet – trotz einer kurzen doppelten Transgression – keinerlei Liebesverbindung zwischen Mond und Erde statt. Fritz Steppke flirtet zwar heftigst mit Frau Luna, bleibt aber Marie ebenso treu wie Theophil seiner meist abweisenden Stella, obwohl er auf seiner kurzen Erdenreise die Pusebach an entscheidenden Stellen ‚heftig gedrückt' hatte. Pannecke und Prinz Sternschnuppe sind in diesem Liebeskarussel hauptsächlich Statisten – auch wenn der Prinz als männlicher Teil des ‚Hohen Paares' zumindest musikalisch etwas stärker hervortritt.

Aufgepeppt wird das Ganze auf dem Mond nicht nur durch Chöre und Ballette der Mondelfen und einer Mondpolizei, sondern auch durch den Auftritt weiterer Planeten: Venus und Mars bringen zusätzliche Unordnung, und der Mond entpuppt sich als Spaßgesellschaft *avant la lettre,* was durch den Ohrwurm ‚Lasst den Kopf nicht hängen' immer wieder präsent gehalten wird.

Dies kann ebenso als Motto der Jahre um 1900 mit ihrem erstarkenden Proletariat, als Hymne des inflationsgeschädigten Berlins 1922, als Durchhalteschlager im Dritten Reich wie auch zur Aufmunterung in den fünfziger Jahren der BRD wie der DDR rezipiert werden – und hier zeigt sich bereits die Basis für den anhaltenden Erfolg der ‚Frau Luna'.

Dass Frau Luna eine Frau ist – im Französischen, das hier eindeutig als Vorbild dient, durch das grammatische Geschlecht indiziert und auch durch die Vaudeville-Tradition der zahllosen auf Mondsicheln schwebenden Tänzerinnen gesichert –, überrascht die Berliner, die zunächst als *running gag* nach dem Mann im Mond suchen. Das Lied der Frau Luna, die direkte Übernahme aus ‚Venus auf Erden', zeigt eine deutlich selbstbewusste Herrscherin, selbstbewusster als die eher als komisches Anhängsel figurierende Witwe Pusebach. Hier zeigt sich ein Element des Librettos, das – neben der Musik – den vergleichsweise langen Erfolg des Stücks garantiert: Es ist unbestimmt, je nach Inszenierung kann man aus Frau Luna eine endlich doch von Prinz Sternschnuppe gezähmte Frau machen – oder eine Witwe, die sich eine Affäre mit Fritz Steppke gönnt und hinterher eine Vernunftehe mit einem Schürzenjäger eingeht, weil ihr das genügend Freiraum für weitere Eskapaden gibt (der frühere Liebhaber Mars steht ja wieder bereit – oder eben auch nicht).

Die Operette zeigt zwei Welten – eine eher realistische, Berliner Welt und eine eskapistische, die Mondwelt. So jedenfalls kann man den Gegensatz auffassen. Doch sind wiederum beide Welten so unbestimmt, dass hier alles offen bleibt: Ist Fritz Steppke ein Versager, ein an den Rand der Gesellschaft gerückter Träumer, der in die Realität gezwungen wird (und dort vielleicht untergeht wie Franz Biberkopf)? Oder ist er das Berliner Organisationsgenie, das auch den Mond rationalisiert und Frau Luna auf progressive Gedanken bringt? Ist die Mondwelt eine sich überlebende Aristokratie – oder die Welt des Entertainments, des schönen Scheins, eines lukrativen Business, das sich selbst präsentiert? Oder wird hier der Gegensatz Preußen und Habsburg auf die Bühne gebracht? All das erscheint möglich, einiges davon ist in historischen und aktuellen Inszenierungen realisiert worden.

Das Berliner Kolorit ist zunächst genau das – Kolorit. Vom Zilleschen Milljöh ist man in ‚Frau Luna' weit entfernt, obwohl es als Drohgebärde hinter der Mansardenexistenz Steppkes kaum verhüllt lauert. Berlin ist Ort des drohenden Abstiegs – und gleichzeitig Sehnsuchtsort, den man nicht verlassen kann, denn auch die Mondbewohner zieht es nach Berlin und zu den Berlinern (auch wenn sie hier, anders als im Vorgängerstück ‚Venus auf Erden' nicht alle zwangsläufig in Berlin landen – es kommt wieder auf die Inszenierung an). Aber die Berliner können Berlin nicht dauerhaft verlassen. Der Marsch ‚Berliner Luft' (mit seinen mehr als banalen Reimen) entfacht dann auch in beiden Aktschlüssen einen chauvinistischen Sog, der selbst österreichisches Publikum, ich habe es mehrfach erlebt, verlässlich zum Mitklatschen bringt und in Berlin auch heute noch regelmäßig etwas seltsam anmutende Euphorie erzeugt.[22]

---

[22] Dabei ist es ja nicht selbstverständlich, dass die Lokalität, die eben nur Kolorit abgibt, nicht geändert wird; allerdings ist mir in deutschsprachigen Aufführungen keine Änderung von Berlin als irdischer Spielort bekannt. In der Londoner Version allerdings wurde Berlin zunächst durch Notting Hill ersetzt; London erreicht ‚Frau Luna' allerdings erst 1911, aber bereits mit dem ‚Glühwürmchenidyll' (vgl. DEREK B. SCOTT: Early Twentieth-Century Operetta from the German Stage: A Cosmopolitan Genre. In: The Musical Quarterly 99 [2016], S. 254–279, hier S. 264; sowie ders.: German operetta in the West End and on Broadway. In: Popular Musical Theatre in London and Berlin 1890 to 1939. Hg. von LEN PLATT [u. a.]. Cambridge 2014, S. 62–80, hier S. 62. Während Scott dies als positive Leistung der cosmopolitischen Operetta sieht, sehen andere hier ein problematisches Verharren auf der nationalen Perspektive; vgl. LEN PLATT/TOBIAS BECKER: Berlin/London: London/Berlin – Cultural Transfer, Musical Theatre and the ‚Cosmopolitan', 1890–1914. In: Ninetheenth Century Theatre and Film 40 [2013], S. 1–14, hier S. 8).

Eigentlich ist ‚Frau Luna' die Operette der groben Unterschiede, eine deutlichere Hierarchie zwischen Oben und Unten kann es kaum geben als die zwischen Mond und Erde: Mondwitwe und Prinz Sternschnuppe, Mars und Venus, Planeten, Fürsten und Götter auf der einen Seite (die nicht nur aus der Vorgängeroperette ‚Venus auf Erden', sondern eben auch aus ‚Orpheus in der Unterwelt' zu stammen scheinen), auf der anderen die „vier armen Reisende(n)", die aus Berlin kommen. Der Konflikt ist aber hauptsächlich ein erotischer – Steppke muss sich zwischen Frau Luna und Marie entscheiden; für letztere spricht, dass sie Berlinerin ist. Dass offenkundig auch eine Art Klassenunterschied besteht, spricht das Libretto nicht aus. ‚Frau Luna' kann so auch ein Stück über ein erotisches Bedrohungsphantasma sein.

Anders als in späteren Operetten, die zur Zeit der zweiaktigen Fassung in Berlin und Wien entstehen, nutzt Lincke die Musik kaum zur Differenzierung der Welten. Auch in der späteren Fassung finden sich keine Jazz-Elemente, und etwa ein Gegensatz zwischen Berliner Märschen und Mondwalzern lässt sich nur rudimentär feststellen; vielmehr wird die Kontrastierungsmöglichkeit, wie in der Forschung mehrfach bemerkt, durch Linckes Tendenz, alle seiner Melodien, auch die Walzermelodien, früher oder später als Märsche zu verwenden, konterkariert.[23] Dies könnte übrigens ebenfalls den geschilderten medialen Bedingungen geschuldet sein: Den Berliner Leierkastenmännern und Militärkapellen waren Walzer eher fremd. Es bleibt also bei einer – allerdings extrem effektvollen – Einheitsmusik.

Das schon bei Verne aufzufindende Spiel mit Charakterklischees findet sich natürlich auch hier: Berliner organisieren gern – und der Mond ist da eher gschlampert. Interessant ist, wie in der Aufführungsgeschichte – das wäre ein weiteres Thema, das ich hier nur anreißen kann – damit umgegangen wird: Der Mond ist, trotz des initialen Putzballetts, alles andere als wohlorganisiert. In einer neueren Wiener Inszenierung[24] werden die Berliner auf dem Mond aktiv und organisieren die Mondarbeiter gewerkschaftlich – und in der neuesten Berliner Inszenierung wird die Organisationsfähigkeit der Bühnen-Berliner mit der aktuellen realen Flugplatzmisere konterkariert.[25] Auch hier zeigt sich: Es ist die Wandelbarkeit der Vorlage, die ihre Inszenierbarkeit und Rezipierbarkeit garantiert.

---

[23] „Mit wenigen Ausnahmen besteht daher diese Operette aus preußischen Märschen, zu denen man sich eine Militärkapelle denken kann […]. Bezeichnend für die Berliner Operette und all ihre Derivate ist der Versuch, die Grenze zwischen Marsch und Walzer so weit wie möglich aufzuheben […]" – so klingt es noch 1988 durchaus vorwurfsvoll und abschätzig (DIETER ZIMMERSCHMIED: Operette. Phänomen und Entwicklung. Wiesbaden 1988, S. 109).

[24] Volksoper Wien, Frau Luna. Inszeniert von PETER LUND, Premiere Juni 2013.

[25] Tipi am Kanzleramt Berlin, Frau Luna. Inszeniert von BERND MOTTL, Premiere Oktober 2016.

Schließlich schafft es Lincke immer wieder, zeitübergreifende Emotionen zu erzeugen: So scheint die große Ensemblenummer ,Ist die Welt auch noch so schön, einmal muss sie untergeh'n' gut in die rauschhafte Untergangsstimmung der zwanziger Jahre zu passen – doch ist die Nummer bereits 1910 komponiert worden, hat den Ersten Weltkrieg überstanden, feiert in der zweiten Fassung der ,Luna' fröhliche Urständ und hat angesichts der Klimakatastrophe und steigender rechtsradikaler Bedrohung heutzutage wieder ganz andere Resonanzräume. Sie gehört zu dem Erstaunlichsten, was Lincke zu bieten hat: eigentlich eine Untergangsvision, die noch vor dem Ausbruch des Ersten Weltkriegs die Stimmung im vergnügungssüchtigen Berlin zusammenfasst und hellseherisch auf einen für die meisten noch nicht erkennbaren Untergang hinführt, die das ,Trotzdem' des Vergnügungstaumels der Berliner zwanziger Jahre umfasst und dennoch dermaßen konservativ ist, dass ihr subversives Potential so unterdrückbar ist, dass sie im Dritten Reich ebenso wie in BRD und DDR fröhlich weiterläuft.[26]

V.

Musikalisch ist Linckes Operette – ich habe es schon angedeutet – nicht nur durch den Marsch geprägt, Lincke hatte ein ausgesprochenes Gefühl für den Schlager, beinahe *avant la lettre*, und gerade die Berliner Unterhaltungsinstitutionen waren Meister im Vermarkten. Dies prägte auch die publizistische Seite der Auseinandersetzung mit der Berliner Operette. Ich zitiere als Beispiel Walter Dahms aus der Kreuzzeitung 1914:

> „Im Gegensatz zur modernen Wiener Operette, die in der Melodik oft blühend und auch im ,Schlager' noch einigermaßen gewählt ist, steht die Berliner Operette. Sie wird von Paul Lincke, Viktor Holländer und Jean Gilbert (Max Winterfeld) repräsentiert. Das Ordinäre und Plumpe ihrer musikalischen Ausdrucksweise – von den ,Dichtungen' ganz abzusehen – ist wohl nicht mehr zu übertrumpfen. [...] Schützt das deutsche Volkslied gegen den (meist jüdischen) Gassenhauer!"[27]

Damit bin ich auf der dunklen Seite des Mondes angekommen: Paul Lincke gehört, wie Franz Lehár, zu den wenigen Operetten-Komponisten, die im Dritten Reich weitergespielt wurden.[28] Alle wichtigen Vertreter der Berli-

---

[26] Auch LAQUEUR, Fin-de-siècle [Anm. 19], S. 23, hält die erstaunliche Haltbarkeit der Lincke-Schlager fest.

[27] WALTER DAHMS: Die Operette. In: Neue Preußische Zeitung: Kreuzzeitung (Bln.), 15. Juni 1914. Zitiert nach: Deutsches Gemüt und Heiligkeit der Kunst. Operette und Ideologie. In: „Warum es der Operette so schlecht geht". Ideologische Debatten um das musikalische Unterhaltungstheater (1880–1916). Hg. von MARION LINHARDT. Wien [u. a.] 2001 (Maske und Kothurn. Internationale Beiträge zur Theaterwissenschaft 45,1-2 [1999]), S. 145–212, hier S. 210–212, das Zitat S. 212.

[28] Vgl. etwa HILLARY A. ROSENBERG: Staging the *Volk:* Nazi Policy and the Reality of

ner Operette (Jean Gilbert, der Linckes Kapellmeister war, und Paul Abraham fallen einem sofort ein) wurden entweder gleich oder über den Umweg über Österreich aus Europa vertrieben. Während der Lieblingskomponist Hitlers, Lehár, dafür sorgte, dass seine nach damaliger Terminologie halbjüdische Ehefrau den Nationalsozialismus in Österreich überlebte, war Lincke hingegen eng mit dem Nationalsozialismus verstrickt. Denn Operetten waren nötig, boten sie doch ein eskapistisches Beruhigungspulver: So dirigierte Lincke die ‚Frau Luna' noch 1943 in Marienbad und überlebte damit einen Berliner Bombenangriff, der sein Haus zerstörte.[29] Letztendlich scheiterten fast alle Bemühungen um eine eigene Operettenkultur des Dritten Reichs: Nationalsozialistische Operetten und die Nachahmer früher populärer und jetzt verbotener Werke blieben vergleichsweise erfolglos. Linckes ‚Frau Luna' jedoch lief weiter erfolgreich – was einerseits erstaunt, aber vielleicht am besten damit zu erklären ist, dass alles das, was ‚Frau Luna' zu einer wirklichen Operette macht – nämlich nicht nur zu einer tanzbaren Unterhaltungsoper, sondern zu einem Unterhaltungsstück mit subversivem Charakter – eigentlich nur als Potenzial vorhanden ist und nicht realisiert werden muss. Das liegt zum einen an der vergleichsweisen großen Zurückhaltung in Liebesdingen, denn von diesen geht nicht nur keine Subversionskraft aus, die Liebe wird vor allem nur ganz sanft (wenn überhaupt) erotisiert. Da ist das Loblied auf die vom Ehemann so geschätzte Handarbeit bei Paul Abraham schon deutlich zweideutiger.[30] Was mir aber wichtig ist: Dieses Potenzial ist dennoch da. Es geht nicht nur um Eskapismus – um den Traum des Mechanikers, der einmal von der Mondgöttin träumt und sich dann doch mit dem Mariechen aus Berlin zufriedengeben muss. Es geht eben auch darum, dass es genau dieser Mechaniker ist, der zum Mond aufsteigt, eben ein Aufsteiger wird, der den Mond organisiert. Und genauso ambivalent ist dieses Organisieren: Je nach Inszenierung ist das der Versuch, als Proletarier eine Mondgewerkschaft zu institutionalisieren, oder aber ein Versuch, preußische/deutsche Ordnung in die gschlamperte Mondwelt zu bringen. Wichtig ist dennoch, dass Fritz Steppke nicht völlig immun gegen die erotische Verlockung des Mondes ist, obwohl er doch schnell zur Berliner Geliebten zurückfindet.

Es bleibt der Untergang – und der findet zum einen in der Berliner Luft nicht statt, zum andern ist er reversibel. Denn die sichtbare Existenz des Mondes wird regelmäßig ausgelöscht, er verschwindet jeden Monat. Die abnehmende Phase führt auf dem Mond zwar zu steigenden Immobilienprei-

---

Theatre Production in Three Berlin Theatres, 1933–1944, Diss. City University of New York 2010; zu einer Aufführung der ‚Frau Luna' 1941 S. 90f.

[29] Vgl. SCHNEIDEREIT, Paul Lincke [Anm. 13], S. 132. Lincke hat Berlin allerdings nicht wiedergesehen, nach dem Zweiten Weltkrieg lebte er in Hahnenklee, einem kleinen Ort im Harz, in dem er auch begraben ist.

[30] Dieses Beispiel stammt aus ‚Roxy und ihr Wunderteam', der wohl einzigen Fußballoperette – die ihr Leben als Wasserballoperette begann.

sen, weil die Wohnfläche kleiner wird;[31] dennoch wird der Untergang aufgrund seiner Reversibilität zum regelmäßigen Partyereignis. All das kann man auch als Kommentar zur Gattung lesen, die dieses Werk eigentlich erst begründet – die Berliner Operette, die ihren eigenen Untergang immer schon mitbedenkt. Allerdings muss auch gesagt werden: Lincke und Bolten-Baeckers haben das sicherlich nicht so bedacht. Aber sie haben ein Stück Unterhaltung geschrieben, dessen vielfältiges Potenzial, wenn auch nicht absichtlich geschaffen, so doch mit beinahe untrüglichem Gespür in einem jahrzehntelangen Prozess der Verbesserung derart optimiert wurde, dass musikalisch keine schlechte Nummer enthalten ist und dass aus einer hingeworfenen flüchtigen Unterhaltungsangelegenheit ein gleichzeitig offener und dennoch strukturierter Bilderbogen geworden ist, der so vielfältig auslegbar ist, dass man ihn immer neu erzählen kann. Beinahe wie der Mond selbst, wie seine lange Rezeptionsgeschichte zeigt.

---

[31] So von Peter Lund inszeniert in der Wiener Volksoper [Anm. 24].

Stephan Kraft

Mond ohne Geheimnis – Arno Schmidt und sein Roman ‚KAFF auch MARE CRISIUM'

I.[1]

Gow – Chromm
Oder: Papa Luna vom Mare Crisium

Zaubergreis.
Der kahle Mongolenschädel;
platt darauf geleimt
die leere Miene des Mondes
wie 1 Bauerngesicht

Der Lügnermond (wie alle Blaßgesichter)
bog sich mokant
inmitten ehrsamen Silberhaars:
mondscheinwolkenschuppig
die rostige Spange.

Kopf eines zu kurz Enthaupteten,
der uns ziemlich unverschämt betrachtete
– den Eierkopf etwas schiefgelegt –
das spitze hippokratische Gesicht
1 bleiches molkichtes Gesicht.

Das Nachtauge rollte
zyklopisch amüsiert,
schielte schief
eine Silberbraue.

Mond. Ich.
Wir starrten einander an,
ungeheuren Blicks;
so stierte der Mond
durchs Seitenfenster,
betrachtete mich eisig
aus gelbsilbernen Wolkenlidern.

1 goldverlarvtes Wesen
Mit Butzenmunt.
Des Mondes Mäulchen,
der Mondrachen:
er bleckte schärfer

---

1 Eine kürzere Fassung dieses Beitrags erschien unter dem Titel „Gipp ammall BILD." Zur Initialzündung der Doppelhandlung in Arno Schmidts ‚KAFF auch MARE CRISIUM' in: Bargfelder Bote 453–454 (September 2020), text + kritik, S. 3–10.

dentistischer sein Gebiß
– Hauer und Stoßzahn' –;
trat ich nach rechts,
blähte er hämisch eine Backe,
das Kinn kritisch auf mich zu.

Der gelbe Chitinleib,
mondän=dünne Hängetitte
des Mondes
sich=krümmender Rummf,
bockte der Mond
als stiller Steinbuckel.

Hakte eine Silberklaue
durch die Wolken
leer wie ein Rink
ohne Finger.

Auf der Himmelshaut
die schmutzige Narbe des Mondes;
ein heller weißer Fischbauch
(Mondfisch)
spritzte Licht,
die kwallmieje Blase.

Himmlischer Popo
und (crescit: er lügt)
langsam über die Wiesen schleicht
kahl wie 'ne Kniescheibe
der Krummbeinige:
the moon in her path.
Die Hufspur des Mondes.[2]

Arno Schmidt hatte sich nach einigen lyrischen Versuchen in seiner Jugend mit Verve für die Prosa entschieden, und auch wenn das Wortmaterial des Voranstehenden vollständig von ihm selbst stammt, geht die Gedichtform, in der es präsentiert wird, eben nicht auf ihn zurück. Es handelt sich um eine Collage von Mondallusionen, -beschreibungen und -metaphern aus verschiedenen seiner Erzähltexte. Die Sammlung kann zunächst durch Umfang und Vielfalt beeindrucken, doch ist sie tatsächlich weit von einer Vollständigkeit entfernt, denn der Fundus, aus dem ausgewählt wurde, ist noch ungleich breiter.

Für das frühere und mittlere Werk sind die entsprechenden Mondthematisierungen Schmidts bereits in einer eigenen Buchpublikation zusammengestellt worden.[3] In dem für seine Hermetik berüchtigten Spätwerk

---

[2] Zusammengestellt von JOSEF HUERKAMP. In: Der Rabe. Magazin für jede Art von Literatur XII (1985), S. 130f.

[3] Vgl. KARL-HEINZ ROFKAR: *Ein rissig verschimmeltes Gesicht* ... Die Mond-Meta-

trifft ein solches Vorhaben auf eine Reihe von Schwierigkeiten. Unter anderem integrierte Schmidt mit der Zeit immer mehr Sprachen in seine Texte, so dass man in den höchst umfangreichen Romanen der späten sechziger und der siebziger Jahre stets parallel zumindest nach ,Mond', ,moon', ,lune', ,luna', ,selene' oder auch ,Gow-Chromm' suchen müsste, wobei der letzte der Ausdrücke in dieser Reihe den Mond in einer von Schmidt für den Roman ,Die Gelehrtenrepublik' ersonnenen und mit Schnaubelauten reichhaltig versehenen Zentaurensprache bezeichnen soll. Ist diese Aufgabe mit neueren digitalen Suchwerkzeugen noch recht einfach zu leisten,[4] so gerät das Modell schon bei den in Schmidts Spätwerk ebenfalls immer zahlreicheren lautlichen und/oder etymologisierenden Fehlschreibungen langsam an seine Grenzen. Und überall wimmelt es zudem von Anspielungen und Andeutungen, ohne dass das Wort ,Mond' in irgendeiner der genannten oder davon ableitbaren Variationen selbst fallen müsste.

Unbestreitbar gehört Schmidt – etwa neben einem Jean Paul – in die absolute Spitzengruppe mondsüchtiger Autoren deutscher Sprache. Vor allem bevölkert er seine Texte, die fast sämtlich in der Ich-Perspektive verfasst sind, mit entsprechenden Erzählern, die zumeist auf nächtlichen Spaziergängen allein oder in Gesellschaft gedanklich den Mond umkreisen. Einer von diesen äußerte dabei auch den in der Folge immer wieder auf Schmidt selbst bezogenen Satz: *Was ich schon so an Mondmetaphern ersonnen habe; es wäre nicht mehr als recht und billig, einen Mondkrater nach mir zu benennen!*[5] – was bis heute allerdings noch nicht geschehen ist.[6]

Aber auch jenseits des Literarischen beschäftigte sich Schmidt intensiv mit dem Mond und betrieb vor allem astronomiegeschichtliche Privatforschungen. Im Zentrum seines Interesses stand dabei die historische Stern-

phern im frühen und mittleren Erzählwerk Arno Schmidts. Eine lexikographische Anthologie nebst zwei Anhängen. Bielefeld 1993. Inhaltlich hat Rofkar schon in dem von ihm in den Blick genommenen Ausschnitt vor der Materialfülle kapituliert und sich auf eine reine Bestandsliste und wenige statistische Hinweise beschränkt.

[4] Die Arno Schmidt Stiftung stellt für entsprechende Recherchen seit 2019 eine elektronische Suchfunktion zur ,Bargfelder Ausgabe' der sämtlichen Werke Schmidts frei und kostenlos zur Verfügung: www.arno-schmidt-stiftung.de/eba/search. Damit möglichst viele der absichtlichen ,Verschreibungen' eingefangen werden können, ist die Suchfunktion mit einer hohen Toleranz gegenüber Variationen in der Verschriftlichung ausgestattet.

[5] ARNO SCHMIDT: Schulausflug. In: ders.: Bargfelder Ausgabe. Hg. von der Arno Schmidt Stiftung, Bargfeld 1987ff. (zunächst erschienen im Haffmans Verlag, Zürich, später bei Suhrkamp, Frankfurt a. M. und Berlin), Bd. I/4. Bargfeld 1988, S. 118. Im Folgenden wird auf diese Ausgabe nur noch mit der Sigle BA sowie der Band- und Seitenzahl verwiesen.

[6] Benannt wurde aber im Jahr 2004 der Asteroid mit der Ordnungsnummer 12.211 nach Arno Schmidt, der bereits 1981 von dem wie Schmidt aus Hamburg stammenden Astronomen Hans-Emil Schuster entdeckt worden war – und zwar mit einem sogenannten Schmidt-Teleskop. Vgl. dazu ausführlich ULRICH FINKENZELLER: Sterne und Wortraum Arno Schmidts. Hintergründe zur Namensgebung des Kleinplaneten (12211) Arnoschmidt. In: Sterne und Weltraum (2/2006), S. 48–54.

warte in Lilienthal bei Bremen, die im späten 18. und frühen 19. Jahrhundert von dem Astronomen und ‚Selenotopographen' Johann Hieronymus Schröter unterhalten wurde. Um diese Figur und um diesen Ort sollte Schmidts dann doch nie geschriebenes Opus magnum ‚Lilienthal' kreisen, und für eine Weile überlegte der überzeugte Atheist gar, ob er nicht sogar eine Stelle als Küster in der benachbarten Gemeinde St. Jürgen übernehmen sollte, um diesem Ort seines Interesses so nahe wie möglich zu sein.

In einigen älteren biographischen Notizen zu Schmidt finden sich zudem Hinweise auf ein aus politischen Gründen zu Beginn der NS-Herrschaft 1933 abgebrochenes universitäres Mathematik- und Astronomiestudium in Breslau. Hierbei handelt es sich allerdings um eine Mystifikation. Als Schmidt 1945 als Soldat in englische Gefangenschaft geraten war, machte er sich vier Jahre älter, als er war, um nicht mehr für eine gefürchtete harte Zwangsarbeit verpflichtet zu werden. Später füllte er die dadurch entstandene biographische Lücke mit der Erfindung dieses angeblichen Studiums. Durchaus zeittypisch schmückte er sich im selben Zug auch mit einer ebenfalls erfundenen Verfolgungsvita, nach der der sowohl jüdische als auch kommunistische Ehemann von Schmidts Schwester Lucie die Ursache für einen Studienabbruch und einen Rückzug in ein unauffälliges Kleinbürgerleben dargestellt habe.[7]

II.

Die Astronomie war in Schmidts Leben also präsent und verband sich auch mit einer der literarischen Besonderheiten, für die er bekannt war. Immer wieder spielte er mit der Behauptung, seine Texte seien bis in die Details hinein auf überprüfbare Fakten zurückzuführen. Seine Romane sind tatsächlich häufig fest in Raum und Zeit verankert, das heißt, sie spielen an genau benennbaren Tagen an genau benennbaren Orten. Und zu diesen Orten und Zeiten soll dann auch das Übrige passen: Busfahrpläne sollen stimmen, das Radioprogramm soll mit dem tatsächlichen übereinstimmen, und natürlich sollen auch die diversen Himmelserscheinungen stets passen.

Dies Letzte fordert Schmidt ausdrücklich in einem Zeitungsartikel mit dem Titel ‚Finster war's der Mond schien helle' aus der Mitte der 1950er Jahre, in dem er diversen Autoren minutiös nachweist, dass in ihren Büchern der Mond zur falschen Zeit und in der falschen Form geschienen habe. Auch Goethes Werther habe sich einmal bei Nacht im Schein eines Mondes verzweifelt zu Boden geworfen, der zu diesem Zeitpunkt gar nicht am Himmel hing. Schmidts Ausführungen münden in einen Aufruf an die Leser:

---

7 Vgl. zusammenfassend JAN PHILIPP REEMTSMA und BERND RAUSCHENBACH: Urkundlich belegt? In: *Wu Hi?* Arno Schmidt in Görlitz Lauban Greiffenberg. Hg. von dens. Korrigierte und ergänzte Ausgabe. Zürich 1991, S. 171–183.

> Wer Lust, Muße und etwas nörgelige Laune, und dazu eine gute Mondtafel bei der Hand hat, kann sich mühelos eine beliebig lange Liste dergleichen astraler Fehltritte anlegen. Besonders empfehle ich hierzu historische Romane: wo ein Dichter unvorsichtig genug war, präzise Daten zu nennen, und gleichzeitig volle Monde, beziehungsweise himmlische Sicheln, zur Erhöhung des Effekts angebracht hat, dort ist der rechte Jagdgrund. (BA III/3, 123)

Gelobt wird im Anschluss noch James Fenimore Cooper, der in seinem historischen Bürgerkriegsroman ‚Lionel Lincoln' diesbezüglich höchst sauber gearbeitet habe. All dies ist ein ironisches Spiel mit dem Leser, dessen Funktionieren man sehr schön beobachten kann. Denn irgendwann hat sich wirklich jemand darangemacht, Schmidts zeitgleich mit dem Zeitungsartikel entstandenen Roman ‚Das steinerne Herz', der im Untertitel auch noch als *Historischer Roman aus dem Jahre 1954 nach Christi* (BA I/2, 7) bezeichnet wird, genau daraufhin zu überprüfen ... um erstaunt festzustellen, dass der Mond hier keineswegs historisch korrekt, vielmehr geradezu systematisch zur falschen Zeit mit dem falschen Krümmungsgrad scheint.[8]

Auch wenn also an dieser Stelle offenbar ein ironischer Kipppunkt eingebaut wurde, dürfte hinreichend deutlich geworden sein, dass die Rolle des Mondes im Werk Arno Schmidts insgesamt eine herausragende ist. Angesichts dieser Umstände mag es erstaunen, dass die erste Mondlandung im Jahr 1969, als Schmidt literarisch noch hochproduktiv war, praktisch keinen Widerhall im Werk gefunden hat. Und nicht nur dort: Es gibt nicht nur keinen literarischen Text, in dem diese vorkommt, es gibt auch keinen Essay, Brief oder sonstigen Schriftfetzen und auch keine Notiz eines Gesprächspartners, die an eine etwaige Unterhaltung mit Schmidt über diesen Gegenstand erinnert.

Gesehen hat er sie im Fernsehen sehr wohl, wie ein Tagebucheintrag seiner Frau Alice vom 20. Juli 1969 belegt: *Pflücke Johannisbeeren, schwarze & rote (Rote nicht das 1. x.) [Fernsehsymbol]: Mondlandung erfolgt!!*[9] Ein früherer Außeneinsatz während einer anderen Apollo-Mission wurde einmal *en passant* von ihm selbst in ‚Zettel's Traum' erwähnt,[10] das Betreten des Sehnsuchtsortes selbst jedoch nicht.

Nun können Nichtergebnisse ebenso interessant und anregend sein wie positive Funde. Die Aufgabe, die sich stellt, wird also mithin darin bestehen, ein Erklärungsmodell für diese seltsame Lücke aufzustellen. Entgegen-

---

8 Vgl. WOLF-DIETER KRÜGER: Der Mond in ‚Das steinerne Herz'. In: Bargfelder Bote 129–130 (1988), S. 19–25. Vgl. als Reaktion hierauf STEPHAN KRAFT: *...saß auf einer roten Bank, die grün angestrichen war.* Trügerischer Mond und die Irreführung des Lesers als Element der Romanpoetik im ‚Steinernen Herzen'. Eine Replik, in: Bargfelder Bote 249 (2000), S. 3–7.

9 Das Tagebuch von Alice Schmidt befindet sich im Archiv der Arno Schmidt Stiftung Bargfeld, der für die Genehmigung zur Publikation herzlich gedankt sei.

10 *(obschon Astronautn dabei soga ›aus=steign‹; (es sind grad Welche obm)))* – (BA IV/1, 1397, im Typoskript S. 1251, rechte Spalte).

treten werde ich in diesem Zuge einer möglichen ersten Vermutung, die Mondlandung habe für Schmidt einen derartigen Schock der Entzauberung dargestellt, dass sie nicht thematisiert werden konnte. Eine wesentlich größere Wahrscheinlichkeit hat meiner Ansicht nach die These, dass ihn der reale Mond im Jahr 1969 schon nicht mehr übermäßig interessiert hat.

Hierzu wird ein dreistufiges Entwicklungsmodell nachgezeichnet, bei dem die ersten beiden, gut bekannten Etappen lediglich knapp resümiert werden,[11] woraufhin ich bei der dritten Stufe, die durch den Mondroman ‚KAFF auch MARE CRISIUM' repräsentiert wird, genauer hinsehen möchte. Die Mondwahrnehmung Schmidts läuft – so soll hier angenommen werden – auf dieses bereits im Jahr 1960 erschienene Werk zu, wobei der konkrete Anlass, der ein bis dahin noch recht vages Projekt zum konkreten Werk werden ließ, eine nicht zu unterschätzende Sonderrolle spielte.

Die Zeit vor ‚KAFF' lässt sich am besten in das erst nach Schmidts Tod publizierte Frühwerk, das die Jahre bis 1945 umgreift, und die nach Kriegsende bis Ende der 50er Jahre entstandene Reihe von Erzählungen und Romanen unterteilen, mit denen Schmidt seine Position im Literaturbetrieb sukzessive aufbaute und festigte.

Die literarischen Texte der Zeit vor 1945 waren allein für den Privatgebrauch des Ehepaars Schmidt geschrieben – sonst bekam sie niemand zu Gesicht. Schmidt war ein weitgehender literarischer Autodidakt, suchte nie den Kontakt zu Zirkeln von Gleichgesinnten und vergrub sich in seiner späten Adoleszenz und seinem frühen Leben als Erwachsener in einen neoromantischen Sonderweg, schrieb Sonettenkränze und Geschichten im Stil E. T. A. Hoffmanns. Erwartungsgemäß tauchte der Mond bereits hier immer wieder auf. Der Einsatz war dabei meist eher schlicht. Das Naturambiente spiegelte das Gemütsleben des jeweiligen Protagonisten, und der Mond tat das seinige verstärkend hinzu. Hierzu nur ein kurzes Beispiel aus dem 1937 entstandenen Fragment ‚Die Insel':

> Wie weit lag das alles, Böhmen und das einsame schloss – und ich glaube, dass auch Alice dasselbe fühlte, denn ihre hand schloss sich fest um die meine und wir hielten einander und fuhren ins neue leben – wie würde es sein? […]
> Wir standen und sahen am horizonte einen kühlen weissen schein entstehen und wachsen und bald hob sich der mond aus den wellen, voll und mächtig. Der abend war klar geworden und kalt, wie denn beim mondwechsel oft das wetter umzuschlagen pflegt; ich holte uns zwei decken aus der kabine und wir wickelten uns ein und setzten uns auf eine flache kiste, aneinandergelehnt und sahen den mond, wie er fremd und marmorn aus den dünsten des horizonts emporschwebte. (BA I/4, 230)

---

[11] Im in der Druckvorbereitung befindlichen ‚Arno-Schmidt-Handbuch' wird ein Artikel ‚Mond' von Jan Süselbeck erscheinen, den ich in der Vorbereitung für den vorliegenden Beitrag freundlicherweise im Manuskript konsultieren durfte und dem ich vor allem in dieser Passage zahlreiche Anregungen verdanke.

Direkt im Anschluss werden der Begleiterin dann noch selbstgedichtete Mondverse ins Ohr geflüstert. Auch wenn diese Phase von Schmidt selbst retrospektiv zu einer Art poetischer innerer Emigration umgedeutet wurde, ist es sicherlich treffender, diese Texte als das Ergebnis eines epigonalen Eskapismus zu fassen

Es ist ein großes Faszinosum, wie aus diesem in sich versponnenen Spätromantiker nach kurzem, offenbar traumatisierendem Kampfeinsatz in den letzten Kriegswochen 1945 der Jakobiner werden konnte, als der Schmidt in der Folge bekannt wurde. Wo zuvor ein stiller und zweisamer Rückzug in ein besseres Literaturjenseits im Diesseits ausgerufen wurde, trat nun ein wütender Pessimismus und eine Verzweiflung über die Unheilbarkeit dieser Welt. Die Protagonisten Schmidts bewegen sich dabei zumeist weiter viel durch die Natur, mit der sie eng verbunden bleiben, und auch der Mond bleibt ihnen als Spiegel erhalten.

Die Bilder, die er auf die Betrachter zurückwirft, fallen allerdings ambivalenter und häufig auch grimmiger aus. Die meisten der Metaphern, die Josef Huerkamp in seinem zu Beginn zitierten Gedicht verarbeitet hat, stammen aus diesem Kontext. Werden im Frühwerk vor allem bekannte Mondtopiken aufgerufen, so entsteht hier die für Schmidt charakteristische Breite. Es scheint, als habe sich der Autor vorgenommen, die Möglichkeiten der Kombinatorik auszureizen, soweit es eben geht.

Eine noch relativ schlichte Variante besteht darin, die üblichen Zuschreibungen zu ironisieren. So heißt es im Nachkriegsroman ‚Brand's Haide' einmal:

> *Die starke schwarze Morgenluft, in der ein Endchen Mond flackerte.*
> [...]
> *Jetzt wurde es rosa :* aber auch gleich so gemein rosa, wie in einem Mädchenpensionat um 1900; als sei nichts passiert; schamlos. (BA I/1, 150f.)[12]

In ‚Goethe und Einer seiner Bewunderer' findet sich das komplementäre Gegenstück dazu, indem die Gattung Mensch hier kurzerhand als *Gemisch aus Scheiße und Mondschein* (BA I/2, 200) charakterisiert wird.

Wie bereits angedeutet, stellt der Mond auch in dieser Phase weiterhin häufig einen Spiegel des Ichs dar. Die Verknüpfungspunkte sind dabei allerdings meist keine vordergründig-mystischen mehr, sondern erscheinen vermittelter und dabei nicht selten zugleich sehr gegenwärtig-real.

Als Beispiel sei hier ein Blick auf den Anfang des Kurzromans ‚Aus dem Leben eines Fauns' geworfen. Wir befinden uns mitten in der Nazizeit, wenige Monate vor Kriegsbeginn im Februar 1939. Heinrich Düring ist früh

[12] Die hier und im Folgenden petit gesetzten Zitate aus den Werken Arno Schmidts entsprechen mit ihrer Unterscheidung von kursiver und nichtkursiver Schriftart dem Original, während die in den Textfluss integrierten Zitate dem Usus der Buchreihe entsprechend durchgehend kursiviert erscheinen.

am Morgen auf dem Weg zum Bahnhof, um zum Landratsamt zu fahren, wo er als ein kleiner, unauffälliger Beamter arbeitet:

> *Auf die Sterne soll man nicht mit Fingern zeigen; in den Schnee nicht schreiben; beim Donner die Erde berühren :* also spitzte ich eine Hand nach oben, splitterte mit umsponnenem Finger das <K> in den Silberschorf neben mir, (Gewitter fand grad keins statt, sonst hätt ich schon was gefunden!) (In der Aktentasche knistert das Butterbrotpapier).
> *Der kahle Mongolenschädel des Mondes* schob sich mir näher. (Diskussionen haben lediglich diesen Wert : daß einem gute Gedanken hinterher einfallen).
> *Die Chaussee* (zum Bahnhof) mit Silberstreifen belegt; am Rande mit Rauhschnee hochzementiert, diamonddiamond (macadamisiert; – warn Schwager Coopers nebenbei). Die Bäume standen riesenstramm und mein Schritt rührte sich dienstfertig unter mir. (Gleich wird der Wald links zurückweichen und Felder ankommen). Auch der Mond mußte mir noch im Rücken hantieren, denn manchmal zwitschten merkwürdig scharfe Strahlen durchs Nadelschwarz. (BA I/1, 301)

Der Protagonist ist ein stiller Nazigegner und innerer Emigrant, der später im Roman zumindest für eine kurze Zeit einen ,faunischen' Teilzeitexilort in einer vergessenen Hütte im Wald finden wird. Und selbst so jemand zeigt sich nicht davor gefeit, dass seine Mond- und auch die weiteren Naturimpressionen in den Bann seiner militarisierten und rassistisch grundierten Umgebung geraten. Da stehen die Bäume *riesenstramm* in Reih und Glied, und da erscheint der Mond eben als *Mongolenschädel*, dem zeitgenössischen Topos des östlichen Untermenschen folgend.[13] In der Folge verwandelt er sich dann noch in einen Suchscheinwerfer, der seine *scharfe[n] Strahlen* ins Dunkle schickt. ,Auf der Flucht erschossen', ist wohl die dazu nächstliegende Assoziation. Dem Leben entkommt niemand unbeschädigt – und vor allem das, vor dem man zu fliehen versucht, spukt unaufhörlich in einem herum.

III.

Es handelt sich bei dem zuletzt Vorgestellten um ein Modell, das über einen längeren Zeitraum bis zum Ende der fünfziger Jahre stabil blieb, bis es beim hier im Folgenden im Zentrum stehenden Roman ,KAFF auch MARE CRISIUM' eine erneute Verschiebung erlebte. Arno Schmidt ist bekannt für seine sprachlich schwierigen und von Anspielungen auf die entlegensten Wissensbestände durchsetzten Romane. Vor diesem Hintergrund kann es überraschen, wie häufig er zugleich Genreliteratur produziert hat. Eine besondere Stellung nehmen dabei dystopische Zukunftsszenarien ein, und gleich eine ganze Reihe seiner Romane enthalten Science-Fiction-Geschichten, die durchgängig jenseits eines verhängnisvollen Atomkriegs angesiedelt sind.

---

13 Auch diesen Hinweis verdanke ich SÜSELBECK, Mond [Anm. 11].

Schmidt war in seiner Selbstwahrnehmung weniger ein Nachkriegs- als vielmehr ein Vorkriegsautor, der in der steten Erwartung einer atomaren Vernichtung größter Teile der Menschheit lebte.[14]

Erste Hinweise auf einen Plan für einen Roman mit dem Titel ‚Die Stadt der Vergnügten', aus dem sich später ‚KAFF auch MARE CRISIUM' entwickeln sollte, reichen bis in das Jahr 1953 zurück.[15] Bei dieser ‚Stadt' handelt es sich um eine amerikanische Mondbasis, die irgendwann nach dem Zweiten Weltkrieg gegründet worden war. Nachdem in den sechziger Jahren eine atomare Katastrophe die Erde vollständig unbewohnbar gemacht hat (vgl. BA I/3, 20), leben die letzten verbliebenen Menschen auf dem Erdtrabanten. ‚Vergnügt' sind die Amerikaner, die hier im Zentrum stehen, allerdings eher nicht. In ihrer Kolonie herrscht im Jahr 1980, dem Jahr der Handlung auf dem Mond, längst eine Mangelwirtschaft, bei der vor allem die einfachsten Dinge fehlen. Der Icherzähler etwa verdingt sich als Hauer von Schieferplatten, die als Ersatz für das immer seltener werdende Papier dienen sollen. Meist läuft man in Badehose bzw. Bikini herum, um die wenigen verbliebenen Textilien zu schonen.

Das Geschlechterverhältnis auf der Station ist mit 741 Männern zu 129 Frauen nicht gerade zukunftweisend. Geistig ist man auf Diät, denn jeder durfte bei der Abreise genau ein frei ausgewähltes Buch mitnehmen, was dazu führte, dass man nun bei einer Gesamtzahl von knapp tausend Bänden lediglich siebzehn verschiedene Titel zur Verfügung hat. Bibeln gibt es mit 843 Exemplaren im Überfluss, den zum Zeitpunkt der Mondreise aktuellen Bestseller ‚From Here to Eternity' (‚Verdammt in alle Ewigkeit') von James Jones auch immerhin noch 81 Mal – sonst aber eben nicht viel.

Geplagt sind die Luno-Amerikaner zudem immer wieder von heftigem Erdweh: *Wenn man bloß nich immer diese Erde vor Augn hätte !* (BA I/3, 18) Von ihrer mit einer Plexiglaskuppel versehenen Basis auf der der Erde zugewandten Mondseite aus haben sie ihren Heimatplaneten stets im Blick. Helle Flecken zeigen an, wo sich die Kernschmelze verselbständigt hat und immer weiter voranschreitet.

Nicht nur in der Wahl des Ortes scheinen es die Russen erst einmal besser gemacht zu haben. Sie hausen unter der Oberfläche eingegraben auf der Rückseite des Mondes, weshalb über ihnen auch nicht das Menetekel der untergegangenen alten Welt schwebt. Weiterhin verfügen sie über eine wohlsortierte Bibliothek. In diesem Punkt war ihre strikte Planwirtschaft dem amerikanischen Vertrauen auf den Individualismus deutlich überlegen, der sich letztlich als ein Herdentrieb entpuppte, der zu nichts weiter als einem

---

[14] Vgl. dazu pointiert IANNIS GOERLANDT: Schulen zur Allegorie. Nationale Bilder in Arno Schmidts utopischer Prosa. Bielefeld 2008, S. 276f.

[15] Vgl. hierzu die von Gisbert Damaschke, Gregor Strick und der Arno Schmidt Stiftung betriebene Website https://mare-cristium.de, hier die Unterseite mit auf den Roman bezogenen Briefauszügen von Arno Schmidt https://mare-crisium.de/dokumente/briefe.php (letzter Zugriff jeweils am 21.2.2020).

unnützen Haufen von Bibeln und Taschenbuchbestsellern geführt hat. Das zahlenmäßige Geschlechterverhältnis ist bei den Russen spiegelverkehrt, was sich für den Aufbau einer möglichst großen Mondpopulation von Vorteil erweist. Und es soll sogar – so lauten Gerüchte – ein viel besseres Essen geben als die immergleiche, milchsuppenartige Nährstoffpampe, die den Amerikanern vorgesetzt wird. Das gruselige Geheimnis, das dahintersteckt und das die totalitäre Kehrseite der zunächst so viel effizienter wirkenden Zentralorganisation darstellt, wird erst gegen Ende der Erzählung enthüllt. Es folgt im großen Showdown, bei dem der Icherzähler als westlicher Emissär im entmilitarisierten Grenzkrater Mare Crisium auf sein russisches Gegenüber trifft und erfährt, dass ein nicht geringer Teil der guten Versorgungslage darauf beruht, dass dort die Älteren beizeiten getötet und ihre Körper dann möglichst vollständig ‚wiederverwertet' werden (vgl. BA I/3, 267f.).

Es handelt sich hier also um eine Dystopie, bei der gewisse politische Tendenzen aus Schmidts Schreibgegenwart in ein Zukunftsszenario fortgeschrieben werden, in dem sich furchtbare und komische Elemente, Menschheits- und Alltagsfragen immer wieder überkreuzen.

‚KAFF auch MARE CRISIUM' ist zugleich ein ‚natürlicher Höhepunkt' von Schmidts Mondthematisierung – ein Mehr an ‚Mond' scheint kaum noch möglich zu sein. Aber es handelt sich eben nur zum Teil um einen Mondroman, da der umfangsmäßig größere Teil eben doch auf der Erde spielt. Wie es zu der charakteristischen Doppelung einer Mond- und einer Erdhandlung gekommen ist, ist am besten über die Entstehungsgeschichte zu rekonstruieren.

Wie bereits angedeutet, gab es erste Pläne für ein Mondszenario seitens Schmidt bereits seit mindestens 1953. Ab der Mitte des Jahres 1959 verdichtete sich die Arbeit am Stoff dann. Kalendernotizen belegen, dass der Autor in der zweiten Jahreshälfte u. a. damit beschäftigt war, die für ihn so typischen Karteikarten zum Thema zu beschriften, die selbst nicht erhalten sind. ‚Die Stadt der Vergnügten' ist hier augenscheinlich auch schon in ‚Mare Crisium' umgetauft.[16]

Früh geplant war prinzipiell auch schon die Anlage als ein sogenanntes *Längeres Gedankenspiel*. Arno Schmidt führte in seinem poetologischen Essay ‚Berechnungen II' (vgl. BA III/3, 275–284) von 1955/56 aus, dass kürzere oder längere Phantasien, die im Prinzip jeder Mensch erlebt, eine zentrale Basis des Erzählens darstellten. Diese *Gedankenspiele* spiegelten oder kompensierten das reale Leben des jeweiligen Spielers oder antworteten darauf auf noch andere Arten und Weisen. Das Besondere beim wirklichen Dichter sei, dass es bei ihm nicht um ebenso kurze wie flüchtige Wunscherfüllungsträume oder tiefschwarze Rachephantasien gehe, die wir alle kennen. Vielmehr würden ernste Konflikte mit langem Atem, gegebenen-

---

16 Vgl. die Unterseite zu den Tagebuchnotizen Schmidts auf https://mare-crisium.de/dokumente/astb.php (letzter Zugriff am 21.2.2020).

falls über Monate oder Jahre hinweg, in eigens dafür errichteten Phantasiewelten ausgetragen und in diesem Zuge schriftlich festgehalten.

Große Teile der höheren Weltliteratur bestehen nach Schmidt eben aus solchen *Längeren Gedankenspielen*. Sein Neuansatz, den er beim Verfassen der ‚Berechnungen II' selbst noch nicht in die Tat umgesetzt hatte, sollten nun darin bestehen, nicht nur – wie üblich – das Ergebnis des Phantasiespiels, sondern auch dessen Ausgangsebene sichtbar zu machen. Dies geschieht in ‚KAFF auch MARE CRISIUM' schließlich in Form eines Doppeltextes, in dem man zwischen dem als real postulierten Erleben eines Icherzählers und einer von ihm auf dieser Basis errichteten Mondwelt hin- und herschaltet, wobei es sich natürlich auch bei der Ausgangshandlung bereits um eine Fiktionsebene handelt.

Graphisch wird dabei dasjenige, was innerhalb der Gesamtfiktion des Romans die irdische ‚Realität' sein soll, auf der Buchseite halb nach links verschoben, während nach rechts verschobene Passagen die lunare Phantasiewelt der männlichen Hauptfigur darstellen, die dieser im Zuge der Erdhandlung Stück für Stück seiner weiblichen Begleiterin erzählt. Manchmal wechseln die Ebenen Absatz für Absatz hin und her. Es gibt auch längere Passagen, die ganz auf einer der beiden Erlebensebenen verharren.

Zunächst entstand aber wohl nur eine langsam wachsende Zahl von Notizen zur Mondhandlung, ohne dass es Hinweise darauf gibt, dass die Ausgangsbasis auf der Erde bereits Kontur gewonnen hätte. Dies geriet durch zwei äußere Ereignisse in Bewegung. Zum einen ist das Ehepaar Schmidt Ende 1958 aus *Darmstadt in der Barbarei* (BA II/2, 142) in die ersehnte Ruhe des winzigen Dorfes Bargfeld bei Celle in der Lüneburger Heide gezogen. Dieser Ort wird schließlich, als *Giffendorf* verfremdet, die Kulisse für die ‚KAFF'-Handlung auf der Erde abgeben.

Zum anderen platzte mitten in die sich langsam verdichtenden vorbereitenden Arbeiten ein heute etwas in den Hintergrund gerücktes lunares Großereignis. Am 27. Oktober 1959 wurden nämlich von der Sowjetunion die ersten Fotos von der Rückseite des Mondes publiziert, von der man bis dahin keine genaueren Informationen hatte. Aufgenommen wurden sie von der russischen Raumsonde Lunik 3, die am 4. Oktober ins All gestartet war. Schmidt notiert am Tag der Nachricht, die ihn zunächst über das Radio erreicht haben muss: *Abends: Mondrückseite: weniger gegliedert; größere Mare + Einzelkrater (1 Lomonossow!)* […] *(unbedingt besorgen!)*[17] Die Schmidts besaßen zu diesem Zeitpunkt noch keinen Fernseher und hatten auch keine Tageszeitung abonniert. Es wird am Folgetag also wohl die im örtlichen Krämerladen erhältliche und dann auch im Roman selbst erwähnte BILD-Zeitung[18]

---

[17] Zu diesem Zitat und den folgenden vgl. erneut https://mare-crisium.de/dokumente/astb.php (letzter Zugriff am 21.2.2020).

[18] Vgl. die Abbildung in: Arno Schmidt. Eine Bildbiographie. Hg. von FANNY ESTERHÁZY. Frankfurt a. M. 2016, S. 382. Die undatierte Fotografie zeigt den Krämerladen Bokelmann in Bargfeld, in dem ein Stapel BILD-Zeitungen auf dem Tresen zum Verkauf

gewesen sein, die den ersten optischen Eindruck geliefert hat. Auf deren letzter Seite finden sich unter der Überschrift *Mond ohne Geheimnis* eine großformatige Abbildung der Mondrückseite, zwei kleinere mit dem Satelliten und einer Zeichnung der Aufnahmeperspektive sowie ein Artikel, in dem unter anderem darüber spekuliert wird, ob die Sowjets gerade dabei seien, einen möglichen Landeplatz für zukünftige bemannte Mondmissionen zu erkunden (s. Abbildung auf der Seite gegenüber).

Von diesem Moment an nimmt das Projekt urplötzlich an Fahrt auf. Vor allem aber wird die irdische ‚Kaff'-Handlung in *Giffendorf* als Gegenstück zur Mondhandlung etabliert. Am 8. November schreibt Schmidt: *Ich denke nach über ‚Kaff + M*[*are*]*C*[*risium*]*'.* [...] *Ich Y und notize: großer Plan=Entwurf eines ‚Gedankenspiels' ‚MC+ + Kaff'?*,[19] am darauffolgenden Tag: *4 Aufstehen; Kaffee; ‚Kaff' weiter durchdenken* und am 10. November: *3.00 aufstehen: denken über ‚Kaff' – soll ich?* [...] *Ich mache Karteikasten zu ‚Kaff' (zerschneide dabei meine Tischplatte)* und am nächsten Tag: *6.20 aufstehen + probeweise Zettel in ‚Kaff' einsortieren / Y und Zettel sortieren bis 10.*

Es handelt sich hier offenbar um einen massiven kreativen Schub, der teils durch Alkoholgenuss befeuert wurde, wofür in den Notizen das glasförmige *Y* steht, und bei dem sich das bis dahin noch unkonturierte Mondprojekt in die Richtung des uns heute vorliegenden Romans verschiebt. Von da an geht es rasend schnell weiter. Praktisch täglich wird der Fortschritt vermerkt, bis bereits gut einen Monat später die Rohfassung des im Druck knapp 350 Seiten langen Romans fertig ist. Am 18. Dezember 1959 notiert Schmidt im Anschluss an einen nächtlichen Gewaltakt: *1.00–9.18 ‚Kaff' beendet!: ‚Überlebt!!!' Sch.* Nach einer Weihnachtspause geht es an die Überarbeitung, die am 28. Februar abgeschlossen wird: *Ich 5.30 auf –: um 11h Korrektur ‚Kaff' zu Ende: fertig!!!*

IV.

Was ist hier passiert? Ein bis dahin schon lange vor sich hin dümpelndes Romanvorhaben gewinnt in kürzester Zeit Gestalt. Eine Zukunftserzählung auf dem Mond, die erst ‚Stadt der Vergnügten' und dann ‚Mare Crisium' heißen soll, wird mit einer Erdhandlung in einem ‚Kaff' in der Lüneburger Heide verbunden und damit zu einem von Schmidt auch hier wieder als *Gedankenspiel* bezeichneten Doppelroman.[20]

ausliegt. Weitere Tageszeitungen scheinen dort im freien Verkauf nicht angeboten worden zu sein.

[19] Im Archiv der Arno Schmidt Stiftung befindet sich ein entsprechendes, großformatiges Blatt, das auch auf den 8. November 1959 datiert ist. Ein weitere Vorskizze ist nicht datiert. Für diese Hinweise danke ich Susanne Fischer.

[20] Der Begriff taucht im Roman selbst erstmals in BA I/3, 32, auf. Näher erläutert wird er gegen Ende in BA I/3, 246.

Sowjets zeigen
Rückseite im Photo
Mond ohne Geheimnis
10 Pf
Bild
ZEITUNG
Mittwoch, 28. Okt. 1959
Heute: Stürmisch
Morgen:
Lunik IV mit einem Tankwagen?
Landeplatz der Mondfahrer?
Briefe · Briefe · Briefe · Briefe · Briefe · Briefe
Führerscheine für MOPED?
Dieser Plan ist sehr umstritten
Kartoffel, mit Liebe gesehen
Zugkontrollen müssen sein
Sein letztes Wort: „Er ist mein Mörder"
So wurde geknipst
USA verblüfft
Berlin: Haftbefehl gegen Merten
Arm in Arm – unsittlich?
Ärger!
Klosterfrau
Manuela
SAUERDAUERWELLE
Zamek
SUPPE
Carola Day

Abb.: Rückseite der BILD-Zeitung vom 28. Oktober 1959. Abdruck mit freundlicher Genehmigung der Axel Springer Syndication.

Nachzutragen ist zunächst, was auf der anderen Seite – den nach links verschobenen irdischen Passagen – geschieht: Karl Richter und Hertha Theunert, mit ihrem Dasein herzlich unzufriedene kleine Angestellte in einer Textilfabrik in Nordhorn, sind zu Besuch bei Karls Tante Heete in der Lüneburger Heide. Diese bietet den beiden an, zu ihr aufs Land zu ziehen. Der Zweitagesausflug und das Angebot bringen zahlreiche alte Traumata und Konflikte aus der Kriegs-, und Nachkriegszeit und auch aus ihrer Beziehung an die Oberfläche, die dazu führen, dass Karl und Hertha am Ende in ihr Alltagsleben zurückkehren, ohne wirklich eine Entscheidung getroffen zu haben. Eingebettet darin und mit zahlreichen Unterbrechungen erzählt Karl Hertha die von ihm im selben Moment ersonnene Mondhandlung, die er aus der geschilderten Grundkonstellation heraus entwickelt und fortspinnt.[21]

Ein besonderes Augenmerk verdient dabei die Initialzündung dieser doppelten Geschichte, deren ,irdischer' Teil genau und unverrückbar am 28. und 29. Oktober 1959 spielt. Der Textilmusterzeichnerin Hertha ist in der einsamen Lüneburger Heide rechtschaffen langweilig:

> *„Mänsch, iss das lankweilich ! – Gipp ammall BILD."* / Es enthielt eben die unschätzbare russische Aufnahme von der Mondrückseite, nischt wie ,LOMONOSSOFF' und ,ZIOLKOWSKY' : „Potz Osservatore Romano & Kraßny Flot !". (BA I/3, 12)

Ausgangspunkt ist demnach die bereits erwähnte Rückseite der BILD-Zeitung vom 28. Oktober 1959 mit der Schlagzeile *Mond ohne Geheimnis*. Auch die von den Sowjets so neu getauften Lomonossow- und Ziolkowsky-Hügel werden dort erwähnt. Nach einigem Wortgeplänkel der beiden geht es weiter:

> *„Meinstu, das würde auf'm Mond wenijer* lankweilich sein, Hertha ?".: „Na hörma," sagte sie, ehrerbietich & entrüstet : „Uff'm Monde ? Aber das schtell ich ma doch *maß=los* intressant vor ! – Im Vergleich zu Giffendorf = hier ?"
> [...]
> *„Eher umgekehrt, Herthie. – : Darf ich maa .....*
>
> ..... *langweilich; langweilich : so langweilich* ist es doch auf Erden nie geweesn ? ! : „Mänsch, was'n *Da*=Sein !". (Und hob den Aluminium=Hammer ; und ließ ihn auf den dicken Knopp fallen – : ? : – nichts; gar nichts.
> : *„Dabei müßte es doch längst* schpaltn ! : lies noch ma die Vorschrift." (BA I/3, 13f.)

Das Prinzip der direkt aufeinander antwortenden Ebenen wird unmittelbar deutlich. Wie Hertha glaubt, auf dem Mond könne es doch gar nicht so langweilig sein wie in der Lüneburger Heide, so sind sich die Mondbewohner sicher, so langweilig sei es früher auf der Erde niemals gewesen. Und Karl beginnt, Hertha Geschichten von der Mondlangeweile zu erzählen, um ihr die Erdlangeweile zu vertreiben. Die Phantasie bewirkt, dass hier Minus und Minus Plus ergibt.

Die Verflechtungen und Wechselwirkungen zwischen Erd- und Mondhandlung sind in ,KAFF auch MARE CRISIUM' so überbordend vielfältig,

[21] Vgl. ausführlicher zu ,KAFF auch MARE CRISIUM' als einem Modellfall des Gedankenspiels ROSWITHA M. JAUK: Längeres Gedankenspiel und Dystopie. Die Mondfiktion in Arno Schmidts Roman ,KAFF auch Mare Crisium'. Erlangen und Jena 2000.

dass sie hier nur summarisch angedeutet werden können. Natürlich ist mit der Konfrontation der lunaren Amerikaner und Russen erst einmal die politische Grundkonstellation des Kalten Krieges gespiegelt. Der Icherzähler der Mondhandlung ist von Karl Richter offenbar – mit diversen Verschiebungen – nach seinem eigenen Bilde gestaltet: Ein Mann, dessen Umgebung seiner Sprach- und Assoziationswut nicht im Geringsten gewachsen ist. Dieser Charles Hampden hat allerdings keine Partnerin, weswegen Hertha ihrerseits auch keinen ‚natürlichen' Mondauftritt etwa als dessen Freundin oder Ehefrau erhalten kann. Dafür bietet ihr Karl immer wieder an, die Erdphysiognomie der auffälligen Rothaarigen aufzurufen, wenn in der Mondhandlung eine attraktive Frau erscheint. Vor seiner diplomatischen Mission ins Mare Crisium etwa darf Charles Hampden eines der selten gewordenen Wannenbäder nehmen:

> *: „Hertha dürfte ich nicht,* nunmehr=endlich, Dich als Bade=Wärterin auftretn lassen ? Es würde Alles so viel plastischer geratn – ?" (BA I/3, 142)

Es gibt unmittelbare Anlässe – so wummert einmal ein Traktor im ländlichen Hintergrund, der auf dem Mond umgehend eine startende Rakete abgeben muss (vgl. BA I/3, 148). Es gibt Fern- und Fernstwirkungen, bei denen eine Wendung erst viele Seiten später scheinbar wie aus dem Nichts wieder auftaucht, wie etwa das *Nichts Niemand Nirgends Nie ! : Nichts Niemand Nirgends Nie !*[22] (BA I/3, 11, 76 und 171), das Karl Richter gleich in den ersten Zeilen des Romans aus dem Rattern einer irdischen Dreschmaschine heraushört. Dies weist dem Leser zugleich den Weg zu einer weiteren Bedeutungsebene des Titels selbst: *KAFF* ist eben nicht nur der kleine, unbedeutende Ort, in dem die Erdhandlung spielt. ‚Kaff' ist im Niederdeutschen auch die Spreu, die eine Dreschmaschine kleingehäckselt zurücklässt. Die Menschen und ihre Schicksale sind demnach nicht mehr als das ‚Kaff' einer mörderischen Weltgeschichte.

Die Gedankenspiele müssen, wie sich zuvor schon angedeutet hat, nicht monologisch ablaufen, sondern können in Dialoge eingebunden sein. Karl spielt sein meist nur mäßig gelingendes Werbe- und Verführungsspiel gegenüber Hertha mit Hilfe der Mondfiktion – etwa als Charles seinen Raumanzug beschreibt und Karl Richter vergeblich auf eine Reaktion seiner Begleiterin hofft, auf deren Beruf er hier anspielt:

> Auch das Tarn=Tuch aus hellgelp= und blaßgrüner Seide, mit Grau= und Schwarz=Ecken bedruckt, ganz MARE CRISIUM, wie von einer geschickten Musterzeichnerin erfunden .....
>
> (*: ?. – Sie dankte mir* nicht. : Mich liebt Keiner mehr ; Viele hassen mich sogar ..... (BA I/3, 144)

[22] In der Erstverwendung bereits in der Vorlage kursiv.

Nicht zwingend bleiben alle diese Spiele unter der bewussten Kontrolle des Gedankenspielers. Niemals hat er wirklich in der Hand, was das von ihm Erzählte bei einem Hörer auslöst. So fängt die Textilmusterzeichnerin Hertha bald an, in Gedanken Schmuck nach Mondmotiven zu entwerfen (vgl. BA I/3, 98).

In einer anderen Passage von ‚KAFF auch MARE CRISIUM' wird das unkontrollierbare affektive Potential direkt ausgespielt. Charles phantasiert davon, wie er nach seiner Rückkehr in die amerikanische Mondbasis mit erfundenen sexuellen Erlebnissen prahlen könnte:

> ..... *(ewwenntuell einzelne Vorträge ‚Nur* für Erwaxene'? Wenn nicht gar ‚Nur für Herren'. Längere cream=hillije Lei's : wie ich da, auf dem Grunde Der=Ihres Lager=Kraters, bei 40 Graat Källte, jakutische Schpezialwonnen genossen hätte ? Gefrierfleischich=unnennbare Lüste : schtehend am Tisch, mit reifijer Bauchmähne [...]. (BA I/3, 193)

Dies löst nun auf der Erde eine völlig unerwartete Krise zwischen den beiden Protagonisten aus. Die Verbindung von Reif im Körperhaar und Sexualität ruft bei Hertha unwillkürlich ein furchtbares Erlebnis in Erinnerung. Als sie im Winter 1946 Schlesien verlassen hat, musste die damals Halbwüchsige völlig erschöpft neben einer nackten, offenbar zuvor vergewaltigten weiblichen Leiche Rast machen, deren offen liegendes Schamhaar ebenfalls von Reif besetzt war. Das Bild ist sie seitdem nie mehr losgeworden (vgl. BA I/3, 195f.), wovon Karl wiederum bis zu diesem Zeitpunkt nichts ahnte.

Derartige Unwägbarkeiten bestehen dabei aber nicht nur gegenüber dem anderen, sondern auch sich selbst gegenüber. Dies gilt etwa für den homoerotischen Subtext von ‚KAFF auch MARE CRISIUM', der hier nur knapp angedeutet werden kann. So gibt es im Roman eine Passage, in der Charles Hampden als US-Botschafter mit einem langen Stock bewaffnet durchs Mare Crisium springt – dem Mittelkrater zwischen den beiden Mondhälften. In der Gegend herumstochernd stürzt er irgendwann unversehens in ein Loch (vgl. BA I/3, 181–187).[23] Hier soll sich offenbar eine unterschwellige und nicht eingestandene sexuelle Präferenz in einer anthropomorphen Landschaftsschilderung manifestieren. Schmidt wird mit diesem Lektüremodell später in den Romanen Karl Mays allerlei Beschreibungen von geologischen Formationen entdecken, die ihm nach dem Grundmodell eines männlichen Hinterns gestaltet scheinen.

---

[23] Vgl. zu dieser Passage auch bereits JÖRG DREWS: Ein Katersturz ins Unbewusste. In: Psyche 35 (1981), S. 1103–1121.

Freudianisch unterfüttert,[24] präsentiert er diesen Befund in seiner nicht unumstrittenen Studie ‚Sitara und der Weg dorthin‘ aus dem Jahr 1963. Karl Richter, der ansonsten als vermeintlich absoluter Herr seiner eigenen Subtexte auftritt, ahnt von diesen Dingen nichts. Auch was all dies eventuell mit der Tendenz zur Androgynität seiner Geliebten Hertha zu tun haben mag, bleibt ihm folgerichtig verborgen.

Und fast zwangsläufig kommt bei alldem zwischendurch auch einmal der Gedanke auf, dass man selbst vielleicht nichts anderes sei als das irdische Gedankenspiel eines eingeborenen Mondbewohners. So Hertha mit ihrem unverkennbaren schlesischen Einschlag:

> „Du denk=amma ! : Vielleicht eck=sistiern wier gar nie. Und a ‚Selenick‘ schtellt sich Uns bloß vor ? !“ : „Belehrt Dich der Reegn *nicht* eines Besseren ?“ : „Nee. : Deen denkt sich Der eebm ooch.“ (BA I/3, 246)

Und am Ende ist es vor allem ihr erlahmendes Interesse, das dem Ganzen ein Ende setzt. Karl stößt mit seinen letzten Vorschlägen einer Erweiterung und Fortführung auf der gemeinsamen Rückreise nach Nordhorn einfach ins Leere:

> *: Nichts von dem neu=eingeführtn, alljährlichn*, an Teilnehmerzahl schtändich abnehmndn, ‚Marsch der Veteranen‘ : derer, die noch die Erde erlebt habm : ? ‚Heute starb der letzte unserer Bürger, der . . . ,?
> *: „Das Alles willsDu also –“* ; (und jetz ruhich auch ma droh’n !) : „Ich verschtehe Dich recht, ja=Hertha ? : *nicht mehr* hören ? !“. (BA I/3, 274)

V.

Es dürfte deutlich geworden sein, dass es sich bei ‚KAFF auch MARE CRISIUM‘ um einen Roman handelt, der ein bestimmtes Verständnis von Erzählprosa zwar nicht systematisiert, aber doch ein ziemlich vollständiges Reservoir von dessen Möglichkeiten bietet. Es ist ein politischer Text, ein Text über Verdrängtes im Sexuellen und ein Text, der die Verletzungen von Krieg, Flucht und Vertreibung thematisiert. Es ist aber vor allem ein Text,

---

[24] Es gibt in der Forschung eine längere Diskussion darüber, wann Schmidt mit den Texten und Theorien Freuds näher in Kontakt gekommen ist. DREWS, Kratersturz [Anm. 23] glaubt, dass dies bei der Niederschrift von ‚KAFF auch MARE CRISIUM‘ bereits der Fall gewesen sei. GÜNTER JÜRGENSMEIER und FRIEDHELM RATHJEN: Psychoanalytische KurStunde. Ein systematischer Versuch, Schmidts Freud-Rezeption zu datieren. In: Bargfelder Bote 364–366 (2013), S. 3–13, halten dagegen und betonen, dass direkte Reminiszenzen erst ab dem Jahreswechsel 1961/62 greifbar werden. Diese Frage muss hier nicht entschieden werden, da derartige an die Psychoanalyse gemahnende Textfiguren nicht unbedingt auch eine intensive Lektüre der Originalschriften Freuds voraussetzen.

der die Transformation all dieser Dinge in Literatur in einem formal äußerst vielfältigen und zugleich höchst spielerischen Prozess vor Augen führt.

Aber ist dieser Mondroman ‚KAFF auch MARE CRISIUM' am Ende immer noch ein Roman über den Mond? Vollständig zu verneinen ist dies sicherlich nicht. So finden sich an zahlreichen Stellen verstreute Elemente der Geschichte der Mondwissenschaft. Die Idee, die Bewohner der Mondrückseite würden sich unter der Oberfläche des Erdtrabanten eingraben, verweist etwa auf Johannes Keplers ‚Somnium', um nur ein Beispiel zu nennen.

Aber dann stimmt es auch wieder nicht. Den Kern der Planungen bildet zwar die Handlung auf dem Mond selbst. Irritierenderweise wird diese aber im fertigen Roman zu einer insofern sekundären, als sie sich gleich in doppelter Weise in einen Reflex der Erdhandlung transformiert. Dies gilt zum einen für den Handlungsverlauf an sich, nach dem immer wieder Ereignisse in Giffendorf das Geschehen in der Mondkolonie vorantreiben und in neue Bahnen lenken. Zum anderen gilt das aber auch schon für den Beginn. In Karl Richter entsteht die Idee, seine gelangweilte Freundin mit einer Mondgeschichte bei Laune zu halten, ja überhaupt erst in dem Moment, in dem sie ihn um die BILD-Zeitung bittet, in der er zuvor den entsprechenden Artikel gelesen hat.

Während der Mond also zunächst im Zentrum stand, wird er in der Folge durch den neuen Fokus auf der Entstehung der lunaren Handlung aus den Verhältnissen auf der Erde heraus merklich entkonkretisiert. Schmidts Literaturmond rückt dabei – und das scheint mir der entscheidende Punkt zu sein – just in dem Moment aus dem Zentrum, in dem auch der reale Mond unter das Gesetz der Perspektive fällt. Der Blick auf den Erdtrabanten wird durch die Fotos von seiner bis dahin unsichtbaren Rückseite ein multipler. Eines der beiden kleineren Bilder in der Ausgabe der BILD-Zeitung, das die Perspektivität der Hauptabbildung illustriert, führt eindringlich vor Augen, dass die Zeit, in der man den Mond immer nur von ein und derselben Seite erblickte, endgültig vorüber ist. Dass genau dies der Startpunkt für ein neues perspektivisches Erzählen vom Erzählen ist, das diesen konkreten Umstand seines Gemachtseins selbst reflektiert, scheint nur folgerichtig, auch wenn Schmidt dies vor dem Oktober 1959 *de facto* noch gar nicht hatte einplanen können.

Der neue Blick auf die Mondrückseite selbst kombiniert dabei Variation und Wiederholung. Ihre Oberflächenstruktur unterscheidet sich in allerlei Einzelheiten von derjenigen der Vorderseite, doch auch diese bis jetzt so geheimnisvolle Welt besteht eben nur aus Felsen und Ödnis. Wie schon zuvor zitiert, titelte die BILD-Zeitung umgehend und einmal mehr höchst treffend: *Mond ohne Geheimnis*.

Dahingegangen scheint die letzte Möglichkeit, dass das wohl am häufigsten anthropomorphisierte Ding überhaupt doch noch irgendeine Form von eigenem Leben enthalten könnte. Der Mann im Mond hat sich nicht auf dessen Rückseite versteckt. Der Mond wird damit endgültig und offensichtlich zum reinen Spiegel. Arno Schmidt vollendet hier also für sich mit der Datierung auf den Oktober/November 1959 die Subjektivierung des Mondes, die sich in den beiden vorangegangenen Phasen bereits angedeutet hat. Auf die romantische Mondtopik der Frühzeit folgt die individualisierte Mondkombinatorik der späten vierziger und der fünfziger Jahre, woraufhin das Ganze nun in ein Erzählmodell mündet, in dem man mit dem Mond nicht nur schlechterdings alles machen kann, weil er nichts selbst ist, sondern in dem uns Schmidt genau diesen Umstand auch selbstbewusst offenlegt. Der Mond ist nur ein Ding, das man halt von allerlei Seiten betrachten kann – und was er uns zu sagen haben scheint, erzählen wir uns in Wirklichkeit voll und ganz selbst.

Und genau damit scheint mir schon zu einem biographisch recht frühen Zeitpunkt die letzte denkbare Stufe von Schmidts ‚Mondrakete' gezündet. Das alles entscheidende Mondjahr des 20. Jahrhunderts ist nach dieser Zählung nicht etwa 1969, sondern schon 1959. Die reale Ankunft von Menschen auf dem Erdtrabanten kann dem strukturell nichts mehr hinzufügen. Sie wird vor dem Fernseher sitzend wahrgenommen, aber eben nicht mehr kommentiert. Sie kann keine Epoche mehr machen.

Ist nun für Schmidt Schluss mit dem Mond? Man hätte es vermuten können, es ist aber nicht so. Der Mond geht in seinen Texten weiterhin auf und ab, nimmt ab und wieder zu und dient dabei zu allem Möglichen. Der kleine Satellit, der das erste Foto von der Rückseite des Erdtrabanten geschossen hat, biegt – um dieses Metaphernspiel auch hier noch ein klein wenig weiter zu treiben – nun in eine Mondumlaufbahn ein, in der er kreist und kreist und kreist.

Franziska Stürmer

Mond, Magie und Mordlust in der Populärkultur: ‚Dexter'

> *Moon. Glorious Moon. Full, fat, reddish moon, the night as light as day, the moonlight flooding down across the land and bringing joy, joy, joy. Bringing too the full-throated call of the tropical night, the soft and wild voice of the wind roaring through the hairs on your arm, the hollow wail of starlight, the teeth-grinding bellow of the moonlight off the water.*[1]

Diese Anrufung des Mondes bildet den ersten Absatz und eröffnet damit die erfolgreiche Romanreihe um den charmanten Serienkiller Dexter Morgan, und gleich in diesen ersten Worten wird die Prominenz des Erdtrabanten im weiteren mordlustigen Treiben Dexters offenbar.[2] Auf engstem Raum werden in diesem Absatz so wie im anschließenden ersten Kapitel alle Mond-Motive, welche den Text durchflechten, exponiert und miteinander verquickt. ‚Mond' ist das erste Wort des Textes, das korrespondierende Element Wasser wiederum bildet das letzte Wort des ersten Absatzes; zuvor zweimal rückgekoppelt an den Mond durch das „herabflutende Mondlicht" und das „Mondlicht auf dem Wasser". Das Wasser als dem Mond zugeordnetes Element wird noch häufiger eine Rolle spielen für Dexter, ebenso wie das Schiff, ebenfalls ein gängiges Mondsymbol und zugleich auf die Unterwelt verweisend;[3] doch hierzu im Folgenden noch mehr.

Zunächst einmal ist es eben dieser Mond, welcher in synästhetischer Verknüpfung als akustischer Reizauslöser und Quelle verschiedenster, nicht unbedingt angenehmer, aber sehr eindringlicher Geräusche evoziert wird: dem „hohlen Heulen des Sternenlichts", dem „zähneknirschenden Brüllen des Mondlichts auf dem Wasser". Dennoch bringt der Mond Dexter vor allem „Freude, Freude, Freude"; denn diese Mondlicht-Kakophonie hat eines gemeinsam: *All calling to the Need* (D1: 1). Die Eindrücke verbinden sich zu einem nachdrücklichen Ruf an den Dexter innewohnenden Drang zu töten. Dieser wird im nächsten Absatz personifiziert als Alter Ego Dexters – *the me that was not-me* – und ebenfalls mit dem Mond korreliert: als *Moondancer*, der im Mondlicht tanzt und von diesem erst voll zum Leben erweckt wird (D1: 1). Im weiteren Verlauf spricht Dexter vor allem vom

---

[1] Jeff Lindsay: Darkly Dreaming Dexter. London 2004 (= Band 1 der ‚Dexter'-Serie), S. 1. Dieser Band wird im Folgenden zitiert als D1 mit Seitenangabe.

[2] Auch in den Folgebänden gelten die ersten Worte gerne dem Mond und präfigurieren so mindestens einen Handlungsstrang des jeweiligen Bandes; vgl. etwa Bd. 3, in welchem es sich um den *honeymoon* von Dexters bevorstehender Hochzeit handelt: Jeff Lindsay: Dexter in the Dark. London 2007 (= Band 3 der ‚Dexter'-Serie), S. 5. Dexter fragt: *What kind of moon is this?* – mit dieser Fragestellung wird zugleich auch die Verwirrung und Unsicherheit, welche Dexter in diesem Band befällt, vorweggenommen (vgl. Näheres unter Punkt 3, ‚Mond und Moloch – die magische Lesart').

[3] Manfred Lurker: Wörterbuch der Symbolik. Stuttgart 1991, S. 490.

Dark Passenger (D1: 1), seinem „Dunklen Begleiter", demjenigen Teil von ihm also, welcher immer wieder dazu getrieben wird, sich das nächste Opfer zu suchen und es unter Einhaltung bestimmter Rituale genussvoll zu ermorden. Doch der mit dem Dark Passenger einhergehende Drang ist wesentlich mitbestimmt durch das Mondlicht: Sein aktuelles Opfer beobachtet Dexter, wie er erläutert, bereits seit fünf Wochen, doch die letzten drei davon hat er damit verbracht, den zunehmenden Druck durch den Drang zu bekämpfen, welcher in ihm gewachsen ist *like a great wave that roars up and over the beach and does not recede, only swells more with every tick of the bright night's clock* (D1: 2). Erneut wird nicht nur das Mondlicht als zentraler Reizauslöser und Beherrscher des Dunklen Begleiters und Dexters Tötungsdrangs benannt, sondern Dexter wählt auch wieder einen Wasservergleich, um seinen Drang zu beschreiben: wie eine stetig ansteigende Welle, die über den Strand tost und immer weiter schwillt, je weiter auch der Mond anschwillt.

In diesen wenigen, ersten Zeilen wird bereits deutlich, welch prominente Rolle der Mond als Motiv in den Romanen der ‚Dexter'-Reihe einnimmt. Dadurch, dass der Mond den unmittelbaren Einstieg in den Text bildet, überstrahlt das Mondlicht sinnbildlich alles Weitere; auch der Leser wird so in den Bann des magisch wirkenden Himmelskörpers und seiner ambivalenten Einflüsse gezogen. Es wird hier nicht allein die klassische Werwolf-Tradition anzitiert: der Mond als der Auslöser, der das Monster im Menschen zum Vorschein bringt. Auch wird durch die unmittelbare Verbindung von Mond und Wasser – zwei häufig mit Weiblichkeit assoziierten Naturerscheinungen[4] – auch die erste Spur zum Mond als psychologischem ‚Trigger' für Dexters Verbrechen gelegt. Denn im weiteren Verlauf des ersten Romans wird Dexters Kindheitsgeschichte enthüllt und der Leser erfährt, dass seine Mordlust auf ein traumatisches Kindheitserlebnis zurückzuführen ist: Mit knapp drei Jahren musste er mit ansehen, wie seine Mutter bei lebendigem Leib mit einer Kettensäge zerstückelt wurde, und war danach noch mehrere Tage mit ihrer Leiche in einem Schiffscontainer am Hafen eingesperrt, bis er von der Polizei gerettet wurde. Insofern kann der Mond, der psychologischen Lesart folgend, als auslösende Erinnerung an dieses Erlebnis verstanden werden, oder, über die Verknüpfung mit dem Wasser, als allgemeinerer Verweis auf die Mutter als Schlüsselfigur.

Insgesamt kreist die ‚Dexter'-Reihe immer wieder um die Frage, was Dexter zu dem kaltblütigen Serienmörder hat werden lassen (auch durch Zweifel und Fragen Dexters selbst). Insofern ist die Frage nach der Rolle des Mondes in den Romanen, da er als Motiv eine so prominente und integral mit der Problematik verknüpfte Position einnimmt, keineswegs trivial, sondern hängt unmittelbar damit zusammen, in welchem Licht die Romane

---

[4] ELISABETH FRENZEL: Motive der Weltliteratur. Ein Lexikon dichtungsgeschichtlicher Querschnitte. Nachdruck der 6., überarb. und erg. Aufl. Stuttgart 2008 (Kröners Taschenausgabe 301), S. 548f.; vgl. auch LURKER, Wörterbuch [Anm. 3], S. 489.

letztlich gelesen werden (denn neben der psychologischen Lesart und der eher nur anzitierten Werwolf-Tradition wird in den nachfolgenden Romanen noch eine weitere, genuin magische bzw. wunderbare[5] Deutung von Dexters *Dark Passenger* angeboten). Der Beitrag wird entsprechend anhand des Mondes und seiner Funktionalisierung im Text die verschiedenen Lesarten nachzeichnen und sie in die jeweiligen Traditionen einordnen, um daran deutlich zu machen, wie in den ‚Dexter'-Romanen Mond, Magie und Mordlust untrennbar miteinander verwoben sind.

1. Der Mond weckt das Tier in dir – klassischer Horror

In diese Richtung scheint zunächst die bereits untersuchte Exposition zu weisen: Der Mond fungiert als Schlüsselreiz für Dexters Verwandlung in den Killer, dem der Leser in Kapitel zwei auch gleich bei dem zugehörigen Mord Gesellschaft leisten darf. Dexters Ich ist, sobald er im Mondschein auf der Jagd ist, ein anderes; seine Sinne sind geschärft, er nimmt seine Umgebung anders, viel eindringlicher und zuweilen geradezu verzerrt wahr, wie es gleich im ersten Absatz deutlich wird. Der Teil von ihm, welcher sich im Mondlicht bewegt und von diesem hervorgelockt wird, ist ein anderer: *the cold voice of the Dark Passenger was quiet, and I could be me again* (D1: 13). Erst nach den Morden, nachdem der Drang erst einmal wieder befriedigt ist, kann Dexter wieder er selbst sein.

Dexter ist dem Licht des Mondes nahezu hilflos ausgeliefert. Wird er vom Vollmond beschienen, und sei es noch so zufällig, so hat er, scheint es, kaum eine Wahl – er muss sich in den Killer verwandeln, welcher ein Teil von ihm ist:

> *I walked to the window and looked out. It was dark now and far away over the water a light rose up in the sky and at the sight of it a small and evil voice rose up to meet it from somewhere deep inside. Moon.* [...] *Such a fat happy chatterbox moon. Oh how much it had to say. And as much as I tried to tell it that the time was wrong, that this was much too soon, there were other things to do now, important things – the moon had words for all of it and more. And so even though I stood there for a quarter of an hour and argued, there was never really any question.* (D1: 128)

---

[5] Ich verwende den Terminus ‚wunderbar' in Anlehnung an Uwe Durst, um den Text und seine Wirklichkeitsstruktur dadurch von der Phantastik, welche Zweifel an der gültigen Erklärung für ein Phänomen offen lässt, abzugrenzen; vgl. UWE DURST: Theorie der phantastischen Literatur [2001]. Aktualisierte, korr. und erw. Neuausgabe Berlin 2010; vgl. auch FRANZISKA STÜRMER: Magical Realism and Trauma in Yaşar Kemal's The Pomegranate on the Knoll, in: Interférences littéraires/Literaire interferenties 14 (Okt. 2014), S. 115–128; vgl. auch FRANZISKA STÜRMER: Das Phantastische und die bedrohte Ordnung der Welt bei Thomas Mann. In: Phantastik und Gesellschaftskritik im deutschen, niederländischen und nordischen Kulturraum/Fantastique et approches critiques de la société. Espaces germanique, néerlandophone et nordique. Hg. von MARIE-THERESE MOUREY und EVELYNE JACQUELIN. Heidelberg 2018 (Beihefte zum Euphorion 104), S. 85–100.

Gleiches gilt auch für den Werwolf, der sich ebenfalls bei Vollmond verwandeln und zur reißenden Bestie werden muss, ob er will oder nicht.[6] Eng verwandt mit dem Werwolf sind auch andere Untote und Monster wie Vampire oder Ghule; auch mit diesen betont Dexter immer wieder seine Wahlverwandtschaft. So bezeichnet er sich etwa selbst als Untoten, als er von seiner Tarnfreundin Rita erzählt: *Friday night. Date night in Miami. And believe it or not, Date Night for Dexter.* [...] *What, What?* [...] *Sex among the Undead?* (D1: 52) Wieder und wieder flicht Dexter nebenbei ein, dass er sich selbst nicht für menschlich hält (vgl. D1: 63, 72, passim), oder wählt Vergleiche aus dem Horrorgenre: *This part of the city slept, as much as it ever did. A few people still swirled across the Miami landscape:* [...] *And the predators, of course – thugs, robbers, crackheads; vampires, ghoules, and assorted monsters like me* (D1: 81). Es liegt zwar nahe, diese zweite, übernatürliche Reihe als Umschreibung der ersten zu lesen. Allerdings stünde Dexter dann ausgerechnet mit den Junkies in einer Parallele, und da Dexter generell eine sehr hohe Meinung von seiner gefälligen Erscheinung, seinem Scharfsinn und Stil und seinen gut eingeübten Umgangsformen hat, ist es sehr unwahrscheinlich, dass er sich auf eine Stufe stellt mit Schlägern, Räubern und durchgedrehten Junkies.[7] Die zweite Reihe stellt also vielmehr eine Ergänzung der ersten dar: Es sind die ‚normalen' Raubtiere unterwegs und die ‚unnormalen' wie Vampire, Ghule und andere Monster.[8]

Freilich legen die Texte niemals im Ernst eine tatsächliche Verwandlung Dexters im Sinne des klassischen Gestaltwandlers nahe. Es wird jedoch, durch Selbstbezeichnungen Dexters wie durch die Motivgestaltung, immer wieder mit der Tradition des bei Vollmond hervorbrechenden Werwolfs gespielt und damit natürlich auch die Herkunftsgeschichte aufgerufen, welche den Wolf als Symbol des (gefährlichen) Hungers, von „Bösartigkeit und Hintersinn" sieht.[9] Sinnbildlich wird der Begriff weiterhin für Menschen mit zwei Gesichtern verwendet.[10] Zu guter Letzt wird, das sei der Vollständig keit halber erwähnt, bei Dexters Tod das *cool silver light* des mondbeschienenen Wassers, in welchem er ertrinkt, erwähnt (D8: 286); bekanntlich kön-

---

6 UWE SCHWAGMEIER: Werwolf. In: Phantastik: Ein interdisziplinäres Handbuch. Hg. von HANS RICHARD BRITTNACHER und MARKUS MAY. Stuttgart, Weimar 2013, S. 500–510, hier S. 501.

7 ‚Crackhead' meint zwar grundsätzlich Crack-Süchtige, wird aber auch als Slang für diverse damit assoziierte Eigenschaften (Hyperaktivität, ungepflegtes Erscheinungsbild, [Klein-]Kriminalität ...) verwendet – oder kann auch einfach ‚Knallkopf' bedeuten. In jedem Fall ist kaum ein Persönlichkeitsbild gemeint, mit welchem sich Dexter identifiziert. Vgl. die Einträge zu ‚Crackhead' im urban dictionary: URL https://www.urbandictionary.com/define.php?term=crackhead (07.07.2020).

8 Vampire, Ghule und Werwölfe stehen motivgeschichtlich in sehr engem Zusammenhang; vgl. SCHWAGMEIER, Werwolf [Anm. 6], S. 503.

9 Ebd., S. 503.

10 Ebd., S. 505.

nen auch Werwölfe nur durch Silber (bzw. sogar nur durch mit Weihwasser geweihtes Silber) getötet werden …

2. Mond, Wasser, Kälte – die Mutter als Schlüssel zu den Morden

Dieses vom silbernen Mondlicht beschienene Wasser gewinnt an zentraler Bedeutung, sobald man die Romane nicht als Horror-Story der Verwandlung in eine Bestie liest, sondern als Darstellung innerpsychischer Vorgänge, einer Art Bewusstseinsspaltung durch frühkindliche, verdrängte Traumata. Auch hier jedoch fungiert wiederum der Mond als zentraler Auslöser, als Trigger, welcher Dexters Trauma reaktiviert und seinen pathologischen Tötungsdrang hervorruft.

Im Kontext dieser Lesart gewinnt nicht nur das Wasser selbst an Bedeutung – hierauf sowie auf die Verbindung mit Weiblichkeit wird unten noch genauer eingegangen –, sondern auch das Schiff. Gleich beim ersten Mord, den der Leser geschildert bekommt, nutzt Dexter sein Schiff, um nach getaner Arbeit wieder vom Schauplatz zu verschwinden. Diese Fahrt über das Wasser, in Verbindung mit der ritualisierten Art, wie er Father Donovan auf dessen Tod vorbereitet, legt über die bekannte Symbolik hinaus die Assoziation zum Fährmann Charon und der Fahrt in das Totenreich nahe. Dexter inszeniert für Father Donovan ein Tableau, um ihn mit den verstümmelten Leichen der Kinder zu konfrontieren, die dieser über die Jahre in Miami ermordet hat, und es ist entscheidend, dass dieser es sich auch ansieht: *But he had to see it. He had to. Not just for me. Not just for the Dark Passenger. For* him. *He had to see* (D1: 8). Dexter behält die Attitüde des Herrn über Leben und Tod, des Richters bei und antwortet auf Father Donovans Frage, wer (eigentlich: was) er denn überhaupt sei: *‚The beginning', I said. ‚And the end. Meet your Unmaker, Father.'* (D1: 10) Dexter unterscheidet bei diesem Mord sehr genau zwischen sich und seinem auserkorenen Opfer. Father Donovan war ein vielfacher Kindesmörder (mutmaßlich auch Kinderschänder) – Dexter selbst zieht bei Kindern die Grenze: *‚But children?' I said. ‚I could never do this to children.* […] *Not like you, Father. Never kids.'* (D1: 10) Und kurz darauf: *I am not like Father Donovan, not that kind of monster.* Ein Monster aber doch: *I am a very neat monster* (D1: 11). Ein Monster zwar, aber ein ordentliches; und auch ein nützliches, welches in letzter Konsequenz im Interesse der Gemeinschaft handelt, also geradezu uneigennützig und selbstlos, denn Dexter sieht seine Morde als etwas Gutes: *Remove one more heap of mess from the world. A few more neatly wrapped bags of garbage and my one small corner of the world is a neater, happier place. A better place.* (D1: 11) Dexter ist also beides: monströser Killer und Rächerfigur in der amerikanischen Tradition des *Vigilante Man*.[11]

[11] Wie etwa Batman und Konsorten; vgl. dazu PETER ROBSON: Developments in Revenge, Justice and Rape in the Cinema, in: International Journal for the Semiotics of Law

Dafür spricht auch die Art, wie er seine Opfer stets zunächst mit ihren Verbrechen zu konfrontieren pflegt und sich dabei als Richter und Herr über Leben und Tod gebärdet. Nach dieser Inszenierung ist es somit nur folgerichtig, dass Dexter, nachdem er die Spuren beseitigt und die Überreste des Priesters im Garten vergraben hat (neben den dort ebenfalls wieder deponierten Kinderleichen), nicht auf dem Landweg, sondern eben wie in der Barke aus dem Totenreich per Schiff zurück in sein anderes Leben und zugleich in die eben aufgehende Sonne fährt (D1: 13).

Zentrale Ereignisse in den Romanen spielen sich zudem nahe am oder sogar auf dem Wasser ab. So fährt Dexter etwa gleich im ersten Band mit seinem Schiff auf das Meer, um dort in Ruhe über den aktuellen Fall – ein Serienkiller, der sich als sein Bruder herausstellen wird – nachzudenken (D1: 33ff.), und im Kontext dieser Fahrt wird auch Dexters Initiationsgespräch mit seinem Ziehvater Harry geschildert. Für dieses Gespräch sind der 14-jährige Dexter und Harry eigens zu einem Campingausflug gefahren (ebenfalls mit dem Boot), und Dexter erhält durch Harry die entscheidende Legitimationsgrundlage, welche ihn Jahre später als die eben skizzierte Rächerfigur und als Herrn über Leben und Tod auftreten lassen wird: *‚But you can channel it. Control it. Choose –* […] *choose what … or who … you kill …‘* […] *‚There are plenty of people who deserve it, Dex…‘ And with those few little words he gave a shape to my whole life, my everything, my who and what I am* (D1: 41).

Bemerkenswert an diesem Gespräch ist allerdings, dass der Grund für Dexters Andersartigkeit – das frühkindliche Trauma, ausgelöst durch den brutalen Tod der Mutter – gänzlich unerwähnt bleibt. Harry fragt den jungen Dexter zwar, woran er sich erinnern könne. Nachdem Dexter antwortet: *Nothing*, belässt er es jedoch bei: *‚Good‘.* […] *‚Nobody should remember that.‘* (D1: 40) Die Mutter als Kern von Dexters Tötungsdrang bleibt also ausgesparte Leerstelle – und nicht zufällig wird auch in diesem Gespräch wieder der Mond erwähnt, doch diesmal ebenfalls als schmerzliche Leerstelle: Seine Abwesenheit fällt bereits dem jungen Dexter explizit auf, so dass er ihn herbeisehnend am Himmel imaginiert: *Oh for a moon, a good fat moon, something bigger to look at* (D1: 38). Sinnbildlich bleibt hier also der Kern des ganzen Problems, der Schlüssel zu Dexters Persönlichkeit, ausgespart und unsichtbar; was sichtbar ist, sind nur die ‚Kleinigkeiten‘ bzw. die Folgen. Das ‚Große‘ und den wahren Kern anzusehen und sich dadurch (vielleicht mit therapeutischer Wirkung?) dem Tod der Mutter zu stellen, bleibt Dexter noch lange verwehrt.[12]

– Revue internationale de Sémiotique juridique (2019). DOI: 10.1007/s11196-019-09614-7; FRANZISKA STÜRMER: Vigilante Justice in Germany. In: Vigilante justice in society and popular culture: a global perspective. Hg. von PETER ROBSON und FERDINANDO SPIRA (im Druck).

[12] Hiermit verbindet sich natürlich auch die Frage nach der Verantwortung, welche Harry für Dexters pathologisches Verhalten trägt – hätte Dexter geheilt werden können,

Ausgelöst durch die Morde seines (zu dem Zeitpunkt unbekannten) Bruders wird Dexter im Verlauf des ersten Bandes zunehmend von lebhaften Träumen heimgesucht, die, wie der Leser dann im Rückblick erfahren wird, ebenfalls mit diesem frühkindlichen Trauma zusammenhängen. *I know all the symbolism: Floating is a form of flying, meaning sex. And the knife – Ja, Herr Doktor. The knife ist eine mother, ja? Snap out of it, Dexter. Just a stupid, meaningless dream* (D1: 63). Ironisch auf Freud anspielend, gibt Dexter hier bereits die Antwort auf die Frage nach dem Ursprung seiner Pathologie – „das Messer ist eine Mutter", in der Tat. In diesen Träumen Dexters wird allerdings – über das Sexualität symbolisierende Fliegen, wie er selbst ja für den Leser analysiert – noch ein weiterer, eng mit Weiblichkeit und Mond assoziierter Bereich, nämlich derjenige der Sinnlichkeit und Erotik, angesprochen. Dexters Morde werden ebenfalls wiederholt auf eine Art geschildert, welche an den Liebesakt erinnert: *Killing makes me feel good.* [...] *It's a sweet release, a necessary letting go of all the little hydraulic valves inside* (D1: 13). Es wohnt ihnen jedoch nicht unmittelbar eine sexuelle Komponente inne; es sind keine Sexualverbrechen. Dennoch wird die Tötungslust mit der sexuellen Lust enggeführt und die Morde hierdurch in gewisser Weise erotisiert. Auch die ausgeprägte Sinnlichkeit, mit welcher Dexter auf die Reize des Mondlichts reagiert, verweist in diesen Bereich. Ebenso verläuft das Initiationsgespräch zwischen dem jungen Dexter und seinem Ziehvater Harry ganz ähnlich wie sonst ein typisches ‚Aufklärungsgespräch' über *safer sex* etc.: *‚Tell me', Harry says.* [...] *My face is hot, as if Dad had asked me to talk about sex dreams. Which, in a way* – (D1: 38). Sein Drang zu töten hat für Dexter denselben delikaten, höchst intimen und privaten Stellenwert wie für andere Heranwachsende ihr Sexualdrang. Auch später verwendet Dexter gelegentlich Vergleiche und Bilder aus dem Bereich der Erotik und Sexualität, um über das Töten zu sprechen, so, als er über die Morde seines (zu dem Zeitpunkt noch unbekannten) Bruders nachdenkt: *I could almost feel his frustration. To have come so far, all the way to the end* [...] *And then the sudden realisation:* This isn't it. Something is just not right. *Coitus interruptus* (D1: 35). Und schließlich verschmelzen die Morde sogar mit Sexualität – einem Lebensbereich, welcher für ihn bislang überhaupt keine Rolle gespielt hat (vgl. D1: 14, 52).[13] Doch als er (während Rita neben ihm sitzt) über das jüngste Mordopfer nachdenkt und die Arbeit des unbekann-

---

wäre Harry einen anderen Weg gegangen und hätte ihn erinnern, nicht vergessen lassen? Wäre das Gespräch bei Vollmond gar gänzlich anders verlaufen ...?

[13] Vgl. hierzu auch DAVID BUCHBINDER/ANN ELIZABETH MACGUIRE: Homme Fatal: Illegitimate Pleasures in Darkly Dreaming Dexter. In: Murders and Acquisitions. Representations of the Serial Killer in Popular Culture. Hg. von ALZENA MACDONALD. New York 2013, S. 227 – 242, hier S. 229f., 233, 240f.; Buchbinder schlägt außerdem ein ‚queer reading' von ‚Dexter' vor und weist darauf hin, dass Heterosexualität für Dexter nicht Automatismus oder Norm(alität) ist, sondern bewusst angenommener Teil seiner Tarnung.

ten Killers bewundert, geschieht etwas Unerwartetes: *I kissed her. I don't know which of us was more surprised* (D1: 61).

Die Engführung von Sex und Mordlust vertieft sich noch, als Dexter, aufgewühlt und unbefriedigt von seinem letzten Mordopfer, bei dem er durch einen hinzukommenden Wachmann unterbrochen und um ein Haar erwischt worden wäre, direkt im Anschluss zu seiner Freundin Rita fährt:

> *And really, I don't know how it happened, but it did. One moment I was patting her and saying, ‚There, there', and staring at the cords in my hand, feeling the sense memory pulse through the fingers, the surge of power and brightness as the knife explored Jaworski's abdomen. And the next moment* – [...] *Well. It's still somewhat unthinkable. I mean, right there on the couch. How on earth did that happen?* (D1: 149)

Freilich ist auch die Verquickung von Eros und Thanatos altbekannt; nicht umsonst wird der Orgasmus gelegentlich als ‚kleiner Tod' bezeichnet. Beiden sind einige zentrale Aspekte gemeinsam: Sie stellen äußerst intensive (Grenz-)Erfahrungen dar, und sie rücken unumgänglich den Menschen in seiner Körperlichkeit mit all ihren Facetten in das Zentrum. Zudem handelt es sich um Formen der Bewusstseinsauflösung und Verschmelzung, und beides sind Themen, welche auch Dexter bewegen. Seine Morde sind geprägt von einer Suchbewegung, von der unerfüllten Sehnsucht nach einer Rückkehr zur Mutter, nach Richtigstellung des Initial-Traumas durch Wiederholung.[14] Dies wird gegen Ende des ersten Bandes deutlich, als Dexter sich schließlich erinnert. Zuvor jedoch verdichten sich für ihn die bereits exponierten Elemente Mond, Wasser und Kälte, welche auch Dexters Träume mit bestimmen, immer mehr zu einem Setting aus Schlüsselreizen, welche diese Sehnsucht formen und mit prägen, ohne ihm jedoch zunächst Erfüllung zu schenken:

> *The moon was visible over the water. For some reason I could not explain that seemed so right, so necessary, that for a moment I just looked out across the water, watching it shimmer, so perfect. I swayed and bumped against my makeshift table* [auf dem er gerade dabei ist, sein jüngstes Opfer zu zerteilen; F. S.] *and came back to myself. But the moon... or was it the water?*
> *So close... I was so close to something I could almost smell – but what? A shiver ran through me – and that was right, too, so right it set off a whole chain of shivers until my teeth chattered. But why? What did it mean? Something was there, something important, an overwhelming purity and clarity riding the moon and the water just beyond the tip of my filet knife, and I couldn't catch it.* (D1: 139)

Diese Kombination aus Mond, Wasser und Kälte erinnert Dexters Unterbewusstsein an das Trauma, ohne dass diese Erinnerung für ihn zunächst greifbar würde; die Reize erzeugen jedoch, zusammen mit den Morden, ohne die sie bedeutungslos wären, ein wachsendes Gefühl von Stimmigkeit, das

[14] In diesen Kontext gehört freilich auch der Mond als Symbol der Erneuerung und Wiederauferstehung; vgl. FRENZEL, Motive [Anm. 4], S. 547.

Dexter wiederum dazu treibt, weiter zu morden, um dieses Zugehörigkeits- und Stimmigkeitsgefühl erneut zu erzeugen und zu vertiefen. Dies gipfelt schließlich am Ende des ersten Bandes, nach einer Reihe weiterer Katz- und Maus-Spiele zwischen Dexter und seinem Bruder Brian, der sich durchaus an das Trauma erinnert, in der Konfrontation Dexters sowohl mit Brian als auch mit dem Ort der Traumatisierung: dem gekühlten Schiffscontainer, in welchem seine Mutter vor seinen Augen zerstückelt wurde. Als Dexters Erinnerungen schockartig zurückkehren, verschwimmt für ihn das aktuelle Opfer[15] mit der Mutterfigur:

> *I closed my eyes. The room dove around me, got darker, and I could not move. There was Mommy watching me, unblinking. I opened my eyes. […] My sister looked up at me, her eyes as wide and unblinking as Mommy's. And the look she gave me held me, as Mommy's had held me. I closed my eyes; Mommy. I opened my eyes; Deborah.* (D1: 267)
> *‚Dexter?' said Mommy.*
> *I mean, Deborah. Of course that's what I meant. Not Mommy at all who had left us here in this same place just like this, left us in this place where it began and now might finally finish, with a burning absolutely must-do-it already on its large dark horse and galloping along under the wonderful moon […]*
> *‚Mommy?' someone said.*
> *‚Dexter, come on', said Mommy. I mean Deborah.* (D1: 269)

Es kommt im Verlauf dieses Showdowns geradezu zu einem Kräftemessen zwischen dem ‚Gesetz des Vaters'[16] – Harrys Codex – und dem ‚Gesetz der Mutter' – dem durch ihren Tod ausgelösten Drang zu töten, dem die Mutter als innerster Kern des Drangs überhaupt erst Sinn verleiht. Anders als zuvor, etwa bei dem Initiationsgespräch zwischen Harry und Dexter, als gewissermaßen das ‚Gesetz des Vaters' etabliert wurde, scheint der Mond hier jedoch durchaus und bestimmt Dexters Handeln in derart hohem Maße mit, dass er den Konflikt zwischen Matriarchat und Patriarchat in seinem Inneren geradezu körperlich ausagiert[17]: *I was pulled forward and pushed back at the same time so powerfully that I could not make my legs work proper-*

---

[15] Welches Brian mit ihm zusammen sezieren wollte; für dieses Vorhaben hat er jedoch ausgerechnet Dexters Ziehschwester Deborah ausgesucht, was wiederum zu einem massiven Konflikt zwischen Dexters beiden Familien führt. Dieser Konflikt ist weiterhin lesbar als Aufeinanderprallen von Matriarchat und Patriarchat; hierzu im Folgenden noch mehr.

[16] Um nicht zu sehr Lacan zu strapazieren und geradezu vom ‚Nom-du-Père' zu reden … Dennoch funktioniert die bloße Erwähnung von ‚Harry' in genau diesem Sinne, als Signifikant für alles, wonach sich Dexter sein Leben lang gerichtet hat und was es ihm ermöglicht hat, innerhalb der Normen und Regeln der Gesellschaft zu existieren. Selbst die bloße Erinnerung an oder Anspielung auf Harry genügt hierfür; vgl. u. a. D1: 198f.; 224f.

[17] Im Übrigen zeigt sich auch Dexters Bruder Brian als im Bann des Mondes stehend, sofern seine Mordlust (und sein eigener *Dark Passenger*) betroffen ist: *He smiled softly. ‚Somebody else driving tonight?'* […] *‚And it isn't even a full moon, is it?'* (D1: 258).

ly and I stumbled and fell flat-faced onto the hard rocky ground (D1: 253). Diese innere Zerrissenheit setzt sich fort durch seine zunehmende Verwirrung, in welcher ihm, wie oben dargestellt, Deborah und seine Mutter ineinander schwimmen; an ihrer Ermordung hindert ihn jedoch die (über-) mächtige Präsenz Harrys: *What would Harry say?* (D1: 266) Erneut schaltet sich der Mond (und die Mutter) ein: Deborah erscheint ihm plötzlich *not at all like me, like my brother; not at all clever clean no-mess bloodless razor-sharp Moondancer snicker-snee Dexter and his very own brother* (D1: 267). Blutsverwandtschaft über die gemeinsame Mutter und Geistesverwandtschaft als *Moondancer* – traumatisierte Killer – werden hier einzig und allein aufgewogen durch die Signifikante ‚Harry': *Chop up the bad guys, Dexter. Don't chop up your sister* (D1: 266). Bezeichnenderweise wird Dexter die Entscheidung letzten Endes aus der Hand genommen, während er noch mit dem erhobenen Messer über Deborah steht: *The tip of the knife winked and froze in place. The Dark Passenger could not send it down. Harry could not pull it away. And there we were* (D1: 271). Sein Bruder nimmt ihm daraufhin das Messer ab – *I could not stop him and I could not help him* (D1: 272) – und erst im Epilog erfährt schließlich der Leser, dass Brian nicht Deborah, sondern Detective La Guerta, welche die beiden auf frischer Tat ertappt hat, ermordet hat. Es wird zumindest angedeutet, dass Dexter ihm hiermit dann doch geholfen hat, denn er trägt als Souvenir einen Tropfen ihres Blutes bei sich, wie er sie von allen seinen Opfern sammelt (D1: 275). Dieses scheinbar ‚gute' Ende (in welchem Dexter Harrys Rat folgt, nur die bösen Jungs zu töten, nicht seine Schwester zu zerstückeln) trägt jedoch zugleich auch die Negation einer möglichen Erlösung in sich, wie sie sich Dexter zumindest während seines Zauderns und seiner Konfrontation mit dem Trauma erhofft hatte; alles bleibt, wie es war, *things would go on as they were, as they had always been, beneath that lovely bright moon. That wonderful, fat, musical red moon* (D1: 275). Dexter ist, zugleich mit seiner Entscheidung, Harry zu folgen, auch dazu verdammt, weiterhin im Bann des Mondes zu morden auf der vergeblichen Suche nach Versöhnung mit seiner Mutter.

3. Mond und Moloch – die magische Lesart

Dämonische Besessenheit ist eine sehr alte Art, innerpsychische Vorgänge, vor allem ihre als pathologisch und potentiell selbst- und fremdschädlich erkannten Ausprägungen, zu benennen und zu erklären.[18] Auch für Dexter wird diese Lesart nicht nur angedeutet, sondern im dritten Band auch explizit als für gültig zu nehmendes Erklärungsmuster von Dexters Zustand etabliert und durchgehalten. Doch schon zuvor, bereits im ersten Band, wird das Thema durch Anspielungen eingeführt und somit immer wieder präsent

[18] Vgl. SILKE ARNOLD-DE SIMINE: Geister/Dämonen. In: BRITTNACHER/MAY (Hg.), Phantastik. Ein interdisziplinäres Handbuch [Anm. 6], S. 376–384.

gehalten. So lässt sich beispielsweise die Art, wie Harry auf Dexters Kindheitstrauma anspielt, durchaus auch als das Eindringen einer externen Macht, eines Fremdeinflusses lesen: *It got into you too early and it's going to stay there. It's going to make you want to kill. And you can't help that. You can't change that* (D1: 40f.). Wenig später erzählt Dexter, dass er nicht in der Lage ist, Tiere zu halten, weil sie mit äußerster Abneigung auf ihn reagieren:

> *Animals hate me. I bought a dog once; it barked and howled – at me – in a nonstop no-mind fury for two days before I had to get rid of it. I tried a turtle. I touched it once and it wouldn't come out of it's shell again, and after a few days of that it died. Rather than see me or have me touch it again, it died.* (D1: 47)

Es ist freilich ein gängiges Klischee der Kriminal-, aber auch der Schauerliteratur, dass Tiere (häufig Hunde oder auch Katzen) in der Lage sind, Mörder zu erkennen – in Dexters Fall: ihn als Raubtier und potentiellen Feind zu identifizieren – und die Tarnung zu durchschauen, welche die leichtgläubigen Menschen täuschen kann. Ebenso werden Tieren hellseherische Fähigkeiten nachgesagt; Katzen etwa sollen das Fell sträuben, Hunde zu bellen beginnen, wenn ein Geist im Raum ist oder sich sonst Spukhaftes zuträgt.[19] In dieser Tradition ist also auch Dexter nicht in der Lage, Tiere mit einer menschlichen Fassade zu täuschen; sie sehen direkt ‚in ihn hinein' und erkennen die dämonische Präsenz, welche ihn zu dem werden lässt, was er ist. Zudem bezeichnet sich Dexter durchaus auch selbst als *sick and twisted demon who is not even human* (D1: 51) bzw. ist der Meinung, dass er so von anderen wahrgenommen würde, finge man ihn und würden seine Morde offenbar.

Dexter bezeichnet den *Dark Passenger* unter anderem als *ancient friend* (D1: 207) und deutet damit nicht nur an, dass er ihn selbst schon sehr lange – seit er sich erinnert – begleitet, sondern auch, dass der *Passenger* selbst eine uralte Entität ist. Diese Beschreibung des Dunklen Begleiters als fremdes Wesen, das nicht eigentlich ein Teil von ihm ist, sondern nur gewissermaßen seinen Körper mitbewohnt, greift Dexter wiederholt auf, unter anderem in der Konfrontation mit seinem Gegenspieler Sergeant Doakes (der ihm von Beginn an misstraut und ihm auf die Schliche zu kommen versucht): *‚Who are you talkin' to?' he asked me with his bright hungry teeth showing. ‚You got somebody else in there with you?' His words and the knowing way he said them cut right through me and turned my insides to jelly. What did he mean by ‚in there with me'? Could he possibly know about the Dark Passenger?* (D1: 187) Charakteristisch für den Gedankengang, dass Besessenheit ein Erklärungsmuster für innerpsychische Vorgänge darstellt, erscheint übrigens auch die Art, wie Dexter – im oben bereits diskutierten ‚Showdown' des ersten Bandes, der sein Trauma enthüllt – plötzlich, trotz der Art, wie sehr ihm seine Mutter vor Augen steht, den *Dark Passenger* wieder als externe Figur, welcher seine Hand führt, ausspielt: *The tip of the knife winked*

[19] Vgl. ebd., S. 376.

and froze in place. The Dark Passenger *could not send it down* (D1: 271; Hervorhebung von F. S.), anstatt von seinem eigenen pathologischen Drang zu sprechen, sich also seiner Verletzung zu stellen.

Im dritten Band schließlich wird diese bislang nur angedeutete Lesart zur dominierenden: Der *Dark Passenger* schweigt plötzlich, konfrontiert mit einer anderen, wesentlich mächtigeren dämonischen Entität. Analog jedoch verschwindet auch Dexters Fähigkeit, zu töten:

> *I raised my knife and looked down at my unmoving and unmoved prey. I could still hear his awful wet breath rattling in and out through his nostrils and I wanted to stop it, turn out his lights, shut down this noxious thing* [...].
> *And I could not.*
> *I called silently for the familiar rush of dark wings to sweep out of me and light up my knife with the wicked gleam of savage purpose, and nothing came.* [...]
> *I lowered the knife, turned away, and walked out into the night.* (D3: 229f.)

In Entsprechung gestaltet sich auch der Mond in diesem Band: Kaum jemals scheint er überhaupt, und wo er erwähnt wird, da immer nur als ein schwacher, reduzierter, defizitärer Mond, welcher in keiner Weise an den *full, glorious moon* aus Dexters bisherigen Mordnächten heranreicht. So hätte es Dexter, noch ehe er zu diesem gescheiterten Mordversuch aufbricht, klar sein müssen, dass er zum Scheitern verurteilt ist: *And if the Passenger didn't come back, why shouldn't I begin to be me by myself?* [...] *Never mind. I could do this alone.* [...] [I] *slid out the door into the night. My night, my last remaining friend,* with its feeble half-moon flickering *in a dull soggy sky* (D3: 224, Hervorhebung von F. S.). Dies legt natürlich den Schluss nahe, dass Dexter eben doch nicht ‚wirklich' so ist wie mit dem Dunklen Begleiter an Bord, sondern ‚nur' ein normaler Mensch – eine Erkenntnis, zu welcher sich auch Dexter zu seinem Schrecken gezwungen sieht:

> *And as the night dragged on, so did the terrible, dreary introspection. Had I been misleading myself my entire life? What if I was not Dashing Slashing Dexter and his Canny Sidekick the Passenger? What if I was, in fact, only a Dark Chauffeur, allowed to live in a small room at a big house in exchange for driving the master on his appointed rounds?* (D3: 133f.)

Jedenfalls stellt dieser Band unmissverständlich klar, dass der Dunkle Begleiter eine objektiv existierende, von Dexter unabhängige Wesenheit ist (vgl. D3: 152; 362ff.) und es sich nicht um eine durch das Trauma hervorgerufene Abspaltung von Dexters Psyche handelt. Um diese unabhängige Existenz noch zu unterstreichen, ist der Band zudem, anders als die anderen Bände, polyperspektivisch erzählt; ihm ist eine Art ‚Vorwort' vorangestellt, in welcher ein namenloses ES (Stephen Kings berühmtem ES nicht ganz unähnlich ...) vorgestellt wird: *IT remembered a sense of surprise, and then falling, but that was all. Then IT just waited* (D3: 1). Wie Kings ES, welches ebenfalls eine Verkörperung des Bösen ist, fällt auch dieses ES zu Beginn der Erdgeschichte von einem nicht weiter spezifizierten Ursprungsort auf die Erde und durchlebt die gesamte Evolution, bis schließlich der Mensch auftaucht (als impliziter Zielpunkt der Evolution, versteht sich): *IT was fascinated and watched more closely.* [...] *And as IT watched, for the first time, something wonderful happened: IT laughed.* [...] *IT thought: I can work with this* (D3: 4, kursiv im Original). Während Kings ES höchstwahrscheinlich außerirdischen Ursprungs sein soll, wird hier jedoch, durch die folgende Verbindung zur Bibel und zu Moloch, nahegelegt, dass es sich bei dem ursprünglichen Fall auch um den Sturz Luzifers aus dem Himmel gehandelt haben könnte (ohne diese Lesart weiter zu vertiefen). Im Folgenden wechselt der Band immer wieder zwischen kursiv gesetzten Einschüben, welche die fortlaufende Entwicklung von ES erzählen, Dexters Ich-Erzählung, und Abschnitten erlebter Rede von einer als *The Watcher* bezeichneten Erzählinstanz, welche die Einschüchterungsversuche von Moloch bzw. seinen Anhängern (die fremdgesteuert werden und nur austauschbare „Dunkle Chauffeure" sind; vgl. D3: 363) erzählen und Dexters Erlebnisse von außen spiegeln und kommentieren. Am Ende des Bandes erfolgt schließlich die Erklärung: Moloch (*IT*) hat im Zuge ritualisierter Menschenopfer begonnen, sich zu reproduzieren und dämonische ‚Kinder' gezeugt, welche sich wiederum zu Konkurrenten auswuchsen (D3: 344f.). Nachdem Moloch dann die meisten dieser Dämonen wieder getötet hatte, verbringt er seither seine Zeit damit, sich im Geheimen weiter verehren zu lassen und Jagd auf die verbleibenden Dämonen zu machen – wie auf Dexters Dunklen Begleiter (der konsequenterweise geflohen ist; vgl. D3: 345; 346). Angelockt wurde dieser dämonische Dunkle Begleiter, so erklärt es schließlich der Priester Molochs, durch Dexters traumatisches Erlebnis:

> *‚You have something inside you that represents a threat to us. We plan to get rid of it, and you.'*
> *‚Actually', I said, sure he was talking about my Dark Passenger, ‚that thing is not there anymore.'*
> *‚I know that', he said, a little irritably, ‚but it originally came to you because of great traumatic suffering. It is attuned to you. But it is also a bastard child of Moloch* [...]. (D3: 364)

Auch seine Rückkehr wird erst durch höchste Qualen Dexters bewirkt werden können; der Plan, ihn Moloch zu opfern, so durch die Todesqualen den Dämon zur Rückkehr zu bewegen und ihn gleichzeitig mit Dexter zu töten, scheitert jedoch, und Dexter lebt zunächst weiter ohne seinen Dunklen Begleiter. Am Altar jedoch, während Rita schon den Gang entlangschreitet, erlebt Dexter einen solchen Tiefpunkt an Trostlosigkeit und hoffnungsloser Verzweiflung, dass hierdurch der Dark Passenger wieder angelockt wird und zurückkehrt:

> *I opened my eyes, back again to the world as it should be. No matter that I stood surrounded by flowers and light and music and happiness, nor that Rita was climbing the steps intent on clamping herself to me forevermore. The world was whole once again, just as it should be. A place where the moon sung hymns and the dark-*

> *ness below it murmured perfect harmony broken only by the counterpoint of sharp steel and the joy of the hunt.* (D3: 375)

So, mit der Rückkehr des Dämons (und dem erneut wirkmächtigen und wieder eingesetzten Mond), endet dieser Band. Doch obgleich die Lesart hier eindeutig, wie gezeigt, eine rein magische bzw. wunderbare ist – der Dunkle Begleiter ist ein übernatürliches Wesen, Abkömmling einer uralten Gottheit –, bleibt in den Folgebänden dennoch die psychologische Lesart mit der Mutter als Schlüssel präsent.

4. Fazit – das ewig Weibliche zieht uns hinab

Diese psychologische Lesart dominiert auch den Schluss der ‚Dexter'-Reihe. In einem fulminanten ‚Showdown', der Drogenbarone, entführte Kinder, ein durch und durch korruptes Justizsystem und schließlich einen Bombenanschlag auf einer Luxusjacht beinhaltet, wird Dexter tödlich verwundet. Er beginnt, zu halluzinieren, und wird in einer Art Flashback zurück an den Ort seiner kindlichen Traumatisierung versetzt:

> *It was getting awfully dark in here – and even colder, too! Why was that? Why did I have to sit in a cold place with this icky red all over me?* […] *Why did it remind me of something very bad? When had I ever been this cold and this covered with icky-sticky red before? Why did it seem like –*
> *Mommy was just over there. I could see her face over there and she was somehow hiding and peeking up over the … things – just her face showing* […]
> *‚Mommy', I said.* (D8: 283)

Gegen seine Wunden und die zunehmende Verwirrung ankämpfend, versucht er sich zu Deborah, die auf seinem Boot auf ihn wartet, durchzuschlagen:

> *And I try to turn and look back and I can't and my head rolls over instead and I am looking up, into the endless black night above, in its on-and-on forever darkness –*
> *– except now. I isn't darkness, not all of it, not at all. Right there, right above me, floating over me in its cool and welcome glow. There it is. Dexter's last friend, last family, last fond familiar face. Old Mr. Moon, come to watch and whisper soft and silvery songs, the music of Dark Joy, the sound track of Dexter's Life,* […] –
> *– but different now, different tonight. Different notes and a chorus I have never heard, swelling up in the soft and shining light of its distant knowing smile. And not so distant now, not tonight. Closer than ever before. Much closer, and singing a new refrain, not of sly encouraging but of welcome, calling out in sweet and clear harmonies,* Come home, Dear Dexter, come home … (D8: 285)

Erneut werden am Ende der ‚Dexter'-Romane nochmals alle einschlägigen Leitmotive enggeführt: Kälte, Wasser, die Mutter, der Mond. Und dieser erscheint heute erstmals nicht provozierend und auch nicht fern, sondern „näher als jemals zuvor", und er lockt Dexter, ruft ihn, nach Hause zu kommen. „Nach Hause", das kann für Dexter nur der Tod sein, und zwar ein ganz bestimmter Tod, welcher schließlich zu einer regelrechten Verschmelzung Dexters mit allen Motiven, die Zeit seines Lebens sein Handeln bestimmt haben, führt. Er stürzt im Todeskampf, schon halb im Delirium, über die Reling in das mondbeschienene, kalte Wasser:

> […] *and then I am over and falling and even as I fall the water seems so impossibly far away – and so dark, so deep and dark –*
> *– and then there is a warped and rippled picture of the moon with its happy savage face that morphs into Me rushing up at Me and I hit Me with a soundless crash and Me breaks apart still soundless into a million bright red shattered shards of moon glow that slowly bend their darkening beams around me […] and I feel like I am home again at last as I slide down, down through the beautiful shadowy silence and into the cool and welcoming moon-Mommy Darkness at last and* – (D8: 285f.)

Dexters Selbst löst sich buchstäblich auf im Wasser und im Spiegelbild des Mondes, er kommt nach Hause und kehrt in den Schoß seiner ‚Mond-Mutter' zurück, ehe sein Bewusstsein erlischt. Erst im Tod findet er also die Zeit seines Lebens ersehnte Versöhnung mit der Mutter, welche bereits am Ende des ersten Bandes als das zentrale Thema in Dexters Leben eingeführt wurde. Dort hatte er ja buchstäblich am eigenen Leib den Konflikt zwischen Mutter und Vater – dem Trauma und dem Drang zu töten gegenüber dem Harry-Codex – ausagiert: Als Dexter erstmals wieder mit der Erinnerung konfrontiert wird, verschwimmen ihm die Schwester (stellvertretend für Harry) und die Mutter (vgl. D1: 267ff.), und es kommt zu einem innerkörperlichen Kräftemessen zwischen Dexters beiden ‚Eltern'. Auch an dieser Stelle ist der Mond Platzhalter der Mutter und steuert, über Dexters *Dark Passenger*, sein Verhalten (vgl. D1: 253). Dexter wird im ersten Band die Entscheidung aus der Hand genommen; *Dark Passenger*/Mond/Mutter und Harry sind sich ebenbürtig: *The tip of the knife winked and froze in place. The Dark Passenger could not send it down. Harry could not pull it away* (D1: 271). Jedoch hinterlässt, vor allem angesichts des Endes der Reihe, in welchem Dexter schließlich doch in regelrechter Selbstauflösung zur Mond-Mutter zurückkehrt, der hier als ebenbürtig (wenn nicht gar übermächtig) gezeichnete Einfluss des Vaters Harry einen schalen Beigeschmack, bezogen auf die Frage nach Dexters Heilbarkeit. Denn zugleich mit seiner Entscheidung, Harry zu folgen, ist Dexter dazu verdammt, weiterhin im Bann des Mondes zu morden auf der vergeblichen Suche nach Versöhnung mit seiner Mutter. Diese Versöhnung und Erlösung werden ihm erst, wie das Ende gezeigt hat, im Tod gewährt; bis dahin muss alles bleiben, wie es immer war: *things would go on as they were, as they had always been, beneath that lovely bright moon. That wonderful, fat, musical red moon* (D1: 275).

Der Mond nimmt also, wie deutlich wurde, in allen Romanen der ‚Dexter'-Reihe eine entscheidende Schlüsselstellung ein. Immer wieder fungiert er als Auslöser für Dexters Drang zu töten; mal wird dieser Auslöser eher in die Horrortradition des Werwolfs (bzw. Monsters) und der vom Mond ausgelösten Verwandlung gestellt, mal wird er deutlich als psychischer Trigger, als einer der Schlüsselreize, welche mit Dexters Traumatisierung einhergehen (zusammen mit dem zugeordneten Element Wasser und der ebenfalls mit dem Mond assoziierten Kälte), gezeichnet. So trivial dabei im Vergleich die Horrorlinie zunächst zu wirken scheint: Dexters Selbstbezeichnungen als Monster sind es keineswegs. Das Monster ist *per definitionem* eine Figur der Negation und Abweichung, es überschreitet Grenzen, indem es zwei Dinge zugleich und damit keines von beidem ist.[20] Dexter wird wieder und wieder hin- und hergerissen zwischen seiner Tages- und seiner Nachtexistenz, seinem Leben als Killer und seinem Tarnleben, das doch viel mehr für ihn ist als nur Tarnung, wie sich in den Loyalitätskonflikten zwischen Schwester und Bruder und letztlich zwischen Mutter und Vater zeigt.

Ein Nebenstrang schließlich greift den Mond als beherrschendes Gestirn eines Dämons, der Dexter innewohnt, auf: ein Erklärungsmuster, das althergebracht für pathologische und sozialfeindliche psychische Krankheitsbilder verwendet wurde und auch hier in diesem Sinne gelesen werden kann, obgleich zumindest der dritte Band der Reihe die dämonische Erklärung (und damit eine magische Lesart) ganz eindeutig favorisiert (und sie auch später nie verworfen wird). Ebenso spielt die dem Mond zugeordnete Komponente ‚Weiblichkeit' eine tragende Rolle. Sie verweist sowohl auf die Mutter als die ausgesparte Leerstelle in Dexters Persönlichkeit (der Tod der Mutter löst schließlich seinen Tötungsdrang erst aus) als auch auf das Feld der Sinnlichkeit, Sexualität und Erotik, da sich für Dexter immer wieder das Töten mit Erotik überlagert und interferiert. Der Mond webt somit in den Romanen auf vielfältige Art seinen Zauber und überstrahlt nicht nur Dexters Leben und Sterben, sondern auch die Wahrnehmung des Lesers, der sich ebenfalls im wechselnden Bann des Mondlichts gefangen sieht und sich bis zuletzt mit der Frage quält, ob Dexters Morde nun notwendig und unvermeidlich waren oder ob sie nicht doch, bei nur etwas anderer Beleuchtung und einer frühzeitigeren Erhellung seiner Kindheitserlebnisse, hätten verhindert werden können.

---

[20] RASMUS OVERTHUN: Monster/Ungeheuer. In: BRITTNACHER/MAY (Hg.), Phantastik. Ein interdisziplinäres Handbuch [Anm. 6], S. 420–432, hier S. 420f.

Die Entzauberung des Mondes

Ralf Jaumann

Alte und neue Theorien über die Entstehung des Mondes

1. Fakten zum Mond

Der Mond ist Zeuge der mehr als 4,5 Milliarden Jahre langen Geschichte des Sonnensystems und ist, abgesehen von der Erde, der einzige planetare Körper, von dem wir Bodenproben von bekannten Landestellen haben (s. Abb. 1). Er ist unser nächster Begleiter, bildet mit der Erde ein gravitativ verbundenes System und kann zu jeder Zeit leicht erreicht werden. Daher war der Mond der erste logische Schritt bei der Erforschung unseres Sonnensystems, bevor wir den Mars und weiter entferntere Ziele anvisieren konnten. Das Wissen, das wir durch die Apollo- und andere Mondmissionen der späten sechziger und frühen siebziger Jahre des vergangenen Jahrhunderts erhalten haben, demonstriert auf beeindruckende Weise, wie wertvoll der Mond für das Verständnis unseres Sonnensystems ist. Selbst heute bleibt er ein wissenschaftlich und technologisch äußerst interessanter Körper, da mit je-

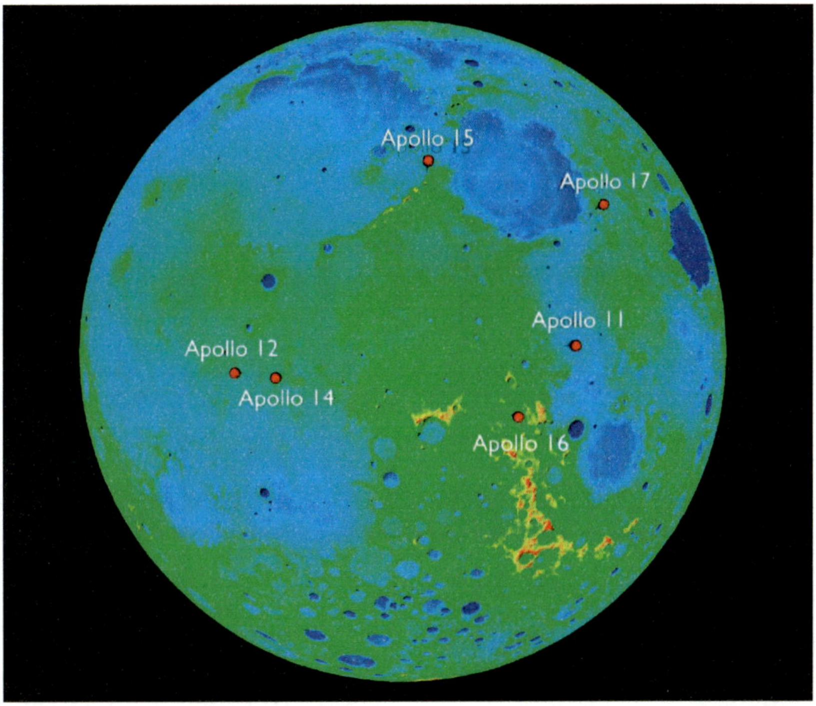

Abb. 1: Apollo Landestellen: Topographie des Mondes; die bläulichen Gebiete sind tiefliegend, die grünlichen bis rötlichen Farben zeigen hochgelegene Areale. (NASA/GSFC/Arizona State University)

der neuen Mission nicht nur konkrete Fragen beantwortet, sondern auch eine Vielzahl neuer Fragen aufgeworfen werden, die für das Verständnis der anderen Planeten und speziell der Erde von großer Bedeutung sind. Die Erde ist unter den Planeten des inneren Sonnensystems der einzige, der von einem großen planetaren Körper umkreist wird. Dieser Mond hat über geologische Zeiträume hinweg die astronomische, geologische und auch biologische Entwicklung der Erde maßgeblich mit beeinflusst. Seine einfache Mineralogie – die Erde hat über 4500 Minerale, von denen auf dem Mond knapp 100 vorkommen – und seine geologischen Prozesse haben uns grundlegende Erkenntnisse über die Entstehung und frühe Entwicklung des Sonnensystems und der Planeten geliefert.[1]

Erde und Mond umkreisen mit einem gemeinsamen Schwerpunkt, der 1778 km unterhalb der Erdoberfläche liegt, die Sonne. Bei einem Durchmesser von 3474 Kilometern entspricht die Mondoberfläche mit knapp 3,8 Millionen Quadratkilometer etwa der Größe von Afrika. Die Mondmasse beträgt nur 1,2 % der Erdmasse. Die Schwerebeschleunigung an der Mondoberfläche beträgt daher nur 1.622 m/s2, was in etwa einem Sechstel (17 %) derjenigen an der Erdoberfläche entspricht. Der Mond umkreist die Erde in 27 Tagen, sieben Stunden und 43,7 Minuten. Die Gezeitenkräfte der massereicheren Erde verursachen innere Reibung im Mond, was diesen abgebremst und in eine synchron gebundene Rotation mit der Erde gezwungen hat. Daher zeigt der Mond der Erde immer dieselbe Seite. Die Mondrückseite war für die Menschheit nicht sichtbar. Erst 1959 haben die Fotografien der sowjetischen Raumsonde Lunik 3 dieses Geheimnis gelüftet. Die Neigung der Rotationsachse gegenüber seiner elliptischen Umlaufbahn um die Sonne bewirkt eine Taumelbewegung des Mondes. Diese Libration macht bis zu 59 Prozent der Mondoberfläche von der Erde aus beobachtbar. Aber auch die Rotationsdauer der Erde verlangsamt sich durch die Gezeitenreibung um etwa 23 Mikrosekunden pro Jahr. Um diesen Effekt zu kompensieren, vergrößert sich der Abstand des Mondes von der Erde aufgrund der Erhaltung des Gesamtdrehimpulses jährlich um etwa 4 cm. Damit bedeckt der Mond, in seiner jetzigen Entfernung von der Erde, ein halbes Grad am Himmel, ebenso wie die Sonne. Daher kann der Mond bei entsprechender Bahnkonstellation die Sonne exakt bedecken und eine totale Sonnenfinsternis erzeugen. Vor Millionen von Jahren ging das nicht und wird in Millionen von Jahren auch nicht mehr möglich sein.

[1] Siehe hierzu und zum Folgenden auch: RALF JAUMANN/ULRICH KÖHLER: Der Mond: Entstehung – Erforschung – Raumfahrt. Köln 2009; RALF JAUMANN [u. a.]: Expedition zu Fremden Welten: 20 Milliarden Kilometer durch das Sonnensystem. Heidelberg, 2018; H. HIESINGER/RALF JAUMANN: The Moon. Encyclopedia of the Solar System. Ed. by TILMAN SPOHN [u. a.]. Third edition. Amsterdam 2014.

2. Geologische Entwicklung des Mondes

Mit Apollo gewann die Mondforschung eine völlig neue Dimension. Es wurde deutlich, dass der Mond ein komplexer planetarer Körper ist, dessen Gesteine mehrfach aufgeschmolzen wurden, bevor sie durch vulkanische Tätigkeit an die Oberfläche gelangten, um dort erneut durch Meteoriteneinschläge mechanisch und thermisch verändert zu werden. Der Mond ist differenziert und unter der im Mittel 60 Kilometer mächtigen Kruste liegt eine Mantelregion, deren oberer Teil noch aus festem Gestein besteht, wogegen die in einer Tiefe liegende Zone wenigstens teilweise geschmolzen ist. Ganz im Inneren des Mondes befindet sich ein Kern aus Eisen. Da der Mond keine schützende Atmosphäre besitzt, können Gesteinsbrocken aller Größe aus dem All ungebremst auf seiner Oberfläche einschlagen. Allein auf der Vorderseite sind über 40 000 Krater von mehr als 100 Metern Durchmesser zu erkennen. Einschläge dieser Dimension sind zwar inzwischen selten, doch auch heute noch prasseln ständig ganze Wolken kleiner Partikel auf den Mond nieder und zersplittern die Gesteine der Oberfläche. Deshalb ist die gesamte Oberfläche mit einer bis zu 15 Meter dicken Schuttschicht aus Staub und feinen Gesteinstrümmern bedeckt, dem Regolith. Die dunklen Gebiete auf der Oberfläche, die so genannten Meere (*maria*), sind keine Wasseransammlungen, wie Astronomen anfangs glaubten, sondern erstarrte Lava. Vor knapp vier Milliarden Jahren, nachdem besonders heftige Meteoritenschauer die Mondkruste brüchig gemacht hatten, quoll der heiße Lavastrom an die Oberfläche und flutete die großen Einschlagsbecken. 30 Prozent der uns zugewandten Mondseite sind mit dem von Eisen und Titan dunkel gefärbten Basaltgestein überzogen. Die angrenzenden hellen und deutlich älteren ‚Hochländer' oder ‚Kontinente' (*terrae*) bestehen überwiegend aus feldspathaltigen Gesteinen.

Die geologische Entwicklung des Mondes war schon relativ früh, vor etwa drei Milliarden Jahren, weitgehend abgeschlossen. Anfangs war der Mond durch die Energie bei seiner Bildung wie auch durch Bombardierung mit Asteroiden und Kometen sowie den Zerfall von Wärme produzierenden radioaktiven Elementen vollständig aufgeschmolzen. Beim Abkühlen sank zunächst metallisches Eisen in die Tiefe und bildete einen kleinen, nur wenige hundert Kilometer großen Kern. Dann kristallisierten schwere magnesium- und eisenreiche Minerale, die ebenfalls nach unten sanken und einen Mantel bildeten. Aufgrund ihrer geringen Dichte stiegen leichte feldspatreiche Gesteine in dem mittlerweile immer mehr abkühlenden Magmaozean zur Oberfläche auf und bildeten die primäre Kruste. Danach zertrümmerten gewaltigen Kollisionen diese erste Kruste bis in große Tiefen und das unter der Kruste immer noch teilweise flüssige Magma konnte entlang von Spalten aufdringen und die riesigen Einschlagbecken Schicht für Schicht mit dunkler basaltischer Lava füllen. Nach etwa einer Milliarde Jahre kam dieser vulkanische Prozess langsam zu einem Ende.

3. Theorien zur Entstehung des Mondes

Besonders das Apollo Programm der NASA, aber auch die nachfolgenden Mondmissionen haben erhebliche Erkenntnisse über unseren Trabanten erbracht. Dennoch wird nach wie vor eine Frage intensiv diskutiert: Wie ist der Mond entstanden, und warum hat nur die Erde einen so großen Mond und nicht auch Merkur, Venus oder Mars? Vermutlich ist, zumindest im inneren Sonnensystem, die Bildung eines Mondes kein notwendiges Ergebnis der Planetenbildung. Um sich der Frage nach der Mondentstehung zu nähern, muss man die physikalischen und chemischen Randbedingungen des Erde-Mond-Systems in Betracht ziehen. Hierbei sind insbesondere die Ergebnisse der Analysen der von den Apollo Missionen zurückgebrachten Proben von grundlegender Bedeutung. Die Dichte des Mondes ist mit 3,3 g/cm^3 deutlich geringer als die der Erde mit 5,5 g/cm^3. Der Mond hat im Vergleich zur Erde ein großes Defizit an leicht flüchtigen Elementen, besonders Natrium und Kalium, aber auch an flüchtigen Molekülen wie z. B. Wasser sowie an Eisen. Die isotopische Zusammensetzung der Gesteine der Erdkruste und der Mondoberfläche ist nahezu identisch. Dies gilt insbesondere für die Sauerstoffisotopen-Verhältnisse 18O/17O/16O in Gesteinen. Die Mondkruste ist teilweise sehr alt (4,5 Mrd. Jahre). Der Drehimpuls des Erde-Mond-Systems ist ungewöhnlich hoch. Ausgehend von diesen Randbedingungen wurden seit dem 19. Jahrhundert unterschiedliche Entstehungstheorien entwickelt.

1878 postulierte George Howard Darwin, der Sohn von Charles Darwin, erstmals die Abspaltungstheorie.[2] Danach rotierte die Erde in ihrer Frühphase so schnell, dass sich ein Teil ablöste und den Mond bildete. Es wurde vermutet, dass der Pazifische Ozean die fehlende Masse darstellt. Eine Abspaltung aus dem Äquatorwulst sollte die Größe des Mondes erklären, und die auch geringe mittlere Dichte des Mondes entspräche der Dichte des Erdmantels. Allerdings hätte der Drehimpuls des Erde-Mond Systems hierfür eine Rotationsdauer von etwa 2,5 Stunden benötigt, was für die Energiebilanz der frühen Erde eher unwahrscheinlich ist. Dagegen spricht auch, dass der Pazifische Ozean ein Produkt der Plattentektonik und die Neigung der Bahnebene des Mondes zu groß ist. Auch waren die Temperaturen nicht hoch genug, um das Defizit bei leicht flüchtigen Elementen zu erklären. Ein weiteres Problem ist das Roche-Limit. Es beschreibt das Verhältnis von Gravitationskräften, die einen Körper zusammenhalten, zu den Gezeitenkräften, die einen Körper auseinanderbrechen. Für einen Körper von der Größe der Erde liegt diese Grenze im Bereich des 1,5- bzw. 2,9-fachen des Radius, je nachdem ob der Körper fest oder flüssig ist.[3] Der

---

[2] George Howard Darwin: On the Precession of a Viscous Spheroid. Nature 18 (1878), pp. 580–582, doi:10.1038/018580a0. Siehe auch: Origin of the Moon. Ed by W. K. Hartmann [u. a.]. Lunar and Planetary Institute, Houston 1986.

[3] Vgl. dazu die in Anm. 1 genannte Literatur.

Mond hätte unter den Bedingungen der Abspaltung den Gezeitenkräften der Erde in ihrem Nahbereich nicht wiederstanden.

Die Einfangtheorie wurde 1909 vom amerikanischen Astronomen Thomas Jefferson Jackson See vorgeschlagen.[4] Sie besagt, dass der Mond sich als eigenständiger Körper an einem anderen Ort im Sonnensystem gebildet habe und bei einer engen Begegnung mit der Erde von dieser gravitativ eingefangen worden sei. Die Einfangtheorie erklärt den hohen Drehimpuls des Erde-Mond Systems. Auch der Unterschied in der Dichte von Erde und Mond lässt sich damit erklären. Allerdings müsste der Mond beim Einfangen der Erde kurzzeitig sehr nah gekommen sein. Innerhalb des Roche-Limits wäre er dann gravitativ zerstört worden. Das Defizit an leichtflüchtigen Elementen wie auch an Eisen ist im Fall des Einfangens ungeklärt, und auch die isotopische Zusammensetzung des Mondgesteins widerspricht dieser Theorie.

1960 wurde die Viele-Monde-Theorie[5] populär, die von der Überlegung ausging, dass es einfacher ist, mehrere kleine als einen großen Himmelskörper einzufangen. Sechs bis zehn kleine Monde seien demnach von der Erde eingefangen worden und hätten diese umkreist. Wegen der Gezeitenwirkung wanderten diese nach außen. Im Laufe von einer Milliarde Jahren seien sie auf diesem Weg zusammengestoßen, aus den Bruchstücken sei dann der Erdmond entstanden. Auch wenn dies die unterschiedliche Dichte erklärt, so überwiegen hier die Argumente dagegen. Die isotopische Zusammensetzung widerspricht dieser Theorie. Der lange Zeitraum, der für einen gezeitenkraftbasierten Vereinigungsprozess notwendig ist, widerspricht dem Alter der Mondkruste. Der Prozess erklärt auch nicht die Differenzierung des Mondes.

Die Schwesterplanet-Theorie (Kondensationstheorie)[6] wurde 1944 von Carl Friedrich von Weizsäcker quantitativ formuliert. Sie geht ursprünglich auf Überlegungen von Immanuel Kant 1755 zurück.[7] Danach entwickelten sich Erde und Mond aus einer gemeinsamen Verdichtung direkt zu einem

---

4 THOMAS JEFFERSON JACKSON SEE: Origin of the lunar terrestrial system by capture, with further considerations on the theory of satellites and on the physical cause which has determined the directions of the rotations of the planets about their axes. In: Astronomische Nachrichten 181, 23, 365–386, 1909, doi:10.1002/asna.19091812302. Vgl. dazu auch HARTMANN [u. a.] (Eds.), Origin of the Moon [Anm. 2].

5 GORDON J. F. MACDONALD: Origin of he Moon: Dynamical Considerations. In: Annals of the New York Academy of Sciences 118 (1965), pp. 742–782, doi:10.1111/j.1749-6632.1965.tb40150.x. Vgl. dazu auch HARTMANN [u. a.] (Eds.), Origin of the Moon [Anm. 2].

6 CARL FRIEDRICH VON WEIZSÄCKER: Über die Entstehung des Planetensystems. In: Zeitschrift für Astrophysik 22 (1944), S. 319–355. Vgl. dazu HARTMANN [u. a.] (Eds.), Origin of the Moon [Anm. 2].

7 Immanuel Kant: Allgemeine Naturgeschichte und Theorie des Himmels. Mit Nachwort von JÜRGEN HAMEL. 4., erw. Aufl. Frankfurt a. M. 2009 (Ostwalds Klassiker der exakten Wissenschaften 12).

Doppelplaneten. Demnach hätte sich die Staubscheibe um die junge Sonne an zwei eng benachbarten Stellen verklumpt, und die entstandenen Protoplaneten hätten die Materie ihrer Umgebung aufgesammelt. Auch bei dieser Theorie wiegen die Gegenargumente schwer. Wenn Erde und Mond eng beieinander entstanden sein sollten, dürfte sich die Dichte beziehungsweise der Anteil von leichtflüchtigen Elementen sowie von Eisen bei Erde und Mond nicht so stark unterscheiden. Der unterschiedliche Bahndrehimpuls von Erde und Mond hätte so auch nicht realisiert werden können. Auch die Neigung der Mondbahnebene gegen die Bahnebene der Erde wird mit dieser Theorie nicht verständlich. Dass zwei große Körper so nahe beieinander entstanden sein könnten, ist recht unwahrscheinlich, da sie sich gegenseitig das Material weggenommen hätten und darum gar nicht so groß hätten werden können; auch hätten sie sich in ihrer Entwicklung durch die gegenseitige Gravitationswirkung erheblich stören müssen.

Ernst Öpik schlug 1955 eine Theorie[8] vor, die man zwischen der Abspaltungs- und der Schwesterplanet-Theorie einordnen kann. Die von einem Ringsystem aus eingefangenen Gesteinstrümmern umgebene Proto-Erde habe sich demnach im Laufe ihrer Entwicklung durch permanente Asteroiden/Kometen-Einschläge auf etwa 2000 °C aufgeheizt, wobei große Materiemengen verdampften. Der Sonnenwind habe die leichteren Elemente entfernt, die schwereren seien zu einem Proto-Mond kondensiert. Diese Aufheizung sei erst in einer späten Phase der Erdentstehung erfolgt, nachdem Eisen schon im Erdkern konzentriert war. Damit ließen sich Dichte und Zusammensetzung des Mondes gut erklären. Aber der Drehimpuls des Erde-Mond-Systems und das hohe Alter der Mondkruste sind auch bei dieser Erklärung ein grundsätzliches Problem.

Über die Möglichkeit der Mondentstehung durch eine kosmische Kollision hatte man bereits 1946 nachgedacht.[9] Aber erst 1975 entwickelten William K. Hartmann und Donald R. Davis die Theorie, dass die Erde, als sie in einen schwereren Kern und einen leichteren Mantel ausdifferenziert war, vor etwa 4,4 Milliarden Jahren mit einem etwa marsgroßen Himmelkörper, Theia genannt, kollidierte.[10] Demnach wurden bei dieser Kollision die obersten Schalen der jungen Erde aufgebrochen, geschmolzen und weggeschleudert (s. Abb. 2). In weniger als 100 Jahren bildete sich aus den flüssigen Fragmenten der Proto-Mond, der sich nach knapp 10.000 Jahren zum Mond verdichtet haben musste. Er umkreiste die Erde damals in einem Abstand von nur rund 60.000 km, was zu extremen Gezeitenkräften führte.

---

[8] ERNST ÖPIK: The Origin of the Moon. In: Irish Astronomical Journal, 3, 8, pp 245–248, 1955. Vgl. dazu auch HARTMANN [u. a.] (Eds.), Origin of the Moon [Anm. 2].

[9] REGINALD A. DALY: Origin of the Moon and Its Topography. In: Proceedings of the American Philosophical Society 90, 2 (1946), pp. 104–119.

[10] WILLIAM K. HARTMANN/DONALD R. DAVIS: Satellite-sized planetesimals and lunar origin. Icarus 24, 4, pp. 504–515, 1975, doi:10.1016/0019-1035(75)90070-6. Dazu auch HARTMANN [u. a.] (Eds.), Origin of the Moon [Anm. 2].

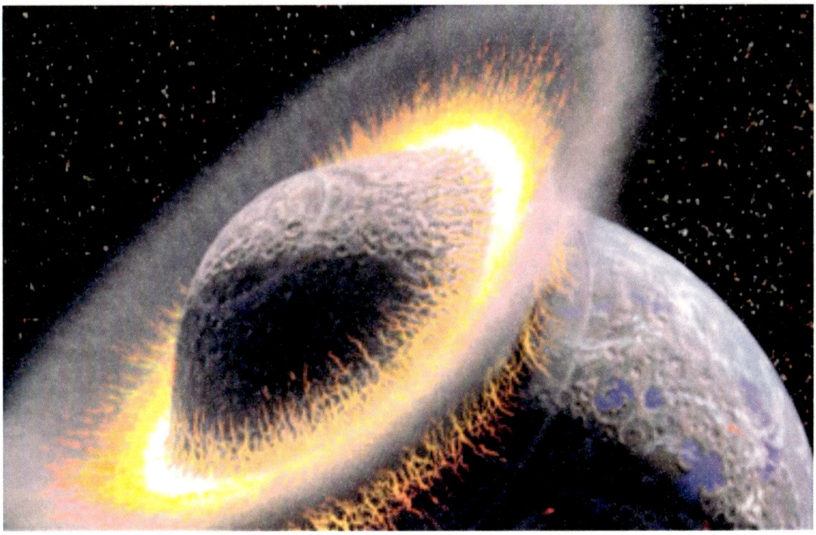

Abb. 2: Heiße Geburt des Mondes. Bildnachweis: NASA.

Die große Reibung des bewegten flüssigen Gesteinsmagma erzwang eine schnelle Abbremsung der Rotation um den gemeinsamen Schwerpunkt, worauf sich Erde und Mond voneinander entfernten. Nur Krusten- und Mantelmaterial der Erde wurde ausgeworfen, Eisen blieb im Kern, was die Verarmung des Mondes an diesem Element ebenso erklärt wie die unterschiedlichen Dichte von Erde und Mond. Der Mond ist dieser Theorie zufolge Teil der Erde, folglich müssen auch die Sauerstoffisotopenverhältnisse gleich sein. Die durch die Kollision umgesetzte Energie schmolz das gesamte beteiligte Gesteinsmaterial. Volatile verschwanden, Wasser dissoziierte, Wasserstoff wurde vom Sonnenwind weggefegt, Sauerstoff kristallisierte in Silikaten, und der Mond war ursprünglich trocken. Durch die Kollision wurde ein hoher Drehimpuls in das Erde-Mond-System eingebracht.

Eine Erweiterung der Kollisionstheorie[11] besagt, dass sich, nach einer sehr energiereichen außermittigen Kollision, das verdampfte Gestein bis zu einem Mehrfachen des ursprünglichen Volumens ausgedehnt habe, ein Zustand, der Synestia genannt wird. Der innere Teil dieser Ansammlung rotierte schnell und einheitlich, wobei der äußere eine dicke, optisch dichte Scheibe mit leicht suborbitalen Geschwindigkeiten bildete. Auch hier zeigen Modellierungen, dass eine äußerliche Abkühlung zu einem radialen Transport und zur intensiven Vermischung des Materials führt. Massekonzentrationen, sogenannte Moonlets, entstanden in der Scheibe, während dort

---

[11] SIMON J. LOCK/SARAH T. STEWART: The structure of terrestrial bodies: Impact heating, corotation limits, and synestias. In: Journal of Geophysical Research: Planets 122, 5 (2017), S. 950–982, doi:10.1002/2016JE005239, arXiv:1705.07858.

noch hohe Dampfdruck herrschte, was die Abreicherung flüchtiger Elemente erklärt. Schließlich kondensierte das Material zum Mond.

Aber woher kam der Einschlagskörper Theia, und wie konnten sich zwei so große Körper so nahekommen? Es könnte sich nach neuesten Modellierungen in einem Librationspunkt der Erde, L4,[12] Material gesammelt haben. In den, nach dem italienischen Astronomen Joseph-Louis Lagrange, L1 bis L5 genannten Punkten könnten in einem Zweikörpersystem dritte leichtere Körper kräftefrei geruht haben. Nach Erreichen einer kritischen Masse wurde das Material im Librationspunkt instabil, und schon relativ geringfügige Bahnstörungen brachten Theia auf Kollisionskurs mit der Erde. Solche ko-orbitalen Objekte sind auch aus dem Saturnsystem, bei den Monden Tethys und Dione, bekannt. Andererseits deuten neuere Isotopenuntersuchungen des Elements Molybdän darauf hin, dass Theia vermutlich aus dem äußeren Sonnensystem stammt. Auch wenn die Herkunft von Theia und die Einschlagswahrscheinlichkeiten noch nicht ganz geklärt sind, liefert die Kollisionstheorie die plausibelste Erklärung für die Entstehung des Mondes.

4. Schlussbemerkung

Der Mond ist nur etwa vierhunderttausend Kilometer von der Erde entfernt und deshalb der einzige Himmelskörper, den Menschen bisher besu-

Abb. 3: Aufgang der Erde über dem Mond; Apollo 8. Bildnachweis: NASA.

12 EDWARD BELBRUNO/J. RICHARD GOTT III: Where did the moon come from? In: The Astronomical Journal 129 (2005), S. 1724–1745.

chen konnten (Abb. 3 u. 4). Zwölf Astronauten waren jeweils mehrere Tage auf dem Mond und kehrten mit Hunderten von Fotos, Messdaten wertvollen Beobachtungen aus der Umlaufbahn und 382 Kg Gesteinsproben zur Erde zurück. Damit konnten wichtige Fragen zur Entwicklung nicht nur des Mondes, sondern auch der Erde und der erdähnlichen Planeten beantwortet werden. Freilich blieben einige Fragen offen. Noch immer wissen wir nicht genau, wie der Mond entstanden ist und welche grundlegende Bedeutung er für die Erde hatte. Nicht nur aus diesem Grunde ist und bleibt der Mond für die Raumfahrt ein wichtiges Ziel.

Abb. 4: Apollo 17; Astronaut Harrison Schmitt auf dem Mond. Bildnachweis: NASA.

Ulrich Köhler

Das größte technische Abenteuer der Neuzeit: die Mondlandung 1969[1]

1. Der Auftakt – Apollo 1 bis 10

> „Ich glaube, dass sich die Vereinigten Staaten das Ziel stellen sollten, noch vor Ende dieses Jahrzehnts einen Menschen auf dem Mond zu landen und ihn wieder sicher zur Erde zurückzubringen. Kein anderes Projekt wird innerhalb dieser Periode eindrucksvoller und für die Erforschung des Weltraums wichtiger sein. Kein anderes wird aber auch so schwierig zu erreichen und so kostspielig sein. Wir schlagen vor, die Entwicklung eines geeigneten Mondschiffs zu beschleunigen. Wir schlagen vor, weitaus größere Raketentriebwerke als bisher zu entwickeln, bis wir sicher sind, auf welcher Seite die Überlegenen stehen. Wir schlagen vor, zusätzliche Mittel für weitere Geräteentwicklungen und für unbemannte Erforschungen bereitzustellen – Erforschungen, die besonders wichtig sind für einen Zweck, den unsere Nation nie übersehen wird: das Überleben des Mannes zu sichern, der diesen verwegenen Flug wagen wird. Aber es sollte uns klar sein, dass nicht nur ein Mann zum Mond fliegen wird, sondern, wenn wir dies alles positiv beurteilen, unsere ganze Nation. Wir müssen alles dafür tun, dieses Ziel zu erreichen."

Es war wohl die wichtigste und ambitionierteste Rede, die jemals zum Thema Raumfahrt gehalten wurde.

Als Präsident J. F. Kennedy am 25. Mai 1961 diese Gedanken dem amerikanischen Kongress mitteilte, hatten die USA mit Alan Shepard in der bemannten Raumfahrt gerade einmal 15 Minuten Erfahrung. Und das nur auf einem kleinen Hopser ins All, ohne die Erde wenigstens einmal vollständig zu umkreisen. Ein grundsätzliches technisches Selbstvertrauen und die Unkenntnis der immensen Probleme eines solchen Vorhabens verleiteten den amerikanischen Präsidenten und die gesamte amerikanische Nation, eine derart gewaltige raumfahrttechnische Herausforderung zu formulieren. In nur acht Jahren ohne langjährige Weltraumerfahrung einen solch mutigen Sprung zu wagen, wird in der Geschichte der Raumfahrt wohl einzigartig bleiben. Man wusste zu diesem Zeitpunkt so gut wie nichts über den Mond, man wusste nicht, wie man hinkommen sollte, man wusste nicht einmal genau, wie man landen konnte. Dann war da noch das Problem, die Crew wieder sicher zur Erde zurückzubringen.

[1] Wiederabdruck aus: Der Mond. Entstehung – Erforschung – Raumfahrt. Hg. vom Deutschen Zentrum für Luft- und Raumfahrt. Köln 2009, S. 100–146, 159. Der Wiederabdruck erfolgt mit freundlicher Genehmigung des Autors und des Fackelträger Verlags GmbH, Köln, bzw. dessen Rechtsnachfolgers, der Vemag-Medien-Gruppe.

Das Projekt Mondfahrt

Vergleicht man dies alles mit den heute diskutierten Programmen zur bemannten Raumfahrt zum Mond und ihren nicht mehr in Jahren, sondern in Jahrzehnten gemessenen Projektphasen, so wird schnell klar, welch gewaltige Leistungen die Apollo-Mondmissionen wirklich bedeuteten. Alles musste in jenem knappen Jahrzehnt nahezu gleichzeitig ablaufen. Der Mond musste erkundet und kartographisch erfasst werden, der Flug zum Mond musste unbemannt getestet werden, gefolgt von zuerst harten – die Raumsonden zerschellten auf der Mondoberfläche – und schließlich weichen unbemannten Landungen, und letztlich musste der Mensch den erdnahen Weltraum erobern wie auch den Flug zum Mond und zurück testen. Das Problem bei solch parallelen Aktivitäten war: Die Ergebnisse der vorher gegangenen Schritte waren noch nicht vollständig analysiert und ausgewertet, während die nächste Entwicklungsphase begann. Daher musste allen gleichzeitig ablaufenden Prozessen eine fehlerfreie Planung zugrunde liegen: eine Philosophie, die sich besonders während des Unglücks von Apollo 13 bewährte und nicht besser ausgedrückt werden konnte als durch die Aufforderung des Apollo-Flight-Directors Eugene Kranz an seine Bodenmannschaft, das Problem zu lösen: „Versagen kommt nicht in Frage" (*failure is not an option*). Sicher zu landen und die Astronauten wieder zur Erde zurückzubringen, erforderte eine spezielle Strategie. Dieser Vorgang bestand aus sechs Phasen: Transport des für die Mondmission notwendigen Raumschiffs in den Erdorbit, Flug von der Erde zum Mond, Landung, Rückstart, Rückflug zur Erde, Eintritt in die Erdatmosphäre und Landung auf der Erde. Das gesamte Raumschiff auf dem Mond zu landen, war nicht sinnvoll. Die Masse wäre für einen Rückstart zur Erde viel zu groß gewesen und im Falle eines Problems bei der Landung hatte es keine Möglichkeit mehr gegeben, diese abzubrechen und zur Erde zurückzukehren. Also musste ein Landefahrzeug, eine Mondfähre, entwickelt werden, die sowohl den Abstieg aus der Mondumlaufbahn als auch einen Rückstart in die Umlaufbahn sicherstellen konnte und während des Aufenthalts auf dem Mond den Astronauten als sichere Unterkunft diente. Die Kommandokapsel – das Kommandomodul mit dem Servicemodul –, dessen Hauptaufgabe der Flug zum Mond und zurück zur Erde war, würde während der gesamten Landeaktion in der Umlaufbahn verbleiben. Damit war gewährleistet, dass – für den Fall eines Abbruchs des Landemanövers – die Mondfähre wieder an die Kommandokapsel andocken konnte und somit der Rückweg zur Erde möglich war. Nach erfolgreicher Landung sollte die Mondfähre die Astronauten zurück zur Kommandokapsel bringen.

Diese Zweikomponentenlösung schuf neue Probleme. Raketen bestehen aus mehreren Stufen – Treibstofftanks mit Triebwerken, die nach oben hin immer kleiner werden, um an der Spitze der Rakete das eigentliche Raumschiff aufzunehmen. Damit eine Rakete fliegen kann, verjüngt sich dieses

Stufensystem nach oben. Die Mondfähre war zu groß und sperrig, um direkt auf der Spitze zu sitzen, und hätte sich eigentlich hinter der Kommandokapsel befinden müssen. Dort konnte die Fähre jedoch nicht angekoppelt werden, weil sich hier das Triebwerk der Kommandokapsel befand: unabdingbar, um vom Erdorbit aus zum Mond und, noch wichtiger, vom Mond wieder zurück zur Erde zu kommen. Also wurde die Mondfähre in eine Art Kofferraum zwischen dem oberen Teil der dritten Antriebsstufe und der Kommandokapsel untergebracht. Wie aber sollten Kommandokapsel und Mondfähre nach dem Start für den Flug zum Mond zusammengelangen? Das erste schwierige Manöver einer Apollo-Mondmission nach dem Start war daher, die Kommandokapsel vom Kofferraum zu trennen und zu drehen, um mit der Spitze an der Mondfähre anzudocken und sie aus dem oberen Teil der dritten Stufe zu ziehen – ein schwieriges Manöver, das hohe Präzision erforderte und sich natürlich nach dem Rückstart vom Mond wiederholen musste.

Dieses Konzept aus zwei Modulen – Kommandokapsel und Mondfähre – legte auch die Anzahl der Crewmitglieder fest. Für die Landung wurden zwei Astronauten benötigt, zum einen, um die Messaufgaben auf der Oberfläche durchführen zu können, zum anderen, um die Sicherheit zu gewährleisten. Einer der beiden musste außerhalb der Mondfähre die Aktivitäten des anderen mit einer Kamera überwachen. Die Kommandokapsel in der Umlaufbahn brauchte einen Piloten. Damit bestand die Crew aus dem Kommandanten, dem Piloten der Kommandokapsel und dem Piloten der Mondfähre.

Die Mission Apollo, eines der größten wissenschaftlich-technischen Projekte in der Geschichte der Menschheit, begann mit einem Unglück. Bei Tests mit einer Apollo-Kommandokapsel auf der Startrampe in Cape Canaveral verbrannten die drei Astronauten Virgil „Gus" Grissom, Edward White und Roger Chaffee am 27. Januar 1967. Zwar war die Rakete nicht betankt, die Kommandokapsel aber mit Sauerstoff gefüllt, so dass sich nach einem Funkenflug am Lebenserhaltungssystem ein tödliches Feuer in der Kapsel ausbreiten konnte. Innerhalb kürzester Zeit erstickten und verbrannten die drei Astronauten. Bei der Untersuchung der Unfallursache wurden zahlreiche Sicherheitsmängel festgestellt, die für die Zukunft abgestellt werden konnten. Der Schock bei der NASA saß tief, erst im Nachhinein wurde der Kapsel die Bezeichnung Apollo 1 verliehen.

Vorbereitende Schritte

Das Unternehmen Mondflug wurde in den Jahren 1967 bis 1969 in sieben Schritten vorbereitet und mit Missionen getestet, die fortlaufend alphabetisch mit den Buchstaben A, B, C, C', D, F und G (der Landung) belegt wurden. In dieser Zeit musste auch ein Trägersystem entwickelt werden, das etwa 45 Tonnen von der Erde zum Mond bringen konnte und hierzu Fluchtgeschwindigkeit (40.320 km/h) erreichen musste, mit der das System eine Erdumlaufbahn in Richtung Mond verlassen konnte. Das Raketenprogramm für diese Aufgabe bekam den Namen Saturn, wurde von Wernher von Braun geleitet und hatte mit dem ersten unbemannten Start einer Saturn V am 9. November 1967 den Prototyp der Mondflugraketen hervorgebracht. Die dreistufige Saturn V ist mit ihrer Höhe von 85 Metern, einem Startschub von 3.424 Tonnen und einer Nutzlast bis zu 140 Tonnen eine der größten und leistungsstärksten Raketen, die jemals gebaut wurde. Mission A galt dem Test dieser Rakete mit dem Apollo-Raumschiff an ihrer Spitze. Trägerrakete und Apollo-Kapsel hatten zusammen eine Länge von 110,6 Metern. Nach nur zwei unbemannten Testflügen in der Erdumlaufbahn – Apollo 4 am 9. November 1967 und Apollo 6 am 4. April 1968 – und einem unbemannten Testflug der Mondfähre Apollo 5 (Mission B, 22. Januar 1968) war das Saturn V-Apollo-Gespann einsatzbereit. Weniger als ein halbes Jahr ist eine atemberaubend kurze Zeit, um ein in seiner Dimension alles Bisherige übertreffende Raketen-Raumschiff-System betriebsbereit zu machen – das Vorgängermodell Saturn IB war nur halb so groß und hatte nur ein Fünftel der Leistung dieser neuen Rakete .

Mit der Mission C, dem Flug von Apollo 7 am 11. Oktober 1968, wurde das Apollo-Raumschiff bemannt in die Erdumlaufbahn geschickt, allerdings noch mit einer Saturn IB. Eigentlich sollte jetzt der entscheidende Test für das Ankoppeln der Kommandokapsel an die Mondfähre im erdnahen Orbit stattfinden. Dieser Zeitplan fiel jedoch Verzögerungen bei der Entwicklung der Mondfähre zum Opfer. Bisher war keine bemannte Mondumkreisung, ein Test also, der den Hin- und Rückflug zum Mond mit Kommandokapsel und Servicemodul überprüfen sollte, vorgesehen. Dies alles sollte erst viel später zusammen mit der Mondfähre geschehen. Die Verzögerungen bei der Entwicklung der Mondfähre, durchaus gerechtfertigte Sicherheitsbedenken und vor allem Nachrichten über ein weit fortgeschrittenes sowjetisches Mondprogramm führten zu der Entscheidung, mit der Mission C' und dem Flug von Apollo 8 eine Mondumkreisung einzuschieben. Deshalb flogen Frank Borman, James A. Lovell und William A. Anders am 21. Dezember 1968 als erste Menschen zum Mond und sahen bei dieser Mission am Heiligabend als erste Menschen die von der Erde abgewandte Mondrückseite. Diese ist wegen der gekoppelten Rotation des Erdtrabanten – der Mond dreht sich während einer Erdumrundung einmal um sich selbst – von der Erde aus nie zu sehen.

Als Apollo 8 am 24. Dezember 1968 für 36 Minuten hinter dem Mond verschwand, musste das Triebwerk gezündet werden, um in den Mondorbit einzuschwenken: bange Minuten für die Missionskontrolle in Houston, denn die Bodenstation erfuhr erst 23 Minuten nach Brennschluss vom Erfolg des Manövers. Apollo 8 war nun in einer äquatornahen Umlaufbahn um den Mond und überflog etwa 70 Stunden nach dem Start die für die erste Landung geplante Stelle auf der Mondvorderseite. Während der folgenden Umkreisungen konnten die Astronauten den Mond erstmals in aller Ruhe betrachten. Auch aus der Nähe ist der Mond ein grauer, ziemlich farbloser Himmelskörper, auf dem nur die hellgrauen feldspatreichen Gesteine von dunkel- bis schwarzgrauen Basalten zu unterscheiden sind. Am ehesten wie Gips oder grauer Sandstrand sehe die Mondoberfläche aus, so beschrieben die Astronauten ihre Eindrücke. Die Gestalt der Landschaft, die Details ihrer Morphologie waren da schon spannender: Einschlagskrater aller Größen, manche mit Bergen im Zentrum und abgestuften Wänden, sechs bis sieben viele hundert Meter tiefe Terrassen bis hinunter ins Kraterinnere. Nur dort, wo die ausgedehnten Lavaablagerungen der Mondmeere zu finden sind, ist es etwas flacher. Verblüffend auch die Beobachtung, dass es auf der Rückseite des Mondes, anders als auf der Mondvorderseite, kaum Lavaablagerungen gibt und die Oberfläche hier aus einem verwirrenden Ineinander von unzähligen großen und kleinen Einschlagskratern besteht.

Während der zehnten und letzten Mondumkreisung von Apollo 8 wurde 89 Stunden und 19 Minuten nach dem Start hinter dem Mond das Triebwerk erneut gezündet, und der ‚Rücksturz' zur Erde begann. Noch niemals zuvor waren Menschen so weit von der Erde entfernt und hatten eine derart komplexe und auch gefährliche Fahrt unternommen. Doch mit dieser eigentlich nicht geplanten Weihnachtsmission 1968 hatte die NASA den Beweis erbracht, den kommenden Aufgaben gewachsen zu sein: Menschen zum Mond hin- und zurückbringen konnte sie also – jetzt fehlte nur noch, wie von Präsident Kennedy gefordert, Menschen auf dem Mond zu landen und sicher zurückzubringen.

Dazu musste allerdings noch das komplizierte Andocken von Kommandokapsel und Mondfähre getestet und geübt werden. Mission D sollte deshalb das Andocken im erdnahen Orbit, also den ersten wichtigen Schritt einer Landemission vorbereiten. Mit dem zehntägigen Flug von Apollo 9, beginnend am 3. Marz 1969, konnten nicht nur das Rendezvous und Andockverfahren erfolgreich getestet werden, auch selbständige Manöver mit der Mondfähre wurden durchgeführt, indem diese sich von der Kommandokapsel trennte und 180 Kilometer weit entfernte, um dann wieder anzudokken. Nachdem sechs Wochen zuvor die sowjetischen Raumschiffe Sojus 4 und Sojus 5 ein ähnliches Manöver, vermutlich ebenfalls zur Vorbereitung einer Mondlandung, erfolgreich absolviert hatten, war dies das zweite Rendezvousmanöver zweier für den Mondflug bestimmter Raumschiffe im All.

Nach den Erfolgen von Apollo 9 wurde ernsthaft darüber nachgedacht, mit dem nächsten Flug bereits die Landung zu versuchen. Dies ist verständlich, denn der Auftrag, den J. F. Kennedy 1961 erteilt hatte, lautete immer noch: „vor Ende des Jahrzehnts", und es war bereits März 1969.

Die Zeit drängte

Trotz der Euphorie über Apollo 9 und des Zeitdrucks rückten die Verantwortlichen bei der NASA schnell den Grundsatz einer fehlerfreien Planung in den Vordergrund, und dafür standen noch Test und Übung des Andockverfahrens im Mondorbit aus. Denn wichtiger als der Zeitplan war die Maßgabe, „einen Menschen auf dem Mond zu landen und ihn wieder sicher zur Erde zurückzubringen“. Folglich wurde Mission F – Test von Kommandokapsel und Mondfähre im Mondorbit – in Angriff genommen. Mission E wurde gestrichen, da der Mondflug bereits mit Mission C' und Apollo 8 erfolgreich war. Apollo 10 startete am 18. Mai 1969, und es stellte sich heraus, wie immens wichtig dieser Test war. Im Mondorbit trennten sich 110 Kilometer über der Mondoberfläche Kommandokapsel und Mondfähre. Die Mondfähre näherte sich dem Mond bis auf 14 Kilometer, der Höhe, bei der ein Abbruch des Landevorgangs noch möglich war. Bereits das Absprengen der Abstiegs- oder Landestufe, die bei einer Landung auf dem Mond verbleiben würde, war erst nach mehreren Versuchen erfolgreich. Dann versagte die automatische Lageregelung des Bordcomputers, und die Mondfähre begann zu trudeln. Erst als Kommandant Tom Stafford die Computersteuerung ausschaltete und manuell weiterflog, konnte die kritische Situation bereinigt werden. Auch die Zündung des Haupttriebwerks der Kommandokapsel für die Rückkehr in den Orbit gelang nicht auf Anhieb.

Apollo 10 hatte gezeigt, dass noch Probleme gelöst werden mussten, bevor man die Landung wagen konnte. Der Steuercomputer der Mondfähre musste fehlerfrei arbeiten und durfte keine widersprüchlichen Befehle an die Düsen geben. Außerdem mussten die Zündvorgänge des Haupttriebwerks überprüft werden. Apollo 10 lieferte jedoch eine ganz wichtige Erkenntnis: Alle Probleme konnten durch die Crew von Hand gemeistert werden. Die Zeit wurde immer knapper, und man entschloss sich, mit Apollo 11 die Mission G, die erste bemannte Landung auf dem Mond, im Sommer 1969 zu starten.

Die meisten Astronauten des Apollo-Programms, in der Regel Piloten der US-Air Force oder Navy, stammten aus der zweiten bis fünften Astronautenauswahlgruppe der NASA und hatten im Gemini-Programm bereits Weltraumerfahrung gesammelt. Jeder Apolloflug hatte eine dreiköpfige Crew und eine ebenso starke Ersatzmannschaft. Normalerweise übernahm eine Ersatzmannschaft drei Flüge später als Hauptmannschaft einen Apolloflug, die Mannschaft für Apollo 11 war demnach die Ersatzmannschaft von Apollo 8 mit Neil Armstrong als Kommandant, Edwin „Buzz“ Aldrin als Pilot der Mondfähre und Michael Collins als Pilot der Kommandokapsel.

Seit Apollo 4 und dem ersten Test der Saturn V, der bis dahin größten und leistungsfähigsten Rakete, waren bis zu den Tests im Mondorbit mit Apollo 10 gerade einmal 18 Monate vergangen. In dieser Zeit führte die NASA im Durchschnitt alle zehn Wochen einen Start durch und schickte zwölf Apollo-Astronauten in den Weltraum, sechs davon bis zum Mond und zurück. Als Präsident George W. Bush im Januar 2004 seine Weltrauminitiative ankündigte und die Rückkehr zum Mond beschwor, wurde als Zeithorizont 2020 angegeben: nicht acht Jahre, wie es 1961 John F. Kennedy forderte, sondern 16 Jahre. Zum Vergleich: Auch 40 Jahre nach Apollo finden im Durchschnitt nicht mehr als drei Space-Shuttle-Starts pro Jahr statt. Wagemut und Pioniergeist im Apollo-Programm waren einzigartig, und dies, ohne draufgängerisch zu sein.

Sieben Woche nach der Rückkehr von Apollo 10 startete am 16. Juli 1969 Apollo 11 – also „noch vor dem Ende des Jahrzehnts“ – zur ersten Landung auf dem Mond. Aber wo sollte die Landung stattfinden, und was würde die Astronauten auf der Oberfläche wirklich erwarten?

Landung – aber wo?

Gleich nach der politischen Forderung einer bemannten Mondlandung 1961 musste parallel zur Entwicklung von Raketen und Raumschiffen und der Ausbildung von Astronauten der Mond erst einmal richtig erforscht werden. Man kannte zwar die astronomischen Gegebenheiten, nicht aber die tatsächlichen Verhältnisse auf dem Mond. Von 1962 bis 1965 flog eine Staffel von sieben unbemannten Sonden, Ranger 3 bis 9, zum Mond und schlug teilweise ungebremst auf. Die Ranger-Sonden lieferten erste Detailaufnahmen der Oberfläche. Es folgten fünf Missionen der Lunar-Orbiter-Serie, die den Mond umkreisten und in den Jahren 1966 und 1967 eine detaillierte Kartierung der gesamten Oberfläche durchführten, die vielleicht wichtigste Datengrundlage für die Suche nach einer sicheren Landestelle. Zwischen 1966 und 1968 landeten fünf amerikanische Sonden (Surveyor 1, 3, 5, 6 und 7) weich auf dem Mond und untersuchten die Oberflächenbeschaffenheit.

Auf der Grundlage der von Ranger, Lunar Orbiter, Surveyor und Apollo 8 gesammelten Daten erfolgte nun die Auswahl einer Landestelle für Apollo 11. Eine Wissenschaft, die sich mit den Oberflächen planetarer Körper beschäftigt, gab es zu diesem Zeitpunkt noch nicht, vielmehr mussten erst einmal mit der Gründung von Einrichtungen wie der Astrogeologie-Abteilung des United States Geological Survey in Flagstaff oder des Lunar and Planetary Laboratory in Tucson die theoretischen und praktischen Grundlagen zur Vermessung des Mondes geschaffen werden. Wissenschaftler verschiedener Disziplinen (Geologen, Astronomen, Physiker, Chemiker, Mathematiker, Geographen) widmeten sich hier den Problemen der Erforschung des Mondes und aller anderen planetarer Körper. Die Planetenwissenschaften waren geboren. An der Charakterisierung der Mondoberfläche wurde gearbeitet, und die NASA suchte mit Hochdruck nach einer sicheren Landestelle.

Um eine geeignete Stelle zu finden, mussten immer wieder die unterschiedlichsten Faktoren ins Kalkül gezogen werden. Die größte Einschränkung war die sogenannte freie Rückkehrbahn zur Erde. Sollte das Haupttriebwerk des Apolloraumschiffs versagen und es zu keinem Einschuss in den Mondorbit kommen, musste das Gespann aus Kommandokapsel und Mondfähre den Mond ausschließlich unter Ausnutzung der lunaren Gravitation umkreisen, um sicher zur Erde zurückkehren zu können. Diese freie Rückkehrbahn war als Sicherheitsmaßnahme unabdingbar notwendig. Ohne diese Maßnahme hätte es zum Beispiel für die Apollo 13-Astronauten keine Rückkehr zur Erde gegeben.

Um jedoch auf diese freie Rückkehrbahn zu kommen, musste das Apollo-Raumschiff den Erdorbit auf einer Bahn verlassen, die es nur in eine Zone von fünf Grad nördlich und südlich des lunaren Äquators bringen konnte. Diese Einschränkung wurde aus Sicherheitsgründen für die ersten drei Mondlandungen unbedingt eingehalten. Die Landesstelle musste zudem auf der Mondvorderseite sein, um den direkten Kontakt zwischen der Landecrew und der Erde sicherzustellen. Beim Anflug der Mondfähre auf den Mond überprüften die Astronauten durch Sichtkontakt mit bekannten Landmarken auf der Oberfläche des Mondes die mittels Sternnavigation durchgeführten Berechnungen des Bordcomputers. Wenigstens fünf solcher auf 450 Meter genau lokalisierbaren Oberflächenmarken mussten überflogen werden. Trat das Raumschiff nach der Umrundung des Mondes aus dessen östlichem Schatten heraus, nahm Kontakt mit der Erde auf und koppelte die Mondfähre ab, sollte während des Abstiegs zum Mond genügend Zeit sein, um die Landmarken zu erkennen, zu verifizieren und damit den aktuellen Kurs zu überprüfen. Die dafür notwendige Zeitspanne schloss jede Landung größer als 40° östlicher Breite aus.

Um sicher aufzusetzen, mussten die Astronauten die Topographie der Landestelle und die Größe der herumliegenden Gesteinsbrocken genau einschätzen können. Ein zu tiefer Sonnenstand erzeugt lange verwirrende Schatten; der Mond hat keine Atmosphäre, die das Licht streut, die Schatten sind schwarz. Ein zu hoher Sonnenstand wiederum würde alle Strukturen verwischen. Auch würde ein solcher Sonnenstand die Oberfläche zu stark aufheizen, um einen Ausstieg der Astronauten nach der Landung zu erlauben. Denn am Äquator kann die Oberflächentemperatur im Verlauf des zweiwöchigen Mondtages bis zu 127° C erreichen. Der optimale Sonnenstand sollte zwischen 15° und 45° über dem Horizont betragen.

Diese Bedingungen schränkten die Landezone auf einen 300 Kilometer breiten und maximal 2.400 Kilometer langen Streifen auf der Mondvorderseite ein. Damit verkürzte sich das Startfenster einer Apollo-Mission für eine bestimmte Landestelle auf zwei bis drei Tage pro Monat – in Anbetracht möglicher Startverzögerungen (ein Apollo-Countdown dauerte 80 Stunden) nicht akzeptabel. Das Problem konnte gelöst werden, indem mehrere von den primären weiter westlich gelegenen Landestellen definiert wurden. Damit war aber auch das erste Startfenster an die östlichste Landestelle gebunden.

Die Landestelle musste relativ eben sein, wobei die Neigung 2° nicht überschreiten durfte, sie sollte so gut wie keine Einschlagskrater aufweisen, und herumliegende Felsbrocken durften auf keinen Fall die Landung gefährden. Hausgroße Trümmer bis staubgroße Partikel des sogenannten Regoliths, einer den Mond bedeckenden Schutt- und Staubschicht, waren von den Ranger-Sonden kurz vor ihrem Aufschlag identifiziert worden. Ranger hatte gezeigt, dass es immer wieder größere flache Areale gab, die kaum oder gar nicht mit großen Gesteinsbrocken bedeckt waren, in denen eine gefahrlose Landung also möglich sein sollte.

Die Ranger-Sonden hatten zwar bis zu ihrem Aufschlag auf der Mondoberfläche Bilder geliefert, konnten aber keine Angaben über die Dichte des Regoliths machen. Die wissenschaftlichen Meinungen darüber reichten von ‚standfest' bis zu mehreren Metern instabiler Staubschicht, in der die Landefähre viel zu tief einsinken würde, als dass ein Rückstart möglich wäre. 1963 waren deshalb die vier Landebeine der Mondfähre mit großen tellerförmigen Sockeln ausgerüstet worden, um ein Einsinken zu verhindern. Erst die ebenso ausgerüsteten und ab 1966 weich gelandeten automatischen Surveyor-Sonden erbrachten den Beweis, dass die Mondoberfläche doch standfest ist. Diese technische Sicherheitsmaßnahme war jedoch nicht mehr rückgängig zu machen.

Genügte ein schmaler Streifen am Mondäquator von möglichst flacher, unspektakulärer Charakteristik den wissenschaftlichen Ansprüchen? Die Kruste des Mondes gliedert sich in helle und dunkle Gebiete, die bereits von der Erde aus mit bloßem Auge zu erkennen sind. Die dunklen Gebiete füllen meist das Innere der großen Einschlagsbecken der Mondvorderseite aus. Geologisch unterscheiden sich diese beiden Einheiten durch ihre Zusammensetzung, ihre Morphologie und ihr Alter. Vermutlich bestehen die hellen Gebiete zum größten Teil aus Gesteinen, die reich an dem Mineral Feldspat sind und neben Silizium, Aluminium und Sauerstoff vor allem Kalzium enthalten. Die dunklen Gebiete bestehen hingegen aus sogenannten mafischen Gesteinen, die sich tiefer im Inneren des Mondes bildeten und neben Silizium, Aluminium und Sauerstoff vor allem aus Eisen, Magnesium und Titan bestehen. Die hellen Gesteine bilden gebirgige Hochlandregionen, die entstanden sind, als der frühe Mond immer wieder von großen Asteroiden und Kometen getroffen wurde. Dabei wurde die erste Mondkruste zertrümmert und der Schutt dieser Einschlaglöcher – mehr oder weniger weit um diese Krater herum – zu gewaltigen Auswurfmassen aufgetürmt. Der Auswurf der größten Einschläge wurde sogar über den ganzen Mond verteilt. Dort, wo die größten Projektile in der Kruste gewaltige, mehrere Kilometer tiefe Löcher erzeugt hatten, wurde die Kruste dünner und das noch flüssige und inzwischen auch unter erhöhtem Druck stehende Magma im Inneren konnte vulkanisch an die Oberfläche gelangen, wo es im Kontakt mit dem kalten Weltraum erstarrte. Nach und nach füllten sich die Einschlagbecken und Krater des Mondes mit dunklem Lavagestein. Die dunkleren Lavaablagerungen sind daher flach, also besser für eine Landung geeignet, als das zerklüftete helle Hochland.

Apollo 11 sollte nach Möglichkeit Proben beider ‚Klassen' von Mondgestein zur Erde bringen. Also kam nur eine Landung am Rand eines dunklen Gebietes in Frage, dort, wo es noch verhältnismäßig flach war, aber durch Auswurfprozesse bei der Kraterentstehung in den benachbarten hellen Gebieten auch von dort stammendes Material bis zur Landestelle geschleudert worden war. Blieb eigentlich nur die südwestliche Randzone des Mare Tranquillitatis übrig, des „Meers der Ruhe", eines jener inzwischen durch Lava verfüllten frühen Einschlagsbecken.

Die erste Erkundung dieser Gegend war mit Ranger 8 erfolgt. Die unbemannte Sonde zerschellte am 20. Februar 1965 um 10:57 Uhr (MEZ) bei 2,71° nördlicher Breite und 24,1° östlicher Länge, 69 Kilometer nordwestlich der für Apollo 11 ausgesuchten Landestelle. Ranger 8 fotografierte den Mond bis kurz vor dem Aufschlag und lieferte somit wertvolles Bildmaterial für die Auswahl der Apollo 11-Landestelle. Am 1. September 1967 landete Surveyor 5 weich um 1:46 Uhr (MEZ) bei 1,41° Nord und 23,18° Ost, nur noch 25 Kilometer von der späteren Apollo 11-Landestelle entfernt. Eine Kamera und ein einfaches Alpha-Rückstreu-Spektrometer lieferten erste Messungen über die Geländeeigenschaften und die chemische Zusammensetzung des Gebietes. Nun war man auch wissenschaftlich auf die erste bemannte Mondlandung vorbereitet.

2. Die ersten Menschen auf dem Mond

20. Juli 1969, 21:17:39 Uhr (MEZ) Tranquility Base

Am 16. Juli 1969 begann mit dem Start von Apollo 11 die Mission G des Apollo-Programms, die Landung auf dem Mond. Alle bisher erprobten Manöver – Zünden der dritten Stufe im Erdorbit, um auf einen Mondkurs zu kommen, Andocken der Mondfähre an die Kommandokapsel, Zünden des Haupttriebwerks der Kommandokapsel für den Einschuss in die Mondumlaufbahn – funktionierten mit außergewöhnlicher Präzision. Die Mondfähre mit Neil Armstrong und Buzz Aldrin erfuhr beim Abkoppeln von der Kommandokapsel jedoch eine unbeabsichtigte Bahnänderung, die die Zielkoordinaten um etwa 4,5 Kilometer weiter nach Westen hinter die geplante Landestelle verschob. Auch war das Rendezvous-Radar, eigentlich nur notwendig für die Ankopplung der Mondfähre an das Mutterschiff nach dem Rückstart von der Mondoberfläche, noch aktiv und überfrachtete den Bordcomputer mit Informationen. Diese Fehlermeldungen beanspruchten die Konzentration der Astronauten zusätzlich, sodass Armstrong nicht mit der notwendigen Sorgfalt die überflogenen Geländemerkmale hatte identifizieren können.

Und dann passierte es: Obwohl eine sehr ebene und flache Landeregion ausgesucht worden war, führten die kleinen Bahnabweichungen die Mondfähre im Endanflug direkt in einen 33 Meter breiten und vier Meter tiefen Einschlagskrater, der später den Namen Litte West Crater erhielt. Die steilen Kraterränder und der mit großen Brocken bedeckte Kraterboden waren für eine Landung denkbar ungünstig. Armstrong entschied, den Landeanflug fortzusetzen, übernahm die Handsteuerung und flog 60 Meter weiter westlich auf eine flache Ebene zu. Mit Treibstoff für nur noch 15 Sekunden Flugzeit setzte die Mondfähre am 20. Juli 1969 um 21:17:39 Uhr (MEZ) nach einer Reise von 102 Stunden und 45 Minuten bei den Koordinaten 0,67° Nord und 23,47° Ost auf der Mondoberfläche auf. Wäre diese Landung misslungen, hätten die Astronauten weniger als zehn Sekunden Zeit für den sofortigen Rückstart der Kommandokapsel gehabt.

Der hohe Treibstoffverbrauch war nicht nur durch die zusätzliche, um 60 Meter längere Flugstrecke bedingt. Der Bordcomputer musste die Flugbahn der Mondfähre stärker als erwartet korrigieren, da das lunare Schwerefeld einige unbekannte Anomalien aufwies. Trotz aller Vorbereitungen blieb die Mondlandung am Ende, während der letzten Minuten vor dem großen Augenblick, also doch ein hochriskantes Unternehmen. Neil Armstrongs Meldung vom Mond ins Kontrollzentrum nach Houston: *Tranquility Base here: The Eagle has landed* („Hier Tranquilitatis-Basis: Der Adler ist gelandet") muss von allen Beteiligten eine fast nicht mehr ertragbare Anspannung genommen haben.

Eagle war das Rufzeichen der Apollo 11-Mondfähre. Die Rufzeichen der Apollo-Missionen wurden traditionell von der Crew ausgesucht. Bei Apollo 10 hieß die Mondfähre noch Snoopy, aber die Crew von Apollo 11 war sich der historischen Bedeutung bewusst und wählte als Rufzeichen das Wappentier der Vereinigten Staaten, den Weißkopf-Seeadler. Sechs Stunden und 34 Minuten nach der Landung verließ Neil Armstrong am 21. Juli 1969 um 3:51 Uhr (MEZ) die Mondfähre und setzte um 3:56:20 Uhr (MEZ) als erster Mensch seinen Fuß auf einen anderen Himmelskörper. *That's one small step for a man, one giant leap for mankind* („Das ist ein kleiner Schritt für einen Menschen, aber ein großer Sprung für die Menschheit") ist der berühmteste Satz der Raumfahrtgeschichte. Zwanzig Minuten später stieg auch Buzz Aldrin aus.

Die ersten 2 Stunden und 31 Minuten einer neuen Wissenschaft

Nachdem die beiden Astronauten ihre epochalen Schritte in den Mondstaub gesetzt hatten, galten die ersten Aktivitäten auf der Oberfläche technischen Untersuchungen. Armstrong und Aldrin inspizierten und fotografierten die Mondfähre von außen, sammelten Informationen, die von den Ingenieuren in Houston nicht nur für den Rückstart, sondern auch für alle weiteren Landungen von großem Interesse werden sollten. Der Mondboden war fein wie Puder und bot den Besuchern von der Erde dennoch einen sicheren Stand; die Bewegung unter nur einem Sechstel der Erdanziehungskraft machte weniger Schwierigkeiten als erwartet. Aldrin und Armstrong konnten sich trotz der Behinderung durch die unförmigen Raumanzüge, die es kaum erlaubten, die eigenen Füße zu sehen, nach kurzer Zeit sehr behände auf dem Mond bewegen. Auch zeigte es sich, dass Hüpfen die beste und sicherste Fortbewegungsart war, um schnell voran zu kommen. Gleich neben der Landefähre wurden die ersten Mondproben gesammelt und verstaut, um sicherzustellen, dass man auf jeden Fall Material vom Mond hatte, auch wenn der Ausflug (*extravehicular activity*, EVA) unerwartet hätte abgebrochen werden müssen. Erst dann platzierte Armstrong die Fernsehkamera etwa zwanzig Meter nordwestlich der Mondfähre, um alle weiteren Aktivitäten der Astronauten aufzuzeichnen und nach Houston zu übertragen.

Jetzt begann die wissenschaftliche Arbeit. Das erste Experiment beschäftigte sich mit Teilchen, die es auf der Erde gar nicht gibt. Die Sonne emittiert kontinuierlich einen Strom aus geladenen Teilchen in den Weltraum – den Sonnenwind. Wegen des Erdmagnetfelds, das geladene Teilchen um die Erde herumlenkt, erreicht der Sonnenwind nirgends die Erdoberfläche. Nur an den Polen, wo die Magnetfeldlinien zur Erde zeigen, treffen diese geladenen Teilchen auf die Atmosphäre und erzeugen das Phänomen der Polarlichter. Der Mond ist dagegen für die meiste Zeit eines Monats außerhalb des Erdmagnetfeldes und hat eine kaum messbare Atmosphäre. Sonnenwindpartikel gelangen deshalb auf die Mondoberfläche.

Ein Experiment zum Einfangen der Teilchen des Sonnenwinds wurde etwa sechs Meter von der Mondfähre entfernt durchgeführt. Der Versuchsaufbau war relativ simpel, eine 1,3 Meter x 0,3 Meter große Aluminiumfolie wurde aufgespannt und zur Sonne ausgerichtet. Nach etwas mehr als einer Stunde wurde die Folie wieder eingepackt, auf der Erde konnten dann die in der Zwischenzeit eingefangenen Teilchen analysiert werden. Neben den bereits bekannten Bestandteilen des Sonnenwindes aus Protonen und Elektronen konnten mit diesem Experiment auch Isotope der Edelgase Helium, Neon und Argon nachgewiesen werden. Sonnenwindexperimente wurden auch auf den Missionen Apollo 12, 14, 15 und 16 durchgeführt. So konnten Veränderungen in der Zusammensetzung des Sonnenwindes mithilfe dieser Messungen direkt mit Variationen der Sonnenintensität korreliert werden.

Danach erst wurde die Flagge der Vereinigten Staaten von Amerika aufgestellt. Ohne Atmosphäre konnte man die Fahne nicht wie von der Erde gewohnt hissen, sondern sie musste durch zwei Aluminiumstangen in Spannung gehalten werden. In den USA war es jetzt noch der 20. Juli 1969 in den frühen Abendstunden, also die beste Sendezeit des gerade richtig populär gewordenen Fernsehens. Zweifelsohne war neben der ingenieurstechnischen Meisterleistung, Menschen sicher auf dem Mond landen zu lassen, und den enorm wichtigen wissenschaftlichen Experimenten die Symbolik dieser Aktion für die Amerikaner als stolze Weltraumnation von geradezu nationaler Bedeutung.

Nach diesen ersten eher kleinen Aktivitäten auf der Oberfläche begann die geologische Knochenarbeit. Gesteinsproben wurden eingesammelt und Bodenproben genommen. Dafür musste Aldrin mit einem Geologenhammer eine Sonde in den Boden treiben, um diese danach wieder herauszuziehen und den so gewonnenen Probenkern in einem Behälter zu verstauen. Auch musste jede Mondprobe fotografisch dokumentiert werden, bevor sie eingesammelt wurde. Denn nur wenn das genaue Umfeld und die Orientierung einer Probe bekannt ist, kann sie während der chemischen Analyse im Labor auf der Erde auch der geologischen Umgebung auf dem Mond zugeordnet werden. Ohne diese Information waren Aussagen über den Zustand und die Herkunft der Probe später nicht mehr möglich.

Insgesamt sammelten Armstrong und Aldrin 21,55 Kilogramm Gestein und Bodenmaterial. Dabei bewegten sie sich hauptsachlich im Norden und Süden der Mondfähre mit einem Aktionsradius von etwa 40 Metern in diese Richtungen. Vergleicht man dies mit einem Fußballfeld, so haben sich die Astronauten fast ausschließlich in der eigenen Spielfeldhälfte aufgehalten. Nur einmal überquerte Armstrong die Mittellinie und arbeitete sich bis zum Little West Krater vor, was einer Entfernung bis etwa zum gegnerischen Strafraum entspricht, um das Innere dieses kleinen Kraters zu fotografieren. Während dieses 120 Meter langen Spaziergangs waren die Astronauten gefährliche 60 Meter weit voneinander entfernt, genau die Distanz, um die Armstrong den Flug der Eagle verlängert hatte, um nicht am Rand des Kraters landen zu müssen.

Apollo 11 ließ auch einige Experimente auf dem Mond zurück, mit denen über längere Zeiträume Messungen durchgeführt werden sollten, so zum Beispiel ein Seismometer zur Bestimmung von Erschütterungen im Untergrund, die entweder durch Mondbeben im Inneren des Trabanten oder durch Meteoriten- und Asteroideneinschläge irgendwo auf dem Mond erzeugt werden. Leider hat dieses Experiment die erste lange Mondnacht (eine Mondnacht dauert 14 Tage und 18,3 Stunden) wegen der dabei auftretenden Temperaturschwankungen von 138° C tags bis zu minus 171° C nachts nicht überstanden. Es gab also keine Langzeitmessungen. Immerhin konnte herausgefunden werden, dass der Mond seismisch relativ ruhig ist, nur selten entladen sich Spannungen in seinem Inneren zu kleineren Mondbeben, auch Meteoriteneinschläge wurden kaum registriert. Bei den nachfolgenden Missionen wurde das Seismometerexperiment in verbesserter Form wiederholt. Es führte zu einer Fülle wichtiger Resultate, die bis heute die Grundlage unseres Wissens über den inneren Aufbau des Mondes darstellen.

Auf der Oberfläche wurde außerdem ein Laserreflektor so positioniert, dass damit extrem genau Abstandsmessungen zwischen Erde und Mond durchgeführt werden konnten, indem ein Laserstrahl von der Erde auf diesen Reflektor gerichtet wurde und die Laufzeit dieses gebündelten Lichtstrahls gemessen wurde. Mit diesen aus dem Apollo-Programm stammenden Entfernungsmessungen (vier der Laserreflektoren der Apollo-Missionen werden heute noch genutzt) konnte gezeigt werden, dass der Mond sich jährlich um 3,8 Zentimeter von der Erde entfernt, also etwa so weit, wie ein Fingernagel im Jahr wächst. Der Einsatz der Laserreflektoren war gleichzeitig das erste Experiment, das von einem anderen Himmelskörper zur Klärung einer wissenschaftlichen Fragestellung auf der Erde durchgeführt wurde: Denn damit ließ sich über die Jahre auch der Betrag der Drift der Kontinente auf der Erde messen. Schließlich war die Theorie der Plattentektonik, der sich gegenseitig verschiebenden Krustenplatten der Kontinente, 1969 noch kaum etabliert, sodass Apollo hier wertvolle Argumente beisteuerte. Ferner wurden die Messungen der Orbitalbewegungen des Mondes stark verbessert.

Der Mondspaziergang von Aldrin und Armstrong dauerte zwei Stunden und 31 Minuten und endete um 6:11 Uhr (MEZ). Zurück in der Mondfähre widmeten sich die Astronauten nun der verdienten und auch notwendigen Ruhepause vor dem Rückstart zu der Kommandokapsel Columbia, der am 21. Juli 1969 um 18:64 Uhr (MEZ), elfeinhalb Stunden nach dem Ausflug auf die Mondoberfläche, erfolgen sollte. Der Aufenthalt auf dem Mond dauerte für Apollo 11 genau 21 Stunden und 36 Minuten.

Während sich die Astronauten planmäßig noch etwas ausruhten, bemerkte Aldrin auf dem Boden des Landemoduls einen abgebrochenen Schalter. Es war der Schalter für die Zündung des Triebwerks. Aldrin legte dann den Schalter mit einem Stift um, und das Triebwerk zündete. Der Triebwerksschub war so stark, dass beim Start der Eagle die amerikanische Flagge umgeworfen wurde. Um dies bei den folgenden Missionen zu verhindern, wurden die Flaggen später in wenigstens 30 Metern Entfernung von den Mondfähren aufgestellt. Der obere Teil der Mondfähre beschleunigte, und Armstrong und Aldrin stiegen sechs Stunden später, nachdem das Andockmanöver problemlos verlaufen war, in die Kommandokapsel zu Collins um.

Am 22. Juli machte sich die Apollo 11-Kommandokapsel mit dem Servicemodul Columbia nach 59 Stunden und 30 Minuten am Mond mit den drei Astronauten auf den Rückweg zur Erde. Der untere Teil der Mondfähre steht noch auf dem Mond, der obere Teil verblieb am 22. Juli 1969 im Mondorbit, um nach relativ kurzer Zeit, der Gravitationswirkung des Mondes erliegend, an einer nicht bekannten Stelle auf der Mondoberfläche zu zerschellen.

Während des historischen Abstiegs der Eagle auf die Mondoberfläche und der Aktivitäten der beiden ersten *moonwalker* auf dem Erdtrabanten wurde auch in der Kommandokapsel Wichtiges geleistet. Die Columbia war ebenfalls mit Kameras ausgerüstet, zum einen, um die Manöver mit der Mondfähre und deren Flugphasen zu beobachten, und zum anderen, um die Mondoberfläche zu fotografieren, nicht zuletzt auch die Landestelle: Per Augenschein konnte Michael Collins allerdings, was eigentlich zur Kontrolle vorgesehen war, die Mondfähre bei seinen Umrundungen entlang dem Mondäquator auf der Mondoberfläche gar nicht entdecken. Erst später, zurück auf der Erde, konnte die Eagle auf den entwickelten Filmen identifiziert werden. Insgesamt wurden aus der Umlaufbahn während der 30 äquatorialen Mondumrundungen 1.359 Aufnahmen der Mondoberfläche mit der Hasselblad 70-Millimeter-Kamera 58.134 Aufnahmen mit den

Filmkameras und 17 Stereoaufnahmen gemacht – wertvolles Material für die Wissenschaft, aber auch für die Planung nachfolgender Missionen. Zusätzlich wurde eine kleine Glasfläche von 0,4 Quadratmetern genutzt, um Mikrometeoriteneinschläge von Partikeln mit einer Masse von weniger als einem Milliardstel Gramm zu entdecken.

Am 24. Juli 1969 um 17:50 Uhr (MEZ) wasserte Apollo 11 im Pazifik bei 13,3° Nord und 169,15° West nach 8 Tagen, 3 Stunden, 18 Minuten und 35 Sekunden Flugzeit sicher nahe dem Flugzeugträger USS Hornet: mit an Bord die teuersten Steine der Welt – „21,55 Kilogramm Mond“.

Apollo 11 war ein großartiger Erfolg für die amerikanische Raumfahrt. Das hauptsächlich politisch motivierte Ziel, Menschen zum Mond und sicher auch wieder zurückzubringen, setzte ein unglaubliches Potenzial an Einfallsreichtum, Pioniergeist und Mut frei. Das Rennen der beiden konkurrierenden raumfahrenden Länder war zu Gunsten der Vereinigten Staaten entschieden. Die Sowjetunion stellte ihre Anstrengungen, einen erfolgreichen bemannten Flug zum Mond durchzuführen, ein.

Patrick Imhasly / Daniel Röttele

In acht Tagen auf den Mond und zurück[1]

Es war ein langer Weg zum großen Sprung für die Menschheit: Wie die Fahrt zum Mond gelang – und was Neil Armstrong und Buzz Aldrin auf dem Erdtrabanten machten

Die Crew: Der Schweiger, der Humorlose und der Künstler

Der erste Mann auf dem Mond:
Neil Armstrong (Alter: 38)

Der Kommandant von Apollo 11 war ein stiller, aber bestimmter Mensch. Er interessierte sich seit Kindheit an für die Fliegerei. Im Koreakrieg flog er als Kampfpilot 78 Einsätze und wurde einmal abgeschossen. Als er den Mond betrat, sprach er die berühmten Worte: «Das ist ein kleiner Schritt für einen Menschen, aber ein grosser Sprung für die Menschheit!»

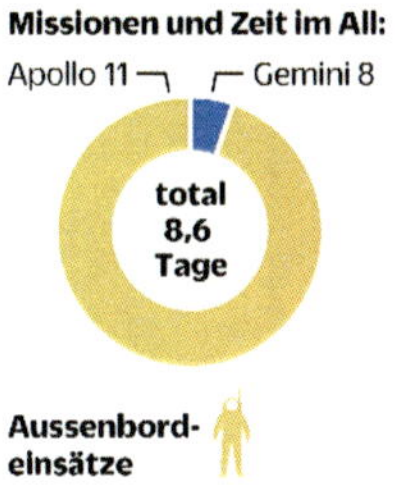

Der zweite Mann auf dem Mond:
Edwin «Buzz» Aldrin (Alter: 39)

Der Pilot der Mondlandefähre «Eagle» betrat kurz nach Armstrong den Mond und beschrieb, was er sah, als «grossartige Einöde». In einem Briefing für den damaligen US-Präsidenten Richard Nixon wurde Aldrin als «praktisch humorlose, ernsthafte Persönlichkeit» charakterisiert. Aldrin hatte einen Doktortitel in Raumfahrttechnik.

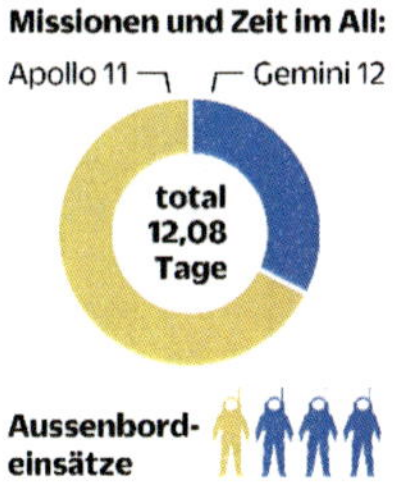

Der Mann in der Kommandokapsel:
Michael Collins (Alter: 38)

Der Pilot des Kommando- und Servicemoduls «Columbia» kreiste rund 21 Stunden lang um den Mond und hatte dort nicht allzu viel zu tun, bis seine beiden Kollegen Armstrong und Aldrin endlich wieder zurück an Bord waren. Collins stammte aus einer Familie mit grosser militärischer Tradition und hatte ein besonderes Faible für Kunst und Literatur.

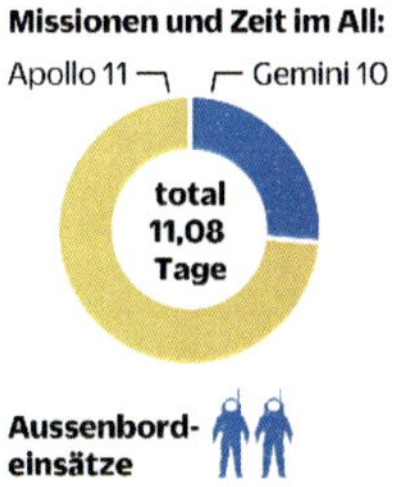

[1] Diese Infografik wurde erstmals in der NZZ am Sonntag vom 6. Januar 2019 als ganze Doppelseite publiziert. Die Grafik wird hier in leicht angepasstem Design/Layout wiedergegeben.

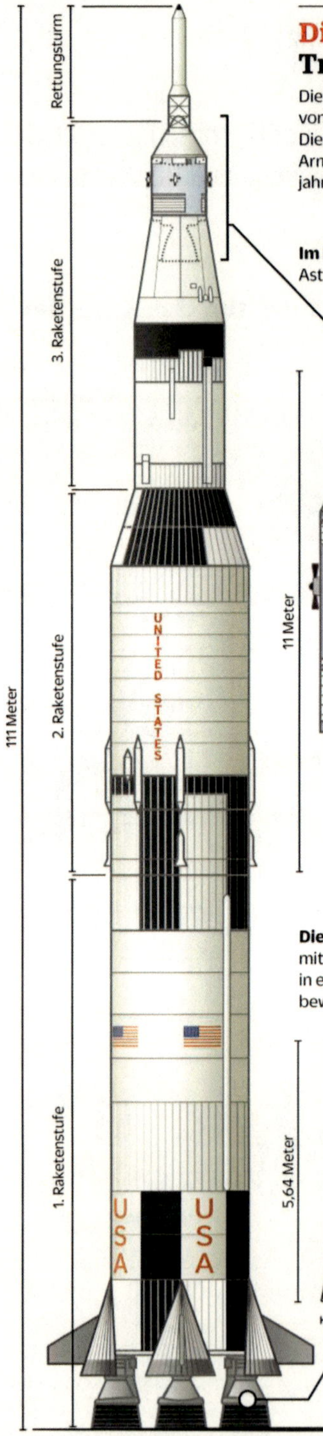

Die Saturn-V-Rakete: Transportesel der Raumfahrt

Die gewaltige Rakete wurde vom deutschen Ingenieur Wernher von Braun entwickelt, der während des Zweiten Weltkriegs in Diensten der Nazis stand und später die Raketenforschung der US-Armee leitete. Saturn V war sehr zuverlässig, in ihren sieben Einsatzjahren ging nie eine Nutzlast verloren.

Im Kommando- und Servicemodul (CSM) sassen die Astronauten während des Mondflugs. Das Servicemodul lieferte den Hauptschub für den Flug im All und enthielt Brennstoffzellen und Batterien zur Stromversorgung der Kommandokapsel.

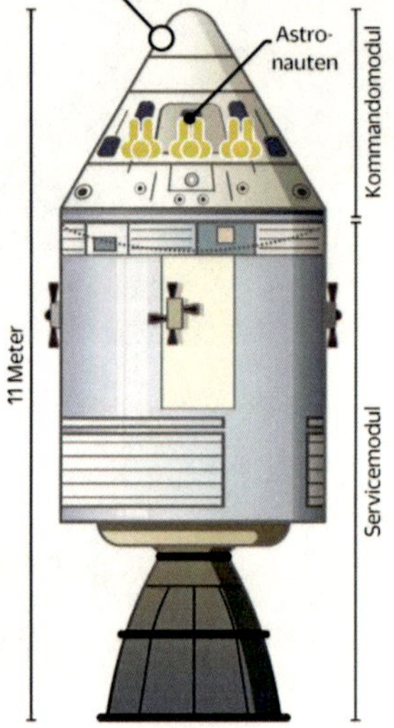

Die fünf Triebwerke der ersten Raketenstufe brachten mit riesigem Lärm und gewaltiger Schubkraft das Raumschiff in eine Höhe von 68 km. Die vier äusseren Triebwerke waren beweglich, um die Rakete aufrecht zu halten.

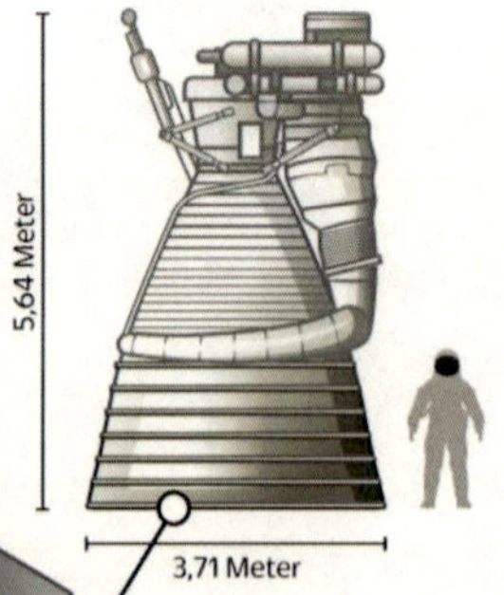

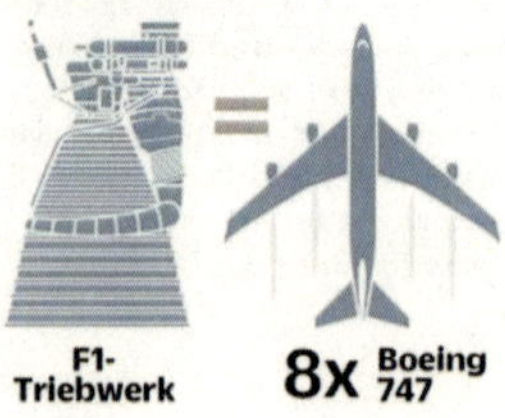

Die Reise von Apollo 11

195 Stunden und 18 Minuten dauerte die ganze Reise der Apollo 11. Sie fand vom 16. bis 24. Juli 1969 statt und wurde von Millionen von Menschen auf der Erde via Medien mitverfolgt. Unsere Übersicht zeigt die wichtigsten Stationen auf dem Weg zum Mond und zurück.*

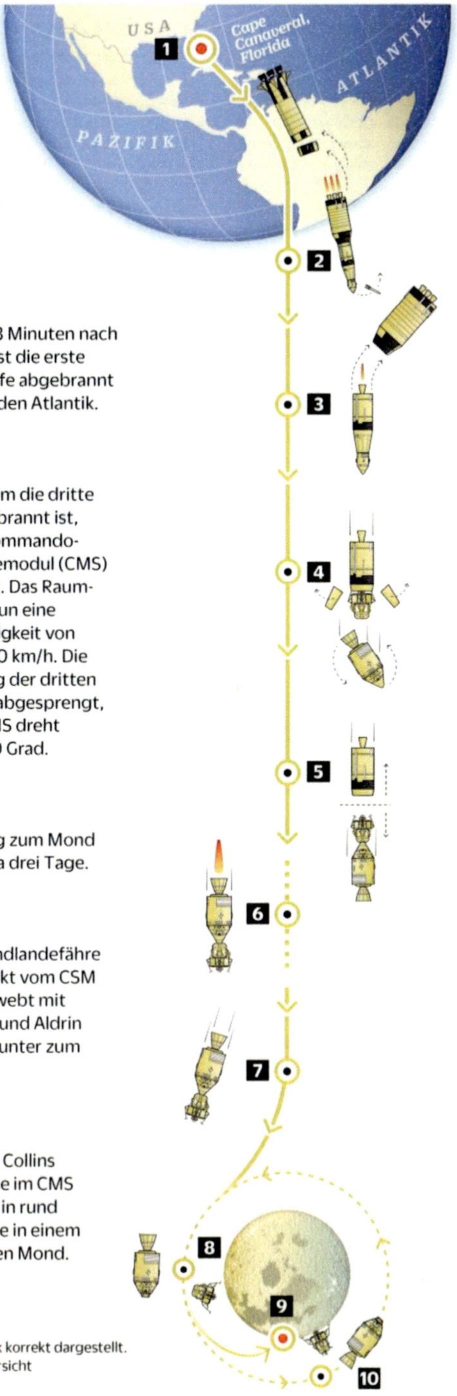

1 Am 16. Juli 1969 um 13 Uhr 32 (Weltzeit) hebt die Saturn-V-Rakete ab.

2 Knapp 3 Minuten nach dem Start ist die erste Raketenstufe abgebrannt und fällt in den Atlantik.

3 Nach rund 9 Minuten ist die zweite Raketenstufe abgebrannt und wird abgetrennt. Das Raumschiff hat nun eine Geschwindigkeit von etwa 24 000 km/h.

4 Nachdem die dritte Stufe abgebrannt ist, wird das Kommando- und Servicemodul (CMS) abgetrennt. Das Raumschiff hat nun eine Geschwindigkeit von rund 37 000 km/h. Die Verkleidung der dritten Stufe wird abgesprengt, und das CMS dreht sich um 180 Grad.

5 Danach dockt das CMS an der Mondlandefähre an. Das CMS fliegt mit der Landefähre an der Spitze alleine weiter Richtung Mond.

6 Der Flug zum Mond dauert etwa drei Tage.

7 Rund 76 Stunden nach dem Start schwenkt die Crew in die Mondumlaufbahn ein.

8 Die Mondlandefähre «Eagle» dockt vom CSM ab und schwebt mit Armstrong und Aldrin an Bord hinunter zum Mond.

9 102 Stunden und 45 Min. nach dem Start in Florida setzt die Landefähre auf dem Mond auf.

10 Michael Collins bleibt alleine im CMS «Columbia» in rund 110 km Höhe in einem Orbit um den Mond.

* Die Grössenverhältnisse Erde-Mond sind in der Grafik korrekt dargestellt. Der Reiseweg und die Stationen sind zur bessern Übersicht verkürzt und etwas vereinfacht gezeichnet.

Die Zeit auf dem Mond: Viel Arbeit und ein bisschen Spass

Neil Armstrong und Buzz Aldrin verbrachten insgesamt 2 Stunden und 31 Minuten ausserhalb der Mondlandefähre. Während dieser Zeit nahmen sie mehrere hundert teilweise spektakuläre Bilder auf und sammelten 21,6 Kilogramm Gesteinsproben. Noch bevor sie die US-Flagge hissten, stellte Aldrin das sogenannte Sonnenwindsegel auf. Dabei handelte es sich um eine Aluminiumfolie, welche Partikel des Sonnenwinds einfing, die nach der Rückkehr auf die Erde in einem Labor analysiert wurden. Das Sonnenwindsegel war das einzige nicht amerikanische Experiment auf dem ersten Mondflug und wurde massgeblich von Astrophysikern der Universität Bern entwickelt und ausgewertet. Weitere Versuchseinrichtungen sollten dazu dienen, die genaue Entfernung des Mondes zur Erde zu berechnen sowie seine seismische Aktivität zu erfassen. Das Arbeiten auf dem Mond mit einem Sechstel der Schwerebeschleunigung der Erde sei eine «angenehme Erfahrung» gewesen, schrieben die Astronauten später in einem Bericht zuhanden der US-Raumfahrtbehörde Nasa. Zu Ehren dieses historischen Ereignisses liessen Neil Armstrong und Buzz Aldrin eine Gedenkplakette folgenden Inhalts auf dem Mond zurück: «Hier haben Menschen vom Planeten Erde erstmals ihren Fuss auf den Mond gesetzt im Juli 1969, A. D. Wir sind im Frieden für die ganze Menschheit gekommen.»

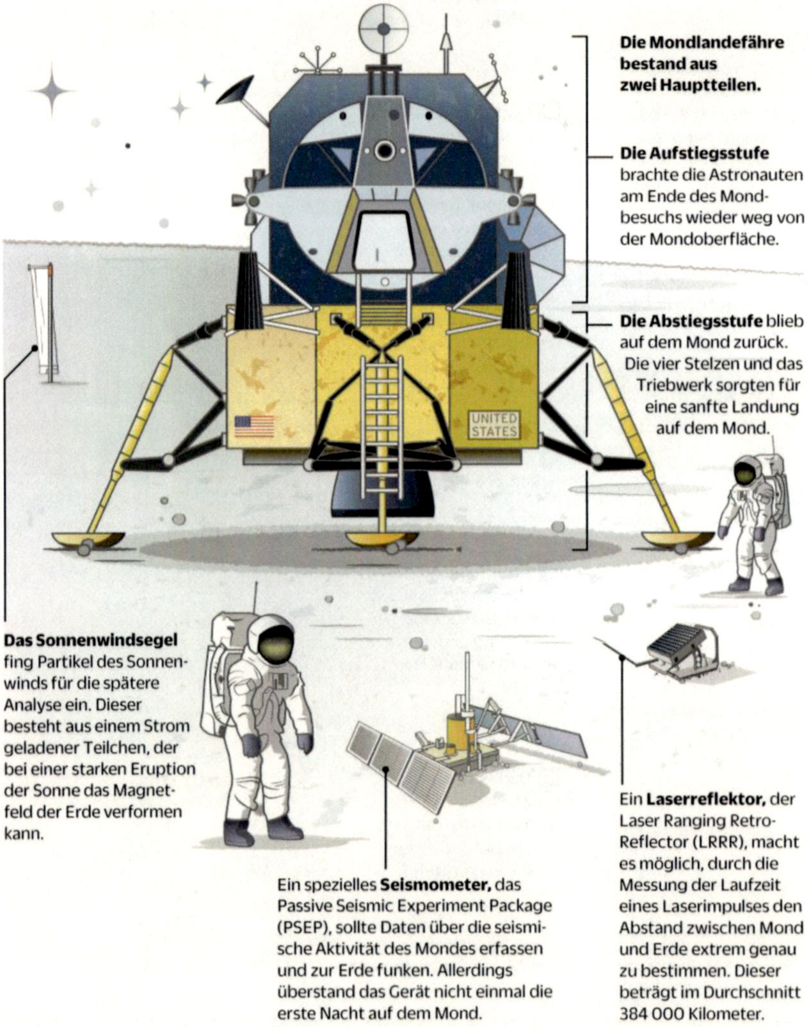

Die Reise von Apollo 11: Der Rückflug zur Erde*

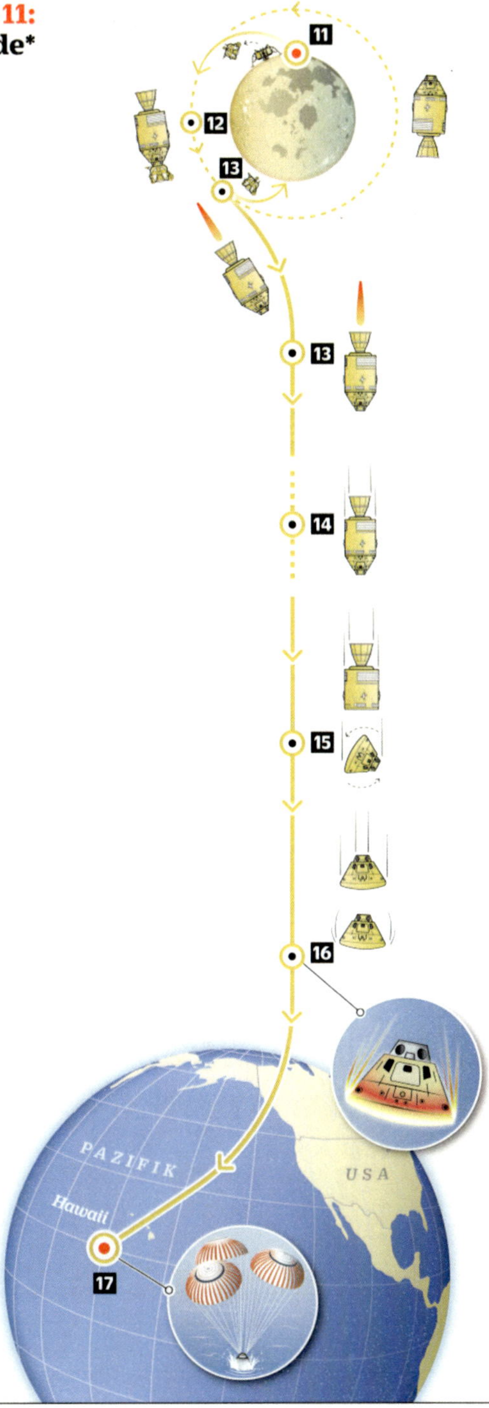

11 Nach 21 Stunden und 36 Min. auf dem Mond verlassen ihn die beiden Astronauten wieder.

12 Die Aufstiegsstufe dockt an das CMS an. Armstrong und Aldrin steigen um.

13 Die Aufstiegsstufe wird abgekoppelt und fällt auf den Mond. Das Raumschiff nimmt Kurs Richtung Erde.

14 Der Rückflug dauert wiederum rund drei Tage. Bei späteren Apollo-Missionen (Missionen 15, 16 und 17) unternehmen die Astronauten während der Rückreise einen Weltraumspaziergang.

15 Kurz vor dem Eintritt in die Erdatmosphäre werden das Kommando- und das Servicemodul getrennt. Letzteres verglüht beim Eintritt. Die Kommandokapsel dreht sich um 180 Grad.

16 Die Kommandokapsel tritt in die Atmosphäre ein und wird dadurch abgebremst.

17 8 Tage nach dem Start in Florida wassert die Kommandokapsel am 24. Juli 1969 um 16 Uhr 50 im Pazifik.

* Die Grössenverhältnisse Erde-Mond sind in der Grafik korrekt dargestellt. Der Reiseweg und die Stationen sind zur bessern Übersicht verkürzt und etwas vereinfacht gezeichnet.

Der Raumanzug: Hightech auf der Haut

Auf den Apollo-Missionen trugen die Astronauten einen Anzug mit der Bezeichnung A7L. Dieser bestand aus fünf Hauptschichten – ein Druckanzug, darunter ein Overall mit den Kühlleitungen, dann eine Nylonschicht für den Komfort, eine Druckblase für bessere Beweglichkeit und zuunterst ein Schutzanzug zur Wärmeisolierung.

Der berühmte **«Fischglas»-Helm** ermöglichte den Astronauten eine ungehinderte Sicht. Während des Aufenthalts auf dem Mond klappten sie ein goldbeschichtetes Visier als Schutz vor der Sonnenstrahlung herunter.

Die **PLSS-Kontrolleinheit** diente zur Überwachung und Regelung der Flüssigkeiten und der Elektrizität, die vom Rucksack, dem Portable Life Support System (PLSS), bereitgestellt wurden.

Die biomedizinische **Zugangsklappe** erlaubte es den Astronauten, sich im Notfall eine Spritze zu verabreichen, ohne dass dabei der Druck im Anzug abgefallen wäre. Über diese Klappe wurde auch der Urin abgelassen.

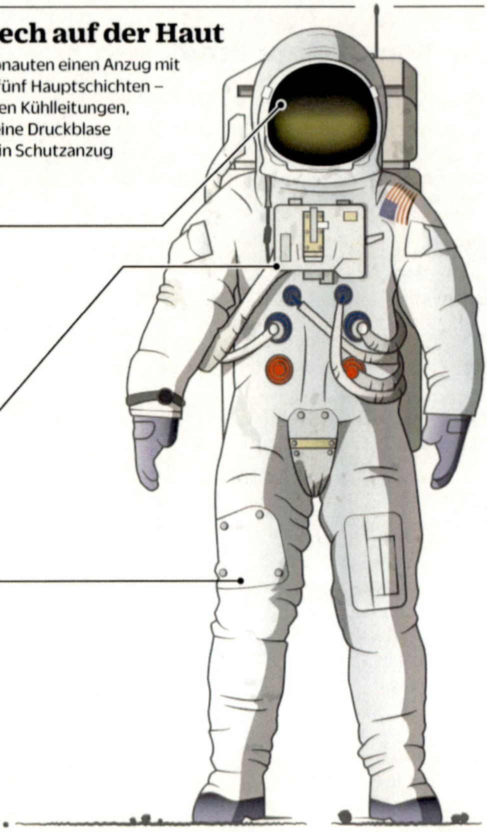

Die Kosten der Mission: Ganz schön teuer

Für das Raumfahrtprogramm Apollo wurden 1959 bis 1973 nach Angaben der Nasa gegenüber dem Kongress 25,4 Milliarden Dollar ausgegeben. Nach heutigem Geldwert entspricht das mehr als hundert Milliarden Dollar. Wie viel die Mission Apollo 11 allein kostete, ist nicht bekannt. Die immensen Kosten waren mit ein Grund, warum der damalige US-Präsident Nixon das Programm in den frühen 1970er Jahren stoppte.

Budget des Apollo-Programms
in Milliarden US-Dollar

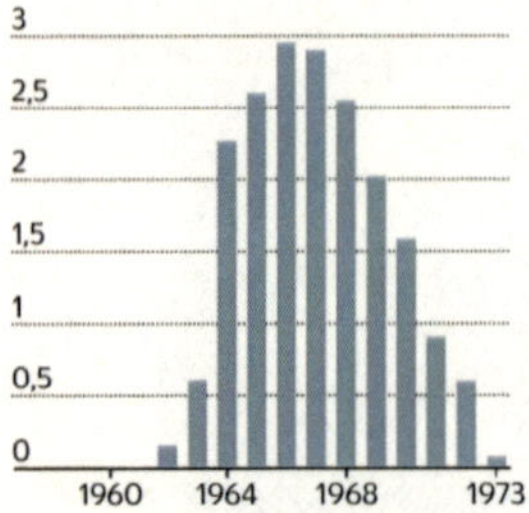

Mitarbeitende der Nasa
im Jahr 1969

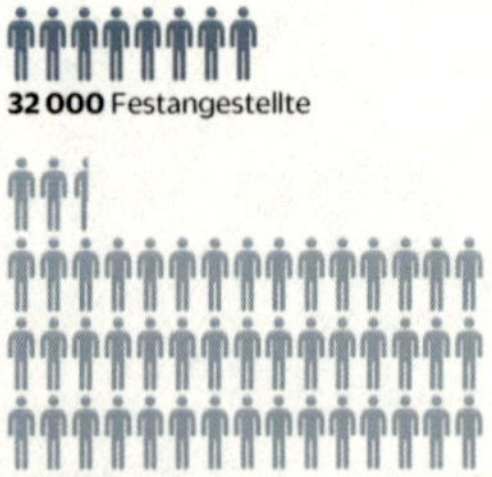

Weitere Mondlandungen

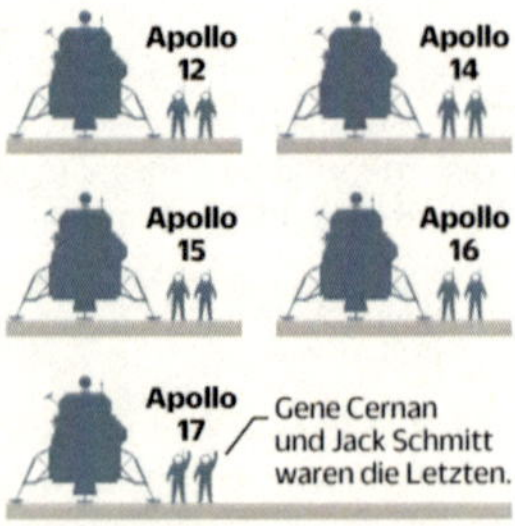

Quellen: Zack Scott: «Apollo – Der Wettlauf zum Mond», Droemer-Verlag, 2018, John Logsdon: «Outer Space Exploration», Penguin Books, 2018, Nasa, spacefacts.de; Bildvorlagen: Nasa

Peter Hoeres

Die Eroberung des Weltraums in den Zeiten des Kalten Krieges

Die Geschichte der Eroberung des Weltraums ist untrennbar verknüpft mit dem Krieg, sie nahm Bezug auf vergangene Kriege und bewegte sich stets im Referenzrahmen des Kalten Krieges, auch wenn es, wie der vorliegende Band zeigt, weit dahinter zurückgreifende kulturhistorische Visionen und technologische Utopien von der Inbesitznahme des Alls gab.[1] Im Folgenden soll die Raumfahrt und der ‚Space'-Diskurs in den Referenzrahmen des Kalten Krieges gestellt werden, wobei dieser Epochenbegriff zunächst diskutiert wird. Dann soll die Mondlandung als vorläufiger Höhepunkt der Eroberung des Weltraumes – genau genommen ja nur eines winzigen Teils davon – medien-, kultur- und politikhistorisch eingeordnet werden und die aufkommende Kritik an der Weltraumfahrt beleuchtet werden. Zum Schluss wird die Bedeutung dieses Ereignisses für den Kalten Krieg diskutiert und dabei relativiert.

1. Der Kalte Krieg als Epochensignatur

Schon am Begriff des ‚Kalten Krieges' kann man vielfältige Fragen und Debatten aufhängen. Zunächst zur Wortherkunft: Erstmals nutzte George Orwell den Ausdruck im Dezember 1943.[2] Der Publizist Walter Lippmann popularisierte ihn dann 1947 unter Hinweis auf einen Begriff der 1930er Jahren: *La guerre froide*.[3] Davor gebrauchte der Historiker Hans Delbrück

---

[1] Das gilt auch für die Sowjetunion, vgl. JULIA RICHERS: Roter Kosmos. Kulturgeschichte des Raumfahrtfiebers in der Sowjetunion. In: Aus Politik und Zeitgeschichte 69 (2019), S. 11–18.

[2] Orwell verwendete diesen Begriff in einer Rezension, um den Zustand in den 1930er Jahren vor dem Beginn des Zweiten Weltkrieges zu charakterisieren; GEORGE ORWELL: Review of *Arrival and Departure* by Arthur Koestler; *Jordan's Tunis Diary* by Philip Jordan. In: Manchester Evening News 9.12.1943, zitiert nach: The Complete Works of George Orwell, Bd. 16. I Have Tried To Tell the Truth. 1943–1944. Hg. von PETER DAVISON unterstützt von IAN ANGUS und SHEILA DAVISON. London 1998, S. 19–22. Zumeist wird allerdings auf Orwells späteren Artikel aus dem Jahre 1945 verwiesen, in dem Orwell das Wort zukunftsgerichtet benutzte und seine Angst vor „an epoch as horribly stable as the slave empires of antiquity […] at once *unconquerable* and in a permanent state of ‚cold war' with its neighbours" zum Ausdruck brachte; GEORGE ORWELL: You and the Atom Bomb. In: Tribune 19.10.1945, zitert nach: The Complete Works of George Orwell, Bd. 17. I Belong to the Left. 1945 [wie oben], S. 316–323, das Zitat S. 321. Beide Male setzte Orwell den Begriff in Anführungszeichen.

[3] Das Buch, das den ‚Cold War' in den Diskurs einbrachte, hieß auch entsprechend; WALTER LIPPMANN: The Cold War. A Study in U.S. Foreign Policy. Introduction by

den Ausdruck „trockener Krieg“ für die Zeit vor dem Ersten Weltkrieg.[4] Historiker verwenden den Begriff ‚Kalter Krieg‘ seit Ende der 1940er Jahre.[5] Aber wie tragfähig ist dieser Begriff analytisch?

Eine grundlegende Prägung der Weltordnung durch die binäre Struktur des Kalten Krieges konstatiert nicht nur die monumentale ‚Cambridge History of the Cold War‘[6], sondern etwa auch die Literaturwissenschaftlerin Eva Horn: „Es gab keinen bedeutenden Ort, kein wichtiges Land, keine mächtige Instanz, die nicht in die Matrix dieser Zweiteilung der Welt verstrickt gewesen wäre.“[7] Daher sprechen wir von einer bipolaren Ordnung der Welt, oder mit Blick auf die Blockfreien von einer tripolaren Ordnung, wobei die blockfreien Länder wie Ägypten, Indien, Jugoslawien oder die Länder im südlichen Afrika ebenfalls in den Sog der bipolaren Blockkonfrontation gezogen wurden.

Die Konzeptualisierung des Kalten Krieges als Epochensignatur ist freilich durchaus umstritten. Hat der Kalte Krieg denn überhaupt die Globalgeschichte zwischen Ende des Zweiten Weltkrieges und Zusammenbruch des Ostblockes 1989/91 dominierend bestimmt? Gab es nicht auch andere Globaltrends wie die Dekolonisierung (75 postkoloniale Staaten wurden seit 1945 gegründet), die Protest- und Alternativbewegungen, die Ausweitung der Partizipation durch Wahl- und Bürgerrechte für immer mehr Menschen (‚One man, one vote‘); die Individualisierung und Egalisierung, die Ablösung einer langen Boom- durch eine Rezessions- und Stagflationsphase, die Technisierung und die (De-)Industrialisierung, die Medialisierung, das heißt, die Ausweitung des Medienbereiches und die zunehmende Durchdringung der Gesellschaft und Politik durch die Medien? All das sind Entwicklungen, die zwar zum Teil mit dem Kalten Krieg verbunden waren, aber nicht in ihm aufgingen.

Geriet neben und im Schatten dieser Trends der Kalte Krieg teilweise nicht sogar in Vergessenheit, einerseits, und wurde er andererseits nicht oft

---

Roland Steel. With an Essay by Georg Kennan „The Sources of Soviet Conduct“. New York 1947, ND New York [u. a.] 1972. Die Wortherkunft wird im Buch nicht erklärt. Auf Nachfrage antwortete Lippmann, dass er diesen Begriff übernommen habe, denn Hitlers Nervenkrieg gegen Frankreich sei in den 1930ern oftmals als *la guerre blanche* oder eben als *la guerre froide* bezeichnet worden; ROLAND STEEL: Walter Lippmann and the American Century. Boston [u. a.] 1980, S. 445.

4 HANS DELBRÜCK: Zu Wehr und Waffen. In: Preußische Jahrbücher 142 (1910), S. 266–314, hier S. 266.

5 LAWRENCE D. FREEDMAN: Frostbitten. Decoding the Cold War. 20 Years Later. In: Foreign Affairs 89 (2010), S. 136–144, hier S. 138–140.

6 Den Kalten Krieg als umfassende Epochensignatur konzeptualisiert die monumentale ‚Cambridge History of the Cold War‘: The Cambridge History of the Cold War. 3 Bde. Hg. von MELVYN P. LEFFLER und ODD ARNE WESTAD. Cambridge 2010; kritisch dazu FREEDMAN, Frostbitten [Anm. 5], S. 136–144.

7 EVA HORN: Der geheime Krieg. Verrat, Spionage und moderne Fiktion. Frankfurt a. M. 2007, S. 310.

‚heiß'? Das ‚kalt' zielt auf die ausgebliebene unmittelbare Großauseinandersetzung der Supermächte, die nur über Stellvertreterkriege in Korea, Vietnam, Angola und Afghanistan aufeinander trafen. In über 150 Fällen wurde der ‚kalte' Krieg dabei zu einem ‚heißen'.[8]

John Lewis Gaddis streicht dagegen den Kalten Krieg als Zeit eines „Long Peace" für Europa und die USA heraus, das gilt aber nur für diese Gebiete des Westens; die Atomwaffe wurde schnell zur politischen Abschreckungswaffe, die einen Großkrieg über die 40 Jahre des Kalten Krieges verhinderte. Nach Michael Geyer war die atomare Drohung ein Krieg gegen die Einbildungskraft, die undenkbare nukleare Auslöschung musste glaubhaft simuliert werden, um abschreckend wirken zu können. In dem Sinne war der Kalte Krieg ein imaginärer Krieg. Freilich wurden allein in den USA zwischen 1945 und 1963 (vor dem Verbot durch den Test Ban Treaty) 1000 überirdische Atomtests ausgeführt, von denen 6500 Filmdokumente angefertigt wurden. In der Forschung wird daher nun großes Gewicht auf die Repräsentation der Atombombe in der ‚Cold War Culture' gelegt.[9]

Um die Frage nach dem Kalten Krieg zu differenzieren, sollte man eine Periodisierung vornehmen, um so zwischen verschiedenen Phasen der Intensität des Kalten Krieges unterscheiden zu können. Während die Zeit zwischen Afghanistan-Krieg und der Hochrüstungspolitik Ronald Reagans meist als ‚Second Cold War' nach der Entspannungsphase der 70er Jahre bezeichnet wird, unterscheidet Jost Dülffer zwischen drei Kalten Kriegen, und zwar erstens der Berlin-Krise 1948/49 beziehungsweise dem Korea-Krieg 1950–1953, in dem beinahe erneut Atomwaffen eingesetzt wurden; dann, zweitens, der zweiten Berlin- und Kubakrise 1958–1962 mit dem Berlin-Ultimatum Nikita Chruschtschows, dem Mauerbau, der gescheiterten Invasion in der Schweinebucht und der Kubakrise um die geplante sowjetische Raketenstationierung 1962 (die dann im Tausch gegen den Abzug der amerikanischen Jupiter-Raketen in der Türkei unterblieb). Drittens dann die letzte Spannungsphase 1979–1983 nach der sowjetischen Stationierung von SS-20-Mittelstreckenraketen, Helmut Schmidts berühmter Rede vor

---

8 Vgl. zu den ‚heißen Kriegen': Heiße Kriege im Kalten Krieg. Hg. von BERND GREINER [u. a.]. Hamburg 2006.

9 JOHN LEWIS GADDIS: Der Kalte Krieg. Eine neue Geschichte. Aus dem Amerikanischen von KLAUS-DIETER SCHMIDT. New York 2007, Übersetzung München 2008; MICHAEL GEYER: Amerika in Deutschland. Amerikanische Macht und die Sehnsucht nach Sicherheit. In: Deutsch-amerikanische Begegnungen. Konflikt und Kooperation im 19. und 20. Jahrhundert. Hg. von FRANK TROMMLER und ELLIOTT SHORE. Stuttgart, München 2001, S. 155–187. Neuerdings etwa auch: Understanding the Imaginary War. Culture, Thought and Nuclear Conflict, 1945–90. Hg. von MATTHEW GRANT und BENJAMIN ZIEMANN. Manchester 2016; STEFANIE SCHÄFER: Das Atombombenmuseum Hiroshima. Erinnern jenseits der Nation (1945–1975). Bielefeld 2018 (Histoire 108); Das Imaginäre des Kalten Krieges. Beiträge zu einer Kulturgeschichte des Ost-West-Konflikts in Europa. Hg. von DAVID EUGSTER und SIBYLLE MARTIN. Essen 2015 (Frieden und Krieg, Beiträge zur Historischen Friedensforschung 21).

dem International Institute for Strategic Studies (IISS) in London 1977 und dem NATO-Doppelbeschluss, der gegen heftige Proteste der Friedensbewegung und in der Bundesrepublik der Grünen und der Mehrheit der SPD mit der Stationierung von Pershing-II-Raketen, übrigens nur für vier Jahre, von Helmut Kohl umgesetzt wurde. In dieser Zeit stand die Welt, etwa während des sowjetischerseits fehlperzipierten NATO-Manövers Able Archer 1983 erneut am Rande eines Atomkrieges.[10]

Neben der Periodisierung gewinnt damit auch die Frage nach Peripherie und Zentrum an Gewicht. Das geteilte Deutschland mit dem geteilten Berlin lag im Auge des Taifuns, bildete einerseits gleichsam das natürliche Zentrum des Kalten Krieges. Andererseits ist etwa im deutsch-amerikanischen Verhältnis eine deutliche Asymmetrie festzustellen. Während die bundesdeutsche Außenpolitik bis zur Neuen Ostpolitik prioritär auf die USA bezogen war, gab es für die amerikanische Außenpolitik und erst recht für die amerikanische Öffentlichkeit oft viele Regionen, die wichtiger als die deutsch-deutsche Nahtstelle des Kalten Krieges zu sein schienen – genannt seien nur die Sowjetunion, Vietnam und China. Für die Johnson-Administration wurden gar Panama und Lateinamerika, so beim Militärputsch in Brasilien, relevanter als die Beschäftigung mit der Wiedervereinigung; das zeigen schon die ‚Presidential Recordings' aus der ersten Hälfte der 1960er Jahre.[11] Genau diese Asymmetrie wurde selbst immer wieder zum Gegenstand der bilateralen Beziehungen.

Kurzum: Die Lokalisierung von Zentrum und Peripherie war fluide, das anfängliche Zentrum des Kalten Krieges drohte zur Peripherie zu werden, versuchte aber durch ganz unterschiedliche Politikansätze (Einfordern von amerikanischen Treueschwüren, operative Wiedervereinigungspolitik, öffentliche Kritik am Bündnispartner, Berlin- und Ostpolitik), die zentrale Aufmerksamkeit der westlichen Supermacht für das Zentrum des Kalten Krieges zu prolongieren. Der Kalte Krieg war also keine starre, sondern eine dynamische Ost-West-Konfrontation: Entspannungsphasen wechselten mit Krisen- und Stellvertreterkriegsphasen ab; die Signatur des Kalten Krieges prägte aber die vier Dekaden nach dem Zweiten Weltkrieg; sie prägte auch die anderen aufgezeigten Nachkriegsentwicklungen, die ohne die bipolare Struktur des Kalten Krieges nicht zu denken sind.

Lange gestritten wurde und wird über die Entstehung und das Ende des Kalten Krieges. Der orthodoxe, machtrealistische Zugriff im Westen folgte

---

[10] Vgl. JOST DÜLFFER: Europa im Ost-West-Konflikt 1945–1990. München 2004. Vgl. auch die wichtigen, neueren Gesamtdarstellungen von GADDIS, Der Kalte Krieg [Anm. 9] und BERND STÖVER: Der Kalte Krieg 1947–1991. Geschichte eines radikalen Zeitalters. München 2007.

[11] Vgl. The Presidential Recordings. Lyndon B. Johnson. Bd. 1–3: November 22, 1963 January 1964. Bd. IV–VI: The Kennedy Assassination & the Transfer of Power. Toward the Great Society, February 1, 1964–May 31, 1964. Hg. von KENT GERMANY [u. a.]. New York, London 2005/2007.

der Politik: Der Weltkommunismus und insbesondere die Herrschaft Stalins in der Sowjetunion und sein Ausgreifen nach Osteuropa wurden für den Kalten Krieg verantwortlich gemacht; der Westen habe mit der Truman-Doktrin des Containments 1947 und dem Rollback Dwight D. Eisenhowers seit 1952 sowie mit der Gründung der NATO 1949 darauf reagiert. Die revisionistische ‚Wisconsin School' entstand dann im Kontext des Vietnamkrieges. Sie gibt den USA die Schuld für den Kalten Krieg, sieht im Ausgreifen des Kapitalismus, in der ‚Open Door Policy' der USA den aggressiven Zug der Durchsetzung einer liberalkapitalistischen Weltordnung. Die postrevisionistische Schule geht von wechselseitigen Fehlperzeptionen der Supermächte aus, welche jeweils selbst kooperativer ausgerichtet waren, als es die andere Seite annahm (Wilfried Loth). Die Schulen bestehen auch nebeneinander und haben sich gegenseitig befruchtet.[12] Nach dem Ende des Kalten Krieges ist eine teilweise Rückkehr zur Ausgangsposition in der Forschung zu beobachten: In seinem Buch mit dem sprechenden Titel ‚We Now Know' formulierte John Lewis Gaddis 1997: „One empire arose [...] by invitation, the other by imposition".[13]

Auch über das Ende des Kalten Krieges gibt es unterschiedliche Meinungen: Inwieweit Entspannungspolitik und KSZE-Prozess oder NATO-Doppelbeschluss und Reagans Hochrüstung im Verein mit der moralischen Unterstützung der Solidarność durch Papst Johannes Paul II. mehr zum Zusammenbruch des Kommunismus und zum Ende des Kalten Krieges beigetragen haben, ist eine große Streitfrage. Für Tony Judt ist es ganz Michail Gorbatschow, der die Revolutionsbewegungen im Ostblock gewähren ließ und der das Ende der Blockkonfrontation herbeigeführt hat.[14] Die Frage wäre dann wieder, worin die Bedingungen der Möglichkeit des Aufstiegs und der Politik Gorbatschows (dessen Bedeutung von den anderen Historikern natürlich auch gesehen wird) bestanden. Fest steht, dass Gorbatschow vor seiner Zeit als Generalsekretär der KPdSU nicht als Reformer aufgefallen war und dann die UdSSR ökonomisch modernisieren und nicht revolutionieren, geschweige denn abschaffen wollte. Kontrovers wird debattiert, ob Gorbatschow gezwungen war, auf eine Krise zu reagieren. Jörg Baberowski verneint dies, eine Krisenstimmung habe es in den 1980er Jahren in der Sowjetunion nicht gegeben, und die Stimmung beziehungsweise Wahrnehmung einer Krise sei für eine Krise das entscheidende Momentum.

---

[12] ANDERS STEPHANSON: The United States. In: The Origins of the Cold War in Europe. International Perspectives. Hg. von DAVID REYNOLDS. New Haven 1994; DÜLFFER, Europa im Ost-West-Konflikt [Anm. 10], S. 126–135; GÜNTER BISCHOF: Eine historiographische Einführung. Die Ära des Kalten Krieges und Österreich. In: Österreich im frühen Kalten Krieg 1945–1958. Spione, Partisanen, Kriegspläne. Wien [u. a.] 2000, S. 19–53, hier S. 26.

[13] JOHN LEWIS GADDIS: We now know. Rethinking Cold War History. Oxford 1998, S. 52.

[14] TONY JUDT: Die Geschichte Europas seit dem Zweiten Weltkrieg. Aus dem Englischen von MATTHIAS FIENBORK und HAINER KOBER. Bonn 2006, S. 671–728.

Andere hielten ihm eine doch recht hohe, sich auch artikulierende Unzufriedenheit entgegen. Die militärische Rüstung und die Ökonomie habe einfach nicht mehr mit dem Westen mithalten können.[15]

Die Sicht von Gaddis in seiner neuen Geschichte des Kalten Krieges und anderen, welche die Rolle von Ronald Reagan, Margaret Thatcher, Helmut Kohl und Johannes Paul II. für den Zusammenbruch des Kommunismus hervorheben, also ökonomische Prosperität, Hochrüstung und Antikommunismus, wird bisweilen pejorativ als „triumphalistisch" bezeichnet.[16] Kontrovers wird die Rolle der Friedensbewegung bewertet: Wurde sie, teilweise von Kommunisten unterwandert, zum nützlichen Idioten des Ostblocks, oder hat sie Druck auf die Verständigungsbereitschaft im Westen ausgeübt und dem Osten den westlichen Friedenswillen gezeigt?[17]

Damit sind wir bei den Interpretationen des Kalten Krieges angelangt. Worum ging es überhaupt in dieser globalen Auseinandersetzung? Um Macht, Ideologien, Ideen, Ökonomie?

Die chinesische Interpretation sieht den Kalten Krieg etwa als Teil der Europäisierung der Welt als ‚Weltgeschichte Europas'[18], die nun zu einem Ende kommt und möglicherweise durch ein chinesisch-pazifisches Zeitalter abgelöst wird. Stellt man die Ideen in den Mittelpunkt, so ging es um die Ideen des Marxismus, um ‚soziale' Gerechtigkeit, Kollektivismus, Staatsplanung, Zentralismus gegen die westlichen Ideen des Liberalismus, Kapitalismus, Individualismus, Demokratie, Föderalismus, kurzum: gegen das, was Heinrich August Winkler das „normative Projekt des Westens"[19] nennt.

Stellt man die Ökonomie in den Mittelpunkt der Betrachtung, ist man schnell beim Gegensatz zwischen staatlicher Planwirtschaft und kapitalistischer Privatwirtschaft, welche als Unterbau die Ideen des Überbaus hervorbrachten. Dem Machtrealismus geht es um nationales Interesse und Machtdurchsetzung, um Hegemonie und Gleichgewicht. Die Sowjetunion kann so als Fortsetzung des zaristischen Expansionismus und der zaristischen Autokratie gesehen werden. Die Drohung, Atomwaffen einzusetzen, erscheint als inhaltlicher Kern der Blockkonfrontation. Stellt man wiederum die nukleare Drohung der Vernichtung in den Mittelpunkt, dann ging es schlicht um das Überleben der Menschheit in einem Zeitalter totaler Bedrohung.

---

[15] JÖRG BABEROWSKI: Criticism as Crisis, or why the Soviet Union still Collapsed. In: Journal of Modern European History 9 (2011), S. 148–166. Vgl. zur Diskussion die weiteren Beiträge in diesem Heft von Andreas Wirsching, Dominik Geppert, Lars Magnusson, Winfried Süss, Marc Lazar und Attila Melegh.

[16] CONSTANTIN GOSCHLER/RÜDIGER GRAF: Europäische Zeitgeschichte seit 1945. Berlin 2010, S. 46; JOHN LAMBERTON HARPER: The Cold War. New York 2011, S. 88.

[17] Vgl. dazu ANDREAS LUTSCH: HT 2014. Die Friedensbewegung in der geschichtswissenschaftlichen Kontroverse. In: HSozKult 14.11.2014, <https://www.hsozkult.de/conferencereport/id/tagungsberichte-5868> (13.8.2019).

[18] HANS FREYER: Weltgeschichte Europa. 2 Bde. Wiesbaden 1948.

[19] HEINRICH AUGUST WINKLER: Geschichte des Westens. Bd. 3. Vom Kalten Krieg zum Mauerfall. München 2014, S. 13.

Sicherlich kann man die Faktoren nicht aufeinander reduzieren; die Ideenkonfrontation scheint aber gerade für den Kalten Krieg eine Eigendynamik entwickelt zu haben, und das auch innerhalb der Blöcke, wie die 1968er Bewegung und der Eurokommunismus im Westen, die Protest-, Friedens- und Bürgerrechtsbewegungen im Osten zeigen.

2. ‚Space Race' und Raumfahrtdiskurs

Die Geschichte der Raumfahrt beginnt in Deutschland, in Peenemünde auf der Ostsee-Insel Usedom und ebenfalls in einem Krieg. Am 3. Oktober 1942 konnte eine Rakete, das Aggregat 4, mit über 5000 km/h in eine Höhe von 100 Kilometern und damit in den erdnahen Weltraum eindringen. Von Joseph Goebbels wurde die Rakete Vergeltungswaffe 2 ‚V 2' benannt und als solche 3745 Mal eingesetzt. Ihr Erfinder war der Direktor der Heeresversuchsanstalt Peenemünde, Wernher von Braun. Er erkannte die Zeichen der Zeit und begab sich im Mai 1945 in die Hände der Amerikaner, mit denen er fortan bereitwillig kooperierte. 1960 wurde der stets elegante und für die friedliche Eroberung des Weltraums eloquent werbende von Braun Direktor des Marshall Space Flight Centers der NASA. Er gab den Anstoß für viele Imitationen seiner Rakete und entwickelte die Saturn-Raketen, welche die Amerikaner schließlich auf den Mond brachten.[20]

Die Gründung der National Aeronautics and Space Administration (NASA) war einem Ereignis geschuldet, das die USA beispiellos aus der Fassung gebracht hatte: der Start des Erdsatelliten Sputnik, der mit einer von Sergej Pawlowitsch Koroljow gebauten R-7-Rakete 1957 in den Weltraum befördert wurde. Diese erste Interkontinentalrakete signalisierte den USA unmittelbar Gefahr, denn Interkontinentalraketen konnten prinzipiell mit Atomsprengkörpern bestückt werden und damit die USA erreichen. 1961 sprach der sowjetische Staatschef wiederholt in der Öffentlichkeit dann auch kaum verklausuliert davon. Die Kombination von Atomwaffen und Interkontinentalraketen markierte eine neue Verwundbarkeit der USA, die auf eigenem Festland-Territorium zuletzt im britisch-amerikanischen Krieg attakkiert worden war und dabei 1814 die Zerstörung Washingtons und die Niederbrennung des Weißen Hauses erdulden musste. Der japanische Angriff auf Pearl Harbor 1941 hatte das Selbstvertrauen der Amerikaner in die eigene Unverwundbarkeit schon beschädigt. Nun sorgte die Absetzung eines Satelliten nicht nur für plausible Bedrohungsszenarien, in denen überhaupt keine Abwehrmöglichkeit (außer der Abschreckung) zu erkennen war, sondern auch für reichlich Phantasie hinsichtlich der Eroberung des Weltraums und eines Krieges im Orbit. Die USA hatten nun nicht nur ihr Atomwaffenmonopol verloren, sondern waren auch in der Weltraumtechnik und der

[20] EUGEN REICHL/DIETMAR RÖTTLER: Mondwärts. Der Wettlauf ins All. Stuttgart 2019, S. 8–17.

Raketentechnik ins Hintertreffen geraten. Der ‚Sputnik-Schock' verunsicherte die amerikanische Gesellschaft und evozierte ein Gegenprogramm für das All, was mit der Gründung der NASA 1958 institutionalisiert wurde. In diesem Jahr scheiterten aber allein vier amerikanische Startversuche von Raketen, und auch in den folgenden Jahren misslangen noch viele Versuche.[21]

Als es der Sowjetunion auch noch 1961 gelang – wenn auch nur mit einem Vorsprung von knapp drei Wochen –, den ersten Menschen ins All zu bringen, den Kosmonauten Juri Alexejewitsch Gagarin, und die USA zu Land mit der Invasion in die Schweinebucht scheiterten, war die Zeit endgültig reif für eine neue Vision. In seiner ‚Special message to Congress on Urgent National Needs' vom 25. Mai 1961, seiner bereits zweiten State-of-the-Union-Rede in diesem Jahr, proklamierte Präsident John F. Kennedy das Ziel, bis zum Ende der Dekade den Mond mit Astronauten zu erreichen und diese wieder sicher nach Hause zu bringen.[22]

Kennedy war kein Raumfahrt-Enthusiast, wie wir heute wissen. Er erkannte aber das Potential dieser ‚New Frontier' und die Herausforderung des ‚Space Race'. Nach der vorgeblichen Raketenlücke, die für seinen Wahlkampf gegen Nixon eine große Rolle gespielt hatte, galt es hier zu den Sowjets aufzuschließen, diese zu überholen und dem Land wie der Welt das Vertrauen in die USA zurückzugeben. Bewusst verlegte Kennedy das Limit für die Mondlandung in seine mutmaßliche zweite Amtszeit; diese sollte davon gekrönt werden. Zudem befürchtete man, die Sowjetunion werde den Mond zum 50-jährigen Jubiläum der Oktoberrevolution 1967 erreichen. Das Ziel war ein symbolisches, ein Menschheitstraum, was man sich genau von der Mondlandung versprach, war unklar. Auch das militärische Potential dieses kostspieligen Unternehmens blieb undeutlich, ebenso die wissenschaftlichen Ziele, an denen im Übrigen als letztes den Astronauten gelegen war, die aus Testpiloten rekrutiert wurden, die wiederum der weißen protestantischen Mittelschicht entstammten und zu Helden aufgebaut wurden. Diese Ziele waren nicht definiert.

Die gesamte amerikanische Gesellschaft und erhebliche finanzielle Ressourcen wurden von einem Verbund aus Politik, Medien und Expertokratie für den ‚Ersatzkrieg im Weltraum' mobilisiert. Erst die fehlgeschlagene Apollo-1-Mission 1967 mit den ersten drei menschlichen Opfern beim Brand während eines Tests brachte einen Einbruch in der Zustimmungswelle. Die Apollo-8-Mission, welche zu Weihnachten 1968 erstmals den Mond umkreisen konnte und spektakuläre Bilder des Heimatplaneten lieferte, entzündete dann einen neuen Enthusiasmus.

---

[21] Vgl. hierzu und zum Folgenden KARSTEN WERTH: Ersatzkrieg im Weltraum. US-Raumfahrtprogramm in der Öffentlichkeit der 1960er Jahre. Frankfurt a. M. 2006, S. 21–48.

[22] John F. Kennedy: President Kennedy's Special Message to the Congress on Urgent National Needs, May 25, 1961, <https://www.jfklibrary.org/archives/other-resources/john-f-kennedy-speeches/united-states-congress-special-message-19610525> (13.08.2019). Vgl. auch das Zitat aus Kennedys Rede im Beitrag von Ulrich Köhler in diesem Band, S. 249.

Der Weltraumdiskurs wurde unterdessen pazifiziert. Man sah sich zwar immer noch im Wettlauf mit der Sowjetunion, über deren genaue Ziele man wenig wusste, aber im Zeichen der Entspannungspolitik und der Wiedergewinnung technischen Vorsprungs wurde das Rennen um die Erstlandung auf dem Mond als ein friedliches Ziel der Menschheit ausgegeben. Gleichwohl war es dann doch wichtig, dass die amerikanische Flagge auf dem Erdtrabanten gehisst wurde. Die bekannte Rhetorik Neil Armstrongs zielte aber wieder auf die Menschheit als Gattung und Ganzes. Für die NASA hatte die Mondlandung durch ihre psychologische Wirkung auf die Sowjetunion sogar eine befriedende Wirkung.[23]

Die durchaus problematische und kurz vor dem Abbruch stehende Mondlandung von Apollo 11 gelang am 20. Juli 1969 (nach deutscher Zeit am 21. Juli 1969 um 03:56 Uhr), der Ausstieg am 21. Juli 1969. Das war ein globales Medienereignis.[24]

3. Medienhistorische Perspektiven

Schon die der Mondlandung vorausgehende Astro-Euphorie war durch eine beispiellose Medienberichterstattung erzeugt worden. Bereits im Jahr 1961 wurde ‚Space' von amerikanischen Chefredakteuren zur Top-Story des Jahres gewählt. Das Sujet blieb in den gesamten sechziger Jahren ein bevorzugtes dominierendes Medienthema.[25] Die NASA tat alles dafür, um diesen Diskurserfolg zu ermöglichen und zu sichern. Über elf Jahre währte eine exklusive Kooperation der NASA mit der Illustrierten LIFE. Seit Mitte der sechziger Jahre übertrug sie den Funkverkehr der Astronauten mit dem Kontrollzentrum in Houston in Echtzeit. Live-Schaltungen zu den Astronauten ließen die Zuschauer an den Weltraummissionen direkt teilnehmen. Am Heiligabend lasen die Astronauten von Apollo 8 aus der Genesis. Die Bilder von der kleinen blauen Kugel, welche die Kamera der Astronauten zur Erde sandte, begeisterten und verstörten das Publikum.[26] Die Erde konnte erstmals von außen betrachtet werden, sie erschien dabei als Unikat im finsteren, von leblosen Gesteinsbrocken bevölkerten Weltall, und als verletzlich und schutzbedürftig. Entsprechend stimulieren diese Bilder bis heute die Umweltbewegung.

Das Mondprogramm war ein Fernsehprogramm, denn es war vom Fernsehen, von den Firmen RCA und Westinghouse, technisch in der zentralen Funknavigation mit entwickelt, auf die Fernsehübertragung hin gescriptet. Zugespitzt schreibt der Medienwissenschaftler Lorenz Engell: „Das Fernse-

---

[23] WERTH, Ersatzkrieg [Anm. 21], S. 244f.

[24] Vgl. zum Konzept: Media Events. The Live Broadcasting of History. Hg von DANIEL DAYAN und ELIHU KATZ. Cambridge/Mass. 1994.

[25] WERTH, Ersatzkrieg [Anm. 21], S. 114.

[26] Ebd., S. 121, 215.

hen – und nicht: der Weltraum – war der Ort, an dem das Apollo-Experiment stattfand. Ohne das Fernsehen wäre der Mondflug nicht möglich gewesen, weder technisch noch ökonomisch, weder politisch noch symbolisch."[27]

In Deutschland begleitete Hochrechnungsexperte Günter Siefarth für die ARD die Mondlandung über 28 Stunden mit nachgebauter Mondlandefähre und Experten, die Zuschauerfragen beantworteten. ARD und ZDF waren auf die Zulieferungen der NASA angewiesen, sieben Kurzsendungen insgesamt, davon 90 Farb- und 40 Schwarz-Weiß-Minuten, für welche die ARD 250 000 DM, das ZDF die Hälfte zahlen musste. Die restlichen Stunden musste man anderweitig füllen. Man baute also nach, interviewte Experten und beantwortete Zuschauerfragen. Der Bildungsauftrag war dabei noch im Vordergrund, denn acht Professoren klärten die Zuschauer über „Sonnenwinde, Kosmochemie, Mondstein und Weltraum-Schnupfen auf". Ferner simulierte man in möglichst großer Zeitnähe das, was im Weltraum gerade passierte. Im ZDF hieß es dazu unfreiwillig ironisch über die aufgeklebten Apollo-Armaturen: „Alles vollkommen echt." Möglichst nahe am Original und live sollte die Mondlandung nachgespielt werden.[28]

Die eigentliche Landung der Mondfähre Eagle konnte man nicht zeigen, erst der Schritt Armstrongs auf den Mond war dann live zu sehen, allerdings ziemlich verschwommen. Die von der Westinghouse Electric Corporation konstruierte Kamera war an der Mondfähre in einem von außen zugänglichen Ausrüstungsfach befestigt. Nachdem die Zuschauer schon viele Trainingsaufnahmen und nachgestellte Szenen vom Betreten des Mondes gesehen hatten, fielen die eigentlichen Live-Aufnahmen vom Betreten des Mondes durch Armstrong wenig eindrücklich aus. Die Realität war nicht so farbig und nicht so beeindruckend wie die Vorabsimulation. Eher war es das Bewusstsein, dabei zu sein bei diesem Schritt der Menschheit, das dem Moment eine Aura verlieh als das, was man sah beziehungsweise nicht sah. 600 Millionen Zuschauer saßen weltweit vor den Fernsehschirmen, viele auch vor den Radios, aber in der Sowjetunion und den Ostblockstaaten waren mit Ausnahme von Rumänien und dem unabhängigeren Jugoslawien keine Livebilder zu sehen, in China wurde zunächst überhaupt nicht über das Ereignis berichtet.[29] Insofern war die Mondlandung nur sehr eingeschränkt ein globales Medienereignis: Die Mondlandung wurde nicht überallhin übertragen und global wurde gar nichts gesendet.

Die höchste Summe für die Medienberichterstattung über die Mondlandung wurde interessanterweise von einem Printmedium, also einem ‚alten' Medium, ausgezahlt, und zwar an einen Schriftsteller. Norman Mailer schrieb für LIFE 1969/70 eine dreiteilige Serie über die Mondfahrt und er-

[27] LORENZ ENGELL: Das Mondprogramm. Wie das Fernsehen das größte Ereignis aller Zeiten erzeugte. In: Medienereignisse der Moderne. Hg. von FRIEDRICH LENGER und ANSGAR NÜNNING. Darmstadt 2008, S. 150–172, das Zitat S. 153.

[28] Der Spiegel 14.7.1969, S. 114f., die Zitate S. 114.

[29] Der Spiegel 21.7.1969, S. 58–60, hier S. 59.

hielt dafür 1,3 Millionen Dollar.[30] Die Illustrierte als ein ‚altes' Printmedium hatte noch einen Höhepunkt erlebt, 1972 wurde die wöchentliche Erscheinungsweise von LIFE auf Specials eingeschränkt, von 1978 bis 2000 erschien es noch als Monatsmagazin und wurde dann eingestellt.

Ein Genre ganz anderer Art wurde 1976 mit Bill Kaysings Bestseller ‚We Never Went to the Moon: America's Thirty Billion Dollar Swindle' bedient. Der Autor versuchte die Mondlandung als großangelegten Schwindel zu entlarven. Zahlreiche Nachfolger erweiterten und veränderten diese Theorie bis heute. Neben den technischen und physikalischen Widerlegungen der zahlreichen und ganz unterschiedlichen ins Feld geführten Indizien gegen eine Mondlandung spricht wie im Falle von 9/11 die Plausibilität gegen diese Theorien. Hunderttausende von Beteiligten hätten entweder von dem Komplott nichts mitbekommen haben dürfen oder hätten striktes Stillschweigen bewahrt, ein Unterfangen, das gerade im US-amerikanischen Mediensystem unmöglich erscheint.[31]

4. Krise und Kritik

Mit dem Betreten des Mondes war ein Höhepunkt des ‚Space'-Diskurses erreicht, er war aber auch ein Wendepunkt. Denn im Zeichen des scheiternden Vietnam-Krieges, der Rassenunruhen und Bürgerrechtsbewegung waren auch viele kritische Stimmen zu vernehmen, die das Missverhältnis zwischen den Milliardenkosten für Krieg und Mondfahrt einerseits und den sozialen und politischen Herausforderungen im Land andererseits thematisierten. Auch in Deutschland kontrastierte Jürgen Tern in der Frankfurter Allgemeinen Zeitung die Leistung der Mondlandung mit dem anhaltenden Widerstand des „unter sehr kärglichen Umständen lebenden Volkes" in Vietnam und meinte im Hinblick auf die innere Polarisierung in den USA: „Der Apollo-Jubel kann sogar zur Verschärfung der inneren Konflikte beitragen."[32] Das war für ein klar atlantisch ausgerichtetes Blatt doch erstaunlich kritisch. Der SPIEGEL bemühte erwartungsgemäß die „skeptischen Amerikaner", die „großen liberalen Zeitungen der Metropolen" und das Fernsehen, die weiter die „Ungleichheit der Rassen, den Hunger inmitten des Überflusses, den sinnlosen Krieg in Südostasien" beklagten.[33]

---

[30] NORMAN MAILER: Part I. A Fire on the Moon. In: LIFE Magazine 29.8. 1969, S. 24–41; Part II. The Psychology of Astronauts. In: LIFE Magazine 14.11. 1969, S. 50–63; Part III. A Dream of the Future's Face. In: LIFE Magazine 9.1.1970, S. 56–74. Zum Buch erweitert als NORMAN MAILER: Of a Fire on the Moon, Boston 1970; Der Spiegel 21.7.1969, S. 58–60, hier S. 58.

[31] Vgl. BILL KAYSING/RANDY REID: We Never Went to the Moon. America's Thirty Billion Dollar Swindle. Fountain Valley/Calif. 1976.

[32] JÜRGEN TERN: Mondfahrt und Tagespolitik. In: FAZ 25.7.1969, S. 1.

[33] HERMANN SCHREIBER: „Ein Sieg der sauberen Amerikaner". In: Der Spiegel 28.7.1969, S. 100f., hier S. 101.

Die Mehrheit der befragten amerikanischen Bevölkerung hatte die Kosten sowieso fast durchgängig (eine Ausnahme bildete die Zeit der ersten Mondlandung) für zu hoch befunden, freilich damit nicht für die Einstellung des gesamten Raumfahrtprogramms plädiert. 1970, also nach Erreichen des Ziels, sprachen sich fast zwei Drittel gegen die Gewährung weiterer großer Summen aus, über die Hälfte der Befragten meinte nun, die Aufwendungen von ca. vier Milliarden Dollar jährlich sei die Mondlandung nicht wert gewesen.[34] In einem politischen System, das gegenüber der öffentlichen Meinung sehr responsiv ist,[35] hatte das Konsequenzen: Das Apollo-Programm der NASA wurde nun zunehmend zusammengestrichen. Die Post-War-Parole „bring the boys home" galt nun auch für die Raumfahrt.[36] Nach Apollo 11 gab es noch fünf weitere Mondlandungen, die Expedition von Apollo 13 musste abgebrochen werden.

Man brachte nun Mondautos mit und spielte Golf auf dem Mond. Nur die Beinahe-Katastrophe von Apollo 13 1970 („Houston, we've had a problem")[37] fesselte noch einmal die Öffentlichkeit. Ansonsten wandte sich die Gesellschaft nach Apollo 17 im Dezember 1972 erschöpft vom Mond und der Raumfahrt ab und anderen Problemen zu. Paradoxerweise hatte gerade der Blick vom Mond auf die Erde, allen voran das aus Apollo 17 am 7. Dezember 1972 aufgenommene Foto ‚Blue Marble' von der Erdkugel, dazu geführt, dass der Blick zurück auf die Erde gerichtet wurde. Und diese wurde nun als ökologisch gefährdet wahrgenommen. Das Bild wurde zu einer Ikone der Umweltbewegung, „the world's first selfie".[38]

Bis heute wurden 559 Menschen ins All gebracht, die ersten Osteuropäer und der erste Deutsche aus der DDR, Sigmund Jähn, 1978, der erste Westeuropäer 1982 (alle mit sowjetischen Sojus-Raumschiffen), der erste Bundesdeutsche, Ulf Merbold, 1983 mit dem NASA-Space-Shuttle; aber nach den zwölf Amerikanern betrat kein Mensch mehr den Mond.[39] Mit der staatlicherseits von der Trump-Administration anvisierten Rückkehr zum Mond im Jahr 2024,[40] vor allem aber mit den russischen, chinesischen, indischen

---

34 WERTH, Ersatzkrieg [Anm. 21], S. 245, 258.

35 Vgl. PETER HOERES: Öffentliche Meinung. In: Die Außenpolitik der USA. Hg. von THOMAS JÄGER. Wiesbaden 2017, S. 103–117.

36 WILLIAM DAVID COMPTON: Where No Man Has Gone Before. A History of Apollo Lunar Exploration Missions. Washington 1989, S. 157.

37 So die korrekte Zeitform des berühmten, meist nicht korrekt wiedergegebenen Satzes, NASA History Division: Apollo 13 Timeline, <https://history.nasa.gov/SP-4029/Apollo_13h_Timeline.htm> (06.09.2019).

38 ALEXANDER C. T. GEPPERT: The Post-Apollo Paradox. Envisioning Limits During the Planetized 1970s. In: Limiting Outer Space. Astroculture After Apollo. Hg. von dems. Basingstoke 2018, S. 3–26, das Zitat S. 10.

39 Ebd., S. 17.

40 SEBASTIAN SCHREIBER: Schnell zurück auf den Mond. In: tagesschau.de 27.3.2019, <https://www.tagesschau.de/ausland/usa-mond-101.html> (13.8.2019).

Abb.: NASA Apollo 17 Crew, ‚Blue Marble', die während des Fluges von Apollo 17 zum Mond am 7.10.1972 entstandene Fotoaufnahme von der Erde. <https://commons.wikimedia.org/wiki/File:The_Earth_seen_from_Apollo_17.jpg> (03.09.2019).

und zahlreichen privaten Ambitionen[41] in dieser Richtung wird sich das wohl bald ändern, und der Weg soll über den Mond hinaus zum Mars führen.

5. Fazit

Die Mondlandung war eine zentrale Form symbolischer globaler Kommunikation im Kalten Krieg: Sie signalisierte der amerikanischen, westlichen, aber auch östlichen und blockfreien Welt das wiedergewonnene Selbstvertrauen der USA, ihre technische und ökonomische Überlegenheit, den Ex-

[41] PETER M. SCHNEIDER: Goldrausch im All. Wie Elon Musk, Richard Branson und Jeff Bezos den Weltraum erobern – Silicon Valley, NewSpace und die Zukunft der Menschheit. München 2018.

zeptionalismus und erneuerte die Manifest Destiny.[42] Die Demonstration der wissenschaftlichen und zivilisatorischen Überlegenheit wurde, wie so oft in der amerikanischen Geschichte, verknüpft mit einer allgemein menschheitlichen Mission. Auch wenn die Mondlandung keinen direkten militärischen Nutzen zeigte, schloss sie insofern an die Atombombenabwürfe und Atomwaffentests an. Der Eroberung des Weltraums hatte erst im zweiten Kalten Krieg mit Ronald Reagans SDI-Programm eine signifikante Bedeutung im Wettrüsten, was auch über die ökonomischen Kosten des Wettrüstens (‚Totrüsten') für die Sowjets mit zur Niederlage der Sowjetunion im Kalten Krieg beitrug.

Die weltpolitischen Durchbrüche wurden am Ende des Mondfahrtprogramms 1972 auf klassisch-diplomatischer Bühne erreicht: Nixons Reise nach China (Februar 1972) und die Neuordnung der amerikanisch-chinesischen Beziehungen, der Abschluss des SALT-I-Vertrages (Mai 1972) und der Pariser Friedensvertrag zur Beendigung des Vietnamkrieges (Januar 1973).[43] Die Mondlandung hatte die Phantasie entzündet, die Politik wurde am Ende aber weiter auf der Erde gemacht. Und die Menschheit konzentrierte sich im Gefolge der Mondlandung wieder auf ihren Himmelskörper. Der Blick ins All wandte sich auf die Erde zurück, den bedrohten Planeten. Das wies über den Kalten Krieg hinaus.

---

[42] Vgl. dazu ROGER D. LAUNIUS: Responding to Apollo. America's Divergent Reactions to the Moon Landings. In: GEPPERT (Hg.), Limiting Outer Space [Anm. 38], S. 51–77.

[43] Darauf weist zu Recht WERTH, Ersatzkrieg [Anm. 21], S. 288, hin.

Register der Personen und Werke

amerikan. = amerikanisch; arab. = arabisch; brit. = britisch; Dr. = Drittel; dt. = deutsch; engl. = englisch; estn. = estnisch; fläm. = flämisch; fränk. = fränkisch; frz. = französisch; gr. = griechisch; H. = Hälfte; Hl. = Heiliger; holl. = holländisch; irak. = irakisch; it. = italienisch; Jh. = Jahrhundert; Kg. = König; Ks. = Kaiser; OFM = Ordo Fratrum Minorum; österr. = österreichisch; pers. = persisch; röm. = römisch; russ. = russisch; sowj. = sowjetisch; span. = spanisch; ungar. = ungarisch.

Autoren und Herausgeber

Dr. Victoria Altmann-Wendling, DFG-Projekt „Ritualpraxis in Sanktuar und ‚Axialkapelle' (Mesenit) des Horus-Tempels von Edfu" der Julius-Maximilians-Universität, Residenzplatz 2, D-97070 Würzburg

Prof. Dr. Brigitte Burrichter, Lehrstuhl für französische und italienische Literaturwissenschaft der Julius-Maximilians Universität, Am Hubland, D-97074 Würzburg

Prof. Dr. Dr. h. c. Michael Erler, Institut für Klassische Philologie der Julius-Maximilians Universität, Residenzplatz 2, D-97070 Würzburg

Prof. Dr. Frank Fürbeth, Goethe-Universität Frankfurt a. M., Fachbereich 10 / Neuere Philologien, Institut für dt. Literatur und ihre Didaktik, Abteilung für Ältere deutsche Literatur, Norbert-Wollheim-Platz 1, D-60323 Frankfurt am Main

Prof. Dr. Peter Hoeres, Lehrstuhl für Neueste Geschichte der Julius-Maximilians-Universität, Am Hubland, D-97074 Würzburg

Dr. Barbara Hunfeld, Institut für deutsche Philologie der Julius-Maximilians-Universität, Am Hubland, D-97074 Würzburg

Dr. Patrick Imhasly, Neue Zürcher Zeitung AG, Falkenstrasse 11, CH-8021 Zürich

Prof. Dr. Ralf Jaumann, Freie Universität Berlin, Institut für Geologische Wissenschaften, Fachrichtung Planetologie und Fernerkundung, Malteserstraße 74–100, D-12249 Berlin

Prof. Dr. Dorothea Klein, Institut für deutsche Philologie der Julius-Maximilians-Universität, Am Hubland, D-97074 Würzburg

Ulrich Köhler, Deutsches Zentrum für Luft- und Raumfahrt (DLR), Institut für Planetenforschung, Rutherfordstraße 2, D-12489 Berlin

Prof. Dr. Stephan Kraft, Institut für deutsche Philologie der Julius-Maximilians-Universität, Professur für Neuere deutsche Literaturgeschichte, Am Hubland, D-97074 Würzburg

Prof. Dr. Stefan Kummer, Institut für Kunstgeschichte der Julius-Maximilians-Universität, Am Hubland, D-97074 Würzburg

Prof. Dr. Matthias Meyer, Institut für Germanistik der Universität Wien, Universitätsring 1, A-1010 Wien

Daniel Röttele, Infografik, Layout, Illustration, Forchstrasse 295a, CH-8008 Zürich

Dr. Ingo Schaaf, Universität Freiburg (CH), Theologische Fakultät, Departement für Patristik und Kirchengeschichte, Av. de l'Europe 20, CH-1700 Freiburg

Dr. Emrys Schlatter, Institut für Religionswissenschaft der Freien Universität Berlin, Fabeckstr. 23–25, D-14195 Berlin

Dr. Franziska Stürmer, Institut für deutsche Philologie der Julius-Maximilians-Universität, Lehrstuhl für neuere deutsche Literatur- und Ideengeschichte, Am Hubland, D-97074 Würzburg

Würzburger Ringvorlesungen

Studium-Generale-Ringvorlesungen der Philosophischen Fakultät der Julius-Maximilians-Universität Würzburg und Ringvorlesungen ihres Kollegs ‚Mittelalter und Frühe Neuzeit', 1999 begründet von Horst Brunner, 2011 fortgeführt von Dorothea Klein. 18 Bände von 2000 bis 2020 (ab 2012 auch mit dem Reihenlabel ‚Ringvorlesungen der Universität Würzburg'). Im Verlag Königshausen & Neumann, Würzburg.

Bd. 1 *Lektüren für das 21. Jahrhundert. Schlüsseltexte der deutschen Literatur von 1200 bis 1990.* Hg. Dorothea Klein, Sabine Schneider (2000).

Bd. 2 *Lektüren für das 21. Jahrhundert. Schlüsseltexte europäischer Literatur.* Hg. Martha Kleinhans, Klaus Stiersdorfer (2001).

Bd. 3 *Mit unserer Erde leben. Beiträge der Geowissenschaften der Universität Würzburg.* Hg. Günter Löffler, Herbert Voßmerbäumer (2002).

Bd. 4 *Lektüren für das 21. Jahrhundert. Klassiker und Bestseller der deutschen Literatur von 1900 bis heute.* Hg. Sabine Schneider (2005, ^{2}2006).

Bd. 5 *Würzburger Schiller-Vorträge 2005.* Hg. Jörg Robert (2007).

Bd. 6 *Die Erschaffung der Welt – alte und neue Schöpfungsmythen.* Hg. Dorothea Klein (2012).

Bd. 7 *Kulturstadt Würzburg. Kunst, Literatur und Wissenschaft in Spätmittelalter und Früher Neuzeit.* Hg. Dorothea Klein, Franz Fuchs (2013).

Bd. 8 *Kulturstadt Würzburg. Kunst, Literatur und Wissenschaft von der Schönbornzeit bis zur Reichsgründung.* Hg. Dorothea Klein, Franz Fuchs (2013).

Bd. 9 *Unterwelten. Modelle und Transformationen.* Hg. Joachim Hamm, Jörg Robert (2014).

Bd. 10 *WahnSinn in Literatur und Künsten.* Hg. Gerhard Penzkofer, Irmgard Scharold (2017).

Bd. 11 *„Überall ist Mittelalter". Zur Aktualität einer vergangenen Epoche.* Hg. Dorothea Klein in Verb. mit Markus Frankl und Franz Fuchs (2015).

Bd. 12 *Sammeln – eine (un-)zeitgemäße Passion.* Hg. Martina Wernli (2017).

Bd. 13 *Der Tod und die Künste.* Hg. Friederike Felicitas Günther, Wolfgang Riedel (2016).

Bd. 14 *Geschichte in Geschichten.* Hg. Friederike Felicitas Günther, Markus Hien (2016).

Bd. 15 *Die Kunst des Erzählens. Exemplarische Lektüren von Homer bis heute.* Hg. Michael Erler, Dorothea Klein (2017).

Bd. 16 *Exzess. Formen der Grenzüberschreitung in der Vormoderne.* Hg. Brigitte Burrichter, Christian Wehr (2018).

Bd. 17 *Technik und Science Fiction in Mittelalter und Früher Neuzeit.* Hg. Brigitte Burrichter, Dorothea Klein (2018).

Bd. 18 *Kulturen der Einsamkeit*. Hg. Ina Bergmann, Dorothea Klein (2020).